"十三五"普通高等教育本科规划教材

过程控制及仪表

主编　潘维加

参编　潘　岩　颜　帅

　　　阮　琦　徐维晖

主审　牛玉广

中国电力出版社
CHINA ELECTRIC POWER PRESS

内 容 提 要

本书为"十三五"普通高等教育本科规划教材。

本书将"过程控制系统"和"自动化仪表"这两门课基础性的教学内容深度融合，从工程实际应用出发，避开烦琐的理论推导。本书主要内容包括过程控制及仪表概述、过程对象动态特性和建模、过程调节器、过程执行器、单回路控制系统、前馈－反馈控制系统、串级控制系统、其他过程控制系统、集散控制系统和过程控制系统工程设计，书后附有过程控制及仪表实验指导书。

本书适合以火力发电工业为背景的自动化类、电气类、能源动力类、仪器类、电子信息类等相关专业本科生选用。

图书在版编目（CIP）数据

过程控制及仪表/潘维加主编 . —北京：中国电力出版社，2018.1

"十三五"普通高等教育本科规划教材

ISBN 978－7－5198－1350－5

Ⅰ . ①过… Ⅱ . ①潘… Ⅲ . ①过程控制仪表－高等学校－教材 Ⅳ . ①TH89

中国版本图书馆 CIP 数据核字（2017）第 275795 号

出版发行：中国电力出版社

地　　址：北京市东城区北京站西街 19 号（邮政编码 100005）

网　　址：http://www.cepp.sgcc.com.cn

责任编辑：吴玉贤（010－63412540）孙　晨

责任校对：王小鹏

装帧设计：张　娟

责任印制：吴　迪

印　　刷：北京雁林吉兆印刷有限公司

版　　次：2018 年 1 月第一版

印　　次：2018 年 1 月北京第一次印刷

开　　本：787 毫米×1092 毫米　16 开本

印　　张：18.5

字　　数：447 千字

定　　价：45.00 元

前　言

　　"过程控制系统"和"自动化仪表"是自动化专业的两门主要专业课。"过程控制系统"主要讲述连续生产过程的控制理论和方法，"自动化仪表"主要讲述实现过程控制系统的控制仪表。随着国家高校专业调整，自 1998 年命名为自动化专业以来，这两门专业课合并成一门专业课，相继出版了《过程控制与自动化仪表》《自动化仪表与过程控制》《过程控制仪表及控制系统》《过程控制系统及仪表》《过程控制及仪表》等一些与其配套的本科教材。2012 年国家高校专业调整，自动化专业按自动化类招生，进一步明确了"过程控制及仪表"这门专业课的内涵。

　　本书依据 2012 年教育部公布的普通高等学校本科专业目录，结合近十年来自动化专业技术的发展情况，以火力发电工业为主要工业背景，阐述火力发电工业过程控制的基本理论和基本方法。

　　本书是在长沙理工大学规划教材《过程控制及仪表》的基础上修订而成的，是作者多年教学讲义的结晶。本书与现有的相关教材编写方式不同，将"过程控制系统"和"自动化仪表"这两门课基础性的教学内容深度融合，从工程实际应用出发，避开烦琐的理论推导；以该门课程的教学大纲为标准，删除一些陈旧的、非基础性的、与其他课程教学内容重叠的知识，在阐述过程控制系统的同时，阐述与其相关的自动化仪表。实践表明，这种编写方式系统性强，学生容易理解。本教材编写的内容均是在工程实际中成功应用的、最基础的知识，适合少学时（48 学时左右）的教学。

　　本书共分十章，第一章主要介绍过程控制及仪表的发展概况和基本概念；第二章主要介绍过程被控对象及建模方法；第三章主要介绍过程调节器组成原理及调节规律，它相当于人的"大脑"，是过程控制系统的核心；第四章主要介绍过程执行器的组成原理，它接收调节器的调节指令，相当于人的"手"，属于现场控制仪表；第五章是本书的重点，属于过程控制系统的基础知识，主要介绍单回路控制系统的组成原理；第六章在介绍前馈控制原理的基础上，主要介绍前馈 - 反馈复合控制系统；第七章也是本书的重点，主要介绍串级控制系统的组成原理；第八章是过程控制系统的拓展，主要介绍其他过程控制系统；第九章主要介绍集散控制系统，它是取代盘、台安装仪表的、实现过程控制系统的控制设备；第十章主要介绍过程控制系统的工程设计，它是学生接触工程实际的必备知识。书后附有过程控制及仪表实验指导书。

　　本书由华北电力大学博士生导师牛玉广教授主审，牛教授认真审阅了全文，并提出了许多宝贵意见，在此向他表示诚挚的感谢。

　　本书的出版得到了长沙理工大学电气与信息工程学院院长曾祥君教授的鼎力推荐，得到了中国电力出版社的大力支持，在此一并表示感谢。

　　限于编者水平，书中难免存在不妥和疏漏之处，望读者批评指正。

编　者

2017 年 11 月

目　　录

第一章　过程控制及仪表概述

所谓过程控制是根据工业生产过程特性，应用自动控制理论，采用自动化仪表实现工业生产过程自动化的一切技术手段。这里工业生产过程是指把原材料转变成产品，并具有一定生产规模的过程。工业生产过程主要分为连续生产过程和离散制造过程，本书主要讨论连续生产过程的控制。实现连续生产过程控制的自动控制系统称为过程控制系统。

第一节　过程控制及仪表发展概况

一、过程控制系统发展简介

过程控制系统的发展与自动控制理论的发展是分不开的。20 世纪 40 年代以前，过程控制系统处于起步阶段，这一时期绝大多数工业生产过程以手动操作为主。20 世纪 40 年代至 60 年代，经典控制理论为工业生产过程控制系统的设计提供了强有力的理论支撑，这一时期设计的过程控制系统主要是单变量控制系统，控制方案大多为单输入单输出的单回路定值控制系统，控制算法主要是比例积分微分（PID）控制算法。

从 20 世纪 60 年代开始，随着工业生产规模的不断扩大，在大型工业装置中单元操作之间的耦合更加紧密，孤立地考虑一些工艺变量的定值控制系统已很难满足稳定生产的基本要求，同时工业生产对产品质量提出了更高的要求。另一方面，工程系统的复杂性在理论上体现为对象是多输入多输出、时变、非线性的被控对象，这对控制系统的性能指标提出了更严格的要求。基于上述原因，经典控制理论的设计方法已不能完全满足当时工业生产过程控制的需求。

20 世纪 60 年代后，现代控制理论应运而生，人们开始研究将这种新的理论和方法应用于工业生产过程控制，然而直到七八十年代，现代控制理论才真正在工业生产过程中得到实际应用。但是比较完美的现代控制理论在过程控制的实际应用中却存在较大问题，因为一方面它严格依赖于被控对象精确的数学模型，而在工业生产过程中要得到被控过程准确的数学模型是非常困难的；另一方面工业生产过程的干扰也十分复杂，它们的统计特性往往未知，甚至是不确定的。可以说这一时期，在过程控制领域，实验室和学院式的研究远远多于过程工业上的实际应用。目前在工业过程控制领域，将近 90% 以上的控制系统还是基于经典控制理论，控制算法仍是 PID 控制算法。如何将现代控制理论应用于工业生产过程领域仍然是人们研究的热点问题之一。

从 20 世纪 80 年代开始，人们针对工业生产过程本身的非线性、时变性、耦合性和不确定性等，提出了解耦控制、推断控制、预测控制、自适应控制、内模控制、鲁棒控制等先进过程控制方案，有效地解决了一些采用常规控制效果差，甚至无法控制的复杂工业生产过程的控制问题。

20 世纪 80 年代后，针对工业生产过程领域中提出的生产优化、故障检测与诊断、生产计划和调度等问题，人们开始研究将模糊控制、神经网络控制和专家控制等智能控制理论应用于工业生产过程控制。模糊控制是利用模糊数学方法描述人类对事物的分析过程，将人类的实践经验加以整理，总结出一套拟人化的、定性的工程控制规则，它具有无须知道被控对象数学模型、构造容易、易于理解等特点。神经网络控制是一种不依赖于模型的控制方法，它具有快速并行处理、自学习及适用于高度不确定和非线性的特点。专家控制就是将专家系统理论和技术同控制理论、技术和方法相结合，在未知环境下，仿效专家的智能，实现对被控对象的控制。模糊控制、神经网络控制和专家控制等智能控制算法是解决工业生产过程领域中生产优化、故障检测与诊断、生产计划和调度等问题的主要算法。到目前为止，模糊控制、神经网络控制和专家控制等智能控制算法在工业过程控制中成功应用的不多，是目前控制领域主要研究的热点问题。

二、过程控制仪表发展简介

过程控制系统是伴随着过程控制仪表的发展而发展的。自 20 世纪 40 年代开始，过程控制陆续采用自动检测及控制取代人工操作。工业自动化仪表的发展经历了从气动仪表到电动仪表、从现场就地控制到中央控制室控制、从仪表盘上监视操作到计算机操作站监视操作、从模拟信号到数字信号等历程。

20 世纪 50 年代是电子真空管时代，工业生产规模比较小，检测和控制仪表主要采用基地式仪表和气动单元组合仪表，20～100kPa 气动信号作为统一标准信号，记录仪是电子管式的自动平衡记录仪。

20 世纪 60 年代，随着工业规模的不断扩大，工业生产过程要求集中操作与控制。在这期间，过程控制仪表开始用电动仪表，电子管由晶体管代替，开发出以半导体分立元件制造的 DDZ-Ⅱ型电动单元组合仪表，控制信号标准为 0～10mA（DC）。采用中央仪表控制室对工业生产过程进行操作、监视与控制，同时计算机开始在工业生产过程中应用，实现直接数字控制（DDC）。

20 世纪 70 年代，由于集成电路和微处理器的工业化生产，使电动仪表更可靠，很快开发出 DDZ-Ⅲ型电动单元组合仪表，控制信号标准为 4～20mA（DC）和 1～5V（DC）。这一期间，以微处理器为核心的集散控制系统（DCS）出现，代替了原有集中式 DDC 系统，在工业生产过程中开创了计算机控制的新时代。

20 世纪 80 年代是集散控制系统（DCS）广泛在工业生产过程控制中应用的时代。同时，过程控制仪表数字化、智能化不断创新，网络和通信技术引入到自动控制系统中，友好的人机界面及工业电视等成为工业自动化的重要手段之一。

20 世纪 90 年代，随着市场对产品多样化、高品质，工业生产本身对产品低能耗、低成本的要求，迫切需要过程控制仪表具有高精度、高可靠的特点，因此，在线分析仪表大量在工业生产过程中被采用。同时，技术人员开发出比 DCS 价格更低的现场总线控制系统（FCS）和智能仪表。

21 世纪，随着 DCS 和 FCS 的逐渐融合和 FCS 的成功应用，DCS 和 FCS 将广泛应用于过程控制领域。当前随着科学技术和市场竞争的需求，工业生产过程控制的一个研究热点是以市场为导向的集管理与控制于一体的计算机集成过程控制系统（CIPS），又称计算机集成综合自动化系统。它应用计算机技术、网络技术、信息技术和自动控制技术，引入实时数据库服务器和关系数据库服务器协同工作的概念，实现生产过程、计划调度、操作优化、趋势分析、物资供应、产品质量、办公和财务等整个企业信息的平台集成和利用，实现过程控制最优化与现代化集中调度管理的结合。

第二节　过程控制系统的组成与特点

一、过程控制系统的组成

正常运行的生产过程必须保证产品满足一定的数量和质量要求，同时也要保证生产过程的安全性和经济性，因此要求生产过程在规定工况下运行。由于生产过程在进行的时候总是处在许多因素影响下，如果不加以操作和控制就不能保证生产过程的正常进行。生产过程是否正常，通常是用生产过程中的各种物理量或化学量来表征的。当这些变量偏离所希望的数值时，就表示生产过程离开了规定工况，必须加以调节。生产过程的调节分为人工调节（手动）和自动调节（自动）两种，自动调节是在人工调节的基础上产生和发展起来的。

（一）人工调节与自动调节

1. 人工调节

以单容水箱水位人工调节为例。单容水箱水位人工调节示意如图 1-1 所示。

正常运行时，为方便操作人员观测水位，通常在水箱上设置水位计。操作人员根据水位计的指示，不断改变给水调节阀开度，控制进入水箱的给水量，从而使水位保持在要求的数值上，这就是人工调节。

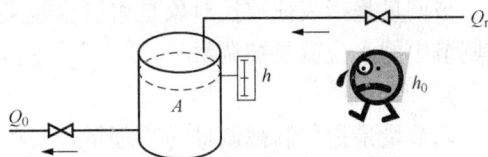

图 1-1　单容水箱水位人工调节
Q_r—水箱流入量；Q_0—水箱流出量；
A—水箱横截面积；h—水箱实际水位；
h_0—水位要求值

人工调节规律是当操作人员从水位计上观察到的数值低于要求的水位数值时，则开大调节阀门，增大给水流量，使水位上升到要求的数值；当操作人员从水位计上观察到的数值高于要求的水位数值时，则关小给水调节阀门，减小给水流量，使水位下降到要求的数值；当操作人员从水位计上观察到的数值等于要求的水位数值时，则不做任何操作，保持给水调节阀门开度不变。从人工调节过程可看出，人工调节可分为观察、分析和判断、操作三部分。人工调节过程就是"检测偏差、纠正偏差"的过程。

2. 自动调节

如果采用控制仪表来代替操作人员的操作过程，使生产过程不需要操作人员的直接参与而能自动地完成人工调节任务，则称为自动调节。单容水箱水位自动调节示意如图 1-2 所示。

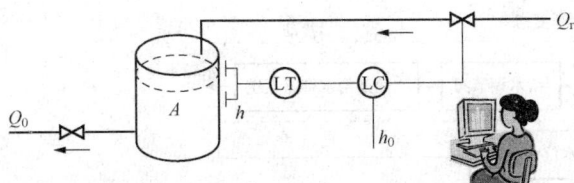

图 1-2　单容水箱水位自动调节示意

图 1-2 中，LT 为液位变送器，用来测量水箱水位，相当于操作人员用"眼睛"观察水箱水位；LC 为液位调节器，将水箱实际水位与水位给定值进行比较，并计算出需要改变的给水量，相当于操作人员用"大脑"分析和判断；调节阀为执行器，接收调节器输出的需要改变的给水量，控制给水调节阀开度，改变给水量，相当于操作人员用"手臂"操作。

自动调节过程是当水箱水位不等于水位给定值时，调节器根据偏差计算出需要调整的给水量指令，并发送给执行器，执行器按照这一指令去操作给水调节阀门，再由变送器测量出水位的变化，并将这一信号送给调节器，再次与水位给定值比较。根据偏差，调节器再发出调节指令，执行器再次改变给水调节阀门开度，直到调节过程达到一个新的平衡状态为止，这就是自动调节过程。

从图 1-1 和图 1-2 可看出，在人工调节中，操作人员是凭经验支配双手操作的，其效果在很大程度上取决于经验；而在自动调节中，调节器是根据偏差信号，按一定规律控制给水调节阀，其效果在很大程度上取决于调节器发出的调节规律是否恰当。

（二）过程控制中的常见术语

为深入研究自动调节，这里先介绍自动调节中的常见术语。

1. 被控对象

被控对象是指被控制的生产过程或设备，又称控制对象或调节对象。如单容水箱水位自动调节中的水箱及相应的管路就是被控对象。

2. 被调量

被调量是指表征被控对象是否符合规定工况的物理量，又称被控量。如单容水箱水位自动调节中的水位就是被调量。

3. 调节量

调节量是指控制被调量的物理量，又称控制量。如单容水箱水位自动调节中的给水调节阀门开度就是调节量。

4. 给定值

给定值是指被调量所要维持的数值，又称规定值。如单容水箱水位自动调节中的水位允许值。

5. 扰动

扰动是指引起被调量偏离给定值的各种因素，又称干扰。如单容水箱水位自动调节中流出单容水箱的水量就是扰动。扰动分为内扰和外扰，内扰是指发生在控制回路内部的扰动，外扰是指不包括在控制回路内部的扰动。

6. 自动调节系统

自动调节系统指由被控对象和控制器（包括变送器、调节器和执行器等）组成的系统，又称过程控制系统。如单容水箱水位自动调节中被控对象和控制器组成的系统，通常称为单容水箱水位自动调节系统。分析和设计自动调节系统时通常用系统框图进行描述。单容水箱水位自动调节系统框图如图 1-3 所示。

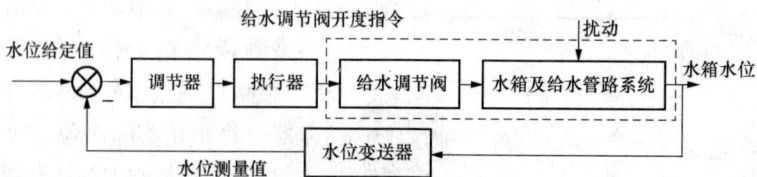

图 1-3 单容水箱水位自动调节系统框图

需要注意的是，与示意图不同，框图中箭头指向并不代表物料的实际流向。

二、过程控制系统的特点

（一）过程工业的特点

过程工业的特点是指连续过程工业的特点，其主要特点如下。

（1）过程工业伴随着物理化学反应、生化反应、物质能量的转换与传递，是一个十分复杂的大系统，存在不确定性、时变性及非线性等因素，因此过程控制难度较大，必须采用有针对性的特殊方法和途径。

（2）过程工业常常处于恶劣的生产环境中，同时要求苛刻的生产条件，如高温、高压、低温、真空、易燃、易爆、有毒等，因此生产设备与人身安全性特别重要。

（3）过程工业强调实时性和整体性，协调复杂的耦合与制约因素，求得全局优化也是十分重要的，因此有必要采用智能控制方法和计算机控制技术。

（二）过程控制系统的特点

与其他自动控制系统相比，过程控制系统具有如下明显的特点。

1. 被控过程多样化

过程工业涉及各种工业部门，生产规模大小不同，工艺要求各异，产品多种多样，如火力发电过程、石油化工过程、冶金工业的冶炼过程、核工业的动力核反应过程等，这些过程的机理不同，甚至执行机构也不同，因此过程控制系统中的被控对象（包括被控量）是多样的。

2. 控制过程多属于缓慢控制过程和参量控制形式

连续生产过程设备体积大，工艺反应过程缓慢，其主要特性表现为大惯性和大滞后，这决定了被控过程为缓慢过程。被控过程是物流变化过程，通常是用一些物理量和化学量来表征其生产过程是否正常，因此需要对表征生产过程的温度、压力、流量、物位、成分等过程参量进行控制，即过程控制多半是参量控制形式。

3. 控制方案多样性

由于被控过程的多样性、复杂性，且控制要求各异，使得控制方案多种多样，除常见的单回路和串级控制回路外，还有前馈、比值、均匀、分程、超驰、阀位等基于经典控制理论的过程控制系统，还有预测、解耦、自适应、内模、鲁棒控制等基于先进控制理论的过程控制系统，还有模糊、神经网络、专家控制等基于智能控制理论的过程控制系统。在这些过程控制系统中，单回路控制系统占 50% 以上，串级控制系统约占 20%。

4. 恒值控制是过程控制的主要形式

在多数工业生产过程中，为使生产过程安全稳定运行，控制目的在于克服外界扰动对被控过程的影响，使生产过程指标或工艺参数保持在设定值不变或在设定值周围小范围波动，因此恒值控制是过程控制的主要形式。

第三节　过程控制系统的分类

过程控制系统有多种分类方法，本节主要介绍常见的三种分类方法。

一、按控制方式分类

按控制方式分类，过程控制系统分为开环控制系统、闭环控制系统和复合控制系统。

（一）开环控制系统

开环控制系统指控制器和被控对象在信号关系上没有形成闭合回路，即被调量没有反馈到控制器输入端的控制系统，又称前馈控制系统。其原理示意如图1-4所示。

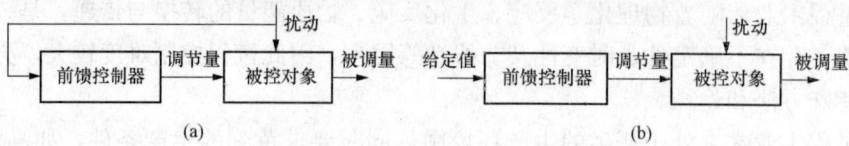

图 1-4　开环控制系统原理示意

（a）扰动前馈控制系统；（b）给定值前馈控制系统

开环控制系统结构简单、精度差，过程控制系统很少单独使用。

（二）闭环控制系统

闭环控制系统指控制器和被控对象在信号关系上形成了闭合回路，即被调量反馈到控制器输入端的控制系统，又称反馈控制系统。其原理示意如图1-5所示。

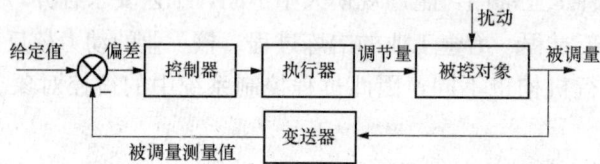

图 1-5　闭环控制系统原理示意

闭环控制系统可消除被调量的偏差，实现恒值调节，是构成过程控制系统的主要控制系统。

（三）复合控制系统

复合控制系统指综合开环控制系统和闭环控制系统的控制系统，又称前馈-反馈控制系统。其原理示意如图1-6所示。

绝大多数过程控制系统都是复合控制系统。

二、按闭合回路的数目分类

按闭合回路的数目分类，过程控制系统分为单回路控制系统和多回路控制系统。

（一）单回路控制系统

单回路控制系统指只有一个被调量反馈到控制器的输入端，形成一个闭合回路的控制系统。如图1-5所示的闭环控制系统就是单回路控制系统，又称简单控制系统。

（二）多回路控制系统

多回路控制系统指具有多个被调量反馈到控制器的输入端，形成一个以上闭合回路的控制系统，又称复杂控制系统。大型复杂被控过程的被控参数较多，多采用多回路控制系统。

三、按给定值分类

按给定值分类，过程控制系统分为恒值控制系统、随动控制系统和程序控制系统。

（一）恒值控制系统

恒值控制系统指系统给定值保持不变的控制系统，又称定值控制系统。绝大多数过程控制系统都是恒值控制系统。

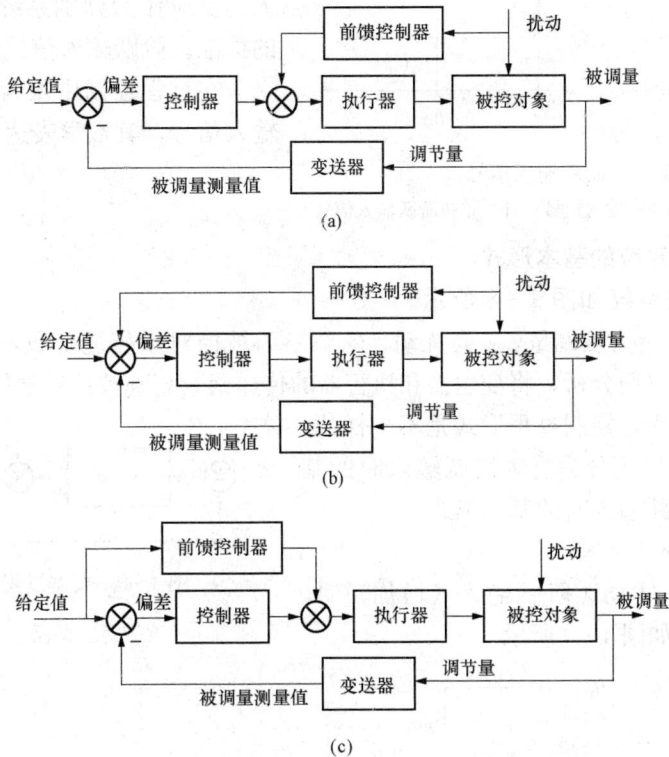

图 1-6　复合控制系统原理示意

(a) 扰动前馈信号与反馈控制器输出信号叠加的复合控制系统；(b) 扰动前馈信号与反馈控制器输入信号叠加的复合控制系统；
(c) 给定值前馈信号与反馈控制器输出信号叠加的复合控制系统

（二）随动控制系统

随动控制系统指系统给定值按预先不能确定的一些随机因素变化的控制系统。如串级控制系统的内回路控制系统就是随动控制系统。

（三）程序控制系统

程序控制系统指系统给定值按已知时间函数变化的控制系统。如火力发电厂的汽轮机自启动控制系统（ATC）就是程序控制系统。

第四节　过程控制系统的性能指标

过程控制系统的优劣主要是通过评价其克服扰动能力大小来确定的。一般来说，控制系统抗扰动能力越强，控制系统就越好。为评价控制系统优劣，本节主要介绍衡量控制系统的品质指标。

一、典型输入函数

过程控制系统所要克服的扰动有大有小，有的变化快，有的变化慢。一般来说，变化慢的扰动总比变化快的扰动容易克服。阶跃输入是最不利的扰动，也是最经常出现的典型扰动形式。如果一个控制系统能很好地克服阶跃输入的影响，那么它对其他形式的扰动也就不难克服。因此常把阶跃输入作为研究控制系统调节品质的标准输入信号，把控制系统对阶跃输

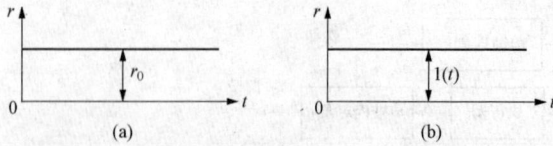

图 1-7　阶跃输入信号

(a) 阶跃幅值为 r_0 的阶跃输入信号；(b) 单位阶跃输入信号

入的反应作为判别系统抗扰动能力好坏的标准。阶跃输入信号如图 1-7 所示。

在过程控制中最常用的是单位阶跃输入信号，其数学表达式为

$$r(t) = \begin{cases} 0 & t < 0 \\ 1 & t \geqslant 0 \end{cases} \qquad (1-1)$$

二、过程控制系统的基本形式

典型过程控制系统如图 1-8 所示。

图中，r 为给定值，c 为被调量，λ 为扰动，$G_0(s)$ 为被控对象传递函数，$G_T(s)$ 为调节器传递函数。这里为方便分析，将变送器和执行器的传递函数划到被控对象传递函数中。

不同的阶跃输入，控制过程形式是不一样的。过程控制系统基本形式分为扰动阶跃输入时的基本形式和给定值阶跃输入时的基本形式。

（一）扰动 λ 阶跃输入

给定值 $r=0$，扰动 λ 阶跃输入（增加）时，被调量 c 变化过程如图 1-9 所示。

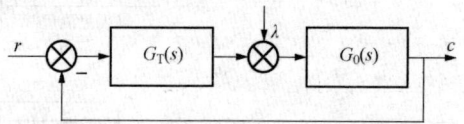

图 1-8　典型过程控制系统

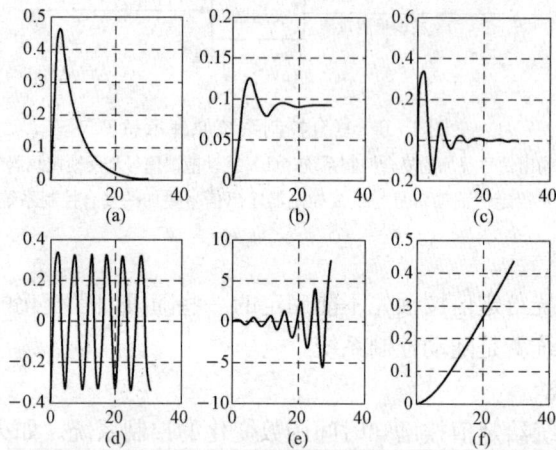

图 1-9　扰动 λ 阶跃输入（增加）时，调节系统被调量变化过程

(a) 衰减非周期过程；(b) 稳态值不等于给定值的衰减振荡过程；

(c) 稳态值等于给定值的衰减振荡过程；(d) 等幅振荡过程；

(e) 扩幅振荡过程；(f) 扩幅非周期过程

由图 1-9 可看出，扰动阶跃输入（增加）时，图 1-9（a）～图 1-9（c）均为稳定过程，图 1-9（d）为临界稳定过程，图 1-9（e）和图 1-9（f）为不稳定过程。

（二）给定值 r 阶跃输入

扰动 $\lambda=0$，即无扰动，给定值 r 阶跃输入（增加）时，被调量 c 变化过程如图 1-10 所示。

与扰动阶跃输入（增加）时的变化过程类似，由图 1-10 可看出，给定值阶跃输入（增加）时，图 1-10（a）～图 1-10（c）均为稳定过程，图 1-10（d）为临界稳定过程，

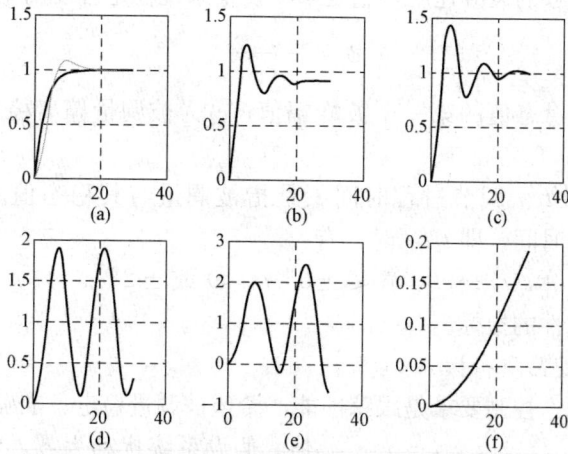

图 1-10　给定值 r 阶跃输入（增加）时，控制系统被调量变化过程

（a）非周期过程；（b）稳态值不等于新给定值的衰减振荡过程；（c）稳态值等于新给定值的衰减振荡过程；
（d）等幅振荡过程；（e）扩幅振荡过程；（f）扩幅非周期过程

图 1-10（e）和图 1-10（f）为不稳定过程。

三、过程控制系统的品质指标

一个控制系统控制品质的优劣，常用一些性能指标来评价。控制系统品质指标主要分为时域性能指标和频域性能指标。过程控制系统通常以时域性能指标分析为主。时域性能指标又分单项性能指标和综合性能指标。

（一）单项性能指标

单项性能指标是指以阶跃响应曲线上的几个特征参数作为评价标准的性能指标。由于在过程控制系统中，对恒值控制系统和随动控制系统的性能要求不同，单项性能指标通常分为恒值调节系统的品质指标和随动调节系统的品质指标。

1. 恒值调节系统的品质指标

对于恒值调节系统，控制要求是克服扰动影响，在扰动发生后，希望被调量稳定、准确、快速地达到给定值或新的平衡状态，使被调量保持在给定范围内。假设系统给定值保持不变，扰动作单位阶跃输入（增加）时恒值调节系统被调量的变化曲线如图 1-11 所示。

（1）静态偏差 $c(\infty)$。静态偏差是指被调量稳态值与给定值之间的长期偏差，即图 1-11 中的 $c(\infty)$。它是衡量恒值调节系统静态准确性的重要指标，它反映了恒值控制系统的静态调节精度。

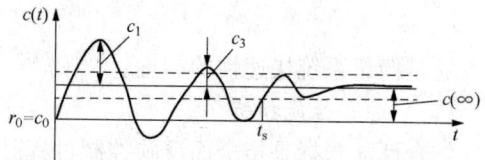

图 1-11　扰动作单位阶跃输入（增加）时恒值调节系统被调量的变化曲线

（2）最大动态偏差 c_m。最大动态偏差是指调节过程中被调量偏离给定值的最大暂时偏差。它是衡量被调量偏离给定值程度的指标。从图 1-11 可得

$$c_m = c_1 + c(\infty) \tag{1-2}$$

（3）衰减率 ψ。衰减率是指每经过一个波动周期，被调量波动幅值减少的百分数。它用

来描述衰减振荡过渡过程的衰减速度，它是一项衡量系统稳定程度的指标。由图 1-11 可得

$$\psi = \frac{c_1 - c_3}{c_1} \tag{1-3}$$

式中：c_1 为被调量偏离稳态值的第一个波峰幅值；c_3 为被调量偏离稳态值的第三个波峰幅值。一般取 $\psi = 0.75 \sim 0.9$。

（4）调节过程时间 t_s。调节过程时间 t_s 是指被调量与其稳态值之差不超过稳态值的 $\pm 5\%$ 或 $\pm 2\%$ 所需要的时间，即 $t \geq t_s$ 时，有

$$| c(t) - c(\infty) | \leqslant \pm 5\% c(\infty) \text{ 或 } \pm 2\% c(\infty) \tag{1-4}$$

它是衡量系统快速性的指标。

2．随动调节系统的品质指标

对于随动调节系统，控制要求是跟踪性能，希望被调量稳定、准确、快速地跟踪新给定值。假设系统扰动为零，给定值作单位阶跃输入（增加）时随动调节系统被调量的变化曲线如图 1-12 所示。

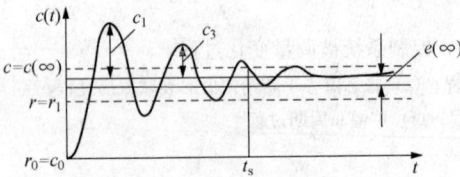

图 1-12　给定值作单位阶跃输入（增加）时随动调节系统被调量的变化曲线

（1）静态偏差 $e(\infty)$。静态偏差是指被调量稳态值与新给定值之间的长期偏差，即图 1-12 中的 $e(\infty)$。它是衡量随动调节系统静态跟踪准确性的重要指标，它反映了随动调节系统的静态调节精度。

（2）超调量 σ。随动调节系统的超调量是指被调量第一个偏离稳态值的波峰幅值与被调量稳态值之比，即

$$\sigma = \frac{c_1}{c(\infty)} \times 100\% \tag{1-5}$$

式中：$c(\infty)$ 为被调量稳态值，它是用来衡量被调量偏离稳态值程度的指标。

（3）衰减率 ψ。衰减率是指每经过一个波动周期，被调量波动幅值减少的百分数。它用来描述衰减振荡过渡过程的衰减速度，它是一项衡量系统稳定程度的指标。由图 1-12 可得

$$\psi = \frac{c_1 - c_3}{c_1} \tag{1-6}$$

（4）调节过程时间 t_s。调节过程时间 t_s 是指被调量与其稳态值之差不超过稳态值的 $\pm 5\%$ 或 $\pm 2\%$ 所需要的时间，即 $t \geq t_s$ 时，有

$$| c(t) - c(\infty) | \leqslant 5\% c(\infty) \text{ 或 } \pm 2\% c(\infty) \tag{1-7}$$

它是衡量系统快速性的指标。

（二）综合性能指标

综合性能指标是指全面反映控制过程品质的偏差积分指标。它是过渡过程中偏差 e 和时间 t 的某些函数的积分，可表示为

$$J = \int_0^\infty f(e, t) \mathrm{d}t \tag{1-8}$$

可见无论是偏差幅度或是偏差存在时间都与指标有关，可兼顾衰减率、超调量、调节时间各方面因素。一般来说，过渡过程的动态偏差越大，或者调节越慢，则积分指标（目标函数）数值将越大，表明控制品质越差。偏差积分性能指标通常采用以下几种形式。

1. 偏差积分 IE

$$IE = \int_0^\infty e(t)\mathrm{d}t \tag{1-9}$$

由于该指标不能保证调节系统具有合适的衰减率，故 IE 指标很少应用。

2. 平方偏差积分 ISE

$$ISE = \int_0^\infty e^2(t)\mathrm{d}t \tag{1-10}$$

该指标用偏差平方加大对大偏差的考虑程度，更着重于抑制过程中的大偏差。

3. 绝对偏差积分 IAE

$$IAE = \int_0^\infty |e(t)|\mathrm{d}t \tag{1-11}$$

该指标在图形上也就是偏差面积积分。它对出现在设定值附近的偏差面积与出现在远离设定值的偏差面积是同等看待的，是常用的性能指标。

4. 时间与偏差绝对值乘积的积分 $ITAE$

$$ITAE = \int_0^\infty t|e(t)|\mathrm{d}t \tag{1-12}$$

该指标实质上是把偏差积分面积用时间来加权。同样的偏差积分面积，由于在过渡过程中出现时间的前后差异，性能指标是不同的。出现时间越迟，$ITAE$ 值越大；出现时间越早，$ITAE$ 值越小，故该指标对初始偏差不敏感，而对后期偏差非常敏感。

调节系统的性能指标是进行调节系统调节器参数整定和系统优化的依据。调节系统的性能指标在同一系统中是互相制约的，在不同系统中，则各有其重要性。因此在设计调节系统时，应根据具体情况，分清主次，区别对待，折中处理，对主要指标应优先保证。

本 章 小 结

本章简单介绍了过程控制系统和过程控制仪表的发展历程。在定义过程控制系统基本概念的基础上，讲述了过程控制系统的组成及常用术语、过程控制系统的特点及其分类、过程控制系统的时域性能指标。

思考题与习题

1. 简述过程控制系统的发展历程。

2. 什么是过程控制系统？

3. 过程控制系统是如何组成的？

4. 名词解释：被调量、调节量、被控对象、扰动、给定值、偏差、变送器、调节器、执行器。

5. 简述过程控制系统的特点。

6. 给定值阶跃输入下过程控制系统被控量的过渡过程有几种形式？

7. 给定值输入下的过程控制系统品质指标与扰动输入下的过程控制系统品质指标有何区别？

8. 为什么说研究过程控制系统的动态特性比研究其静态特性更有意义？

9. 压力控制系统如图 1-13 所示，试指出该系统中的被控对象、被控量、控制量和扰动，并画出该系统框图。

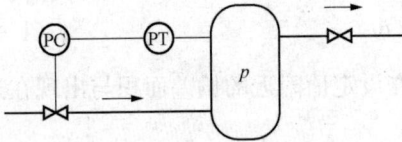

10. 加热炉温度控制系统如图 1-14 所示，试指出该系统中的被控对象、被控量、控制量和扰动，并画出该系统框图。

图 1-13　压力控制系统

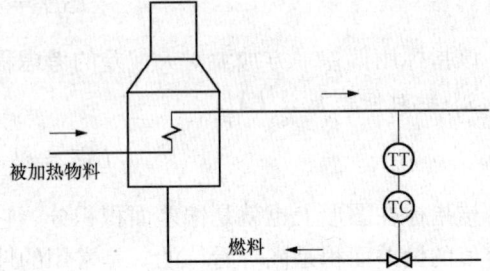

图 1-14　加热炉温度控制系统

11. 汽包锅炉水位控制系统如图 1-15 所示，试指出该系统中的被控对象、被控量、控制量和扰动，并画出该系统框图。

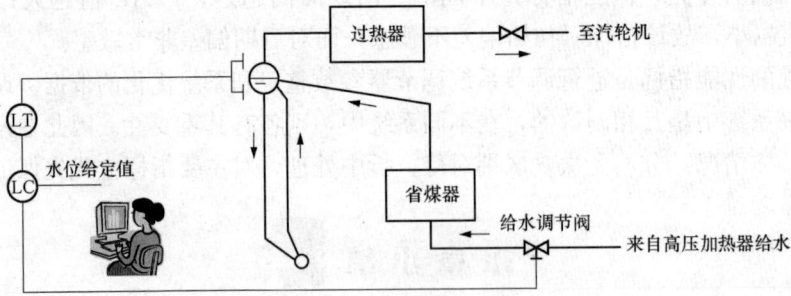

图 1-15　汽包锅炉水位控制系统

12. 某反应器工艺规定操作温度为（800±10）℃。为确保生产安全，控制中温度最高不得超过 850℃。现测得该系统在阶跃扰动下的过渡过程曲线如图 1-16 所示。试分别求出稳态误差、衰减比和过渡过程时间，并说明该系统是否满足工艺要求？

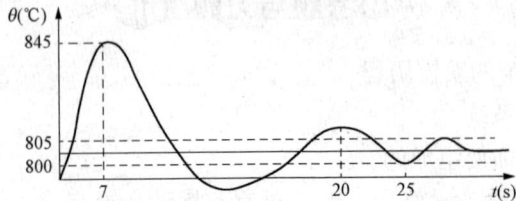

图 1-16　某反应器温度控制系统过渡过程曲线

第二章　过程对象动态特性和建模

过程对象又称被控系统或被控对象。过程对象特性分为静态特性和动态特性两种，它是分析、设计、调试过程控制系统最主要的依据。过程对象动态特性用描述其输入/输出之间关系的微分方程或传递函数表示，它就是我们常说的过程对象数学模型。本章主要讲述过程对象动态特性和建模。

第一节　过程对象动态特性的结构参数

过程对象是指生产过程中的各种过程设备，如水箱、热交换器、加热炉、流体输送设备、储液罐、储气罐、锅炉、汽轮机、精馏塔、反应器等。尽管它们的结构和生产过程的物理性质很不相同，但从控制观点来看，它们在本质上仍有许多相似之处。容量系数、传输阻力和传递迟延是过程对象共有的结构参数。

一、影响过程对象动态特性的结构参数

（一）容量系数

容量系数是衡量过程对象存储物质（或能量）能力的一个物理量，其定义为被控量变化一个单位时所需要对象物质存储量的变化量，称为对象容量系数。其数学表达式为

$$C = \frac{\mathrm{d}G}{\mathrm{d}h} \tag{2-1}$$

式中：C 为对象容量系数；$\mathrm{d}G$ 为对象物质存储量的变化量；$\mathrm{d}h$ 为被控量的变化量。

以单容水箱为例，如图 2-1 所示。图中，A 为水箱横截面积，Q_1 为流入量，Q_2 为流出量，h 为水箱水位，l 为调节阀门1到水箱的距离。

在 $\mathrm{d}t$ 时间内水位变化 $\mathrm{d}h$，水箱内储水量变化为

$$\mathrm{d}G = (Q_1 - Q_2)\mathrm{d}t = A\mathrm{d}h \tag{2-2}$$

根据容量系数定义，单容水箱容量系数为

$$\frac{\mathrm{d}G}{\mathrm{d}h} = A \tag{2-3}$$

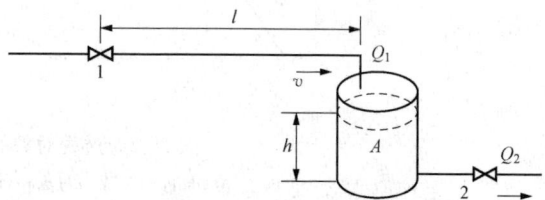

图 2-1　单容水箱示意

可见单容水箱容量系数在数值上等于水箱横截面积 A。被控对象容量系数在动态过程中表现为惯性。

（二）传输阻力

传输阻力是影响过程对象物质（或能量）传输的一个物理量。物质（或能量）在传输过程中总是要遇到或大或小的阻力，因此需要给予推动物质（或能量）流动的差压，如水位差、温度差等。其定义为物质（或能量）在传输过程中，其流量每变化一个单位所需要的流动差压的变化，称为传输阻力，简称阻力。其数学表达式为

$$R = \frac{\mathrm{d}h}{\mathrm{d}Q} \tag{2-4}$$

式中：R 为传输阻力；$\mathrm{d}h$ 为流动差压的变化量；$\mathrm{d}Q$ 为物质（或能量）流量的变化量。

在图 2-1 中，水箱流出水量 $\mathrm{d}Q_2$ 每变化一个单位所需要水位变化 $\mathrm{d}h$ 的多少，取决于流出侧阀门阻力，其表达式为

$$R = \frac{\mathrm{d}h}{\mathrm{d}Q_2} \tag{2-5}$$

被控对象阻力使水箱在动态过程中表现出自平衡能力。

（三）传递迟延

传递迟延是衡量被调量变化时刻落后于扰动发生时刻长短的物理量。其定义为在传输过程中物质（或能量）流入时刻与流出时刻之差，称为对象传递迟延。由于迟延是物质（或能量）在传输过程中因传输距离的存在而产生的，所以又称为传输迟延。其数学表达式为

$$\tau = \frac{l}{v} \tag{2-6}$$

式中：τ 为传递迟延时间；l 为传输距离；v 为传输速率。

在图 2-1 中水箱流入侧传输迟延是

$$\tau_0 = \frac{l}{v} \tag{2-7}$$

式中：τ_0 为水箱流入侧传递迟延时间；l 为阀门 1 到水箱的传输距离；v 为水的流速。

被控对象传递迟延在动态过程中表现为纯迟延。

二、过程对象动态特性的特点

尽管过程对象结构上千差万别，比较复杂，但其动态特性有共同之处。大量现场测试表明过程对象的阶跃响应曲线大致分为两类，如图 2-2 所示。

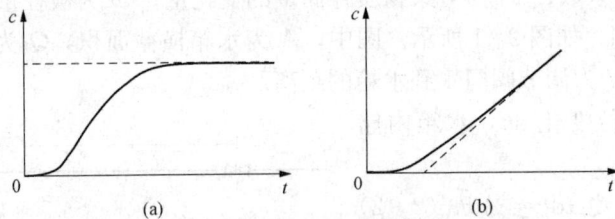

图 2-2 过程对象的阶跃响应曲线
(a) 有自平衡能力对象；(b) 无自平衡能力对象

有自平衡能力对象是指被控对象受到扰动后，被调量靠自身能力能够再次稳定下来的对象；无自平衡能力对象是指被控对象受到扰动后，被调量靠自身能力不能再次稳定下来的对象。从图 2-2 可以看出，过程对象动态特性一般具有以下特点：

（1）被调量变化是不振荡的。

（2）被调量在扰动发生的开始阶段有迟延和惯性。

（3）在阶跃响应曲线的最后阶段，被调量可能达到新的平衡（有自平衡能力）；也可能不断变化且不再平衡下来（无自平衡能力）。

第二节　有自平衡能力对象的动态特性

有自平衡能力对象主要分为单容对象和多容对象。单容对象是指由一个集中容积和阻力组成的对象；多容对象是指由多个集中容积和阻力组成的对象。

一、单容对象的动态特性

以单容水箱为例，如图 2-3 所示。图中，输入量为阀门 1 开度 μ_1，输出量为水箱水位 h，A 为水箱横截面积，Q_1 为流入量，Q_2 为流出量，R_2 为阀门 2 阻力，K_μ 为阀门 1 流量系数。

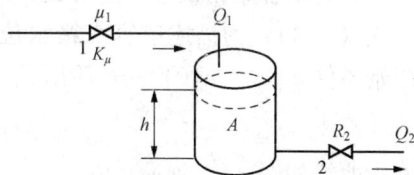

（一）阶跃响应

图 2-3　单容水箱示意

设 $t=0$ 时刻前，水箱系统处于平衡状态，即流入量 $Q_1(0)$ 等于流出量 $Q_2(0)$，水位稳定在某一值 $h(0)$，流入侧控制阀 1 开度为 $\mu_1(0)$，流出侧阀门 2 开度保持不变，在 $t=0$ 瞬间突然把控制阀门 1 开大 $\Delta\mu$，水箱水位 h 变化曲线如图 2-4 所示。

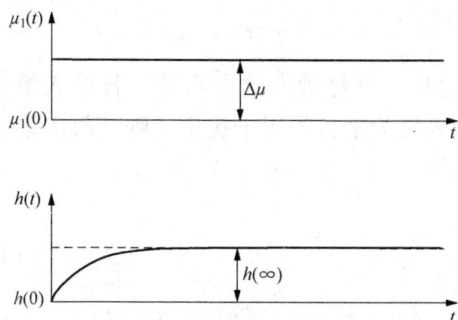

图 2-4　单容水箱水位阶跃响应曲线

从图 2-4 可看出，水箱水位在受到流入侧的流入量阶跃输入后，开始上升速度较大，随后速度越来越小，最后变化速度为零。从水位 h 数值上看，在扰动开始后并没有立即上升，而是经过一段时间慢慢上升到稳态值。从反应扰动的观点看，单容水箱具有惯性；从受到扰动后无需外部干预水位仍然能够恢复到稳定状态来看，单容水箱水位对象具有自平衡能力。

（二）动态方程和传递函数

为书写方便，在下面的讨论中均设 $t=0$ 时刻前的参数值 $Q_1(0)$、$Q_2(0)$、$h(0)$ 为起始零值，即 $Q_1(0)=0$、$Q_2(0)=0$、$h(0)=0$，则 Q_1、Q_2、h 都代表它们偏离初始平衡状态的变化值，即 $h=\Delta h$、$Q_1=\Delta Q_1$、$Q_2=\Delta Q_2$。

设输入量为调节阀 1 开度 μ_1，输出量为水箱水位 h，根据物质平衡原理可写出下列方程。

对水箱来说，在 dt 时间内，流入水箱水量 Q_1 减去流出水箱水量 Q_2 等于水箱的净存水量 Adh，即

$$A\frac{dh}{dt} = Q_1 - Q_2 \tag{2-8}$$

对流入侧阀门 1 来说，调节阀开度 μ_1 与流入量 Q_1 之间的关系为

$$Q_1 = K_\mu \mu_1 \tag{2-9}$$

对流出侧阀门 2 来说，当流出侧阀门 2 开度不变且水箱水位 h 变化时，流出侧阀门 2 进出口差压变化，因而引起流出量 Q_2 变化，当水位变化范围较小时，阀门 2 阻力 R_2 可近似看成常数，即

$$R_2 = \frac{h}{Q_2} \tag{2-10}$$

整理式（2-8）～式（2-10）得单容水箱水位动态方程为

$$T\frac{dh}{dt}+h=K\mu_1 \tag{2-11}$$

$$T=AR_2$$

$$K=K_\mu R_2$$

式中：T 为单容水箱惯性时间常数；K 为单容水箱放大倍数。

式（2-11）为描述单容水箱水位对象动态特性的微分方程，它为一阶线性微分方程，在初始条件 $h\mid_{t=0}=h(0)=0$，阶跃输入 $\mu_1=\Delta\mu$ 时的解为

$$h(t)=K\Delta\mu(1-e^{-\frac{t}{T}}) \tag{2-12}$$

其响应曲线如图 2-4 所示。

对式（2-11）两边分别取拉普拉斯变换，整理后可得单容水箱水位对象传递函数为

$$\frac{H(s)}{\mu_1(s)}=\frac{K}{Ts+1} \tag{2-13}$$

（三）特征参数

描述有自平衡能力单容对象动态特性的特征参数主要有放大系数 K、时间常数 T、自平衡率 ρ、响应速度 ε。

1. 放大系数 K

放大系数 K 是指对象输出稳态值与输入稳态值之比，又称静态放大系数。若输入量来自调节阀，其放大系数称为调节通道放大系数；若输入量为来自外界干扰量，则其放大系数称为干扰通道放大系数。

当 $t\to\infty$ 时，式（2-12）可写成

$$h(\infty)=K\Delta\mu \tag{2-14}$$

所以单容水箱水位对象调节通道放大系数为

$$K=\frac{h(\infty)}{\Delta\mu} \tag{2-15}$$

2. 时间常数 T

时间常数 T 是指当对象受到阶跃输入后，输出（被调量）达到新稳态值的 63.2% 所需要的时间。显然时间常数越大，被调量变化越慢，达到新稳态值所需要的时间也越长。

将 $t=T$ 代入式（2-12）可得

$$h(T)=K\Delta\mu(1-e^{-1})\approx0.632K\Delta\mu \tag{2-16}$$

将式（2-14）代入式（2-16）可得

$$h(T)=0.632h(\infty) \tag{2-17}$$

3. 自平衡率 ρ

自平衡率 ρ 是指被调量每变化一个单位所能克服的扰动量，其数学表达式为

$$\rho=\frac{\Delta\mu}{h(\infty)} \tag{2-18}$$

将式（2-14）代入式（2-18）可得

$$\rho=\frac{1}{K} \tag{2-19}$$

也就是说，单容水箱水位对象自平衡率与放大系数互为倒数。两者均为表示对象自平衡

能力的参数。

4. 响应速度 ε

响应速度（飞升速度）是指在单位阶跃输入下，被调量的最大变化速度，即

$$\varepsilon = \frac{\left.\dfrac{\mathrm{d}h}{\mathrm{d}t}\right|_{\max}}{\Delta\mu} \tag{2-20}$$

对单容水箱来说，$t=0$ 时被调量的变化速度最大，即

$$\left.\frac{\mathrm{d}h}{\mathrm{d}t}\right|_{\max} = \left.\frac{\mathrm{d}h}{\mathrm{d}t}\right|_{t=0} = \frac{K\Delta\mu}{T} \tag{2-21}$$

因此

$$\varepsilon = \frac{\left.\dfrac{\mathrm{d}h}{\mathrm{d}t}\right|_{\max}}{\Delta\mu} = \frac{K}{T} \tag{2-22}$$

若 ε 大，则说明在单位阶跃输入下，被调量的最大变化速度大，即响应曲线陡，惯性小；反之，若 ε 大，则说明惯性大。

（四）对象结构参数对单容水箱水位动态特性的影响

下面分析容量系数和传输阻力对单容水箱水位动态特性的影响。

1. 容量系数对单容水箱水位动态特性的影响

根据容量系数定义可知，单容水箱水位对象容量系数就是水箱横截面积 A。水箱横截面积 A 越大，同样大小的不平衡流量（Q_1-Q_2），水箱水位 h 变化的速度就越小，即抵抗扰动的能力强。图 2-5 是水箱流出侧阻力不变，同一阶跃输入下水箱横截面积不同时的两条飞升特性曲线。

由图 2-5 可见，水箱横截面积 A 越大，飞升曲线越平缓，即时间常数 T 越大。也就是说，对象容量系数越大，其惯性越大。

2. 传输阻力对单容水箱水位动态特性的影响

根据传输阻力定义可知，被控对象阻力使水箱在动态过程中表现出自平衡能力。图 2-6 是水箱横截面积 A 不变，阶跃输入量相同，单容水箱流出侧阻力分别为 R_1 和 R_2 时的飞升特性曲线。可见对象传输阻力增大后，其稳态值增大，对象自平衡能力下降。

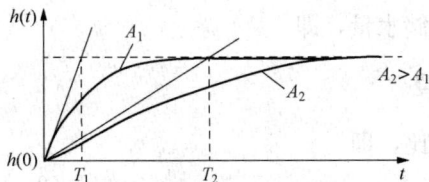

图 2-5　容量系数对单容水箱水位动
　　　　态特性的影响

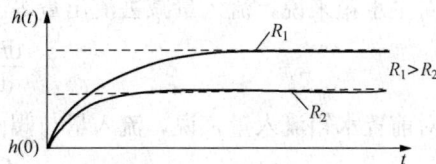

图 2-6　传输阻力对单容水箱水位动态特性的影响

二、多容对象的动态特性

多容对象是指有两个（或更多）储存能量或物质容积的对象。多容对象用高阶微分方程描述。为分析方便，这里以双容水箱为例来分析其动态特性。

双容水箱如图 2-7 所示。它由两个单容水箱串联组成，水箱 1 为前置水箱，水箱 2 为

主水箱。前置水箱流入量为 Q_0，横截面积为 A_1，水位为 h_1，流入侧阀门开度为 μ，流出侧传输阻力为 R_1；主水箱流入量为 Q_1，流出量为 Q_2，横截面积为 A_2，水位为 h_2，流出侧传输阻力为 R_2。设双容水箱的输入量为前置水箱流入侧阀门开度 μ，输出量为主水箱水位 h_2。

（一）阶跃响应

设 $t=0$ 时刻前，双容水箱处于平衡状态，控制阀开度为 $\mu(0)$，前置水箱流入量为 $Q_0(0)$，流出侧阻力为 R_1，流出量为 $Q_1(0)$，水位为 $h_1(0)$；主水箱流入量为前置水箱流出量，流出侧阻力为 R_2，流出量为 $Q_2(0)$，水位为 $h_2(0)$，流出侧阀门开度保持不变。$t=0$ 时刻控制阀阶跃输入（增加）$\Delta\mu$，主水箱水位响应曲线如图 2-8 所示。

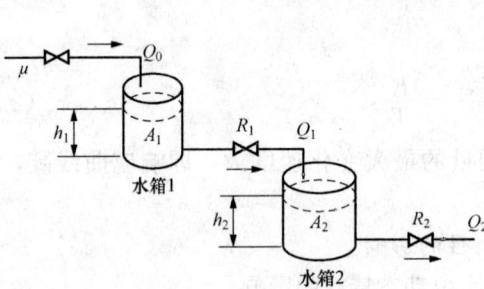

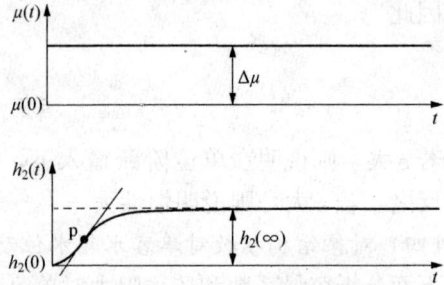

图 2-7　双容水箱示意　　　　　　　图 2-8　双容水箱水位对象的阶跃响应

从图 2-8 可看出，开始 h_2 随着不平衡流量（Q_1-Q_2）的逐渐增大而缓慢上升，且上升速度逐渐增大，到达曲线上 p 点时上升速度最大；p 点以后，h_2 随着不平衡流量（Q_1-Q_2）的逐渐减小而缓慢上升，且上升速度逐渐减小，直到稳定为止。h_2 的整个变化过程是一条 S 形变化曲线，p 点就是 S 形曲线的拐点，也是水位上升速度最快的点。

（二）动态方程和传递函数

为分析方便，假设起始平衡状态 $Q_0(0)=0$，$Q_1(0)=0$，$Q_2(0)=0$，$h_1(0)=0$，$h_2(0)=0$，$\mu(0)=0$。根据物质平衡原理，可写出下列方程。

对前置水箱来说，流入量减去流出量等于前置水箱的储水量，即

$$A_1\frac{\mathrm{d}h_1}{\mathrm{d}t}=Q_0-Q_1 \tag{2-23}$$

对主水箱来说，流入量减去流出量等于主水箱的储水量，即

$$A_2\frac{\mathrm{d}h_2}{\mathrm{d}t}=Q_1-Q_2 \tag{2-24}$$

对前置水箱流入量来说，流入量与阀门开度成正比，即

$$Q_0=K_\mu\mu \tag{2-25}$$

式中：K_μ 为前置水箱流入侧阀门流量系数。

对前置水箱流出量来说，流出量与流出侧阀门前后差压 h_1 成正比，与流出侧阻力 R_1 成反比，即

$$Q_1=\frac{h_1}{R_1} \tag{2-26}$$

对主水箱流出量来说，流出量与流出侧阀门前后差压 h_2 成正比，与流出侧阻力 R_2 成反比，即

$$Q_2 = \frac{h_2}{R_2} \tag{2-27}$$

综合式（2-23）～式（2-27）可得双容水箱水位对象动态方程为

$$T_1 T_2 \frac{\mathrm{d}^2 h_2}{\mathrm{d}t^2} + (T_1 + T_2) \frac{\mathrm{d}h_2}{\mathrm{d}t} + h_2 = K\mu \tag{2-28}$$

$$T_1 = R_1 A_1$$

$$T_2 = R_2 A_2$$

$$K = R_2 K_\mu$$

式中：T_1 为前置水箱时间常数；T_2 为主水箱时间常数；K 为双容水箱水位对象放大系数。

K 是一个线性二阶微分方程，初始条件为零时的解为

$$h_2(t) = K\mu \left(1 - \frac{T_1}{T_1 - T_2} \mathrm{e}^{-\frac{t}{T_1}} + \frac{T_2}{T_1 - T_2} \mathrm{e}^{-\frac{t}{T_2}} \right) \tag{2-29}$$

其响应曲线如图 2-8 所示，它为二阶非周期过程。

对式（2-28）两边同时取拉普拉斯变换，并进行整理可得双容水箱水位对象传递函数为

$$\frac{H_2(s)}{\mu(s)} = \frac{K}{(T_1 s + 1)(T_2 s + 1)} \tag{2-30}$$

式（2-30）表明，图 2-8 所示的双容水箱水位对象是一个二阶惯性环节，由两个一阶惯性环节串联而成。

通过对双容水箱水位对象的分析，可推知多容对象的动态特性。多容对象具有多个容积，其动态特性用高阶微分方程描述。对象容积个数越多，其动态方程阶次越高，容积迟延也就越大。有自平衡能力的多容对象可用式（2-31）所示的传递函数近似描述，即

$$G(s) = \frac{K}{(T_1 s + 1)(T_2 s + 1) \cdots (T_n + 1)} \quad \text{或} \quad G(s) = \frac{K}{(Ts + 1)^n} \tag{2-31}$$

（三）特征参数

多容对象动态特性可用下列两组特征参数描述。

1. 第一组特征参数

设多容对象的阶跃响应曲线如图 2-9 所示，过拐点 p 做切线，交初值与终值线于 a、b 两点，第一组特征参数定义如下。

（1）容积迟延时间 τ_C。容积迟延时间是指 a 点所对应的时间 t_a，即

$$\tau_C = t_a \tag{2-32}$$

（2）时间常数 T_C。时间常数 T_C 是指线段 ab 在时间轴上的投影，其数学表达式为

$$T_C = \frac{c(\infty)}{\left. \frac{\mathrm{d}c}{\mathrm{d}t} \right|_{t=p}} \tag{2-33}$$

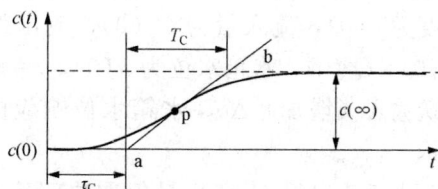

图 2-9 多容对象的阶跃响应曲线

（3）放大系数 K。放大系数 K 是指输出稳态值与输入幅值之比，即

$$K = \frac{c(\infty)}{\Delta \mu} \tag{2-34}$$

2. 第二组特征参数

设多容对象的阶跃响应曲线如图 2-10 所示，过拐点 p 做切线，交初值与终值线于 a、b 两点，第二组特征参数定义如下。

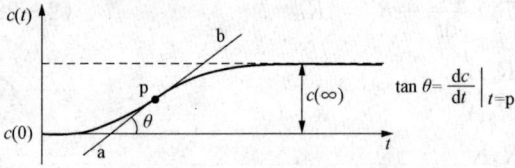

图 2-10　多容对象的阶跃响应曲线

（1）自平衡率 ρ。与单容对象自平衡率定义相同，即

$$\rho = \frac{\Delta\mu}{c(\infty)} \qquad (2-35)$$

式中：$\Delta\mu$ 为阶跃输入幅值；$c(\infty)$ 为被调量稳态值。

（2）响应速度 ε。与单容对象响应速度定义相同，即

$$\varepsilon = \frac{\dfrac{\mathrm{d}c}{\mathrm{d}t}\Big|_{t=p}}{\Delta\mu} \qquad (2-36)$$

式中：$(\mathrm{d}c/\mathrm{d}t)_{t=p}$ 为拐点处斜率。

（3）迟延时间 τ。迟延时间是指 a 点所对应的时间 t_a，即

$$\tau = t_a \qquad (2-37)$$

式中：t_a 为 a 点所对应的时间。

第三节　无自平衡能力对象的动态特性

无自平衡能力对象是指对象在受到扰动后，其被调量不能依靠对象自身能力使之趋于某一稳定值。与有自平衡能力对象相似，无自平衡能力对象也分为单容对象和多容对象。

一、无自平衡能力单容对象的动态特性

以无自平衡能力单容水箱为例，其示意如图 2-11 所示。Q_1 为流入量，Q_2 为流出量，A 为水箱横截面积，μ 为流入侧阀门开度，h 为水箱水位。它与有自平衡能力单容水箱在结构上的区别是水箱的流出量 Q_2 由容积泵强制打出，Q_2 大小取决于容积泵的容量和转速，而与水箱水位高低无关。

（一）阶跃响应

设 $t=0$ 时刻前，水箱系统处于平衡状态，控制阀开度为 $\mu(0)$，流入量为 $Q_1(0)$，流出量为 $Q_2(0)$，且 $Q_1(0)=Q_2(0)$，水箱水位为 $h(0)$。$t=0$ 时刻，控制阀阶跃输入（增加）$\Delta\mu$，水箱水位响应曲线如图 2-12 所示。

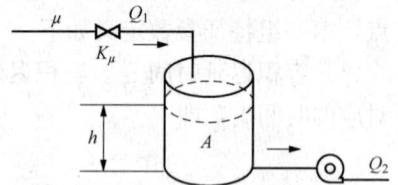

图 2-11　无自平衡能力单容水箱示意

由于流出量 Q_2 变化量仅取决于容积泵工作状态，因此水箱储水量变化等于流入量 Q_1 的变化量。自扰动发生后不平衡流量恒为 ΔQ_1，使水位以初始速度线性上升，直到水箱盛满水从顶部溢出为止。可见无自平衡能力单容水箱水位对象为积分环节。

（二）动态方程和传递函数

设初始状态为零，即 $Q_1(0)=0$，$Q_2(0)=0$，$h(0)=0$，$\mu(0)=0$。根据物质平衡原理可得如下方程。

对水箱流入侧阀门来说，水箱流入量 Q_1 与阀门开度成正比，即

$$Q_1 = K_\mu \mu \qquad (2-38)$$

式中：K_μ 为水箱流入侧阀门流量系数。

对水箱来说，水箱流入量的变化等于水箱储水量的变化，即

$$A \frac{dh}{dt} = Q_1 \qquad (2-39)$$

综合式（2-38）和式（2-39）可得无自平衡能力单容水箱水位对象动态方程为

$$T \frac{dh}{dt} = K\mu \qquad (2-40)$$

图 2-12 无自平衡能力单容水箱水位对象的阶跃响应

其中，$T=A$，$K=K_\mu$。

初始条件为零，阶跃输入量为 $\Delta\mu$ 时的解

$$h(t) = \frac{K\Delta\mu}{T} t \qquad (2-41)$$

由式（2-41）绘制出的曲线如图 2-12 所示，为一斜率为 $K\Delta\mu/T$ 的直线。

对式（2-40）两边分别取拉普拉斯变换，整理得无自平衡能力单容水箱水位对象传递函数为

$$\frac{H(s)}{\mu(s)} = \frac{K}{Ts} \qquad (2-42)$$

（三）特征参数

1. 飞升时间 T_a

无自平衡能力单容对象飞升时间是指当对象受到阶跃输入后，输出达到和输入相同数值时所需的时间，如图 2-12 所示 T_a。显然飞升时间 T_a 越大，被调量变化越慢，输出对输入变化的反应越慢；反之 T_a 越小，被调量变化越快，输出对输入变化的反应越快。

2. 飞升速度 ε

根据飞升速度定义，无自平衡能力单容水箱水位对象飞升速度为

$$\varepsilon = \frac{\left.\dfrac{dh}{dt}\right|_{t=0}}{\Delta\mu} = \frac{1}{T_a} \qquad (2-43)$$

也就是说，无自平衡能力单容水箱水位对象飞升速度与飞升时间互为倒数。

3. 自平衡率 ρ

根据对象自平衡率定义，无自平衡能力单容水箱水位对象自平衡率为

$$\rho = 0 \qquad (2-44)$$

（四）对象结构参数对其动态特性的影响

对象飞升时间 T_a（或飞升速度 ε）是描述无自平衡能力单容对象的特征参数。T_a 和 ε 是由对象结构参数，即容量系数 C 确定。由式（2-42）可知，飞升时间与水箱横截面积的关系是

$$T_a = \frac{A}{K_\mu} \qquad (2-45)$$

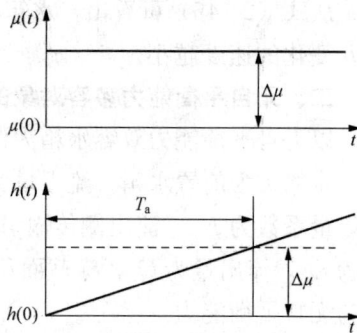

从式（2-45）可看出，水箱横截面积 A 越大，飞升时间 T_a 越大，同样扰动量作用下水位 h 变化的速度越小。

二、无自平衡能力多容对象的动态特性

以无自平衡能力双容水箱为例进行分析，无自平衡能力双容水箱水位对象如图 2-13 所示。水箱 1 为前置水箱，流入量为 Q_0，流出量为 Q_1，横截面积为 A_1，水位为 h_1，流入侧阀门流量系数为 K_μ，流出侧传输阻力为 R_1，其流出侧有自平衡能力；水箱 2 为主水箱，流入量为 Q_1，流出量为 Q_2，横截面积为 A_2，水位为 h_2，流出量 Q_2 由容积泵强制打出，其流出侧为无自平衡能力。

（一）阶跃响应

设 $t=0$ 时刻前，双容水箱对象处于平衡状态。调节阀开度为 $\mu(0)$，前置水箱流入量为 $Q_0(0)$，流出侧阻力为 R_1，流出量为 $Q_1(0)$，水位为 $h_1(0)$；主水箱流入量为前置水箱流出量，流出量为 $Q_2(0)$，水位为 $h_2(0)$，流出侧容积泵的流出量保持不变。$t=0$ 时刻调节阀阶跃输入（增加）$\Delta\mu$，主水箱水位响应曲线如图 2-14 所示。

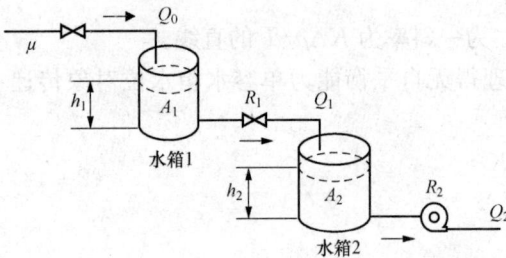

图 2-13　无自平衡能力双容水箱水位对象　　　　图 2-14　无自平衡能力双容水箱水位对象的阶跃响应曲线

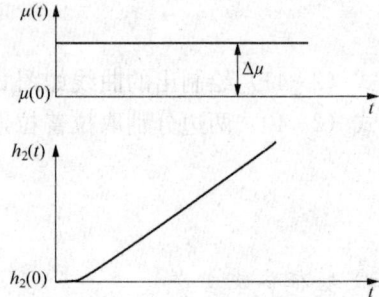

从图 2-14 可看出，开始 h_2 随着不平衡流量 Q_1 逐渐增大而缓慢上升，且上升速度逐渐增大，当 Q_1 不变化时，水位 h_2 上升速度也不变化了，此时水位 h_2 上升速度最大。

（二）动态方程和传递函数

为方便分析，假设起始平衡状态 $Q_0(0)=0$，$Q_1(0)=0$，$Q_2(0)=0$，$h_1(0)=0$，$h_2(0)=0$，$\mu(0)=0$。根据物质平衡原理，可写出下列方程。

对前置水箱来说，流入量减去流出量等于前置水箱的储水量，即

$$A_1 \frac{\mathrm{d}h_1}{\mathrm{d}t} = Q_0 - Q_1 \qquad (2-46)$$

对主水箱来说，流入量等于主水箱的储水量，即

$$A_2 \frac{\mathrm{d}h_2}{\mathrm{d}t} = Q_1 \qquad (2-47)$$

对前置水箱流入侧阀门来说，流入量与阀门开度成正比，即

$$Q_0 = K_\mu \mu \qquad (2-48)$$

式中：K_μ 为前置水箱流入侧阀门流量系数。

对前置水箱流出侧阀门来说，流出量与流出侧阀门前后差压 h_1 成正比，与流出侧阻力 R_1 成反比，即

$$Q_1 = \frac{h_1}{R_1} \tag{2-49}$$

综合式（2-46）~式（2-49），得无自平衡能力双容水箱水位对象动态方程为

$$T_1 T_2 \frac{\mathrm{d}^2 h_2}{\mathrm{d}t^2} + T_2 \frac{\mathrm{d}h_2}{\mathrm{d}t} = K\mu \tag{2-50}$$

$$T_1 = R_1 A_1$$
$$T_2 = A_2$$
$$K = K_\mu$$

式中：T_1 为前置水箱时间常数；T_2 为主水箱时间常数；K 为双容水箱水位对象放大系数。

初始条件为零，阶跃输入量为 $\Delta\mu$ 时的解为

$$h_2(t) = \frac{K\Delta\mu}{T_2}\left[t - T_1(1 - \mathrm{e}^{-\frac{t}{T_1}})\right] \tag{2-51}$$

其响应曲线如图 2-14 所示。

对式（2-50）两边取拉普拉斯变换，并整理可得双容水箱水位对象传递函数为

$$\frac{H_2(s)}{\mu(s)} = \frac{K}{T_2 s(T_1 s + 1)} \tag{2-52}$$

式（2-52）表明，图 2-14 所示的无自平衡能力双容水箱水位对象是由积分环节和一阶惯性环节串联而成的二阶非周期不稳定对象。

通过对无自平衡能力双容水箱水位对象的分析，可推知无自平衡能力多容对象动态特性。无自平衡能力多容对象具有多个容积，其动态特性也用高阶微分方程描述，但微分方程的常数项系数为零。对象容积个数越多，其动态方程阶次越高，容积迟延也就越大。无自平衡能力多容对象可用下列传递函数近似描述。

$$G(s) = \frac{K}{T_1 s(T_2 s + 1)\cdots(T_{n-1} + 1)}$$

或

$$G(s) = \frac{K}{Ts(T_0 s + 1)^{n-1}} \tag{2-53}$$

（三）特征参数

无自平衡能力多容对象动态特性可用下列两组特征参数描述。

1. 第一组特征参数

设无自平衡能力多容对象的阶跃响应曲线如图 2-15 所示。

做响应曲线直线段的渐近线，交时间轴为 a 点，$\Delta\mu$ 为阶跃输入幅值。第一组特征参数的定义如下。

（1）飞升时间 T_a。飞升时间 T_a 定义与无自平衡能力单容对象的相同，即当对象受到阶跃输入后，输出达到和输入相同数值时所需的时间，如图 2-15 所示。

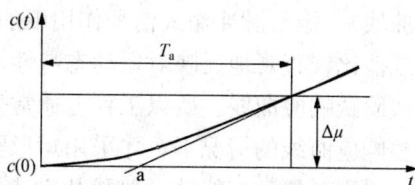

图 2-15 无自平衡能力多容对象的阶跃响应曲线

（2）迟延时间 τ。迟延时间是指交点 a 所对应的时间，即

$$\tau = T_a \tag{2-54}$$

2. 第二组特征参数

设无自平衡能力多容对象的阶跃响应曲线如图 2-16 所示，做响应曲线直线段的渐近

线，交时间轴为 a 点，与时间轴的夹角为 θ。第二组特征参数定义如下。

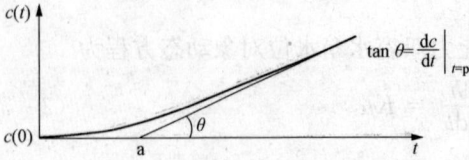

图 2-16　无自平衡能力多容对象的阶跃响应曲线

（1）飞升速度 ε。根据飞升速度定义可知，无自平衡能力多容对象飞升速度为

$$\varepsilon = \frac{\dfrac{\mathrm{d}c}{\mathrm{d}t}\bigg|_{t=\infty}}{\Delta\mu} = \frac{1}{T_\mathrm{a}} \qquad (2-55)$$

（2）迟延时间 τ。与第一组定义相同，即

$$\tau = t_\mathrm{a} \qquad (2-56)$$

第四节　过程对象现场测试建模

一、过程对象动态特性的测试方法

严格地讲，过程对象是用高阶非线性微分方程描述的复杂对象。首先通过对被控对象的机理分析，在一定假设条件下求出其动态方程，然后进行线性化处理，这是一种比较复杂的工作，一般只用来描述新研制对象的动态特性。对运行中的过程对象，用试验方法测定其动态特性是一种行之有效的方法，也是工程中常用的方法。用试验法测定对象动态特性，根据试验时加到对象上扰动信号形式的不同，分为时域法、频域法和相关统计法。其中时域法是目前应用最多的方法，其主要内容是首先人为地给对象加扰动信号，记录其响应曲线，然后根据该曲线求取对象传递函数。这里主要介绍时域法。

（一）被控对象响应曲线测定方法

被控对象响应曲线测定系统框图如图 2-17 所示。

图 2-17 中，记录仪表采用专用快速记录仪或多笔 x-y 记录仪或计算机。记录仪表除记录被控对象输入、输出信号外，同时还要记录影响被控对象输入、输出信号的其他参数，以供分析测试结果时参考。

图 2-17　被控对象响应曲线测定系统框图

作用到对象的输入信号一般有阶跃输入信号和矩形脉冲输入信号两种。阶跃输入信号作用下的对象动态特性称为阶跃响应曲线（飞升曲线）。矩形脉冲输入信号作用下的对象动态特性称为矩形脉冲响应曲线。由于阶跃响应曲线能比较直观地反映对象动态特性，其特征参数可直接读取，而矩形脉冲响应曲线需要转换成阶跃响应曲线，所以工程上通常采用阶跃输入信号。在采用阶跃输入信号无法测得一条完整响应曲线的情况下，才采用矩形脉冲输入信号。

过程对象动态特性一般随扰动来源的不同而不同，调节阀扰动下的动态特性是最重要的，其次是负荷扰动下的动态特性，因此工程中总是测试调节阀扰动下的对象动态特性，有条件时也测试其他扰动下的动态特性。由于测试时扰动信号要通过调节阀作用到对象，被控参数需要经检测元件、变送器的仪表测量转换、记录仪表的记录，所以测试结果实际上包括了调节阀、检测仪表、转换仪表及记录仪表在内的广义对象动态特性。

（二）矩形脉冲响应曲线转换成阶跃响应曲线

设过程对象矩形脉冲响应 $c(t)$，如图 2-18 所示。

图 2-18 中，矩形脉冲输入 $u(t)$ 可视为两个阶跃输入的叠加，它们的幅度相等但方向相反，且开始作用时间不同，因此

$$u(t) = u_1(t) - u_1(t - \Delta t) \qquad (2-57)$$

假设对象无明显非线性，则矩形脉冲响应就是两个阶跃响应之和，即

$$c(t) = c_1(t) - c_1(t - \Delta t) \qquad (2-58)$$

所求的阶跃响应即为

$$c_1(t) = c(t) + c_1(t - \Delta t) \qquad (2-59)$$

根据式（2-59）可用逐段递推的作图方法得到阶跃响应 $c_1(t)$，具体做法如下。

（1）将时间轴按 Δt 分成 n 等份，在 $0 \sim t_1 = \Delta t$ 区间，阶跃响应曲线与矩形脉冲响应曲线重合，即

$$c_1(t) = c(t) \qquad 0 < t \leqslant t_1 \qquad (2-60)$$

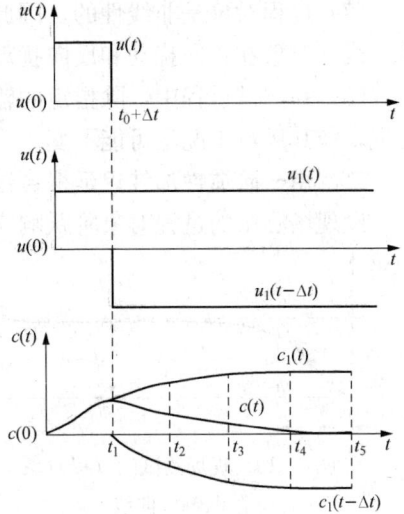

图 2-18　由过程对象矩形脉冲响应确定阶跃响应

（2）在 $t_1 \sim t_2 = t_1 + \Delta t$ 区间，有

$$c_1(t) = c(t) + c_1(t - \Delta t) \qquad (2-61)$$

（3）依此类推，最后得到完整的阶跃响应曲线 $c_1(t)$。

（三）测试过程中应注意的问题

虽然测试对象动态特性的阶跃输入试验方法很简单，但现场测试往往会遇到许多问题，为得到满意的测试结果，下面给出测试过程中应注意的几个问题。

（1）测试前应将对象调整到所需工况，并保持稳定运行一段时间。在做上升扰动试验时，输出量初始值应稳定在允许变动范围下限值；在做下降扰动试验时，输出量初始值应稳定在允许变动范围上限值。

（2）扰动量应足够大，以减少其他干扰信号对测试结果的相对影响，但扰动量又不宜过大，过大的扰动量会使对象本身非线性因素增大，有时还会影响设备正常运行。扰动量一般为对象额定负荷的 $10\% \sim 15\%$。

（3）扰动（通常是改变调节阀门的位移）加入时应尽量快。由于调节阀门只能以有限速度移动，所以在确定扰动起始时间时要做适当修正。设扰动开始到结束的时间为 Δt，则一般认为扰动是在 $0.5\Delta t$ 时刻加入的。

（4）测试应连续进行，直到输出信号接近于它的最终平衡值或等速变化值为止。阶跃响应曲线的最后一段往往变化很慢，因此在停止记录之后，应等待一段时间，看看输出信号是否真正达到稳态值。

（5）要仔细记录阶跃响应曲线的起始部分，因为这一部分数据的准确性对确定对象动态特性参数的影响很大。同时也要特别注意被调量在接近新稳态值时的情况，此时被调量变化速度越来越慢或按不变的速度变化下去。

（6）测试应在主要运行工况（如额定负荷、平均负荷、最大负荷、最小负荷）下进行，每一工况应重复几次，至少要得到两条基本相同的曲线，以消除偶然性干扰影响。

（7）过程对象是非线性的，因此同一工况应进行正、反两个方向测试，以检验对象非线性。线性对象在正向扰动和反向扰动下，两条响应曲线应该是一样的。

（8）在测试过程中，除指定的输入量做阶跃扰动外，应采取一切措施来防止其他扰动的发生，使其运行工况尽可能不变。

二、用一阶惯性加纯迟延拟合过程对象的测试建模

设现场测试的过程对象阶跃响应曲线如图 2-19 所示。

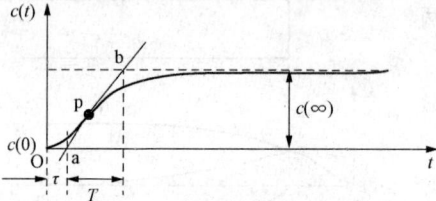

图 2-19 现场测试的过程对象阶跃响应曲线

由图 2-19 可知，该过程对象动态特性可用一阶惯性加纯迟延模型描述，即

$$G(s) = \frac{K}{Ts+1}e^{\tau s} \qquad (2-62)$$

这里需要确定的参数有过程静态放大系数 K、时间常数 T 和纯迟延时间 τ。

（一）切线法

过程静态放大系数 K 可用式（2-63）求取，其中，Δu 为阶跃输入幅值。

$$K = \frac{c(\infty) - c(0)}{\Delta u} \qquad (2-63)$$

为计算时间常数 T 和纯迟延时间 τ，在曲线拐点 p 处做切线，它与时间轴交于 a 点，与响应曲线稳态值渐近线交于 b 点，如图 2-19 所示，线段 ab 在时间轴上的投影就是时间常数 T，线段 Oa 就是纯迟延时间 τ。由于该方法是用一条向右平移的抛物线来拟合 S 形测试曲线，及切线画法有较大的随意性，所以该方法拟合程度较差。但该方法十分简单，直观明了，而且实践表明它可以成功地应用于 PID 调节器参数整定，故应用也比较广泛。

（二）两点法

针对切线法不够准确的缺点，现利用阶跃响应曲线上的两点来计算 T 和 τ 的值，而 K 值仍按式（2-63）计算。首先将 $c(t)$ 转换成无量纲形式 $c^*(t)$，即

$$c^*(t) = \frac{c(t)}{c(\infty)} \qquad (2-64)$$

无量纲形式的阶跃响应曲线如图 2-20 所示。

在图 2-20 的曲线上分别取 $c^*(t_1)=0.39$、$c^*(t_2)=0.63$ 两点对应的 t_1 和 t_2 值，则时间常数 T 和迟延时间 τ 可按式（2-65）计算。

$$\begin{cases} T = 2(t_2 - t_1) \\ \tau = 2t_1 - t_2 \end{cases} \qquad (2-65)$$

图 2-20 无量纲形式的阶跃响应曲线

由此计算出的 T 和 τ 正确与否，还可以在曲线上另取两点 $c^*(t_3)=0.55$、$c^*(t_4)=0.87$，按式（2-66）进行校验。

$$\begin{cases} t_3 = 0.8T + \tau \\ t_4 = 2T + \tau \end{cases} \qquad (2-66)$$

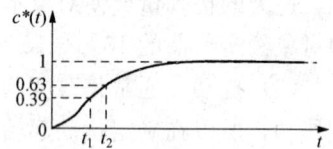

三、用二阶惯性加纯迟延拟合过程对象的测试建模

假设测得对象的阶跃响应曲线为带纯滞后的 S 形状，如图 2-21 所示。

若用具有纯滞后一阶对象传递函数近似不能满足工程要求时，则应考虑用具有纯滞后二阶对象传递函数作为数学模型，即

$$G(s) = \frac{Ke^{-\tau s}}{(T_1 s + 1)(T_2 s + 1)} \tag{2-67}$$

这里要确定的参数有 K、τ、T_1、T_2。静态放大系数 K 按式（2-68）计算，阶跃响应曲线 $c(t)$ 上开始出现变化的时刻就是纯滞后时间 τ。

$$K = \frac{c(\infty) - c(0)}{\Delta u} \tag{2-68}$$

将纯滞后时间 τ 作为响应曲线的起点（即截去纯滞后部分），并做无量纲化处理，其响应曲线如图 2-22 所示。

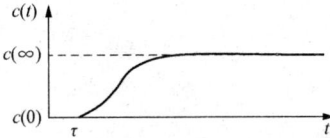

图 2-21　现场测试的过程对象阶跃响应曲线　　　　图 2-22　无量纲后的过程对象阶跃响应曲线

在曲线上找出 $c^*(t_1) = 0.4$ 和 $c^*(t_2) = 0.8$ 两点对应的时间 t_1 和 t_2，如图 2-22 所示，利用式（2-69）计算时间常数 T_1 和 T_2。

$$T_1 + T_2 \approx \frac{1}{2.16}(t_1 + t_2)$$

$$\frac{T_1 T_2}{(T_1 + T_2)^2} \approx \left(1.71 \frac{t_1}{t_2} - 0.55\right) \tag{2-69}$$

四、用 n 阶等容惯性拟合过程对象的测试建模

假设现场测试的过程对象阶跃响应曲线如图 2-23 所示。

若用二阶惯性加纯迟延拟合也不能满足工程要求，则也可将对象看成 n 阶等容惯性对象，其传递函数为

$$G(s) = \frac{K}{(Ts + 1)^n} \tag{2-70}$$

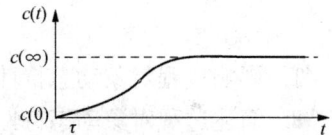

图 2-23　现场测试的过程对象
阶跃响应曲线

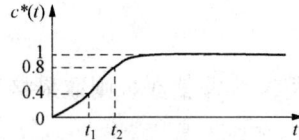

这里需要确定的参数有 K、T、n。静态传递系数 K 的求法与以前一样，即

$$K = \frac{c(\infty) - c(0)}{\Delta u} \tag{2-71}$$

时间常数 T 和阶次 n 的求法如下。

（一）切线法

过拐点 p 做切线，切线与时间轴及 $c(\infty)$ 水平线相交于 b、c 两点，可量得特征时间 T_C 及 τ 值，如图 2-24 所示。

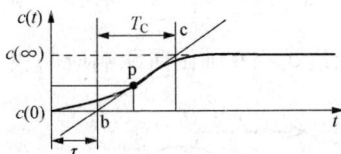

阶数 n 可按式（2-72）近似计算。

图 2-24　切线法求时间常数 T 和阶次 n

$$n = \frac{24\left(\frac{\tau}{T_C} + 0.12\right)}{2.93 + \frac{\tau}{T_C}} \tag{2-72}$$

时间常数 T 可按式（2-73）计算，即

$$T = \frac{\tau + 0.5 T_C}{n - 0.35} \tag{2-73}$$

（二）两点法

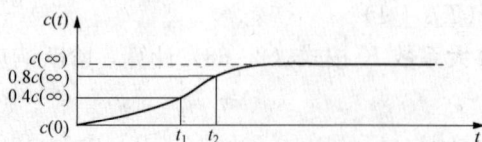

图 2 - 25　两点法求时间常数 T 和阶次 n

上述切线法简单易行，但切线不易做准。两点法避免做切线，只在阶跃响应曲线上选择 $c(t_1) = 0.4c(\infty)$ 和 $c(t_2) = 0.8c(\infty)$ 两个点，如图 2 - 25 所示。

n 和 T 可按式（2 - 74）近似计算，即

$$n \approx \left(\frac{1.075t_1}{t_2 - t_1} + 0.5\right)^2$$

$$T \approx \frac{t_1 + t_2}{2.16n} \tag{2 - 74}$$

若求得 n 为非整数，则取最接近的整数值。

本 章 小 结

本章首先讲述了影响过程对象特性的结构参数，它们是容量系数、传输阻力和传输迟延，介绍了过程对象动态特性的特点；然后重点讲述了有自平衡能力和无自平衡能力过程对象的动态特性，主要包括阶跃响应、动态方程、传递函数和特征参数；最后讲述了过程对象动态特性的现场测试及建模方法。

思考题与习题

1. 影响过程对象动态特性的结构参数有哪些？

2. 简述过程对象动态特性的测试方法。

3. 过程对象动态特性的主要特点是什么？

4. 举例说明什么是过程的自平衡能力？

5. 简述有自平衡能力单容对象动态特性的特征参数。

6. 有自平衡能力单容对象的放大系数 K 和时间常数 T 各与哪些因素有关，试从物理概念上加以说明，并解释 K、T 的大小对动态特性有何影响。

7. 有自平衡能力多容对象的容积迟延和纯迟延是如何定义的，有何差别？

8. 试写出描述有自平衡能力多容对象传递函数的近似表达式，并画出阶跃响应曲线的大致形状。

9. 简述无自平衡能力单容对象动态特性的特征参数。

10. 试写出描述无自平衡能力多容对象传递函数的近似表达式，并画出阶跃响应曲线的大致形状。

11. 储液罐示意如图 2 - 26 所示，图中，Q_1 为流入量，Q_2、Q_3 为流出量，A 为储液罐截面积，K_μ 为流入侧调节阀的流量系数，R_2、R_3 均为调节阀的线性液阻，试求：输入量为流入侧调节阀开度 μ、输出量为液位 h 时该储液罐的微分方程，并画出框图，求传递函数 $H(s)/\mu$

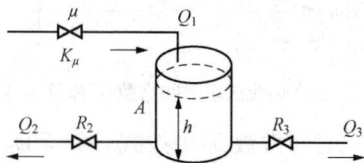

图 2 - 26　储液罐示意

(s)。

12. 双容水箱如图 2-27 所示,水箱 1 为前置水箱,水箱 2 为主水箱。前置水箱的流入量为 Q_0,截面积为 A_1,水位为 h_1,流入侧的阀门开度为 μ,流出侧的传输阻力为 R_1;主水箱的流入量为 Q_1,流出量(负荷)为 Q_2,截面积为 A_2,水位为 h_2,流出侧的传输阻力为 R_2。试求:当输入量为前置水箱流入侧阀门开度 μ、输出量为主水箱的水位 h_2 时该过程的微分方程,并画出框图,求传递函数 $H_2(s)/\mu(s)$。

13. 储气罐如图 2-28 所示,气罐的容积为 V,入口处气体压力 p_1 和气罐内气体温度 T 均为常数。假设:气罐内气体密度 ρ 在压力变化不大的情况下可视为常数,并等于入口处气体的密度;R_1 在进气量 Q_1 变化不大时可近似看作线性气阻。试求:用

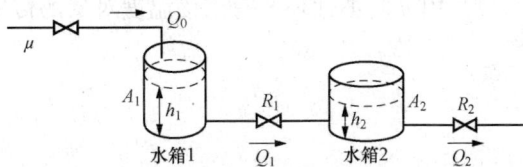

图 2-27 双容水箱示意

气量 Q_2 为输入量,气罐压力 p 为输出量时该过程的微分方程,并画出框图,求传递函数 $p(s)/Q_2(s)$。

14. 加热器系统示意如图 2-29 所示,假设加热量 Q_h 为常量。已知容器中水的热容量 $C_W=50\text{kJ}/℃$,加热器壁热容量 $C_m=16\text{kJ}/℃$。进出口水流量相等,均为 3kg/min,加热器内壁与水的对流传热量 $Q_{hi}=5\text{kJ}/(℃\cdot\text{min})$,加热器外壁对外界空气的散热量 $Q_{h0}=0.5\text{kJ}/(℃\cdot\text{min})$,求以外界空气温度 θ_a 为输入量,出口水温 θ_0 为输出量的温度对象传递函数。

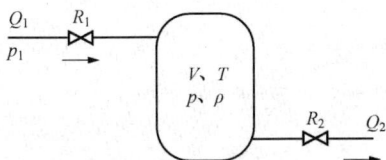

图 2-28 储气罐系统示意

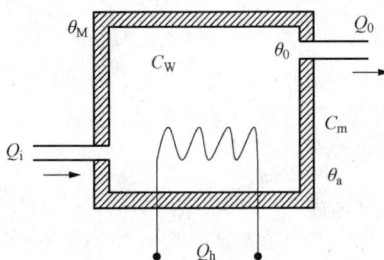

图 2-29 加热器系统示意

15. 当阶跃扰动量 $\Delta u=20\%$ 时,某液位对象的阶跃响应实验结果见表 2-1。

表 2-1　　　　　　　　　某液位对象的阶跃响应实验结果

t(s)	0	10	20	40	60	80	100	140	180	250	300	400	500	600
h(cm)	0	0	0.2	0.8	2.0	3.6	5.4	8.8	11.8	14.4	16.6	18.4	19.2	19.6

试求:

(1) 画出液位的阶跃响应曲线。

(2) 若该对象用带迟延的一阶惯性环节近似,试用作图法确定纯迟延时间 τ 和时间常数 T。

(3) 确定该对象增益 K 和响应速度 ε。

16. 某温度对象的矩形脉冲响应实验结果见表2-2。矩形脉冲幅值为 2t/h,脉冲宽度 Δt 为 10min。

表 2 - 2　　　　　　　　　　　　　　某温度对象的矩形脉冲响应实验结果

$t(\min)$	1	3	4	5	8	10	15	16.5	20	25	30	40	50	60	70	80
$\theta(℃)$	0.46	1.7	3.7	9.0	19.0	26.4	36	37.5	33.5	27.2	21	10.4	5.1	2.8	1.1	0.5

试求：

（1）试将该矩形脉冲响应曲线转换为阶跃响应曲线。

（2）用 n 阶惯性环节写出该温度对象的传递函数。

第三章 过程调节器

最基本的自动调节系统如图 3-1 所示，它是由变送器、调节器、执行器和被控对象组成的闭合回路。

实际上在求取对象动态特性时，往往将调节阀开度作扰动，从变送器输出信号的变化曲线来获得。因此，在系统分析时又往往将执行器、被控对象及变送器称为"广义被控对象"，这样图 3-1 可简化为图 3-2。

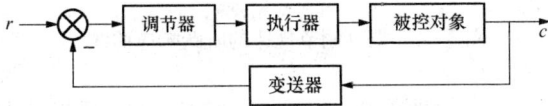

图 3-1 最基本的自动调节系统　　　　　图 3-2 调节系统等效原理框图

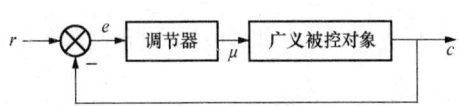

由图 3-2 可看出，最基本的闭环调节系统是由调节器和广义被控对象两部分组成的。上一章已经学习了广义被控对象动态特性及其建模，本章主要学习调节器动态特性，即调节器的调节规律。

第一节 基本调节规律

调节器的调节规律是指调节器输出信号与输入信号之间的动态关系。在工程实际中，工业调节器主要由三种调节规律组成。这三种调节规律是比例（P）调节规律、积分（I）调节规律和微分（D）调节规律。

一、比例（P）调节规律

比例调节规律是指输出控制作用 $\mu(t)$ 与其偏差输入信号 $e(t)$ 之间成比例关系，即

$$\mu(t) = K_p e(t) \tag{3-1}$$

式中：K_p 为比例调节规律的比例增益。

对式（3-1）两边进行拉普拉斯变换，整理可得比例调节规律传递函数

$$G_p(s) = \frac{\mu(s)}{E(s)} = K_p \tag{3-2}$$

初始条件为零，偏差输入为 Δe 时，比例调节规律的阶跃响应曲线如图 3-3 所示。

比例调节规律的特点：偏差输入与执行机构输出成比例，无惯性、无迟延、动作快，动作方向正确；调节过程结束后，偏差输入信号仍存在，为有差调节。

比例调节规律在调节系统中是促使调节过程稳定的因素。

二、积分（I）调节规律

积分调节规律是指输出控制作用 $\mu(t)$ 与其偏差输入信号 $e(t)$ 随时间的累计值成正比，即

$$\mu(t) = K_i \int e(t) \mathrm{d}t \tag{3-3}$$

式中：K_i 为积分调节规律的积分增益。

对式（3-3）两边进行拉普拉斯变换，整理可得积分调节规律传递函数

$$G_i(s) = \frac{\mu(s)}{E(s)} = \frac{K_i}{s} \tag{3-4}$$

初始条件为零，偏差输入为 Δe 时，积分调节规律的阶跃响应曲线如图 3-4 所示。

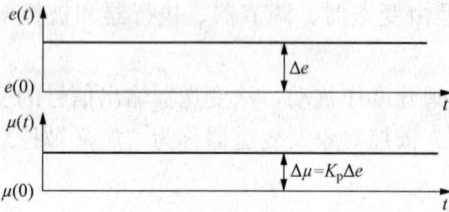

图 3-3　比例调节规律的阶跃响应曲线　　　　图 3-4　积分调节规律的阶跃响应曲线

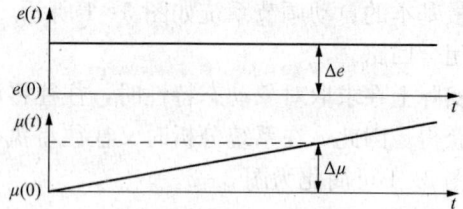

积分调节规律的特点：偏差为零时，积分调节规律才停止，其调节规律体现在调节过程的后期，调节过程结束后，无静态偏差；由于执行机构移动速度 $d\mu/dt$ 只与偏差 e 的大小成正比，而不考虑偏差变化速度的大小和方向，所以积分调节规律有时产生方向错误，容易引起调节过程振荡；在调节系统中，积分调节规律很少单独使用。

三、微分（D）调节规律

微分调节规律是指输出控制作用 $\mu(t)$ 与其偏差输入信号 $e(t)$ 变化速度成正比，即

$$\mu(t) = K_d \frac{de(t)}{dt} \tag{3-5}$$

式中：K_d 为微分调节规律的微分增益。

对式（3-5）两边进行拉普拉斯变换，并整理可得微分调节规律传递函数

$$G_d(s) = \frac{\mu(s)}{E(s)} = K_d s \tag{3-6}$$

初始条件为零，偏差输入为 Δe 时，微分调节规律的阶跃响应曲线如图 3-5 所示。

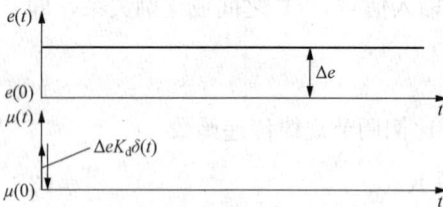

图 3-5　微分调节规律的阶跃响应曲线

微分调节规律的特点：执行机构位移与偏差变化速度成正比；微分调节规律主要作用在调节过程的初期，具有提前调节作用，能提高调节过程的稳定性；调节过程结束后，de/dt 等于零，即执行机构位置不变；微分调节规律对恒定不变的偏差是没有克服能力的；在调节系统中，微分调节规律不能单独使用。

综上所述，比例调节规律能单独执行调节任务，并能使调节过程趋于稳定，但使被调量产生静态偏差；积分调节规律会使调节过程振荡甚至不稳定，很少单独执行调节任务，但能使被调量无静态偏差；微分调节规律不能单独执行调节任务，但具有提前调节作用，能提高调节系统的稳定性，能有效减少被调量的动态偏差。

第二节 模拟调节器的调节规律及特点

由于比例调节规律、积分调节规律和微分调节规律各有特点，所以目前工业上通常利用三者的特点来组成工业调节器。常见的有比例（P）调节器、比例积分（PI）调节器、比例微分（PD）调节器和比例积分微分（PID）调节器。

一、比例调节器的调节规律及特点

比例调节器是指单独由比例调节规律组成的调节器，其动态方程式为

$$\mu(t) = K_p e(t) = \frac{1}{\delta} e(t) \tag{3-7}$$

式中：K_p 为比例调节器的比例增益；δ 为比例调节器的比例度。

K_p 与 δ 之间的关系为

$$\delta = \frac{1}{K_p} \tag{3-8}$$

比例度是衡量比例调节器比例调节规律强弱的物理量，其物理意义是指执行机构位移改变 100% 时被调量应有的改变量。

对式（3-7）两边进行拉普拉斯变换，整理可得比例调节器的传递函数

$$G_P(s) = \frac{\mu(s)}{E(s)} = K_p = \frac{1}{\delta} \tag{3-9}$$

初始条件为零，偏差输入 $e = \Delta e$ 时，比例调节器的阶跃响应曲线如图 3-6 所示。

比例调节器有一个可调参数 δ，比例度 δ 越大，比例调节规律越弱；比例度 δ 越小，比例调节规律越强。比例调节器具有比例调节规律的特点，即调节及时、迅速，调节过程结束后仍存在被调量偏差。比例调节器为有差调节器，下面举例说明。

单容水箱水位的比例调节系统如图 3-7 所示。

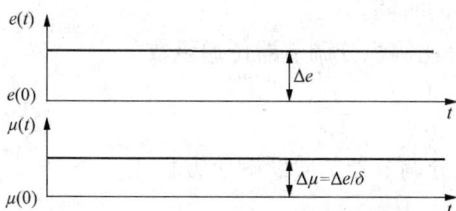

图 3-6 比例调节器的阶跃响应曲线

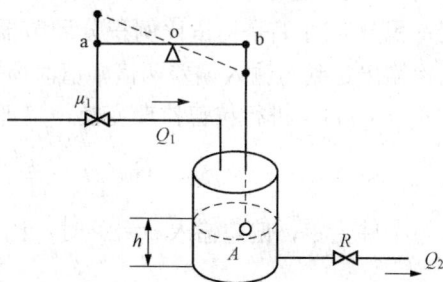

图 3-7 单容水箱水位的比例调节系统

图 3-7 中，A 为水箱横截面积，Q_1 为流入量，Q_2 为流出量，R 为流出侧阻力系数。该系统采用杠杆调节器控制水箱水位，故被调量为水箱水位 h，调节量为流入侧调节阀门开度 μ_1。设 $t=0$ 时刻前系统处于平衡状态，即 $h=h(0)$，$Q_1=Q_1(0)$，$Q_2=Q_2(0)$，$\mu_1=\mu(0)$，$R=R(0)$，$Q_1(0)=Q_2(0)$。在 $t=0$ 时刻，瞬间将流出侧阀门开大，Q_2 突然增大，水位 h 由 $h(0)$ 开始下降，浮子下降并带动杠杆运动，杠杆绕支点 o 运动，打开流入侧调节阀，流入量 Q_1 从 $Q_1(0)$ 开始增大，水位下降速度变小。在流入量 Q_1 再次等于流出量 Q_2 时，水位 h 保持不变，杠杆停止运动，系统再次进入稳定状态。

从图 3-7 可看出，比例调节器输入信号是水箱水位的变化量（水位偏差），它在数值上等于杠杆 b 端的位移量；比例调节器输出是杠杆 a 端的位移量，即流入侧调节阀开度变化量。因此调节器的传递函数

$$G_T(s) = -\frac{l_{oa}}{l_{ob}} = -K_p = -\frac{1}{\delta} \tag{3-10}$$

式中：l_{oa} 和 l_{ob} 分别表示杠杆的两臂长，负号表示水位下降时调节阀开度增大。

该系统框图如图 3-8 所示。

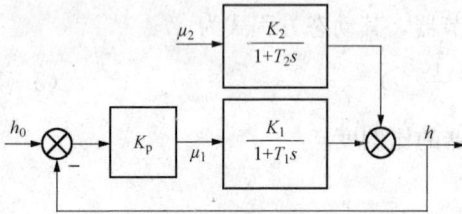

图 3-8 单容水箱水位调节系统框图

图中，$T_1 = T_2 = RA$，$K_1 = K_{\mu 1} R$，$K_2 = K_{\mu 2} R$，其中 $K_{\mu 1}$ 和 $K_{\mu 2}$ 分别为流入侧和流出侧阀门流量系数。

单容水箱在比例调节器作用下，控制过程是非周期的。控制过程结束后，被调量水位 h 有稳态偏差，偏差大小与比例度 δ 有关，δ 越大，偏差越大。比例调节器的加入使系统过渡过程加快。

二、比例积分调节器的调节规律及特点

比例积分调节器是由比例调节规律和积分调节规律组成的调节器，其动态方程

$$\mu(t) = K_p e(t) + K_i \int e(t) dt = \frac{1}{\delta} \left[e(t) + \frac{1}{T_i} \int e(t) dt \right] \tag{3-11}$$

式中：K_p 为比例积分调节器比例增益；K_i 为比例积分调节器积分增益；δ 为比例积分调节器比例度；T_i 为比例积分调节器积分时间。

它们之间的关系为

$$\delta = \frac{1}{K_p}, T_i = \frac{K_p}{K_i} \tag{3-12}$$

比例度 δ 是衡量比例积分调节器比例调节规律强弱的物理量，其物理意义与比例调节器的相同；积分时间 T_i 是衡量比例积分调节器积分调节规律强弱的物理量，其物理意义是指执行机构输出达到与输入偏差两倍幅值时所需要的时间。

对式（3-11）进行拉普拉斯变换，整理可得比例积分调节器传递函数

$$G_{PI}(s) = \frac{\mu(s)}{E(s)} = \frac{1}{\delta}\left(1 + \frac{1}{T_i s}\right) \tag{3-13}$$

初始条件为零，偏差输入 $e = \Delta e$ 时，比例积分调节器的阶跃响应方程式

$$\mu(t) = \frac{1}{\delta} \Delta e + \frac{1}{\delta T_i} \Delta e t \tag{3-14}$$

其曲线如图 3-9 所示。

比例积分调节器有两个可供调整的参数，即 K_p 和 K_i（或 δ 和 T_i）。比例度 δ 越大，比例调节规律越弱；比例度 δ 越小，比例调节规律越强。积分时间 T_i 越小，积分调节规律越强；积分时间 T_i 越大，积分调节规律越弱；比例度 δ 不但影响比例调节规律的强弱，而且也影响积分调节规律的强弱；当 $T_i \to \infty$ 时，比例积分调节器就成为比例调节器；当 $T_i \to 0$（即 $K_p \to 0$）时，比例积分调节器就成为积分调节器。

比例积分调节器具有比例调节规律和积分调节规律的共同特点。从图 3-9 可看出，当 $t = 0$ 时，被调量偏差有一阶跃 Δe，比例积分调节器立即输出一个阶跃值 $\Delta e / \delta$，然后随时间

逐渐上升（积分作用），直至消除偏差为止。可见比例调节规律是即时的、快速的，而积分调节规律是缓慢的、渐近的。由于比例积分调节器是在比例调节的基础上，又加上积分调节，相当于在"比例粗调"的基础上再加上"积分细调"，能使控制过程结束后没有静态偏差，因此，比例积分调节器具有比例作用及时和积分消除偏差的特点。

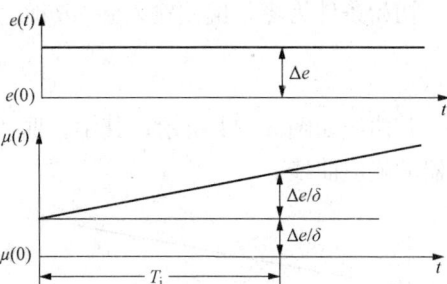

图 3-9　比例积分调节器的阶跃响应曲线

把 $t = T_i$ 代入式（3-14）可得

$$\mu(t) = \frac{1}{\delta}\Delta e + \frac{1}{\delta T_i}\Delta e T_i = 2\frac{\Delta e}{\delta} \tag{3-15}$$

也就是说，当总的输出等于比例调节规律输出的两倍时，其时间就是积分时间 T_i，如图 3-9 所示。应用这个关系，可从比例积分调节器的阶跃响应曲线上定出积分时间 T_i。

三、比例微分调节器的调节规律及其特点

比例微分调节器是由比例调节规律和微分调节规律组成的调节器，其动态方程

$$\mu(t) = K_p e(t) + K_d\frac{de(t)}{dt} = \frac{1}{\delta}\left[e(t) + T_a\frac{de(t)}{dt}\right] \tag{3-16}$$

式中：K_p 为比例微分调节器比例增益；K_d 为比例微分调节器微分增益；δ 为比例微分调节器比例度；T_d 为比例微分调节器微分时间。

它们之间的关系为

$$\delta = \frac{1}{K_p}, T_d = \frac{K_d}{K_p} \tag{3-17}$$

比例度 δ 是衡量比例微分调节器比例调节规律强弱的物理量，其物理意义与比例调节器的相同；微分时间 T_d 是衡量比例微分调节器微分调节规律强弱的物理量，其物理意义是执行机构的输出提前比例调节规律动作的时间。

对式（3-16）进行拉普拉斯变换，整理可得比例微分调节器传递函数

$$G_{PD}(s) = \frac{\mu(s)}{E(s)} = \frac{1}{\delta}(1 + T_d s) \tag{3-18}$$

初始条件为零，偏差输入 $e = \Delta e$ 时，比例微分调节器的阶跃响应方程式

$$\mu(t) = \frac{1}{\delta}\left[\Delta e + T_d\Delta e\,\delta(t)\right] \tag{3-19}$$

其阶跃响应曲线如图 3-10 所示。由于微分调节规律的作用，所以输入偏差阶跃变化时，输出信号 μ 立即升至无限大并瞬间消失，余下比例调节规律作用的响应曲线。

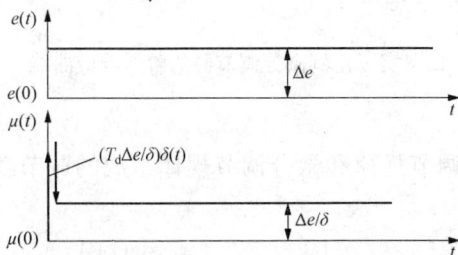

图 3-10　比例微分调节器的阶跃响应曲线

比例微分调节器有两个可供调整的参数，即 K_p 和 K_d（或 δ 和 T_d）。比例度 δ 越大，比例调节规律越弱；比例度 δ 越小，比例调节规律越强。微分时间 T_d 越小，微分调节规律越弱；微分时间 T_d 越大，微分调节规律越强；比例度 δ 不但影响比例调节规律的强弱，而且也影响微分调节规律的强弱。

初始条件为零，偏差输入 $e=at$ 时，比例微分调节器的斜坡响应方程式

$$\mu(t) = \frac{1}{\delta}(aT_{\mathrm{d}} + at) \tag{3-20}$$

其曲线如图 3-11 所示，其中，曲线 1 为比例调节器的响应曲线，曲线 2 为比例微分调节器的响应曲线。

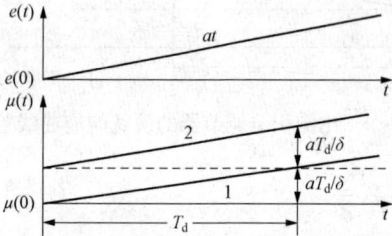

图 3-11　比例微分调节器的斜坡响应曲线

从图 3-11 可看出，当偏差 e 以等速变化时，比例微分调节器的输出在一开始立即有一个位移 aT_{d}/δ，而对比例调节器来讲，这个位移要经过 T_{d} 时间才能达到。

比例微分调节器具有比例调节规律和微分调节规律的共同特点，即调节及时，具有提前调节作用，能抑制偏差变化，减少动态偏差，提高系统稳定性；当偏差不变时，微分调节规律消失，只保留比例调节规律；调节过程结束后有静态偏差。比例微分调节器也是有差调节器。

式（3-16）为理想比例微分调节器动态方程。在工程实际中比例微分调节器动态方程式

$$T_{\mathrm{D}} \frac{\mathrm{d}u(t)}{\mathrm{d}t} + \mu(t) = \frac{1}{\delta}\left[e(t) + T_{\mathrm{d}} \frac{\mathrm{d}e(t)}{\mathrm{d}t}\right] \tag{3-21}$$

式中：T_{D} 为实际比例微分调节器的惯性时间常数。

对式（3-21）进行拉普拉斯变换，整理可得实际比例微分调节器传递函数

$$G_{\mathrm{PD}}(s) = \frac{\mu(s)}{E(s)} = \frac{1}{\delta(T_{\mathrm{D}}s + 1)}(1 + T_{\mathrm{d}}s) \tag{3-22}$$

式（3-22）说明实际比例微分调节器比理想比例微分调节器增加了一些惯性。初始条件为零，偏差输入 $e=\Delta e$ 时，实际比例微分调节器的阶跃响应方程式为

$$\mu(t) = \frac{\Delta e}{\delta}\left[1 + \left(\frac{T_{\mathrm{d}}}{T_{\mathrm{D}}} - 1\right)\mathrm{e}^{-\frac{t}{T_{\mathrm{D}}}}\right] \tag{3-23}$$

实际比例微分调节器的阶跃响应曲线如图 3-12 所示。

从图 3-12 可看出，实际比例微分调节器在 $t=0$ 时，输入阶跃 Δe，比例调节规律立即有一阶跃 $\Delta e/\delta$ 输出，微分调节规律立即有一加强的阶跃值（$T_{\mathrm{d}}/T_{\mathrm{D}} - 1$）$\Delta e/\delta$ 输出，然后微分调节规律逐渐减弱，即在 $t \to \infty$ 时，只保留比例调节规律，所以比例微分调节器不能消除被调量静态偏差，是有差调节器。

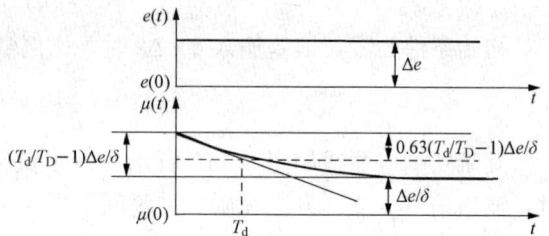

图 3-12　实际比例微分调节器的阶跃响应曲线

四、比例积分微分调节器的调节规律及其特点

比例积分微分调节器是由比例调节规律、积分调节规律和微分调节规律组成的调节器，其动态方程为

$$\mu(t) = K_{\mathrm{p}}e(t) + K_{\mathrm{i}}\int e(t)\mathrm{d}t + K_{\mathrm{d}}\frac{\mathrm{d}e(t)}{\mathrm{d}t} = \frac{1}{\delta}\left[e(t) + \frac{1}{T_{\mathrm{i}}}\int e(t)\mathrm{d}t + T_{\mathrm{d}}\frac{\mathrm{d}e(t)}{\mathrm{d}t}\right] \tag{3-24}$$

式中：K_p 为比例积分微分调节器比例增益；K_i 为比例积分微分调节器积分增益；K_d 为比例积分微分调节器微分增益；δ 为比例积分微分调节器比例度；T_i 为比例积分微分调节器积分时间；T_d 为比例积分微分调节器微分时间。

它们之间的关系为

$$\delta = \frac{1}{K_p}, T_i = \frac{K_p}{K_i}, T_d = \frac{K_d}{K_p} \tag{3-25}$$

比例度 δ 是衡量比例积分微分调节器比例调节规律强弱的物理量，其物理意义与比例调节器的相同；积分时间 T_i 是衡量比例积分微分调节器积分调节规律强弱的物理量，其物理意义与比例积分调节器的相同；微分时间 T_d 是衡量比例积分微分调节器微分调节规律强弱的物理量，其物理意义与比例微分调节器的相同。

对式（3-24）进行拉普拉斯变换，整理可得比例积分微分调节器传递函数

$$G_{PID}(s) = \frac{\mu(s)}{E(s)} = \frac{1}{\delta}\left(1 + \frac{1}{T_i s} + T_d s\right) \tag{3-26}$$

初始条件为零，偏差输入 $e = \Delta e$ 时，比例积分微分调节器阶跃响应方程式

$$\mu(t) = \frac{1}{\delta}\left[\Delta e + \frac{1}{T_i}\Delta et + T_d \Delta e\delta(t)\right] \tag{3-27}$$

其阶跃响应曲线如图 3-13 所示。由于微分调节规律的作用，输入偏差阶跃变化时，输出信号 μ 立即升至无限大并瞬间消失，维持比例调节规律，然后积分调节规律根据偏差大小逐渐增大，直到静态偏差完全消失，在整个调节过程中，比例调节规律自始至终与偏差相对应。

比例积分微分调节器有三个可供调整参数，即 K_p、K_i 和 K_d（或 δ、T_i 和 T_d）。比例度 δ 越大，比例调节规律越弱；比例度 δ 越小，比例调节规律越强。积分时间 T_i 越小，积分调节规律越强；积分时间 T_i 越大，积分调节规律越弱。微分时间 T_d 越小，微分调节规律越弱；微分时间 T_d 越大，微分调节规律越强；比例度 δ 不但影响比例调节规律的强弱，而且也影响积分和微分调节规律的强弱。适当选择这三个参数的数值，可获得良好的调节质量。

式（3-24）为理想比例积分微分调节器的动态方程，在工程实际中比例积分微分调节器的动态方程式为

$$T_D \frac{d\mu(t)}{dt} + \mu(t) = \frac{1}{\delta}\left[e(t) + \frac{1}{T_i}\int e(t)dt + T_d \frac{de(t)}{dt}\right] \tag{3-28}$$

式中：T_D 为实际比例积分微分调节器的惯性时间常数。

对式（3-28）进行拉普拉斯变换，整理得实际比例积分微分调节器传递函数

$$G_{PID}(s) = \frac{\mu(s)}{E(s)} = \frac{1}{\delta(T_D s + 1)}\left(1 + \frac{1}{T_i s} + T_d s\right) \tag{3-29}$$

实际比例积分微分调节器的阶跃响应曲线如图 3-14 所示。

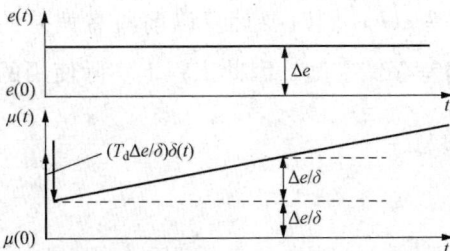

图 3-13　比例积分微分调节器的阶跃响应曲线　图 3-14　实际比例积分微分调节器的阶跃响应曲线

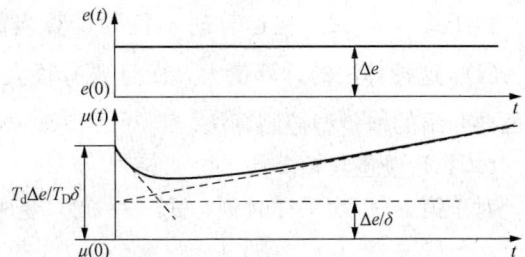

从图 3-14 可看出，实际比例积分微分调节器在阶跃输入下，开始时微分调节规律的作用使输出变化最大，产生一个强烈的"超前"调节作用，然后微分调节规律消失，瞬间维持比例调节规律，随后积分调节规律发挥作用，只要静态偏差存在，积分调节规律不断增大直到静态偏差消失为止。

第三节　数字调节器的控制算法及特点

在过程计算机控制系统中，调节器为数字计算机。由于数字计算机处理的是二进制数字信号，所以过程计算机控制系统中的调节器为数字调节器。数字调节器输入信号为模拟输入信号的采样值，输出信号为数字量，二者之间的运算关系通常称为控制算法。由于传统比例积分微分（PID）调节规律简单实用，故当今过程计算机控制系统中 $80\% \sim 90\%$ 的控制回路仍旧采用 PID 控制规律。本节主要介绍数字式（离散）PID 各种控制算法。

一、理想微分的比例积分微分控制算法

（一）位置型控制算法

在计算机上实现 PID 控制算法时，必须把微分方程改为差分方程，为此偏差 e 可按式（3-30）进行近似，即

$$\int e(t)\mathrm{d}t \approx \sum_{j=0}^{k} Te(j) \tag{3-30}$$

$$\frac{\mathrm{d}e}{\mathrm{d}t} \approx \frac{e(k)-e(k-1)}{T} \tag{3-31}$$

式中：T 为控制周期；k 为控制周期序号（$k=0, 1, 2, \cdots$）；$e(k)$ 为第 k 个控制周期的偏差。

将式（3-30）和式（3-31）代入式（3-24）可得第 k 次采样时刻数字 PID 调节器位置型控制算法

$$u(k) = \frac{1}{\delta}\Big[e(k) + \frac{T}{T_i}\sum_{j=0}^{k}e(j) + \frac{T_d}{T}\big[e(k)-e(k-1)\big]\Big] \tag{3-32}$$

式中：$u(k)$ 为第 k 次采样时计算机输出值；$e(k)$ 为第 k 次采样时的偏差值。

因每个采样间隔由式（3-32）计算得到的值对应于执行机构实际位置，所以式（3-32）称为位置算式。

位置型控制算法的输出除非用数字式控制阀，否则不能直接连接，一般须经过数/模转换，化为模拟量，并通过保持电路，把输出信号保持到下一采样周期的输出信号到来时为止；位置型控制算法须加上一些必要措施才能解决手/自动切换和防积分饱和问题。

由于式（3-32）在运算时不仅要计算当前偏差 $e(k)$，同时要计算以前所有偏差的和 $\sum e(j)$，这种算法的计算量大，而且要有很大的偏差存储空间，因此工程上实际使用的是下面要介绍的增量型控制算法。

（二）增量型控制算法

对于第 $k-1$ 次采样时刻，式（3-32）变成

$$u(k-1) = \frac{1}{\delta}\Big\{e(k-1) + \frac{T}{T_i}\sum_{j=0}^{k-1}e(j) + \frac{T_d}{T}\big[e(k-1)-e(k-2)\big]\Big\} \tag{3-33}$$

将式（3-32）减去式（3-33），可得两次采样计算机输出的增量

$$\Delta u(k) = u(k) - u(k-1)$$

$$= \frac{1}{\delta}\left\{[e(k)-e(k-1)] + \frac{T}{T_i}e(k) + \frac{T_d}{T}[e(k)-2e(k-1)+e(k-2)]\right\}$$

$$(3-34)$$

该式称为数字 PID 调节器增量型控制算法，它的输出不是执行机构实际位置，而是它的改变量。

将式（3-34）进一步整理，可得

$$\Delta u(k) = K_p\{[e(k)-e(k-1)] + K_i e(k) + K_d[e(k)-2e(k-1)+e(k-2)]\}$$

$$(3-35)$$

$$K_p = 1/\delta$$
$$K_i = K_p T/T_i$$
$$K_d = K_p T_d/T$$

式中：K_p 为比例系数；K_i 为积分系数；K_d 为微分系数。

式（3-35）的特点是比例、积分和微分作用互相独立，当分别改变控制器参数（$1/\delta$、T_i、T_d）时，就可清楚地知道各种控制作用对输出的影响。

由式（3-34）可得第 k 次采样时刻控制量的输出

$$u(k) = u(k-1) + \Delta u(k) \tag{3-36}$$

对比式（3-32）和式（3-34）可看出，增量型控制算法具有抗积分饱和的优点，因为在计算积分作用项时，不用计算偏差的累积和；增量型控制算法输出的是原来执行机构的位置上加一个改变量，只有偏差出现时，才有输出增量值产生；增量型控制算法很容易从手动位置切换到自动位置，无需进行控制器输出的初始化；增量型控制算法的输出可通过步进电机等累积机构化为模拟量。

（三）速度型控制算法

式（3-35）两边同除以采样周期 T，可得数字 PID 调节器的速度型控制算法

$$v(k) = \frac{\Delta u(k)}{T} = K_p\left\{\frac{[e(k)-e(k-1)]}{T} + \frac{e(k)}{T_i} + T_d\frac{[e(k)-2e(k-1)+e(k-2)]}{T^2}\right\}$$

$$(3-37)$$

速度型控制算法除输出必须采用积分执行机构外，其特点与增量型控制算法特点基本相同。

二、实际微分的比例积分微分控制算法

在模拟调节器中，PID 运算是靠硬件实现的，由于反馈电路本身特性的限制，理想微分是无法实现的，其特性只能是实际微分的 PID 控制。与模拟 PID 调节器类似，数字 PID 调节器通常采用实际微分来代替理想微分，这样在偏差有较快变化后，微分作用不会一瞬间变化太强烈，但可保持一段时间，这就形成了实际微分的 PID 控制算法，即不完全微分的 PID 控制算法。

（一）不完全微分的 PID 控制算法一

不完全微分 PID 控制算法一的结构如图 3-15 所示。

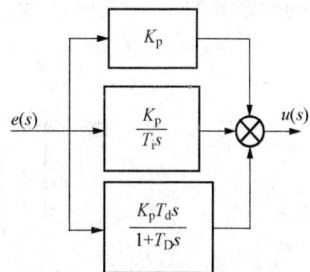

图 3-15 不完全微分
PID 控制算法一的结构

惯性环节（一阶低通滤波器）直接加在微分环节上，其输出 $u(s)$ 与输入 $e(s)$ 的关系

$$u(s) = \left(K_p + \frac{K_p}{T_i s} + \frac{K_p T_d s}{1 + T_D s}\right)e(s) = u_p(s) + u_i(s) + u_d(s) \tag{3-38}$$

将式（3-38）进行离散化得

$$u(k) = u_p(k) + u_i(k) + u_d(k) \tag{3-39}$$

其中

$$u_p(k) = K_p e(k) \tag{3-40}$$

$$u_i(k) = \frac{K_p T}{T_i}\sum_{i=0}^{i}e(i) \tag{3-41}$$

$$u_d(k) = \frac{T_D}{T_D + T}u_d(k-1) + \frac{K_p T_d}{T_D + T}[e(k) - e(k-1)] \tag{3-42}$$

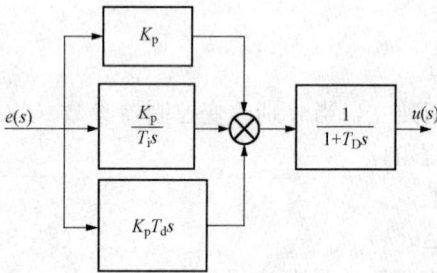

式中：T 为采样周期，T_D 为惯性环节时间常数。

由式（3-42）可知，与数字 PID 控制算法相比，不完全微分的 PID 控制算法一只是改变了理想微分作用项，比例和积分作用项不变。

（二）不完全微分的 PID 控制算法二

不完全微分的 PID 控制算法二的结构如图 3-16 所示。

惯性环节加在整个控制器之后，其输出 $u(s)$ 与输入 $e(s)$ 的关系

图 3-16　不完全微分 PID 控制算法二的结构

$$u(s) = \frac{1}{1 + T_D s}\left(K_p + \frac{K_p}{T_i s} + K_p T_d s\right)e(s) \tag{3-43}$$

将式（3-43）进行离散化得

$$u(k) = \frac{T_D}{T + T_D}u(k-1) + \frac{1}{T + T_D}\left\{TK_p e(k) + \frac{K_p T^2}{T_i}\sum_{i=0}^{k}e(i) + K_p T_d[e(k) - e(k-1)]\right\} \tag{3-44}$$

由式（3-44）可知，与数字 PID 控制算法相比，不完全微分的 PID 控制算法二不仅改变理想微分作用项，而且同时改变了比例和积分作用项。

图 3-17 比较了一般理想微分 PID 和不完全微分 PID 控制算法的阶跃响应，后者具有较好的控制特性，在实际工业过程控制中，大部分都采用不完全微分 PID 控制算法。

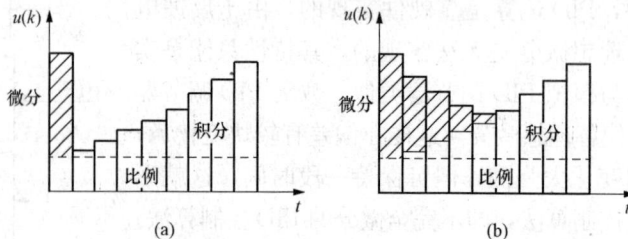

图 3-17　理想微分 PID 和不完全微分 PID 的阶跃响应

(a) 理想微分 PID；(b) 不完全微分 PID

三、改进的比例积分微分控制算法

(一) 微分先行的 PID 控制算法

微分先行就是将控制器的微分部分前移至测量通道中，即只对测量值求导，而不对设定值求导。这样在调整设定值时，输出不会产生剧烈的跳变，而被控变量的变化，通常总是比较和缓。微分先行的实现非常简单，只要将微分作用项中的偏差信号 $e(k)$ 的定义由原来的 $e(k) = r(k) - y(k)$ 改为

$$e(k) = -y(k) \tag{3-45}$$

即可。这样增量式 (3-35) 可写为

$$\Delta u(k) = K_{\mathrm{p}}\{[e(k) - e(k-1)] + K_i e(k) + K_{\mathrm{d}}[-y(k) + 2y(k-1) - y(k-2)]\}$$

$$\tag{3-46}$$

(二) 积分分离的 PID 控制算法

在一般 PID 控制中，当存在较大扰动或大幅度给定值变化时，会有较大的偏差，由于系统的惯性和滞后，如果施加积分控制，往往会导致较大的超调和长的调节时间。特别是对温度、成分等变化缓慢的过程控制对象，这一现象更为严重。为解决这一问题，可采用积分分离的方法。所谓积分分离就是当偏差较大时，不施加积分控制；当偏差较小时，才施加积分控制。即

当 $|e(k)| > \alpha$ 时，采用 PD 控制算法

$$\Delta u_{\mathrm{pa}}(k) = K_{\mathrm{p}}\{[e(k) - e(k-1)] + K_{\mathrm{d}}[e(k) - 2e(k-1) + e(k-2)]\} \tag{3-47}$$

当 $|e(k)| \leqslant \alpha$ 时，采用 PID 控制算法

$$\Delta u_{\mathrm{pid}}(k) = K_{\mathrm{p}}\{[e(k) - e(k-1)] + K_i e(k) + K_{\mathrm{d}}[e(k) - 2e(k-1) + e(k-2)]\}$$

$$\tag{3-48}$$

式中：α 为积分分离值，它可根据具体对象及系统设计要求来确定。

实际中 α 值要选得合适，若 α 值过大，则达不到积分分离的目的；若 α 值过小，一旦被控量无法跳出积分分离区，只进行 PD 控制，将会出现残差。

积分分离时，取

$$u(k) = u(k-1) + \Delta u_{\mathrm{pid}}(k) \tag{3-49}$$

(三) 带有不灵敏区的 PID 控制算法

在有些工业生产过程被控对象中，其被控变量不一定要求严格控制在给定值上，而允许在规定的范围内变化。另外，有些系统为避免执行机构频繁动作而造成损坏等原因，在实际工业应用中，采用带有不灵敏区的 PID 控制算法，即

$$\Delta u(k) = \begin{cases} \Delta u(k) & |e(k)| > \beta \\ 0 & |e(k)| \leqslant \beta \end{cases} \tag{3-50}$$

式中：β 为不灵敏区，当偏差绝对值 $|e(k)| \leqslant \beta$ 时，控制输出增量为零；当 $|e(k)| > \beta$ 时，则按增量型 PID 控制算法计算 $\Delta u(k)$，并输出计算结果。β 的大小，由实际需求确定。β 值过大，系统控制迟缓；β 值过小，执行机构将动作频繁；当 β 值为零时，即为通常的 PID 控制算法。

(四) 变参数的 PID 控制算法

对于波动范围大、变化迅速的系统，普通 PID 控制效果往往不能满足控制要求。因为普通 PID 控制系统的 P、I、D 三个参数在整定时对当时的被调参数可能是合适的，但被调

量时刻都在变化，并且有时可能波动范围很大，此时如果再用以前已整定好的 PID 参数来控制此时的被调量，控制效果肯定不理想。

根据被调量的波动情况，由控制系统自动选择 P、I、D 控制参数的方法，即分段控制方法可以取得较好的控制效果。其基本思想为同一 PID 控制回路提供两套以上 P、I、D 参数，各套参数分别适合于不同的波动范围，由程序根据当时波动范围自动选择相应的 PID 参数。

积分时间 T_i 在 PID 控制系统中起着消除静态偏差的作用，T_i 值越小，积分在控制系统中的作用越强，T_i 的各个分段值应根据对 PID 控制系统被调量的波动范围确定。同时分段设定高值与分段设定低值的大小也应根据 PID 控制系统的要求而定。

本 章 小 结

本章主要讲述了过程调节器的调节规律及特点。首先介绍了组成常规调节器的三种基本调节作用，它们是比例调节作用（P 作用）、积分调节作用（I 作用）和微分调节作用（D 作用）。然后讲述了常规模拟调节器调节规律及特点，主要有比例调节器（P 调节器）、比例积分调节器（PI 调节器）、比例微分调节器（PD 调节器）和比例积分微分调节器（PID）。最后介绍了常见数字调节器的控制算法及特点，主要有理想微分的比例积分微分控制算法、实际微分的比例积分微分控制算法和改进的比例积分微分控制算法。

思考题与习题

1. 组成常规调节器的三种调节作用是什么？它们各有何特点？
2. 试分析 P、PI、PD、PID 调节规律各自的特点。
3. 简述 PID 调节规律的物理意义。
4. 试分别写出 P、PI、PD、PID 调节器的传递函数表达式，并指出各自的调试参数。
5. 分别画出 P、PI、PD、PID 调节器的单位阶跃响应曲线的大致形状。

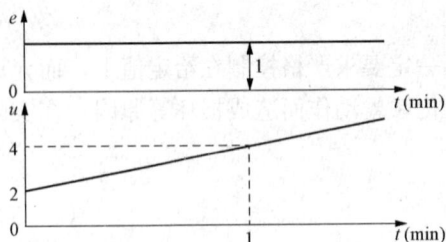

图 3-18　比例积分调节器阶跃响应曲线

6. 已知比例积分调节器阶跃响应曲线如图 3-18 所示。

（1）计算比例度 δ 和积分时间 T_i。

（2）若同时把 δ 放大 4 倍，T_i 缩小 1/2，其输出的阶跃响应作何变化？

（3）指出此时调节器的比例作用、积分作用是增强还是减弱？

7. 试写出数字 PID 调节器的增量型控制算法的表达式，并指出各参量所表示的含义。
8. 不完全微分的 PID 控制算法一与不完全微分的 PID 控制算法二有何区别？
9. 简述积分分离的 PID 控制算法。

第四章 过程执行器

在过程控制系统中，执行器接收调节器的指令信号，并将其转换成相应的角位移或直线位移，以改变进出被控对象的能量或物料，实现过程自动控制。执行器由执行机构和调节机构（调节阀）组成。执行机构是指产生推力或位移的装置，按其使用的能源可分为电动执行机构、气动执行机构和液动执行机构；调节机构是指直接改变能量或物料输送量的装置，通常称为调节阀。

第一节 电动执行机构

电动执行机构有直行程和角行程两种，它将输入直流电流信号线性地转换成位移量。这两种执行机构均是以两相交流电动机为动力的位置伺服机构，两者电气原理完全相同，只是减速器不一样。本节主要讲述 DKJ 角行程电动执行机构、DDZ‐S 电动执行机构和智能式电动执行机构的组成及工作原理。

一、DKJ 角行程电动执行机构

DKJ 角行程电动执行机构输入信号为 4～20mA（DC），输入电阻为 250 Ω，输出轴转矩分别为 16、40、100、250、600、1600、4000、6000、10 000N·m，输出转角为 0°～90°，全行程时间为 2s，基本误差为±2.5%，变差为 1.5%。

（一）DKJ 角行程电动执行机构工作原理

DKJ 角行程电动执行机构由放大单元和执行单元两部分组成，其原理框图如图 4‐1 所示。

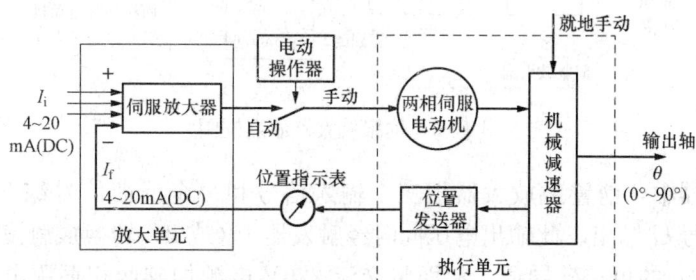

图 4‐1 DKJ 角行程电动执行机构原理框图

DKJ 角行程电动执行机构和电动操作器配合实现调节系统的自动调节和手动远方操作的相互切换。当电动操作器的切换开关切向手动位置时，可由电动操作器的正/反操作开关（或按钮）直接控制两相电动机电源的通/断，以实现执行机构输出轴正转和反转的远方操作。当执行机构断电时，还可在现场摇动执行机构上的手柄就地操作。

当电动操作器的切换开关切向自动位置时，伺服放大器将输入信号 I_i 和来自执行机构位置发送器的反馈信号 I_f 进行比较，并将二者的偏差进行放大以驱使两相交流电动机转动，再经减速器减速，带动输出轴改变转角。输出轴转角变化又经位置发送器按比例地转换成相应的位置反馈电流 I_f，反馈到伺服放大器的输入端。当 I_i 与 I_f 偏差为 0 时，两相伺服电动机停止转动，输出轴稳定在与输入信号 I_i 相对应的位置上。

电动执行机构输出轴转角 θ 与输入信号 I_i 之间的关系为

$$\theta = KI_i \tag{4-1}$$

式中：K 为比例系数，$K=9°/\text{mA}$。

电动执行机构输出轴转角与输入信号成正比，所以电动执行机构可近似地看成是一个比例环节。

（二）DKJ 角行程电动执行机构结构分析

1. 伺服放大器

伺服放大器的作用是将多个输入信号与反馈信号进行综合并加以放大，根据综合信号极性不同，输出相应的信号控制伺服电动机正转或反转。当输入信号与反馈信号平衡时，伺服电动机停止转动，执行机构输出轴便稳定在一定位置上。

伺服放大器主要由前置磁放大器、触发器、可控硅主回路和电源等部分组成，其原理框图如图 4-2 所示。为适应复杂多参数调节的需求，伺服放大器设置有三个输入信号通道和一个位置反馈信号通道。因此它可同时输入三个信号和一个位置反馈信号。在单参数简单调节系统中，只使用其中一个输入信号通道和位置反馈信号通道。

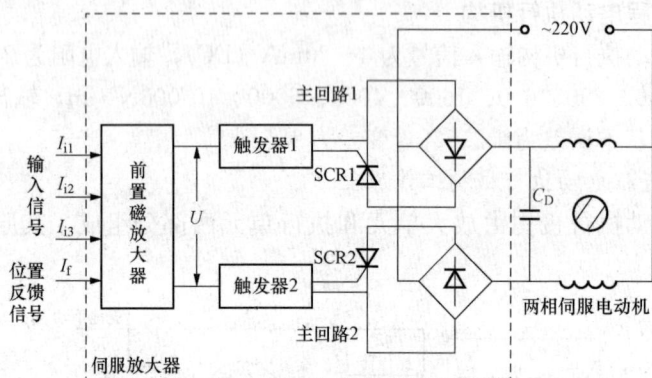

图 4-2　伺服放大器原理框图

在伺服放大器中，前置磁放大器把三个输入信号和一个反馈信号综合为偏差信号 ΔI，并放大为电压信号 U 输出。此输出电压同时经触发器 1（或 2）转换成触发脉冲去控制可控硅主回路 1（或 2）的可控硅导通，从而将交流 220V 电源加到两相伺服电动机绕组上，驱动两相伺服电动机转动。当 $\Delta I>0$ 时，$U>0$，触发器 2 和主回路 2 工作，两相电动机正转；当 $\Delta I<0$ 时，$U<0$，触发器 1 和主回路 1 工作，两相电动机反转。两组触发器和两组可控硅主回路的电路组成及参数完全相同，所以当输入信号与位置反馈电流 I_f 平衡时，前置磁放大器的输出 $U\approx0$，两触发器均无触发脉冲输出，主回路 1 和 2 中的可控硅阻断，两相伺服电动机的电源断开，电动机停止转动。由此可见，伺服放大器相当于一个三位式的无触点继电器，并具有很大的功率放大能力。

2. 执行机构

执行机构由两相伺服电动机、机械减速器及位置发送器等部分组成。它的任务是接收可控硅交流开关或电动操作器的信号,使两相伺服电动机顺时针或逆时针方向转动,经减速器减速后,变成输出力矩去控制阀门;与此同时,位置发送器根据阀门位置,发出相应的直流电流信号反馈至前置磁放大器的输入端,与来自调节器的输出电流相平衡。

(1)两相伺服电动机。两相伺服电动机的作用是把可控硅交流开关输出的电功率转变成机械转矩。它是一个感应电动机,其定子具有两个绕组 N_X 和 N_Y,相位差为 90°。跟三相感应电动机一样,它也是依靠定子绕组产生的旋转磁场,在转子中感应出电流并产生转子磁场,两个磁场相互作用,使转子旋转。利用电容电流超前 90°原理,把定子的一个绕组与电容串联后,接入单相电源,而另一个绕组则直接接入单相电源,串联电容的绕组中电流就比没有串联电容的超前 90°,于是构成了相位相差 90°的两相电源。

(2)机械减速器。机械减速器的作用是把伺服电动机输出的高转速、小力矩输出功率转换成执行机构输出轴的低转速、大力矩输出功率,以带动阀门等控制机构运动。电动执行机构中的减速器采用一组平齿轮和行星齿轮传动机构相结合的传动机构。它主要由偏心轴、摆轮、齿轮、内齿轮、销轴、销套、凸轮和输出轴等组成。

(3)位置发送器。位置发送器的作用是将执行机构输出轴转角 $\theta(0°\sim90°)$ 转变成与之成比例的 4～20mA(DC)电流信号,此电流信号反馈到电动执行机构的输入端。输出轴转角到电压的转换是由差动变压器完成的。位置发送器由串联谐振磁饱和稳压器、差动变压器、二极管桥式整流电路、零点补偿电路等组成。

3. 电动操作器

电动操作器是完成人机联系的重要工具。自动工况下,运行人员要通过电动操作器的显示部分监视系统的运行情况;当自动工况不能满足要求时,利用电动操作器将系统切至手动工况;手动工况下,运行人员通过它进行手动操作。

(三)DKJ 角行程电动执行机构整机工作特性

电动执行器是一个具有深度负反馈的闭环随动控制系统,其伺服放大器的输入信号和反馈信号相叠加,经前置磁放大器进行电流放大,并转换成电压,驱使两相伺服电动机转动,经减速器减速,带动输出轴改变转角。前置磁放大器相当于比例环节;可控硅交流开关类似三位继电器;两相伺服电动机是具有惯性的积分环节;机械减速器的减速比为一常数,可以认为是比例环节;位置发送器将输出轴的转角转换成位置反馈电流,也是比例环节;因此电动执行器整机可用图 4-3 所示框图表示。

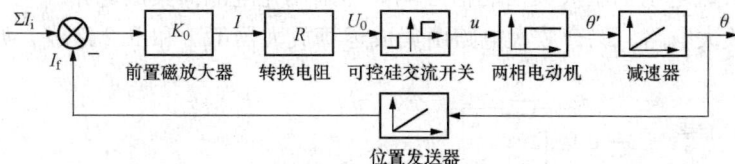

图 4-3 DKJ 角行程电动执行机构整机框图

二、DDZ-S 电动执行机构

(一)ZPE 电动伺服放大器

ZPE 电动伺服放大器是专为 DDZ-S 电动执行机构配套而设计的新产品,也可作为通用单元应用于其他类型的电动执行机构上。ZPE 电动伺服放大器为架装仪表,主要由机芯和外壳两部分组成,整个机芯可从机壳中抽出。接线端子在面板上,采用新型接线式接插件,插头可以从插座上拔下，接好线后再插上，用螺钉固紧。

1. ZPE 电动伺服放大器的特点

与其他类型的电动伺服放大器相比，ZPE 电动伺服放大器具有如下特点。

（1）采用信号隔离器代替原来电动伺服放大器中的前置磁放大器，具有体积小、反应灵敏、无交流分量、性能稳定、抗干扰能力强、加工方便等优点。

（2）具有断输入信号、断位置反馈信号及断电源三断保护和逻辑保护（如有偏差信号无输出，无偏差信号有输出和可控硅短路、开路保护）等处理功能。

（3）专用电路模块化。

（4）可以和三相功率控制器组合成为三相伺服放大器。

2. ZPE 电动伺服放大器的工作原理

ZPE 电动伺服放大器由信号隔离器、综合放大电路、触发电路、固态继电器及逻辑保护、断信号保护电路等组成，其原理框图如图 4-4 所示。它将来自调节器的输入信号和位置反馈信号进行综合比较，并将差值放大，以足够的功率去驱动两相伺服电动机旋转。

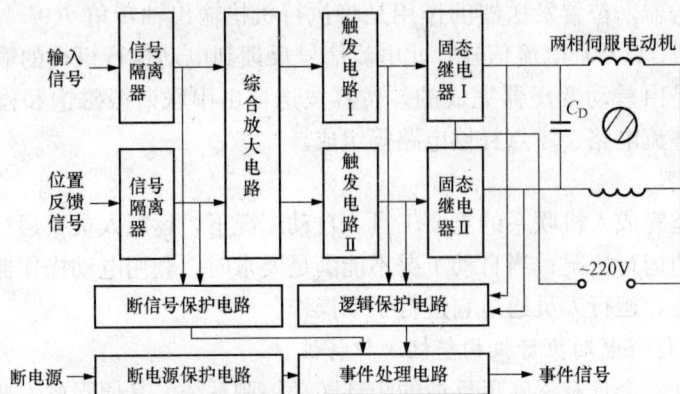

图 4-4　ZPE 电动伺服放大器原理框图

（1）信号隔离器。信号隔离器主要作用是将输入信号、位置反馈信号与综合放大电路进行相互隔离（即没有相同公共端，以提高系统抗干扰能力），其实质是一个隔离式电流/电压转换电路，它将输入的 4～20mA（DC）电流转换成 1～5V（DC）电压送到综合放大电路进行综合运算。ZPE 电动伺服放大器的信号隔离器采用光电隔离集成电路。

（2）综合放大电路。综合放大电路由集成运算放大器 IC1 和 IC2 组成，如图 4-5 所示。

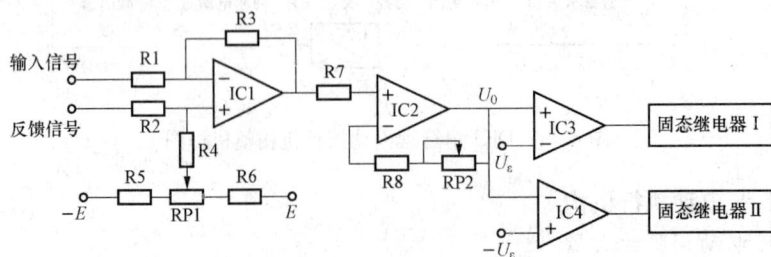

图 4-5　综合放大电路和触发电路

IC1 将输入信号和位置反馈信号相减，得到偏差信号，IC2 再将其放大。电位器 RP1 为调零电位器，当输入信号和位置反馈信号相等时，调节 RP1 可使放大电路输出为零。电位器 RP2 用来调整放大倍数，通常放大倍数为 60。

(3) 触发电路。触发电路是一个开关电路，由比较器 IC3、IC4 组成，如图 4-5 所示。正偏差时，若 $U_0 > U_\varepsilon$，则 IC3 输出为正，固态继电器 I 动作；负偏差时，若 $U_0 < -U_\varepsilon$，则 IC4 输出为正，固态继电器 II 动作；无偏差时（或小于死区）时，两者都不动作。

(4) 固态继电器。它是无触点功率放大元件（可控硅），由触发电路控制其输出功率，驱动两相伺服电动机。

(5) 断信号保护电路。主要功能是检查输入信号是否故障。若信号开路或短路时，便有一个开关信号发出到事件处理电路，输出事件信号。设定电流为 3mA，当信号小于 3mA 时，视为断信号保护处理。

(6) 逻辑保护电路。该电路主要做逻辑判断，如有偏差信号无输出、无偏差信号有输出、可控硅开路或短路时便有逻辑信号输出到事件处理电路，输出事件信号。

(7) 断电源保护电路。断电源或断熔丝时有事件信号输出。

(8) 事件处理电路。有事件时，输出触点为短路状态；无事件时，输出触点为开路状态。

(二) 执行机构

DDZ-S 电动执行机构的执行机构部分与 DKJ 电动执行机构的相同，这里不再赘述。

三、智能式电动执行机构

智能式电动执行机构由 ZPE 智能伺服放大器和 SKJ 角行程电动执行机构组成。

(一) ZPE 智能伺服放大器

ZPE 智能伺服放大器是随着微电子技术发展而开发的一种新型电动伺服放大器，它与 SKJ 系列执行机构组合，可构成高性能智能式电动执行机构。

1. ZPE 智能伺服放大器的特点

与传统伺服放大器相比，ZPE 智能伺服放大器主要有以下特点。

(1) 主要技术指标先进。如基本误差、回差、死区等均已达到或接近世界先进水平。

(2) 智能化。采用先进微型计算机技术，具有自校正、自诊断、PI 调节及流量特性修正等一系列智能化功能。主要包括：①输入/输出特性修正；②可组态参数；③三种故障模式，即自锁、全开、全闭；④多种自诊断及报警；⑤电制动。

(3) 制动和断续调节技术。在控制中采用了电制动技术和断续调节技术，对具有自锁功能的执行机构可取消机械摩擦制动器，大大提高了整机可靠性。

(4) 断电保护。所有设置的参数可一直保留至下一次再设置，有断电保护功能。

(5) 一体化。伺服放大器与操作器一体化，具有手操阀位、双向无扰动切换及数字显示、LED 光柱显示。采用触摸面板，兼容性强，与现有国产执行机构可配套使用。

2. ZPE 智能伺服放大器的工作原理

ZPE 智能伺服放大器工作原理如图 4-6 所示。来自调节器的输入信号和位置反馈信号经处理后进入微型计算机，即微型计算机定期检测这两个信号。当不进行阀门特性修正时，微型计算机比较两个信号，一旦信号不平衡、偏差超出死区时，即按偏差大小、极性发出调节信号，信号经放大隔离后驱动智能伺服放大器中的功率可控硅，使其导通带动执行机构运转，进而调节阀门开度。当需要进行阀门特性修正时，通过微型计算机计算，使输入信号与阀门位移呈非线性关系，此时微型计算机将不再是简单的比较两种信号是否相等，而是要对这些信号按预先设置的参数进行计算，达到调节平衡时，调节信号与反馈信号可能不一致。

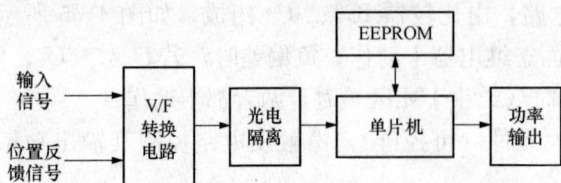

图 4 - 6　ZPE 智能伺服放大器工作原理框图

在 ZPE 智能伺服放大器中采用了微型计算机（单片机），通过对各输入、输出信号的检测、分析和判断，可诊断整机的工作情况，并及时做出相应处理和发出报警信号。在 ZPE 智能伺服放大器中采用了电制动技术，调节结束瞬间发出制动信号，它可取消机械制动器或减少制动器磨损，延长其使用寿命，提高整机的维护性能和可靠性。

（二）SKJ 角行程电动执行机构

SKJ 角行程电动执行机构是 DDZ - S 系列仪表中的执行单元。它以交流电源为动力，接受 4～20mA（DC）信号，并将此信号转换成相应的输出轴角位移。中小功率 SKJ 角行程电动执行机构采用单相电动机驱动，比例式角行程电动执行机构由单相伺服放大器和执行机构组成。单相伺服放大器为架装式结构，安装在控制室内。大功率（如 4000N·m 以上）SKJ 角行程电动执行机构采用三相电动机驱动，由三相伺服放大器和执行机构两部分组成。三相伺服放大器为墙挂式结构，可安装在控制室内，也可安装在现场，由用户根据使用而定。

1. SKJ 角行程电动执行机构的特点

（1）具有机械限位和电气限位双重限位功能。

（2）具有中途电气限位功能，限位区间可任意调整。

（3）具有力矩保护机构，限制力矩可在规定的范围内调整，这样可有效地保护执行机构和阀门的安全，并可满足阀门启闭特性的要求。

（4）位置发送器采用小型化电感式传感器或导电塑料电位器，使用寿命长，稳定性好。

（5）减速器采用具有自锁性能的行星齿轮传动机构和蜗轮副传动机构，可克服由于阀门反力过大而导致执行机构滑行的毛病。减速器体积小，传动效率高，输出轴与曲柄之间采用渐开线花键连接，便于现场机械零位调整。

（6）就地机械手操机构没有切换离合器，可在任何运行情况下进行就地手操，安全可靠，不会因手操失误而发生事故，对人身安全有极大的好处。

（7）具有断输入信号、断位置反馈信号和安全连锁保护等功能，事故状态时输出轴可选择在全开、全关和原位三种状态中的任一位置。

（8）远方电气阀位显示采用 LED 光柱显示器或指针式电流槽形表，有就地机械阀位指示。

（9）中小功率机构采用组合化设计，便于生产管理，可灵活地组合成不同功能和要求的执行机构以满足用户需要。

（10）执行机构外壳的防护等级为 IP65，环境温度为 -25～70℃，可在户外使用。

2. SKJ 角行程电动执行机构的工作原理

（1）比例式角行程电动执行机构。比例式角行程电动执行机构由结构上互相独立的伺服放大器和执行机构两部分组成，如图 4 - 7（a）所示。

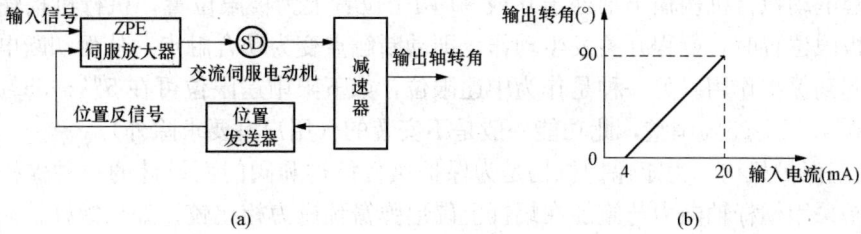

图 4-7 比例式角行程电动执行机构
(a) 结构；(b) 输入/输出特性曲线

该执行机构是一个位置伺服控制系统，位置发送器将减速器输出位移转换成 4~20mA 信号，作为位置反馈信号与伺服放大器输入信号相比较形成一个偏差信号，当偏差信号大于伺服放大器死区时，伺服放大器有功率信号输出，驱动交流伺服电动机转动。由于执行机构的旋转方向取决于偏差信号极性，总是朝减小偏差方向转动，因此将减小偏差信号，直到小于伺服放大器死区时，伺服放大器没有输出了，伺服电动机停止转动，执行机构达到新的输出位置，并与输入信号保持比例关系。比例式角行程电动执行机构输入/输出特性曲线如图4-7（b）所示。

（2）积分式角行程电动执行机构。它是一种开环控制方式的执行机构。它的输入为断续控制信号，通常是脉冲信号，通过积分操作器做功率放大（脉冲信号使可控硅导通，接通交流电源），使伺服电动机旋转，当无信号时，单相电动机不转，位置反馈信号只做阀位指示用，其工作原理如图4-8所示。

与比例式角行程电动执行机构相比，比例式角行程电动执行机构去除伺服放大器后便可作为积分式角行程电动执行机构使用。

（3）SKJ 执行机构。SKJ 执行机构主要由伺服电动机、减速器、位置发送器、行程限位机构、力矩保护机构等部分组成。

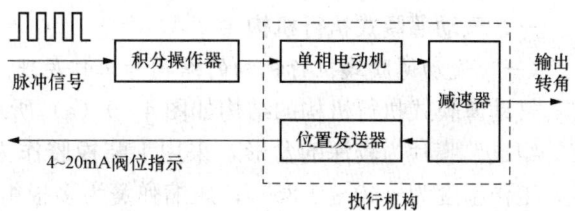

图 4-8 积分式角行程电动执行机构工作原理框图

1）伺服电动机。伺服电动机是电动执行机构中的驱动部件，它的特性与一般电动机不一样，具有低启动电流，高启动转矩，经常启动时电动机温升不致过高，具有从静止到转动所需的足够力矩等特性。伺服电动机结构与普通鼠笼感应电动机相同，由转子、定子和电磁制动器等部件构成。电磁制动器设在电动机后输出轴端，制动线圈与电动机绕组并联，当电动机通电时，制动线圈同时得电，由此产生的电磁力将制动片打开，使电动机转子自由旋转，当电动机断电时，制动线圈同时失电，制动片靠弹簧力将电动机转子刹住。

2）位置发送器。位置发送器是将输出轴的转角位移线性地转换成 4~20mA（DC）信号。比例式电动执行机构的位置发送器输出信号，它一方面作为闭环负反馈信号，另一方面作为电动执行机构输出轴的位置指示信号。积分式电动执行机构位置发送器的输出信号仅作阀位指示。

3）行程限位机构。行程限位机构的功能有两种，一种是作为电气极限位置限位，如

SKJ 角行程电动执行机构输出轴处于 0°或 90°两个位置上为极限位置，执行机构输出轴到了其中一个极限位置时，行程开关发生动作，即动断触点变为动合触点，从而切断电动机的供电电源，起到保护作用。另一种是作为中途限位，如下限中途限位可在 5%～55% 调整，上限中途可在 45%～95% 调整，此功能一般是不安装的（用户有要求除外）。

4）力矩保护机构。力矩保护机构是为保护执行机构和阀门而设计的一种保护机构。其工作原理是采用蜗杆轴向力与施加在蜗杆上碟形弹簧预压力相比较，如果蜗杆轴向力大于弹簧预压力，则蜗杆产生左或右轴向位移，然后把此位移转换成转角位移带动凸轮旋转，此凸轮旋转到某一转角就与微动开关接触，使微动开关动断触电变为动合触电，切断电动机电源，起到力矩保护的目的。

第二节　气动执行机构

气动执行机构接受气动控制器或阀门定位器输出的气压信号，并将其转换成相应的推杆直线位移，以推动调节阀动作。

气动执行机构有正作用和反作用两种形式。当信号压力增加时，推杆向下动作的叫正作用式执行机构；当信号压力增加时，推杆向上动作的叫反作用式执行机构；在工业生产中，口径较大的气动执行机构通常采用正作用式。

气动执行机构主要分为薄膜式和活塞式两种。薄膜式执行机构结构简单、动作可靠、维修方便、价格低廉，是最常用的一种执行机构；活塞式执行机构输出推力大，允许操作压力可达 500kPa，但价格较高。

一、气动薄膜式执行机构

（一）气动薄膜式执行机构的结构和工作原理

气动薄膜式执行机构的结构如图 4-9（a）所示，它主要由膜片、推杆、压缩弹簧、支架等组成。膜片为较深的盆形，采用丁酯橡胶作为涂层以增强涤纶织物的强度并保证密封性，工作温度为 -40～+85℃；压缩弹簧为多根组合形式，其数量为 4、6 根或 8 根，也有采用双重弹簧结构的，把大弹簧套在小弹簧外面；推杆的导向表面经过精加工，以减小回差和增加密封性。

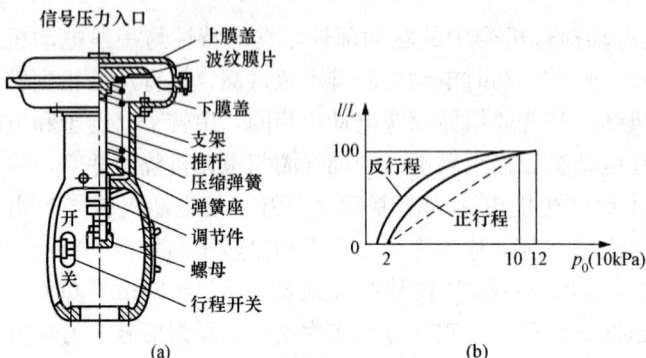

图 4-9　气动薄膜式执行机构
（a）结构；（b）输入/输出静态特性

当压力信号（通常是 20～100kPa）通入薄膜气室时，在波纹膜片上产生向下的推力。此推力克服压缩弹簧的反作用力后，使推杆产生位移，直至弹簧被压缩的反作用力与信号压力在波纹膜片上产生的推力平衡时为止。显然压力信号越大，向下的推力也越大，与之相平衡的弹簧力也越大，即弹簧压缩量也就越大。平衡时推杆位移与输入的压力信号大小成正比。推杆位移就是执行机构输出，通常称为行程。调节件可用来改变压缩弹簧的初始压紧力，从而调整执行机构的工作零点。

气动薄膜执行机构的行程规格有 10、16、25、40、60、100mm 等。薄膜有效面积有 200、280、400、630、1000、1600cm² 等六种规格。有效面积越大，执行机构位移和推力也越大。

若不计膜片的弹性刚度及推杆与填料之间的摩擦力，平衡状态时气动薄膜执行机构的力平衡方程式为

$$l = \frac{A_e}{C_s} p_1 \tag{4-2}$$

式中：p_1 为气室内的压力，平衡时 p_1 等于控制器输出压力 p_0；A_e 为膜片有效面积；l 为弹簧位移，即推杆位移；C_s 为弹簧刚度。

式（4-2）表明，在平衡状态时推杆位移 l 和输入信号 p_0 之间成比例关系。

气动薄膜执行机构输入/输出静态特性如图 4-9（b）所示。图中，推杆位移用相对变化量 l/L 表示。虚线为不计膜片弹性刚度变化及推杆与填料之间摩擦力的静态特性，实线为考虑膜片弹性刚度变化及推杆与填料之间摩擦力的静态特性。

通常，气动薄膜执行机构的非线性偏差不超过 ±4%，正/反行程变差小于 2.5%。实际使用中，将气动阀门定位器作为气动执行机构的组成部分，可减小非线性偏差和变差。

（二）气动阀门定位器

气动阀门定位器如图 4-10 所示。

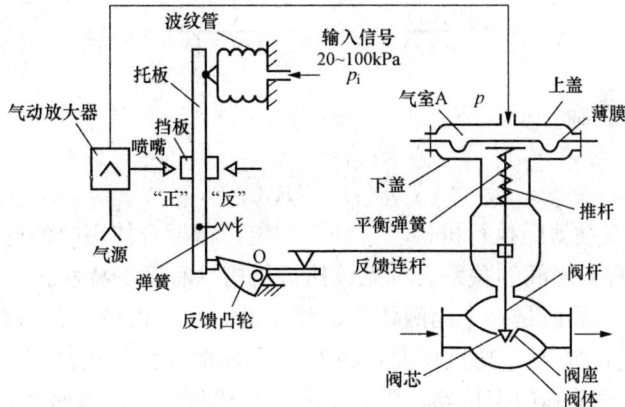

图 4-10 气动阀门定位器

气动阀门定位器是一个气压/位移反馈系统，它按位移平衡原理进行工作，其动作过程是当来自调节器（或定值器）的气压信号 p_i 增加时，波纹管自由端产生相应的推力，推动托板以反馈凸轮为支点逆时针偏转，使固定在托板上的挡板与喷嘴之间距离减小，喷嘴背压上升，气动放大器的输出压力 p 增大。p 输入气动薄膜执行机构的气室 A，对波纹膜片施加向下的推力。此推力克服压缩弹簧的反作用力后，使推杆向下移动。推杆下移时，阀杆也下移（阀杆与推杆刚性连接），通过反馈连杆（反馈杠杆与阀杆刚性连接）带动反馈凸轮绕凸轮轴 O 顺时针偏转，从而推动托板以波纹管为支点逆时针转动，于是固定在托板上的挡板离开喷嘴，喷嘴背压下降，放大器输出压力减小。当输入信号使挡板产生的位移与反馈连杆

动作使挡板产生的位移平衡时，推杆便稳定在一个新位置上。此位置与输入信号相对应，即执行机构行程 s 与输入压力信号 p_i 成比例关系。

气动阀门定位器与气动薄膜执行机构配合使用时，可实现正/反作用两种动作方式。正作用方式要改变成反作用方式，只需将反馈凸轮反向安装，并将喷嘴从托板的左侧移至右侧即可。

（三）气动薄膜式执行器的工作特性

根据前述分析，若忽略机械系统惯性和摩擦影响，则可画出气动阀门定位器与气动薄膜执行机构配合使用时的系统框图，如图 4 - 11 所示。

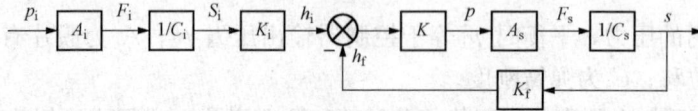

图 4 - 11　气动阀门定位器与气动薄膜执行机构配合使用时的系统框图

p_i—输入信号；F_i—波纹管所产生的输入力；S_i—波纹管顶点所产生的输出位移；h_i—输入信号使挡板产生的位移；
h_f—阀杆行程使挡板产生的位移；p—气动放大器的输出压力；F_s—波纹膜片产生的推力；s—阀杆行程；A_i—波纹管的有效面积；C_i—波纹管的位移刚度；K_i—波纹管的顶点到喷嘴之间的位移转换系数（根据三角形相似原理确定）；
K—放大器的转换放大系数；A_s—波纹膜片的有效面积；C_s—波纹膜片及压缩弹簧组的位移刚度；
K_f—阀杆到挡板之间的位移转换系数（根据凸轮轮廓的形状及三角形相似原理确定）

由图 4 - 11 可得出该系统的传递函数为

$$\frac{S(s)}{p_i(s)} = \frac{A_i K_i K A_s \dfrac{1}{C_i} \dfrac{1}{C_s}}{1 + K A_s K_f \dfrac{1}{C_i}} \tag{4 - 3}$$

当 $K A_s K_f \gg 1$ 时，则

$$\frac{S(s)}{p_i(s)} = \frac{A_i K_i}{K_f C_i} \tag{4 - 4}$$

式（4-4）表示气动薄膜执行机构与气动阀门定位器配合使用时的输入气压信号 p_i 与输出阀杆位移 s（或行程）之间的关系。可见该执行机构具有以下特性。

（1）该执行机构可看成是一个比例环节，其比例系数与波纹管的有效面积 A_i 和它的位移刚度 C_i、位移转换系数 K_i（托板长度）和 K_f（凸轮的几何形状）有关。

（2）由于配用了气动阀门定位器，引入了深度位移负反馈，因而消除了执行机构膜片有效面积和弹簧刚度的变化、薄膜气室的气容及阀杆摩擦力等因素对阀位的影响，保证了阀芯按输入信号精确定位，提高了调节准确度。

（3）由于使用了气动放大器，增强了供气能力，因而大大加快了执行机构的动作速度，改善了调节阀的动态特性。在特殊情况下还可改变定位器中反馈凸轮形状（即改变 K_f）来修改调节阀的流量特性，以适应调节系统的要求。

二、电信号气动长行程执行机构

气动活塞式执行机构由气缸内的活塞输出推力，由于气缸的允许操作压力较大，故可获得较大的推力，并容易制造成长行程的执行机构，所以气动活塞式执行机构特别适用于高静压、高差压及需要较大推力和位移（或转角）的工艺场合。

ZSLD 型电信号气动长行程执行机构是以干燥、清洁的压缩空气为动力的一种电/气复

合式执行机构。它可与 DCS 或调节器配套使用,接收 DCS 或人工给定的 4~20mA(DC)输入信号,输出角位移(0°~90°),并以一定转矩推动调节机构动作。为适应控制系统的要求,该气动执行机构具有断气源、断电源、断电信号三断自锁保护,阀位移电气远传等功能。

ZSLD 型电信号气动长行程执行机构主要由气缸、手操机构、输出轴、电/气阀门定位器、阀位变送器、三断自锁装置、切换开关、平衡阀等部件组成。工作原理如图 4-12 所示。

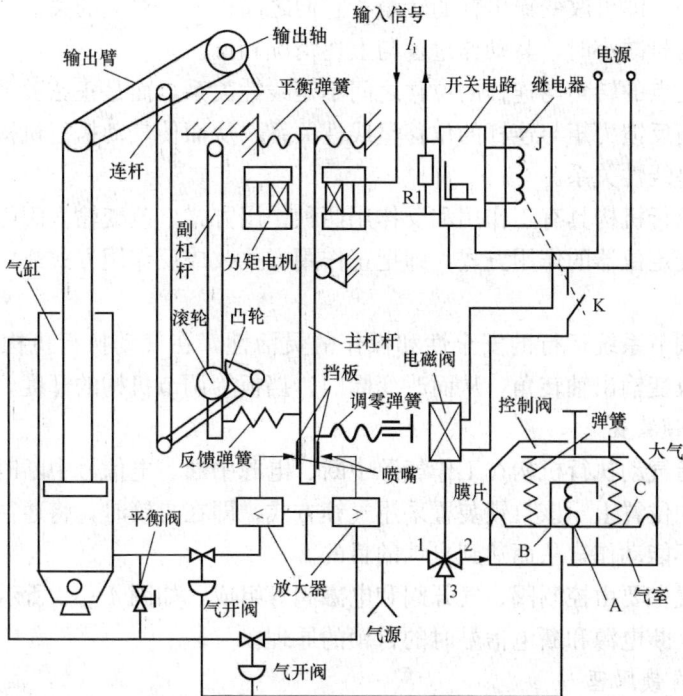

图 4-12 ZSLD 型电信号气动长行程执行机构工作原理图

(一)电/气阀门定位器

电/气阀门定位器是电信号长行程执行机构的一个重要辅助设备。阀门定位器的输入信号为 4~20mA(DC),输出信号为 20~100kPa。因此,电/气阀门定位器相当于电/气转换器与气动阀门定位器的组合。

电/气阀门定位器按力矩平衡原理进行工作。定位器的主杠杆上承受三个作用力:①当信号电流流过线圈时,在力矩电机内产生与信号电流成正比的输出力;②反馈弹簧的拉力;③调零弹簧的拉力。当系统处于平衡状态时,上述三个力对主杠杆支点的力矩之和等于零。此时安装在主杠杆下端的挡板处于两个喷嘴的中间位置,使两放大器的输出压力相等,故气缸的活塞停在与输入电流相对应的某一位置上。

当输入电流信号 I_i 增加时,力矩电机的输出力也增加。假设该力的方向为向左,则对主杠杆产生逆时针方向的力矩,使主杠杆绕支点作逆时针方向的转动,固定在主杠杆下端的挡板靠近右喷嘴而离开左喷嘴,右喷嘴的背压增加,左喷嘴的背压下降。两个背压信号经各自的放大器放大后至气缸活塞的上、下侧,使上气缸的压力增加,下气缸的压力降低。在上、下气缸的压差作用下，气缸活塞向下运动，带动输出臂作逆时针方向转动，输出轴也转动，这个角位移被送到控制机构（阀门或挡板）。输出臂转动时，带动连杆向下移动，使凸轮绕支点逆时针转动，凸轮推动滚轮，使副杠杆绕支点顺时针转动，反馈弹簧被拉伸，反馈弹簧对主杠杆的拉力增加，产生一个顺时针方向的力矩作用在主杠杆上，使主杠杆作顺时针方向转动。当反馈弹簧力对主杠杆所产生的反馈力矩与力矩电机输出力作用在主杠杆上的力矩平衡时，整个系统重新达到平衡状态，但输出臂（轴）已转动了一定角度。输出臂的转角与输入电流信号的大小相对应，但气缸活塞两侧产生的压差与外负载相平衡。因此改变输入电流信号 I_i 的大小，即可改变输出臂的转角，它们之间有一一对应的关系。

当输入电流信号减小时，其动作过程与上述情况相反。

由于凸轮绕支点的转角与连杆的位移之间不是线性关系，而是正弦关系，因此用正弦凸轮进行补偿，以使反馈力矩与连杆的位移呈线性关系，从而使气动执行机构的输出转角与输入电流信号之间呈线性关系。

气动长行程执行机构具有正作用和反作用两种作用方式。改变输入阀门定位器电流信号的方向，就可改变定位器的作用方式，即把正作用方式改成反作用方式或把反作用方式改成正作用方式。

为保证自动调节系统运行的安全性和操作的灵活性，在气动执行机构中设置了手操机构。转动手轮可改变输出轴转角，从而改变阀门、挡板等调节机构的开度，实现手动操作。

（二）三断自锁装置

三断自锁是指气动执行机构在工作气源中断、电源中断、电信号中断时，其输出臂转角能够保持在原先的位置上。该自锁装置采用气锁方式，即在自锁时，将通往上、下气缸的气路切断，使活塞不能动作，从而达到自锁的目的。

三断自锁装置主要由控制阀、气开阀和电磁阀等组成，如图 4-12 所示。下面分别说明该装置在断气源、断电源和断电信号时的自锁的原理。

1. 气源中断自锁原理

气源中断自锁装置由控制阀和两个气开阀组成。在正常工作状态下，控制阀的膜片硬芯 C 在弹簧力和气室压力所产生的集中力作用下处于平衡位置，这时 A 阀口关闭，B 阀口打开，工作气源与控制阀气室相通，两个气开阀因有气而打开。气缸的活塞位移受电/气阀门定位器输出气压信号的控制。当气源压力下降到某一数值（称为闭锁压力）或断气源时，因控制阀气室压力减小，对膜片所产生的向上集中力减小，膜片硬芯在上部弹簧力作用下向下移动，将 A 阀口打开，B 阀口关闭，控制阀气室与大气相通，气开阀因断气而关闭。这样即切断了通往上、下气缸的气路，使活塞停留在断气源前的瞬间位置上，实现了断气源阀位自锁的目的。当气源压力恢复时，该自锁装置可自动恢复正常工作。闭锁压力值的大小可根据需要用控制阀上的手动旋钮调整弹簧的预紧力来实现。

2. 电源中断自锁原理

在气源中断自锁装置的基础上，设置一个两位三通电磁阀，即可实现断电源自锁。正常供电情况下，电磁阀的阀口 1-2 相通，阀口 1-3 和 2-3 均不通，此时气源经电磁阀输至控制阀。断电源时，电磁阀动作，使阀口 1-3 和 1-2 均不通，阀口 2-3 相通。因阀口 3 通大气，故控制阀的气源压力降到零，相当于气源中断而自锁，即实现了断电源自锁的保护作用。

3. 电信号中断自锁原理

在电源信号回路中串联电阻 R1，信号电流在 R1 上的电压降作为开关信号的输入电压。在正常情况下，R1 上的电压较大，继电器 J 激励，动合触电 K 闭合，两位三通电磁阀的阀口 1-2 相通，阀口 1-3 和 2-3 均不通，气源经电磁阀输至控制阀。当电信号中断时，R1 上的电压降为零，继电器 J 失电，动合触电 K 断开，电磁阀的电源被切断，此时相当于电源中断而自锁。

此三断自锁装置在故障消除后能自动复位。自锁装置同时还备有压力开关，可供自锁时报警之用。

第三节 调 节 机 构

调节机构又称控制阀（或调节阀），是一个局部阻力可变的节流元件。阀芯移动改变阀芯与阀座间的流通面积，即改变阀的阻力系数，使被控介质流量相应改变。

一、调节阀的结构

调节阀由上阀盖、下阀盖、阀体、阀座、阀芯、阀杆、填料和压板等部件组成。为适应多种使用要求，阀芯和阀体有不同的结构，使用的材料也各不相同。

（一）阀的结构形式

根据不同的使用要求，阀的结构形式很多，主要有直通单座阀、直通双座阀、三通阀、角形阀、蝶阀、套筒阀、偏心旋转阀和高压调节阀等，如图 4-13 所示。

直通单座阀阀体内只有一个阀芯和一个阀座，它适用于泄漏量要求严格、阀两端压差较小的场合；直通双座阀阀体内有两个阀芯和阀座，它适用于泄漏量要求不高、阀两端压差较大的场合；三通阀阀体上有三个通道和管道相连，分为分流型和合流型两种，使用中流体温差应小于 150℃；角形阀阀体为直角形，适用于高压差、高黏度、含悬浮物和颗粒状流量的控制；蝶阀的挡板以转轴的旋转来控制流体的流量，适用于低压差、大口径、大流量气体和带有悬浮物流体的场合；套筒阀阀内有一个圆柱形套筒，根据通流能力，套筒的窗口分为四个、两个和一个，利用套筒导向，阀芯可在套筒中上、下移动，改变节流口的面积，从而实现流量控制；偏心旋转阀的球面阀芯中心线与转轴中心偏移，转轴带动阀芯偏心旋转使阀芯从前下方进入阀座，适用于黏度较大的场合。高压调节阀是一种适用于高静压和高压差控制的特殊阀门，多为角形单座，额定工作压力可达 32MPa。

（二）阀芯形式

根据阀芯的动作形式，有直行程阀芯和角行程阀芯两类。其中，直行程阀芯分为平板型、柱塞型、窗口型和多级阀芯。

直行程阀芯形式如图 4-14 所示。

平板型阀芯结构简单，具有快开特性，可作两位控制用；柱塞型阀芯上下可倒装，可实现正反控制作用，阀特性有线性、等百分比两种；窗口型阀芯适用于三通控制阀，左边为合流型，右边为分流型，阀特性有线性、等百分比和抛物线三种；多级阀芯是把几个阀芯串级接在一起，其具有逐级降压的作用，可用于高压差阀。

角行程阀芯形式如图 4-15 所示。通过阀芯的旋转运动改变其与阀座间的通流截面。其中偏心旋转阀芯适用于偏转阀；蝶形阀芯适用于蝶阀；球形阀芯适用于球阀。

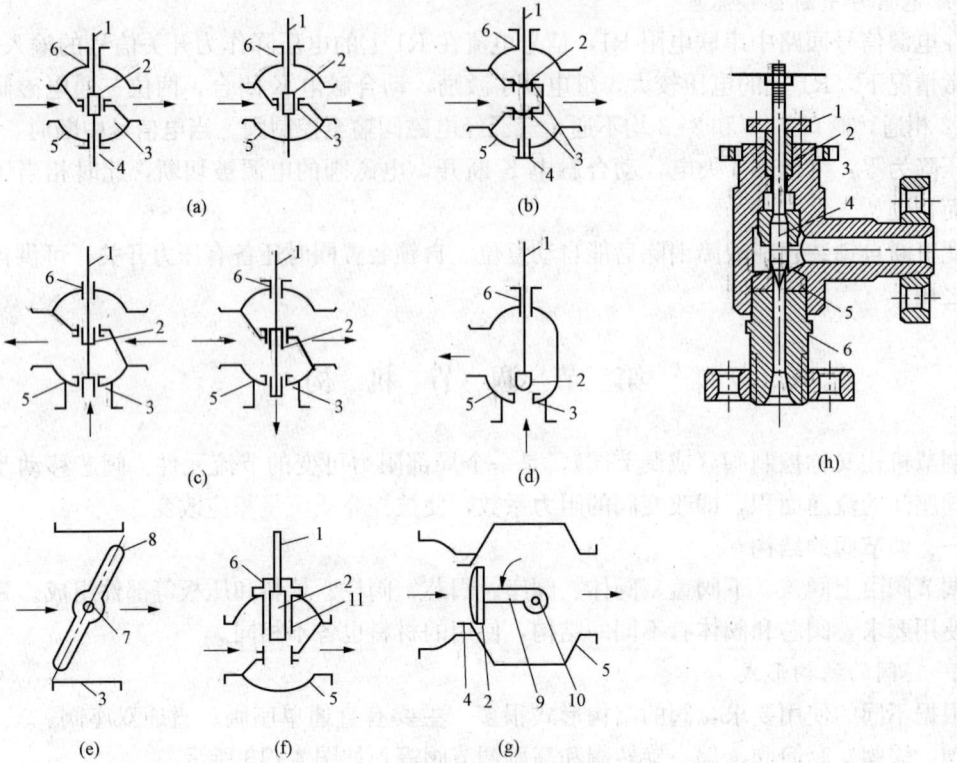

图 4-13 阀的结构形式

(a) 直通单座调节阀；(b) 直通双座调节阀；(c) 三通阀；(d) 角形阀；

(e) 蝶阀；(f) 套筒阀；(g) 偏心旋转阀；(h) 高压调节阀

1—阀杆；2—阀芯；3—阀座；4—下阀盖；5—阀体；6—上阀盖；

7—阀轴；8—阀板；9—柔臂；10—转轴；11—套筒

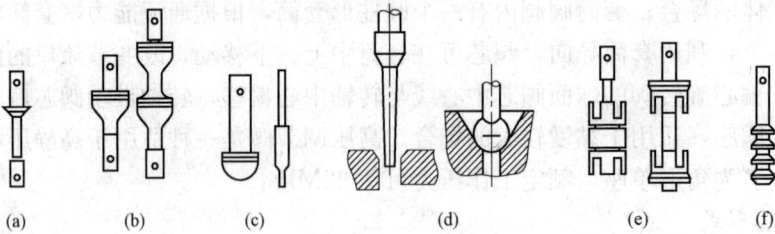

图 4-14 直行程阀芯

(a) 平板型阀芯；(b) 柱塞型阀芯；(c) 柱塞型阀芯；(d) 柱塞型阀芯；(e) 窗口型阀芯；(f) 多级阀芯

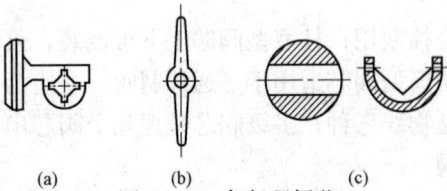

图 4-15 角行程阀芯

(a) 偏心旋转阀芯；(b) 蝶形阀芯；(c) 球形阀芯

二、调节阀的特性

（一）节流原理

当流体经过调节阀时，由于阀芯、阀座所造成的流通面积局部缩小，形成局部阻力，使流体在该处产生能量损失。对于不可压缩流体，由能量守恒原理可知，调节阀的能量损失可表示为

$$H = \frac{p_1 - p_2}{\rho g} \qquad (4-5)$$

式中：H 为单位质量流体的能量损失；p_1 为阀前压力；p_2 为阀后压力；ρ 为流体密度；g 为重力加速度。

如果调节阀开度不变，流体密度不变，那么单位质量流体能量损失与流体动能成正比，即

$$H = \xi \frac{\omega^2}{2g} \qquad (4-6)$$

式中：ω 为流体的平均流速；ξ 为调节阀的阻力系数，与阀门结构形式、开度和流体的性质有关。

流体的平均流速为

$$\omega = \frac{q_V}{A} \qquad (4-7)$$

$$A = \pi D_g^2 / 4$$

式中：q_V 为流体的体积流量；A 为调节阀的通流面积；D_g 为阀公称直径。

综合式（4-5）～式（4-7），可得调节阀的流量方程为

$$q_V = \frac{A}{\sqrt{\xi}} \sqrt{\frac{2(p_1 - p_2)}{\rho}} \qquad (4-8)$$

若式（4-8）各项采用如下单位：A（cm^2），ρ（g/cm^3），p_1 和 p_2（100kPa），q_V（m^3/h），则式（4-8）可写成

$$q_V = \frac{A}{\sqrt{\xi}} \times \frac{3600}{10^4} \times \sqrt{\frac{2 \times 10^5}{10^3} \times \frac{(p_1 - p_2)}{\rho}} = 5.09 \frac{A}{\sqrt{\xi}} \sqrt{\frac{\Delta p}{\rho}} \quad (\text{m}^3/\text{h}) \qquad (4-9)$$

式（4-9）即为不可压缩流体情况下调节阀实际应用的流量方程。在调节阀口径 A 一定和压差 Δp、密度 ρ 不变的情况下，流量 q_V 仅随阻力系数 ξ 变化，阀的开度增大，阻力系数 ξ 减小，流量随之增大。调节阀就是通过改变阀芯行程实现开度的变化，即改变阻力系数 ξ 来实现流量调节的。

（二）流量系数

1. 定义

把式（4-9）改写为

$$q_V = C \sqrt{\frac{\Delta p}{\rho}} \quad (\text{m}^3/\text{h}) \qquad (4-10)$$

其中

$$C = 5.09 \frac{A}{\sqrt{\xi}} \qquad (4-11)$$

式中：C 为流量系数，其大小反映了通过阀门的流量，即流通能力的大小；C 与流体性质、阀结构尺寸有关，根据 C 值可确定阀门口径。

不同单位制下，流量系数的定义不同。采用国际单位制时，流量系数定义为在阀全开，阀前后压差为 100kPa，流体密度为 1g/cm^3（5～40℃ 的水）时，每小时通过阀门的流量数（m^3）。

2. C 值的计算

根据我国有关规定,调节阀计算采用国际单位制,即使用 C。将式 (4-10) 中 Δp 的单位取为 kPa,可得不可压缩流体 C 值的计算公式为

$$C = \frac{10q_V \sqrt{\rho}}{\sqrt{\Delta p}} \tag{4-12}$$

在计算流量系数时,应考虑不同流体的影响因素,如液体的黏度、气体的压缩因数等。对于气液两相混合流体,必须考虑两种流体之间的相互影响。

流体的流动状态也影响 C 的大小。当阀前后压差达到某一临界值时,通过阀的流量将达到极限,这时即使进一步增加压差,流量也不会再增加,这种达到极限流量的流动状态称为阻塞流状态。此时 C 计算要引入压力恢复系数、临界压差比等。

(三) 调节阀的可调比

调节阀的可调比(可调范围)就是调节阀所能控制的最大与最小流量之比,用 R 表示,即

$$R = \frac{q_{V\max}}{q_{V\min}} \tag{4-13}$$

注意:$q_{V\min}$ 是调节阀可调流量的下限值,一般为最大流量的 $2\% \sim 4\%$。它与泄漏量不同,泄漏量是阀全关时泄漏的量,它仅为最大流量的 $0.1\% \sim 0.01\%$。调节阀的可调比受阀前后压差变化的影响,因此可调比分为理想可调比和实际可调比两种。

1. 理想可调比

调节阀前后压差不变时的可调比称为理想可调比,计算式为

$$R = \frac{q_{V\max}}{q_{V\min}} = \frac{C_{\max}}{C_{\min}} \tag{4-14}$$

即理想可调比等于最大流量系数与最小流量系数之比,它反映了调节阀的调节能力。理想可调比一般均小于 50,目前统一设计时取 $R = 30$。

2. 实际可调比

考虑调节阀前后压差变化时的可调比称为实际可调比。

(1) 串联管道时的可调比。串联管道如图 4-16 (a) 所示。

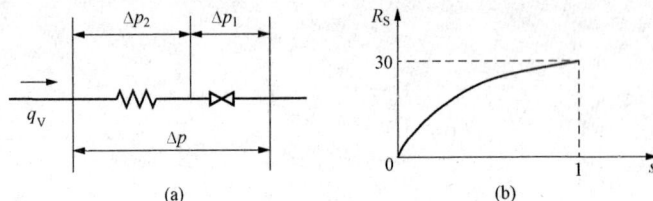

随着流量 q_V 的增加,管道的阻力损失也增加,则调节阀通过的最大流量减小,调节阀的实际可调比降低。此时实际可调比为

图 4-16　串联管道可调比特性
(a) 调节阀与管道串联;(b) 实际可调比 R_S 随 s 变化的曲线

$$R_S = \frac{q_{V\max}}{q_{V\min}} = R\sqrt{\frac{\Delta p_{\min}}{\Delta p_{\max}}} \tag{4-15}$$

式中:$\Delta p_{\min}$ 为调节阀全开时阀前后压差;$\Delta p_{\max}$ 为调节阀最小流量时阀前后压差。

因为 $\Delta p_{\max} \approx \Delta p$,所以令 s 为调节阀全开时的阀前后压差与系统总压差之比,即

$$s = \frac{\Delta p_{\min}}{\Delta p} \tag{4-16}$$

则串联管道时的实际可调比为

$$R_{\mathrm{S}} = \frac{q_{\mathrm{Vmax}}}{q_{\mathrm{Vmin}}} = R\sqrt{s} \tag{4-17}$$

可见，当 s 值越小即串联管道的阻力损失越大时，实际可调比就越小。其变化曲线如图 4-16（b）所示。

（2）并联管道时的可调比。并联管道相当于调节阀的旁路阀打开一定的开度，如图 4-17 所示。并联管道时的可调比 R_{P} 为

$$R_{\mathrm{P}} = \frac{q_{\mathrm{Vmax}}}{q_{\mathrm{V1min}} + q_{\mathrm{V2}}} \tag{4-18}$$

式中：q_{Vmax} 为总管最大流量；q_{V1min} 为调节阀最小流量；q_{V2} 为旁路流量。

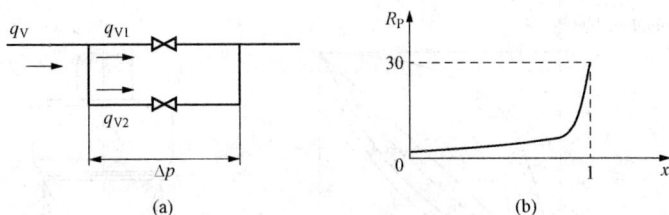

图 4-17 并联管道可调比特性

（a）调节阀与管道并联；（b）实际可调比 R_{P} 随 x 变化的曲线

令 x 为调节阀全开时的流量与总管最大流量之比，即

$$x = \frac{q_{\mathrm{V1max}}}{q_{\mathrm{Vmax}}} \quad (0 < x \leqslant 1) \tag{4-19}$$

因为 $q_{\mathrm{V1max}} = Rq_{\mathrm{V1min}}$，所以

$$q_{\mathrm{V1min}} = x\frac{q_{\mathrm{Vmax}}}{R} \tag{4-20}$$

又 $q_{\mathrm{V2}} = q_{\mathrm{Vmax}}(1-x)$，代入式（4-19）得

$$R_{\mathrm{P}} = \frac{q_{\mathrm{Vmax}}}{x\dfrac{q_{\mathrm{Vmax}}}{R} + (1-x)q_{\mathrm{Vmax}}} = \frac{R}{R-(R-1)x} \tag{4-21}$$

通常 $R \gg 1$，则

$$R_{\mathrm{P}} \approx \frac{1}{1-x} \approx \frac{q_{\mathrm{Vmax}}}{q_{\mathrm{V2}}} \tag{4-22}$$

当 x 越小时，即 q_{V2} 越大时，实际可调比越小，并且实际可调比近似为总管的最大流量与旁路流量的比值。其变化曲线如图 4-17（b）所示。

（四）调节阀的流量特性

调节阀的流量特性是指介质流过调节阀的相对流量与相对位移（阀的相对开度）之间的关系，即

$$\frac{q_{\mathrm{V}}}{q_{\mathrm{Vmax}}} = f(\frac{l}{L}) \tag{4-23}$$

式中：$q_{\mathrm{V}}/q_{\mathrm{Vmax}}$ 为相对流量，即调节阀在某一开度流量 q_{V} 与全开度流量 q_{Vmax} 之比；l/L 为相对位移，即调节阀某一开度阀芯位移 l 与全开度阀芯位移 L 之比。

　　由于调节阀开度变化的同时，阀前后的压差也会发生变化，而压差的变化又将引起流量的变化。为便于分析，阀前后压差不随阀的开度变化的流量特性称为理想流量特性；阀前后压差随阀的开度变化的流量特性称为工作流量特性。

　　1. 理想流量特性

　　理想流量特性又称固有流量特性，主要有直线、等百分比、抛物线和快开四种，如图4-18所示。

　　（1）直线流量特性。直线流量特性是指调节阀的相对流量与相对位移呈直线关系，如图4-18（a）中的曲线2，其数学表达式为

$$\frac{\mathrm{d}(q_{V}/q_{V\max})}{\mathrm{d}(l/L)} = K \tag{4-24}$$

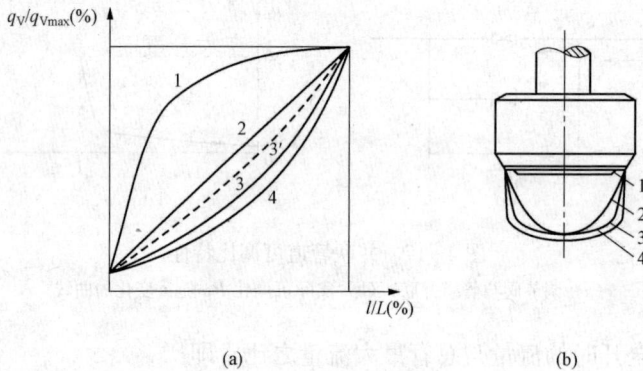

图 4-18　理想流量特性

（a）流量特性；（b）阀芯形状

将式（4-24）积分得

$$\frac{q_{V}}{q_{V\max}} = K\frac{l}{L} + c \tag{4-25}$$

　　边界条件：$l=0$ 时，$q_{V}=q_{V\min}$；$l=L$ 时，$q_{V}=q_{V\max}$。将边界条件代入式（4-25）得

$$c = \frac{q_{V\min}}{q_{V\max}} = \frac{1}{R}, \quad K = 1 - c = 1 - \frac{1}{R} \tag{4-26}$$

所以

$$\frac{q_{V}}{q_{V\max}} = \left(1 - \frac{1}{R}\right)\frac{l}{L} + \frac{1}{R} \tag{4-27}$$

式中：R 为调节阀的可调比。

　　直线流量特性调节阀的放大倍数虽是常数，但其流量相对变化值是不同的。小开度时，流量相对变化值大，而在大开度时，流量相对变化值小。因此直线流量特性的调节阀在小开度时，灵敏度高，调节作用强，易产生振荡；在大开度时，灵敏度低，调节作用弱，调节缓慢。

　　（2）等百分比流量特性。等百分比流量特性是指调节阀的单位相对位移变化所引起的相对流量变化与此点的相对流量成正比关系，如图4-18（a）中的曲线4，又称对数流量特性。其数学表达式为

$$\frac{\mathrm{d}(q_{V}/q_{V\max})}{\mathrm{d}(l/L)} = K\frac{q_{V}}{q_{V\max}} \tag{4-28}$$

将式（4-28）积分得

$$\ln \frac{q_V}{q_{Vmax}} = K \frac{l}{L} + c \qquad (4-29)$$

将边界条件代入

$$c = \ln \frac{q_{Vmin}}{q_{Vmax}} = \ln \frac{1}{R} = -\ln R, \quad K = \ln R \qquad (4-30)$$

所以

$$\frac{q_V}{q_{Vmax}} = e^{(\frac{l}{L}-1)\ln R} = R^{(\frac{l}{L}-1)} \qquad (4-31)$$

等百分比流量特性曲线的斜率是随着流量的增大而增大，即它的放大倍数随流量的增大而增大，但流量相对变化值是相等的，即流量变化的百分比是相等的。因此具有等百分比特性的调节阀，在小开度时，放大系数小，调节平稳；在大开度时，放大系数大，调节灵敏。

（3）抛物线流量特性。抛物线流量特性是指调节阀的单位相对位移变化所引起的相对流量变化与此点的相对流量值的平方根成正比关系，如图4-18（a）中的曲线3所示。其数学表达式为

$$\frac{d(q/q_{Vmax})}{d(l/L)} = K \sqrt{\frac{q_V}{q_{Vmax}}} \qquad (4-32)$$

积分后代入边界条件得

$$\frac{q_V}{q_{Vmax}} = \frac{1}{R} \left[1 + (\sqrt{R} - 1) \frac{l}{L} \right]^2 \qquad (4-33)$$

式（4-33）表明相对流量与相对位移之间为抛物线关系。抛物线流量特性曲线介于直线和等百分比特性曲线之间。

为弥补直线流量特性在小开度时调节特性差的缺点，在抛物线特性基础上派生出一种修正抛物线特性，如图4-18（a）中的虚线3′所示。它在相对位移30%及相对流量20%以下为抛物线关系，而在其他范围为直线关系。

（4）快开流量特性。快开流量特性曲线如图4-18（a）中的曲线1所示。它在开度较小时就有较大的流量，随着开度的增大，流量很快就达到最大，此后再增大开度，流量变化很小。快开流量特性的阀芯形式是平板型。它的有效位移为阀座直径的1/4，当位移再增大时，阀的流通面积就不再增大，失去了调节作用。

2. 工作流量特性

在实际使用中，调节阀总是与工艺设备、管道等串联或并联使用的，因此阀前后压差会因阻力损失而变化，致使流量特性发生变化。

（1）串联管道时的工作流量特性。以图4-16所示串联管道系统为例。系统总压差为

$$\Delta p = \Delta p_1 + \Delta p_2 \qquad (4-34)$$

当Δp_1恒定时，有

$$\frac{q_V}{q_{Vmax}} = \frac{C}{C_{max}} \qquad (4-35)$$

式中：C_{max}为阀全开时的流量系数。

由于

$$C = C_{max} \frac{q_V}{q_{Vmax}} = C_{max} f\left(\frac{l}{L}\right) \tag{4-36}$$

则

$$q_V = C_{max} f\left(\frac{l}{L}\right) \sqrt{\frac{\Delta p_1}{\rho}} \tag{4-37}$$

当流量 q_V 用管道系统的流量系数 α 和压力损失 Δp_2 来表示时，有

$$q_V = \alpha \sqrt{\frac{\Delta p_2}{\rho}} \tag{4-38}$$

根据式（4-34）、式（4-37）和式（4-38）可得

$$\Delta p_1 = \frac{\Delta p}{\left(\frac{1}{M} - 1\right) f^2\left(\frac{l}{L}\right) + 1} \tag{4-39}$$

其中

$$M = \frac{\alpha^2}{\alpha^2 + C_{max}^2} \tag{4-40}$$

当阀全开时，$f(l/L) = 1$，则 $\Delta p_{1min} = M \Delta p$，即

$$M = \frac{\Delta p_{1min}}{\Delta p} = s \tag{4-41}$$

所以

$$\Delta p_1 = \frac{\Delta p}{\left(\frac{1}{s} - 1\right) f^2\left(\frac{l}{L}\right) + 1} \tag{4-42}$$

式（4-42）为调节阀压差变化的规律。

$$\frac{q_V}{q_{Vmax}} = f\left(\frac{l}{L}\right) \sqrt{\frac{1}{\left(\frac{1}{s} - 1\right) f^2\left(\frac{l}{L}\right) + 1}} \tag{4-43}$$

式（4-43）为串联管道以 q_{Vmax} 为参比值时的工作流量特性。此时对于理想特性为直线和等百分比特性的调节阀，在不同的 s 值下，工作流量特性曲线变化如图 4-19 所示。

从图 4-19 中可看出，$s=1$ 时管道阻力损失为零，系统总压差全部降落在阀上，实际工作特性和理想工作特性是一致的。随着 s 的减小，管道阻力损失增加，不仅阀全开时的流量减小，而且流量特性曲线也发生很大的畸变，即直线特性趋近于快开特性；等百分比特性趋近于直线特性。

综上所述，串联管道将使调节阀的可调比减小，流量特性发生畸变，并且 s 值越小，影响越大。在实际使用中，s 值不能太小，通常 s 值不低于 0.3。

（2）并联管道时的工作流量特性。以图 4-17 所示并联管道系统为例。管路的总流量为

$$q_V = q_{V1} + q_{V2} = C_{max} f\left(\frac{l}{L}\right) \sqrt{\frac{\Delta p}{\rho}} + C_b \sqrt{\frac{\Delta p}{\rho}} \tag{4-44}$$

式中：C_b 为旁路通道的流量系数。

当阀全开时，$f(l/L) = 1$，通过调节阀的流量和总流量均为最大，则

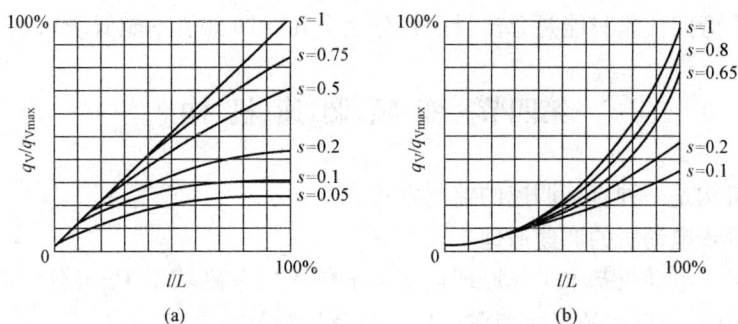

图 4-19　串联管道时调节阀的工作流量特性曲线变化（以 q_{Vmax} 为参比值）

(a) 线性流量特性；(b) 等百分比流量特性

$$q_{Vmax} = (C_{max} + C_b) \sqrt{\frac{\Delta p}{\rho}} \qquad (4\text{-}45)$$

所以

$$\frac{q_V}{q_{Vmax}} = \frac{C_{max} f\left(\dfrac{l}{L}\right) + C_b}{(C_{max} + C_b)} \qquad (4\text{-}46)$$

因为

$$x = \frac{q_{V1max}}{q_{Vmax}} = \frac{C_{max}}{C_{max} + C_b} \qquad (4\text{-}47)$$

所以

$$\frac{q_V}{q_{Vmax}} = x f\left(\frac{l}{L}\right) + (1 - x) \qquad (4\text{-}48)$$

式 (4-48) 为并联管道的工作流量特性。理想流量特性为直线和等百分比的调节阀，在不同的 x 值，工作流量特性曲线变化如图 4-20 所示。

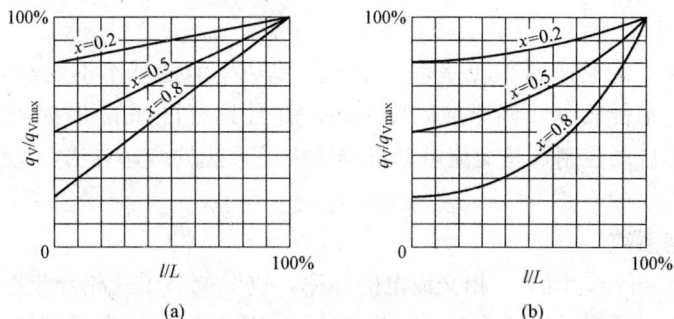

图 4-20　并联管道时调节阀的工作流量特性曲线变化（以 q_{Vmax} 为参比值）

(a) 线性流量特性；(b) 等百分比流量特性

由图 4-20 可见，打开旁路虽然阀本身的流量特性变化不大，但可调比大大降低了；同时系统中总有串联管道阻力的影响，阀的压差会随流量的增加而降低，使系统的可调比下降得更多，这样将使调节阀在整个行程内变化时所能控制的流量变化很小，甚至几乎不起调节作用。一般认为旁路流量只能是总流量的百分之十几，即 x 值不能低于 0.8。

第四节　变频调速机构

变频调速机构是一种直接调速的控制方式。

一、交流异步电动机的调速原理

按照交流异步电动机基本工作原理，从定子传入的电磁功率 P_m 可分为两部分：一部分 $P_1=(1-S)P_m$ 是拖动负载的有效功率；另一部分是转差功率 $P_2=SP_m$，它与转差率 S 成正比。从能量转换的角度上看，转差功率是否增大，是消耗还是得到回收，显然是评价调速系统效率高低的一种标志。

交流异步电动机调速原理，可从交流电动机供电频率 f、电动机磁极对数 p、转差率 S 与转速 n 之间的关系来分析，有

$$n = n_0(1-S) = \frac{60f(1-S)}{p} \qquad (4-49)$$

当 $S=0$ 时，$n=n_0$，n_0 称为同步转速。

由式（4-49）可知，电动机运行转速 n 与电源频率 f、电动机磁极对数 p 和转差率 S 有关，改变这三个参数均能改变转速 n。

（一）改变磁极对数 p

改变磁极对数 p 是通过控制旋转磁场的同步速度来控制交流电动机转速的。因此，转差率 S 不变，转差损耗少，方法简单，但调速为有级调速，应用场合有限。

（二）改变转差率 S

在同步转速 n_0 不变的情况下，改变转差率 S 是通过改变转子回路的励磁电流来改变交流电动机转速的。该方法无法利用电动机转差功率，功率因数比较低，全部转差功率都以热能的形式消耗掉，即以增加转差功率的消耗来换取转速的降低（恒转矩负载时），越向下调速，效率越低。

（三）改变频率 f

因为改变频率 f 的调速属于转差率不变、转差功率消耗基本不变的调速，所以变频调速的功率因数和效率都较高，调速准确度也高，并且具有很硬的机械特性和较宽的调速范围，容易实现闭环自动控制，是交流电动机调速中最节能的调速方法，它代表当前交流调速的控制水平。

二、变频调速系统

由式（4-49）可知，调节三相交流电的频率，也就调节了三相异步电动机转子的转速。因此用半导体电力电子器件构成变频器，把 50Hz 交流电变成频率可调的交流电，供给交流电动机，用以改变交流电动机转速的技术称为交流电动机变频调速技术。

变频调速系统也称变频调速器或变频调速装置，如图 4-21 所示。它主要由变频器（或称主回路）和控制器（或称控制回路）两部分组成。变频器接收 380V、50Hz 三相电源，其中 R、S、T 为各相线代表符号，并将其变换为频率可调节的三相电源，其中 U、V、W 为各相线代表符号。变频调速系统的工作原理是根据电动机转速与输入频率关系式（4-49），

通过改变供给电动机三相电源的频率来达到改变电动机转速的目的。

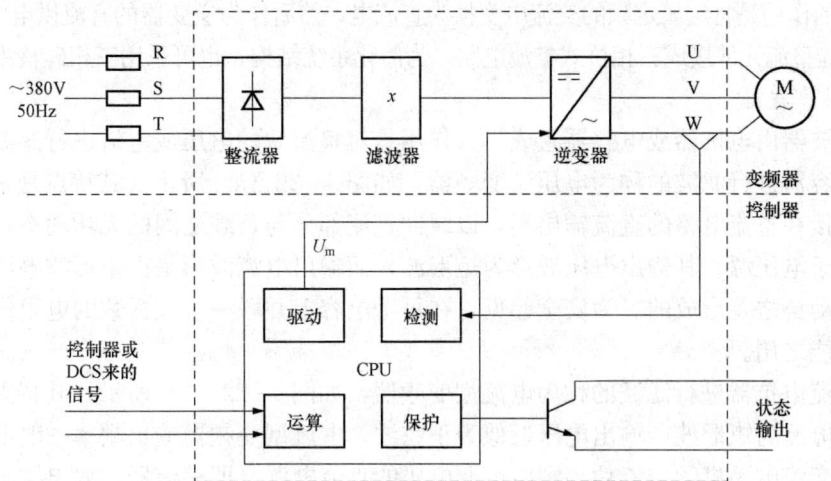

图 4-21 变频调速系统

（一）变频器

根据变频原理，变频器分为直接变频和间接变频两种。直接变频为交-交变频，间接变频为交-直-交变频。间接变频是指将交流经整流器后变为直流，然后再经逆变器调制为频率可调的交流电。

交-直-交变频器如图 4-22 所示，它由整流器、中间滤波器、逆变器三部分组成。

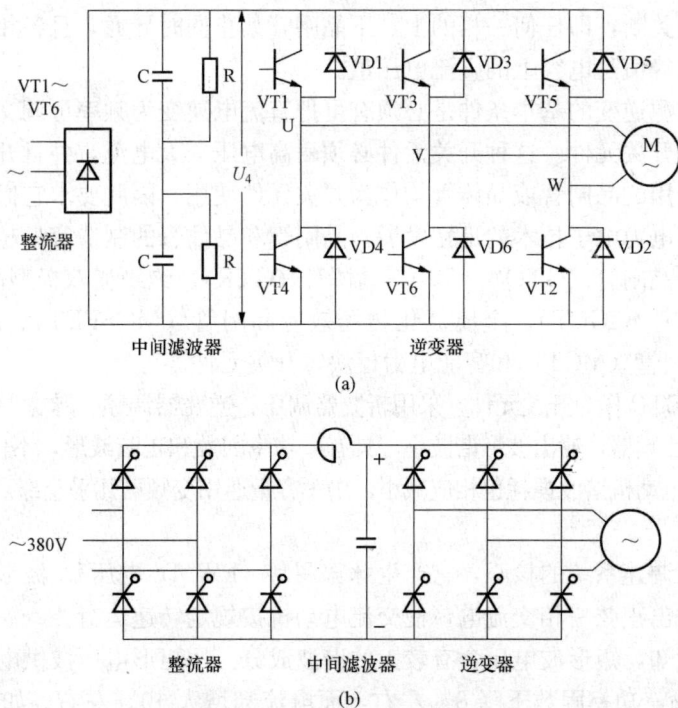

(a)

(b)

图 4-22 交-直-交变频器

(a) 电压型变频器；(b) 电流型变频器

1. 整流器

整流器的作用是将定压定频的交流电变换为直流电，然后作为逆变器的直流供电电源。整流器采用六个硅整流元件接成三相桥式整流电路。为简化系统结构，也可采用三相硅整流模块。

2. 中间滤波器

中间滤波器由电抗器或电容器组成，其作用是对整流后的电压或电流进行滤波。

采用电容器进行滤波的称为电压型变频器，如图 4-22（a）所示。其特点是采用两只高压大电容跨接在整流电路的直流输出端，以缓冲直流部分与负载之间的无功功率；电源阻抗很小，类似于电压源，其输出电压波形为矩形波，而输出电流波形是由矩形波电压与电动机正弦感应电动势之差形成的。为安全起见，在每个电容上并联一个大瓦数的电阻作为断电时电容释放电能之用。

采用直流电抗器进行滤波的称为电流型变频器，如图 4-22（b）所示。其特点是电流型变频器输出电流为矩形波，输出电压近似为正弦波。电流型变频器输出频率一般由逆变电路控制，供给交流电动机的交流功率则由可调电压的直流电源（即整流器）输出控制。一般在改变输出频率时，输出电压也随之改变。

3. 逆变器

逆变器的作用与整流器相反，它将直流电变换（调制）为可调频率的交流电，它是变频器的主要组成部分。逆变器一般都采用大功率晶体管模块构成，对于小容量系统可使用六单元晶体管模块。对于中等容量系统，则采用三个两单元晶体管模块构成功率逆变器。图 4-22（a）中的逆变器，利用 6 个晶闸管形成开关交互通道，输出不同的电压与频率。若在一个周期 360° 内，使每个晶体管导通 180°，且当同一桥臂上奇数编号的元件导通时，偶数编号的元件必须关断，即任何一相的上、下晶闸管禁止同时导通，且各相保持相差 120° 的电气角。线电压波峰值是电容上的直流电压值。

变频器进行有源逆变的基本条件是必须有可把直流电逆变为频率可调交流电的大功率电子器件，即必须有开关元件。这种开关元件必须耐高电压、大电流，并且开关频率高。

在变频器中所用的晶闸管或晶体管均作为开关元件使用，因此要求它们具有可靠的开通和关断能力。随着电力电子技术的迅猛发展，晶闸管和晶体管的制造容量越来越大，目前已制造出门极可关断晶闸管（GTO）、大功率晶体管（GTR）、绝缘栅双极型晶体管（IGBT）、集成门极换流晶闸管（IGCT）、金属氧化物场效应晶闸管（MOSFET）、静电感应晶闸管（SITH）、控制晶闸管（MCT）和智能电力模块等开关元件。

采用 GTO 和 GTR 作为开关元件，采用斩波器调压、逆变器调频、脉宽调制（PWM）逆变器同时调频调压的变频器，输出波形谐波小，具有高功率因数和正弦波形，不仅高次谐波少，对电网污染小，而且电动机谐波损耗也相应减小，中小容量通用变频器几乎全部采用 PWM 方式。

（二）控制器

控制器是变频调速系统的核心，它产生脉宽调制（PWM）电压 U_m 波形，驱动变频器中的功率开关管，输出正弦三相交流电，使交流电动机按规定转速运行。

由傅氏变换可知，矩形波电压含有较大的谐波成分。用矩形电压波供电的电动机，其效率将下降 5%～7%，功率因数下降 8% 左右，而电流却增大 10% 左右。如果在逆变器的输出端采用滤波器滤除低次谐波分量，不仅非常不经济，而且增大逆变器的输出阻抗，使逆变器输出特性变坏。故在实际使用中，很少使用方波输出逆变器，广泛使用脉宽调制（正弦波输出）逆变器。

脉宽调制逆变器利用逆变器具有的开关元件，由控制线路按一定的规律控制开关元件的通断，从而在逆变器的输出端获得一系列等幅不等宽的矩形脉冲电压 U_m 波形，来近似等效于正弦电压波。图 4-23 为正弦波的正半周，并将其分为 N 等分（图中 $N=12$）。每一等分的正弦曲线与横轴所包围的面积都用一个与此面积相等的等幅矩形脉冲所代替。这样由 N 个等幅不等宽的矩形脉冲所组成的波形与正弦波的正半周等效。正弦波的负半周也可用相同的方法来等效。

从理论上可严格地计算出各段矩形脉冲的宽度，作为控制逆变器开关元件导通的依据。这可由数字电路实现。在实施方案中，可采用正弦波与三角波相交的方案来确定各分段矩形脉冲的宽度。

三角波是上下宽度线性变化的波形，任何一个平滑的曲线与三角波相交时，都会得到一组等幅的、脉冲宽度正比于该函数值的矩形脉冲。当正弦波和三角波相交（$U_r - U_c$）时，如图 4-24（a）所示，便可得到幅值为 U_m，宽度按正弦规律变化的矩形脉冲，如图 4-24（b）所示。

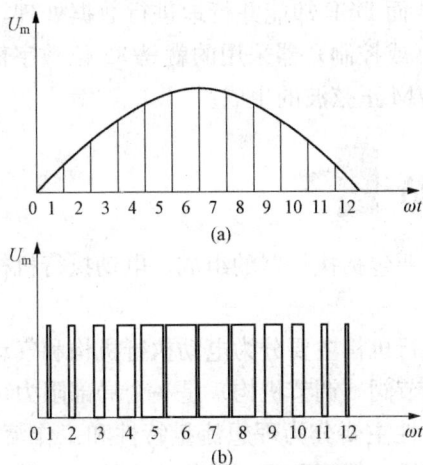

图 4-23　与正弦波等效的矩形脉冲列

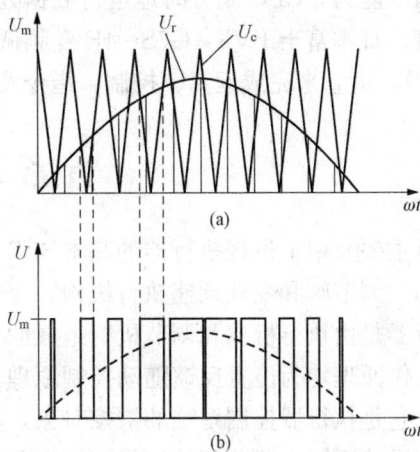

图 4-24　脉宽调制方法与输出电压波形
（a）三角波；（b）矩形波

脉宽调制 PWM 是这样实现的，在开关元件控制端加上三角载波 U_c 和正弦调制波 U_r 两种信号，如图 4-25 所示。

当正弦调制波 U_r 值在某点上大于三角载波 U_c 值时，开关元件导通，输出矩形脉冲，反之，开关元件截止。改变正弦调制波 U_r 幅值（注意不能超过三角载波 U_c 幅值），可改变输出电压脉冲的宽度，从而改变输出电压在相应时间间隔内的平均值大小；改变正弦调制波 U_r 的频率，可改变输出电压频率。

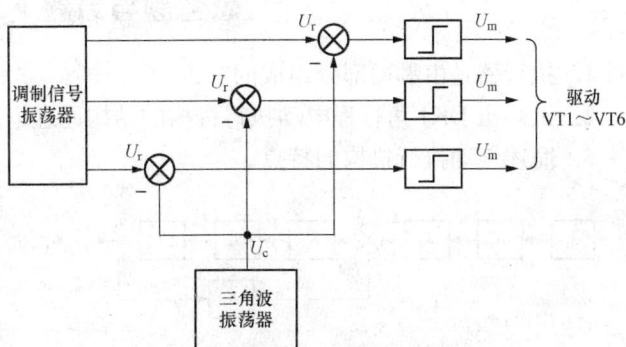

图 4-25　PWM 变频器控制电路框图

如果用这一组矩形脉冲作为逆变器各开关元件的控制信号,则在逆变器输出端可以获得一组类似的矩形脉冲,其幅值为逆变器的直流侧电压 U_d,而宽度按正弦规律变化。这一组矩形脉冲可用正弦波来等效,如图 4-24(b)中虚线所示。对于正弦波的负半波,必须用相应的负值三角波进行调制。

当逆变器输出端需要升高电压时,只要增大正弦波相对三角波的幅值,这时逆变器输出的矩形脉冲幅值不变而宽度相应增大,达到调压的要求。当逆变器的输出端要求变频时,只需改变正弦波的频率。

变频控制器输出 PWM 波形的频率由控制器或 DCS 来的控制信号 0~10V(DC)或 4~20mA(DC)设定,工作频率范围通常为 2~120Hz,准确度为 0.5%,电压/频率曲线(相应于电动机负载特性)及频率变化斜率均可随意设定,以满足各种电气传动装置的需要。控制器还具有过载保护功能,当检测到过压、过流、短路等故障信号时,能自动切断变频电源,从而保护主回路功率开关管和电动机免受损坏。

变频控制器主控部件主要采用 8 位机 MCS-51 和 16 位机 MCS-96。近年来又发展为 32 位的数字信号处理机(DSP)和精简指令系统计算机(RISC)。DSP 与 CPU 最大不同之处是处理指令能力,CPU 是分时地进行数据处理,而 DSP 却能并行地进行数据处理,加快了计算速度。日本富士 FVR-G7S-4E 变频调速(或控制)器采用的就是 32 位数字信号处理器(DSP),由它来完成运算、控制、指令及 PWM 正弦波的生成。

本 章 小 结

本章主要介绍了过程执行器的基本知识,主要包括执行器的组成、电动执行机构、气动执行机构、调节阀和变频调速执行机构。

执行器是由执行机构和调节机构组成的。执行机构主要分为电动执行机构和气动执行机构,其工作原理均为位置反馈随动控制原理。调节阀(调节机构)是一个局部阻力可变的节流元件,它是执行器控制系统的被控对象,其特性主要分为理想流量特性和工作流量特性。根据阀芯形状不同,调节阀的流量特性主要分直线、等百分比、抛物线和快开四种。

变频调速机构又称变频器,是节能效果显著的电动调速机构,广泛应用于风机、泵类机械的转速控制。

思考题与习题

1. 执行器是由哪两部分组成的?
2. 试画出 DKJ 角行程电动执行机构的结构原理框图,并简述其工作原理。
3. 简述气动执行机构的特点。

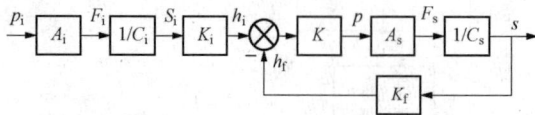

图 4-26 气动薄膜执行机构的框图

4. 气动薄膜执行机构的框图如图 4-26 所示,简述各组成环节的作用。
5. 阀门定位器有何作用?
6. 调节阀的结构形式有哪些?
7. 调节阀的理想流量特性有哪些?

实际工作时特性有何变化？

8. 已知阀的最大流量 $q_{Vmax}=50m^3/h$，可调范围 $R=30$。

（1）计算其最小流量 q_{Vmin}，并说明 q_{Vmin} 是否就是阀的泄漏量。

（2）若阀的特性为直线流量特性，求在理想情况下阀的相对行程 l/L 为 0.3 和 0.9 时的流量值 q_V。

9. 某调节阀的流量系数 $C=100$，当阀前后压差为 200kPa，其两种流体密度分别为 $1.2g/cm^3$ 和 $1.8g/cm^3$ 时，问所能通过的最大流量各是多少？

10. 在考察一个控制系统时发现当调节阀工作点逐渐由大开度移至小开度时，闭环系统的振荡总会加剧，并查明所选用的阀门具有线性特性，为改善闭环系统的稳定性，应改用怎样特性的调节阀？

11. 简述变频器的基本工作原理。

12. 试述变频器在控制风机及泵类机械负载转速时的节能原理。

第五章　单回路控制系统

单回路控制系统是指单输入单输出控制系统，是控制系统的最基本形式。其特点是结构简单，具有相当广泛的适应性。在计算机控制已占主流地位的今天，即使在高水平的自动控制方案中，单回路控制系统仍占控制回路的绝大多数，往往在85%以上。因此学习单回路控制系统是非常重要的。

第一节　单回路控制系统的组成

单回路控制系统组成原理框图如图5-1所示。图中，r为给定值，y为被调量，μ为调节量，λ为扰动，e为偏差。

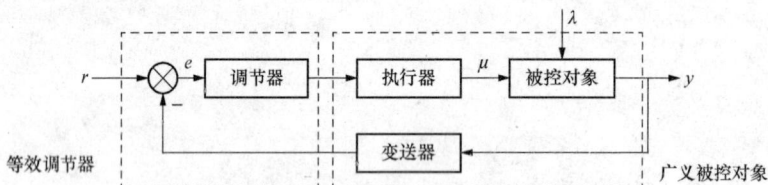

图5-1　单回路控制系统组成原理框图

从图5-1可看出，单回路控制系统是由变送器、偏差比较器、调节器、执行器及被控对象组成的单闭环负反馈控制系统。

一、广义被控对象与等效调节器

由于在做被控对象动态特性试验时，总是以调节器手动输出作为被控对象的输入信号，以测量变送器输出作为被控对象的输出信号，这样测得的对象特性包括了测量变送器和执行器的特性。故为便于系统分析，通常将测量变送器、执行器和被控对象作为一个整体看待，称为广义被控对象。将剩下的偏差比较器和调节器称为等效调节器。因此单回路控制系统还可看成是由广义被控对象和等效调节器两部分组成的控制系统。

二、被调量与调节量的选择原则

（一）被调量的选择

被调量的选择是组成单回路控制系统的核心问题，选择正确与否，会直接关系到生产的稳定。如果被调量选择不当，那么不论采用何种控制仪表，组成什么样的控制系统，都不能达到预期的控制效果，满足不了生产技术要求。

由于被调量是表征生产过程是否符合工艺要求的物理量，所以一般情况下选择欲维持的工艺参数，即对于以温度、压力、流量、物位为操作指标的生产过程，就选择温度、压力、流量、物位作为被调量。

若欲维持的工艺参数没有直接的快速测量手段，则可选择间接测量手段，但要求间接测量参数与实际欲维持的工艺参数之间为单值函数关系，并且还要有足够大的灵敏度。

（二）调节量的选择

被调量确定后，还需要选择一个合适的调节量，以便被调量在扰动作用下发生变化时，能够通过对调节量的调整，使被调量迅速返回到原来的给定值。选择什么样的调节量去克服扰动对被调量的影响呢？原则上选择工艺上允许作为调节手段的物理量作为调节量；一般不选择工艺上的主要物料或不可控的变量作为调节量；要选择与被调量的关系最为密切（时间常数小，放大倍数大）的物理量作为调节量；不宜选择生产负荷作为调节量。

三、控制通道和扰动通道

我们知道被调量是被控对象的输出，影响被调量的外部因素（扰动和调节量）则是被控对象的输入。显然影响被调量的输入不是一个，因此我们所研究的问题实际上是一个多输入单输出的被控对象，如图 5-2 所示。图中，λ_1、$\cdots$、λ_n 为扰动，μ 为调节量，y 为被调量。

如果将图 5-2 中的关系用数学形式表达出来则为

$$Y(s) = G_0(s)\mu(s) + G_1(s)\lambda_1(s) + \cdots + G_n(s)\lambda_n(s)$$

(5-1)

式中：$G_0(s)$ 为控制通道的传递函数；$G_1(s)$、$\cdots$、$G_n(s)$ 分别为扰动通道的传递函数。

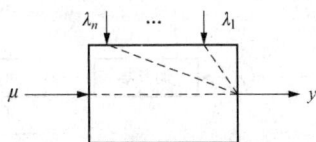

图 5-2　被控对象输入/输出关系

所谓通道就是某个参数影响另外一个参数的通路。这里所说的控制通道是指调节量对被调量的影响通路，而扰动通道是指扰动对被调量的影响通路。从式（5-1）可看出，扰动与调节量同时影响被调量，不过在控制系统中，它们对被调量的影响是不一样的，扰动使被调量偏离给定值，而调节量抑制扰动的影响，把已经变化的被调量拉回到给定值。如何实现这一目标，使调节量有效地克服扰动对被调量的影响呢？在组成单回路控制系统时，必须考虑单回路组成环节的极性，以保证单回路控制系统为负反馈控制。

四、组成环节的极性

所谓环节的极性是指环节的输入量变化（增加或减少）与输出量变化（增加或减少）的对应关系。对于组成控制系统各环节的极性是这样规定的。

1. 被控对象的极性

当被控对象的输入量增加时，其输出量也增加，则称被控对象为正特性；当被控对象的输入量增加时，其输出量却减少，则称被控对象为反特性。

2. 变送器的极性

当变送器的输入量增加时，其输出量也增加，则称变送器为正特性；当变送器的输入量增加时，其输出量却减少，则称变送器为反特性。

3. 执行器的极性

当执行器的输入量增加时，其输出量也增加，则称执行器为正特性；当执行器的输入量增加时，其输出量却减少，则称执行器为反特性。

4. 调节器的极性

调节器的极性又称调节器的正/反作用。当调节器的输入量增加时，其输出量也增加，则称调节器为正作用；当调节器的输入量增加时，其输出量却减少，则称调节器为反作用。

5. 偏差比较器的极性

偏差比较器有给定值和被调量（反馈量）两个输入量，输出量为二者的差。偏差比较器的极性是这样定义的：当偏差比较器输入量为被调量减给定值时，则称偏差比较器为正极性；当偏差比较器输入量为给定值减被调量时，则称偏差比较器为反极性。

五、单回路控制系统极性的确定

单回路控制系统的极性取决于被控对象、测量变送器、比较器、调节器和执行器的极性。被控对象、测量变送器和执行器的极性通常由过程工艺流程和现场控制设备决定，为保证单回路控制系统为负反馈控制系统，这里需要根据三者的综合极性和比较器的极性来确定调节器的正/反作用。

确定调节器正/反作用的方法是首先根据生产过程安全等原则确定执行器（调节阀）的极性和测量变送器的正/反特性，然后确定被控对象的正/反特性和比较器的极性，最后确定调节器的正/反作用，确定的原则是使系统正常工作时，组成该系统的各个环节极性相乘必须为负。下面举例说明单回路控制系统极性的确定方法。

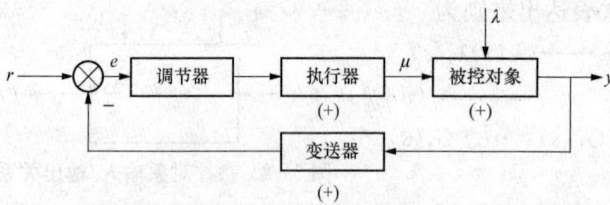

图 5 - 3　单回路控制系统极性的确定举例一

【例 5 - 1】　设组成单回路控制系统除调节器以外各环节的极性如图 5 - 3 所示。

从图 5 - 3 可看出，要保证组成该系统的各个环节极性相乘为负，则调节器必须选择正作用。

【例 5 - 2】　设组成单回路控制系统除调节器以外各环节的极性如图 5 - 4 所示。

图 5 - 4 与图 5 - 3 的主要区别是图 5 - 4 中的比较器为正特性，而图 5 - 3 中的比较器为反特性，因此要保证组成图 5 - 4 的各个环节极性相乘为负，则调节器必须选择反作用。

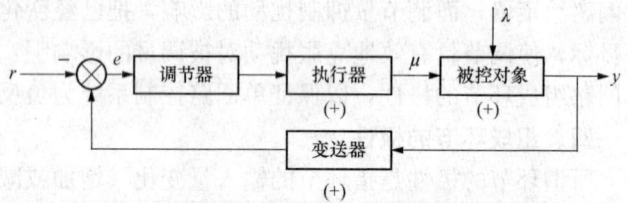

图 5 - 4　单回路控制系统极性的确定举例二

六、调节器调节规律的选择

过程工业中常见的被控参数有温度、压力、流量和物位，这些参数有些是重要的生产参数，有些是不太重要的参数，控制要求各种各样，而过程工业常用的调节器有双位调节器、比例调节器、比例积分调节器、比例微分调节器和比例积分微分调节器。因此选择何种调节器，控制何种被控参数要根据具体情况而定，但有一些基本原则可在选择时加以考虑。

（1）对于不太重要的参数，如中间储罐的液位、热量回收预热系统等，控制要求一般不太严格，可考虑采用比例调节器，甚至采用开关调节器。

（2）对于不太重要的参数，但是惯性较大，又不希望动态偏差较大，可考虑采用比例微分调节器，但是对于系统噪声较大的参数，如流量，则不能采用比例微分调节器。

（3）对于比较重要的，控制精度要求比较高，无静态偏差的参数，可采用比例积分调节器。

（4）对于比较重要的，控制精度要求比较高，希望动态偏差较小，无静态偏差，被控对象时间滞后比较大的参数，应采用比例积分微分调节器。

第二节 单回路控制系统的分析

单回路控制系统是复杂控制系统的基础，掌握单回路控制系统的分析和设计方法，将会给复杂控制系统的分析和研究提供很大的方便。单回路控制系统分析主要包括被控对象参数变化对控制过程的影响和调节器参数变化对控制过程的影响两部分内容。

一、被控对象参数变化对控制过程的影响

被控对象参数取决于被控设备的具体结构，主要有放大系数、时间常数、迟延时间和阶次。为了说明问题，这里做如下假设：分析被控对象参数变化对控制过程的影响时假设调节器的参数保持不变。

单回路控制系统如图 5-5 所示，图中，$G_0(s)$ 为被控对象控制通道的传递函数，$G_\lambda(s)$ 为被控对象扰动通道的传递函数，$G_T(s)$ 为调节器的传递函数。

（一）被控对象放大系数对控制过程的影响

设调节器为比例调节器，$K_p=1$，被控对象控制通道和扰动通道均为时间常数 $T=5s$ 的三阶有自平衡能力的惯性对象。由图 5-5 可得，系统在单位阶跃扰动下被调量的稳态值为

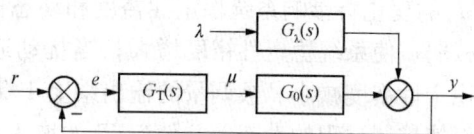

图 5-5 单回路控制系统

$$y(\infty) = \lim_{s \to 0} s \frac{G_\lambda(s)}{1+G_T(s)G_0(s)} \frac{1}{s} = \frac{K_\lambda}{1+K_p K_0} \tag{5-2}$$

由式 (5-2) 可看出，扰动通道的放大系数 K_λ 越大，被调量的稳态值 $y(\infty)$ 越大，系统的稳态误差 $e(\infty)$ 越大；控制通道开环放大系数乘积 $K_p K_0$ 越大，被调量的稳态值 $y(\infty)$ 越小，系统的稳态误差 $e(\infty)$ 越小。扰动通道放大系数分别取 $K_{\lambda 1}$、$K_{\lambda 2}$、$K_{\lambda 3}$ 时的仿真曲线，如图 5-6 所示，可见系统的动态误差和稳态误差随着 K_λ 的增大而增大。因此扰动通道放大系数越小越好，这样可使动态误差和稳态误差减小，控制精度提高。

调节器参数 K_p 保持不变，当控制通道放大系数增大，使开环放大系数乘积 $K_p K_0$ 大于设计要求时，控制系统的稳定性下降，控制系统的动态误差、稳态误差和过渡过程时间增大；当控制通道放大系数 K_0 减小，使开环放大系数乘积 $K_p K_0$ 小于设计要求时，控制系统的动态误差、稳态误差和过渡过程时间减小，稳定性裕度增大，控制精度提高。控制通道的放大系数 K_0 分别取 K_{01}、K_{02}、K_{03} 时的仿真曲线如图 5-7 所示，可见系统的动态误差、稳态误差和过渡过程时间随着 K_0 的增大而增大，而稳定性裕度随着 K_0 的增大而减小。

我们知道，系统的稳定性取决于系统的开环放大倍数，而这里系统的开环放大倍数即是调节器比例增益 K_P 与广义被控对象控制通道放大系数 K_0 的乘积，也就是说，在系统衰减比一定的情况下，K_P 与 K_0 之间存在着相互匹配的关系，当 K_0 减小时，K_p 必须增大，而 K_0 增大时，K_p 必须减

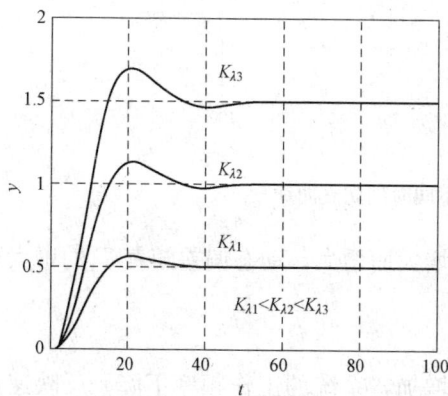

图 5-6 扰动通道放大倍数取不同值时的仿真曲线

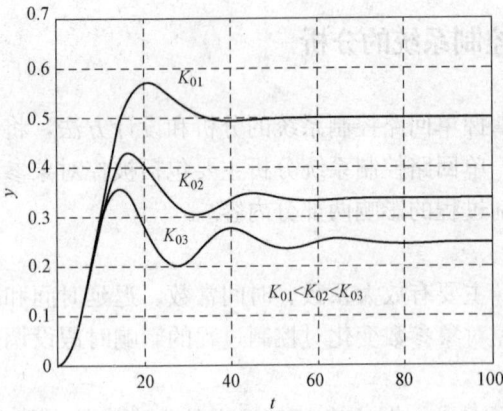

图 5-7　控制通道放大系数取不同值时的仿真曲线

小，这样才能维持系统具有相同的稳定程度。因此在一定稳定性前提下，系统的控制质量与控制通道放大系数无关。

（二）被控对象时间常数对控制过程的影响

1. 扰动通道时间常数对控制过程的影响

设图 5-5 扰动通道放大系数 $K_\lambda = 1$，则被调量对扰动的传递函数为

$$\frac{Y(s)}{\lambda(s)} = \frac{1}{T_\lambda^3} \frac{1}{1 + G_T(s)G_0(s)} \frac{1}{(s + 1/T_\lambda)^3}$$

$$(5-3)$$

式中：T_λ 为扰动通道的时间常数。

从式（5-3）可看出，扰动通道时间常数 T_λ 的变化将影响系统稳定性裕度和动态偏差。当扰动通道的时间常数 T_λ 增大时，控制作用减弱，使系统稳定性裕度增大；当扰动通道的时间常数 T_λ 减小时，控制作用加强，使系统稳定性裕度减小。被调量的输出乘上 $1/T_\lambda^3$ 后，使整个过渡过程的幅值减小到原来的 $1/T_\lambda^3$，从而使控制过程的动态偏差随着 T_λ 的增大而减小。因此扰动通道时间常数越大越好，这样可使系统的稳定性裕度提高，动态偏差减小。扰动通道时间常数 T_λ 分别取 $T_{\lambda1}$、$T_{\lambda2}$、$T_{\lambda3}$ 时的仿真曲线如图 5-8 所示。

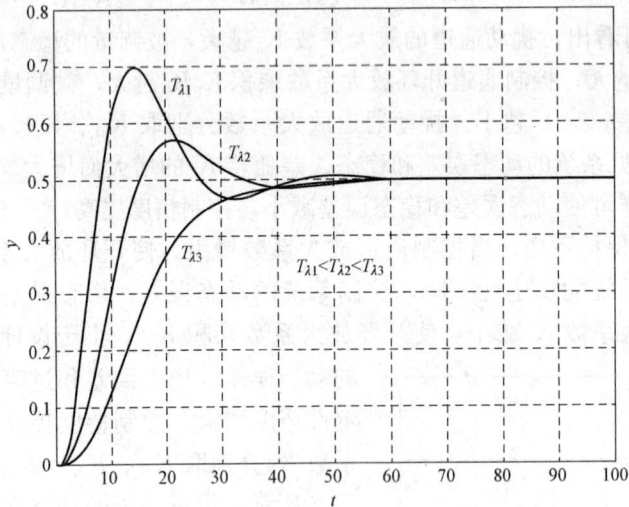

图 5-8　扰动通道时间常数 T_λ 不同时的仿真曲线

从图 5-8 可看出，系统的稳定性裕度随着 T_λ 的增大而增大，动态偏差随着 T_λ 的增大而减小。

2. 控制通道时间常数对控制过程的影响

由控制理论可知，控制通道的时间常数 T_0 如果增加，系统的工作频率下降，反映速度变慢，过渡过程时间将加长；控制通道的时间常数 T_0 如果减小，表示被调量对控制作用的反应快，能迅速反映出控制效果，系统的工作频率上升，缩短过渡过程时间。因此减小控制

通道的时间常数，能提高控制系统的控制质量。

控制通道时间常数 T_0 分别取 T_{01}、T_{02}、T_{03} 时的仿真曲线如图 5-9 所示。可以看出系统的控制过程时间和动态偏差随着 T_0 的增大而增大。

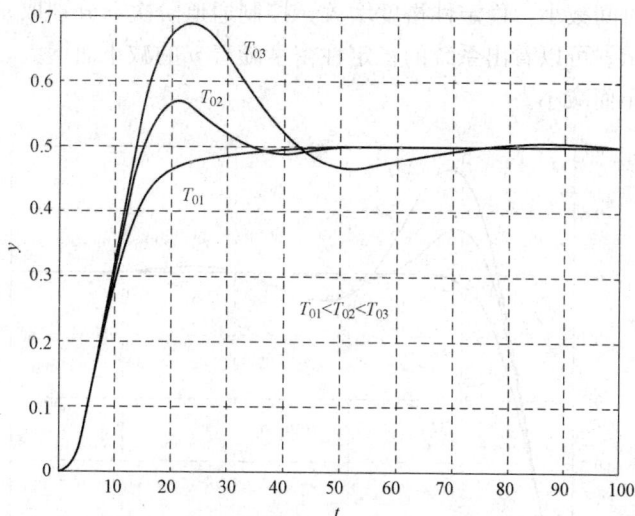

图 5-9　控制通道时间常数 T_0 不同时的仿真曲线

（三）被控对象阶次对控制过程的影响

1. 扰动通道阶次对控制过程的影响

若扰动通道为高阶惯性环节，则被调量对扰动的传递函数为

$$\frac{Y(s)}{\lambda(s)} = \frac{1}{T_\lambda^n} \frac{1}{1 + G_T(s)G_0(s)} \frac{1}{(s + 1/T_\lambda)^n} \tag{5-4}$$

可见，扰动通道的放大系数减少到原来的 $1/T_\lambda^n$，所以随着扰动通道阶次 n 的增加，闭环系统动态偏差减小，对提高控制质量是有利的。扰动通道阶次 n 分别为 n_1、n_2、n_3 时的仿真曲线如图 5-10 所示。可见系统的动态偏差随着 n 的增大而减小。

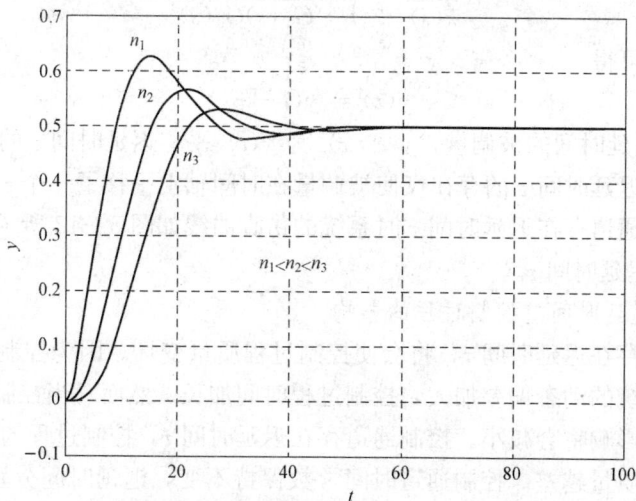

图 5-10　扰动通道阶次 n 不同时的仿真曲线

2. 控制通道阶次对控制过程的影响

控制通道阶次 n 越大，对被调量的影响越慢，控制得也越慢，使控制系统的动态偏差、过渡过程时间增大，稳定性裕度下降。因此控制通道的阶次 n 越小越好，这样可使系统的动态偏差、过渡过程时间减小，稳定性裕度增大。控制通道阶次 n 分别取 n_1、n_2、n_3 时的仿真曲线如图 5 - 11 所示。可以看出系统的稳定性裕度随着 n 的减小而增大，动态偏差、过渡过程时间随着 n 的减小而减小。

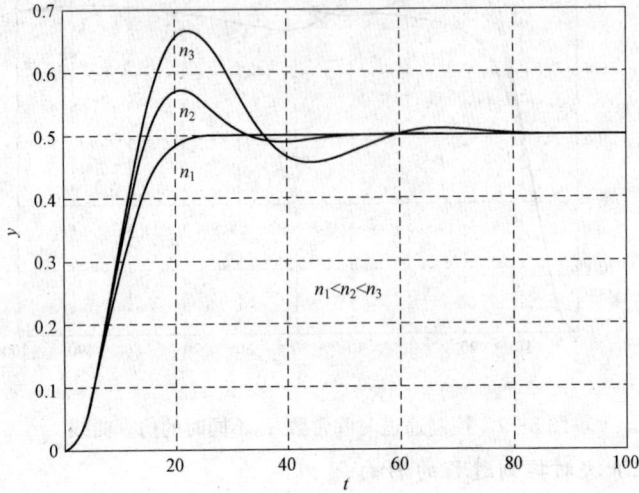

图 5 - 11 控制通道阶次 n 不同时的仿真曲线

（四）被控对象迟延时间对控制过程的影响

1. 扰动通道迟延时间对控制过程的影响

扰动通道存在迟延时间 τ 时，相当于扰动通道串联一个纯迟延环节，这时系统的传递函数为

$$\frac{Y(s)}{\lambda(s)} = \frac{G_\lambda(s)\mathrm{e}^{-\tau s}}{1 + G_\mathrm{T}(s)G_0(s)} \tag{5 - 5}$$

根据延迟定理可得

$$y(t) = y(t - \tau) \tag{5 - 6}$$

式中：$y(t)$ 为无迟延时间的被调量；$y(t-\tau)$ 为 $y(t)$ 平移迟延时间 τ 的被调量。

可见扰动通道迟延时间 τ 的存在仅使被调量在时间轴上平移了一个 τ 值，并不影响系统的控制质量。扰动通道存在迟延时间 τ 时系统的仿真曲线如图 5 - 12 所示，可见系统的被调量 $y(t)$ 被平移了迟延时间 τ。

2. 控制通道迟延时间对控制过程的影响

控制通道如果存在迟延时间 τ，将会使控制过程质量变坏。因为控制作用不能及时影响被调量，从而使系统的动态偏差加大，控制过程时间加长。然而，当控制通道的时间常数较大时，迟延时间的影响将会减小。控制通道存在迟延时间 τ，控制过程的质量与 τ/T_0 的比值有关，比值越大，质量越差。控制通道时间常数保持不变，迟延时间分别取 τ_1、τ_2、τ_3 时的仿真曲线如图 5 - 13 所示。可见迟延时间 τ（或者说 τ/T_0）越大，系统动态偏差越大，控制过程时间越长。

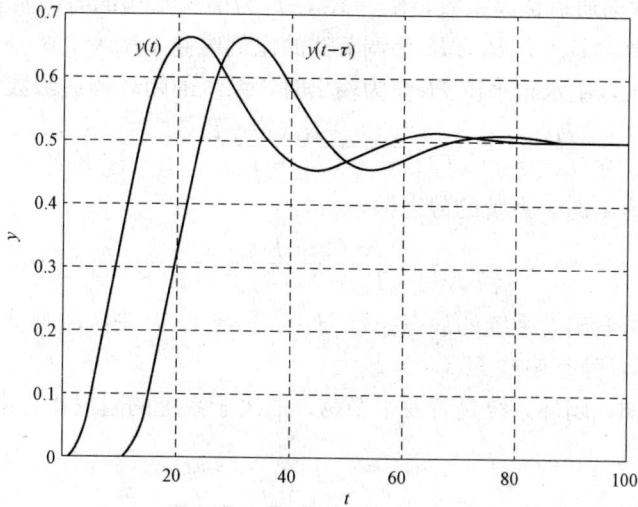

图 5 - 12　扰动通道存在迟延时间 τ 时系统的仿真曲线

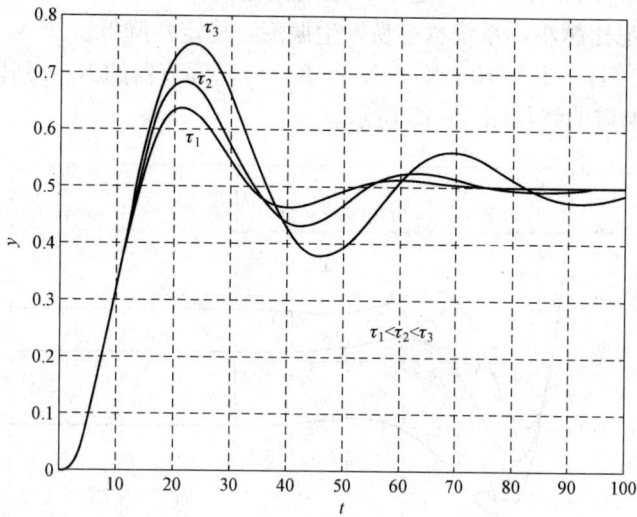

图 5 - 13　控制通道迟延时间不同时的仿真曲线

二、调节器参数变化对控制过程的影响

主要分析比例调节器、比例积分调节器、比例微分调节器和比例积分微分调节器的参数（δ、T_i、T_d）变化对控制过程的影响。为分析方便，这里以有自平衡能力双容水箱为被控对象。

（一）比例调节器参数变化对控制过程的影响

有自平衡能力双容水箱配比例调节器的水位控制系统如图 5 - 14 所示。

图中，H_2 为主水箱的水位，H_{20} 为水位给定值，μ 为前置水箱流入侧调节阀开度，λ 为来自主水箱的扰动。K_1 为控制通道传递系数，

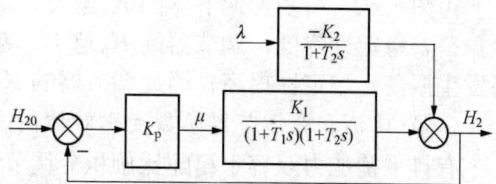

图 5 - 14　有自平衡能力双容水箱配比例
调节器的水位控制系统

$K_1 = K_\mu R_2$，K_2 为扰动通道传递系数，$K_2 = R_2$，T_1 为前置水箱的时间常数，$T_1 = F_1 R_1$，T_2 为主水箱的时间常数，$T_2 = F_2 R_2$，K_p 为调节器的比例增益，$K_p = 1/\delta$。

扰动 λ 作为输入，主水箱水位 H_2 作为输出时，系统的闭环传递函数为

$$\frac{H_2(s)}{\lambda(s)} = \frac{-K_2(1+T_1 s)}{T_1 T_2 s^2 + (T_1+T_2)s + 1 + K_p K_1} \tag{5-7}$$

当阶跃扰动量为 λ_0 时，系统的静态偏差为

$$H_2(\infty) = \lim_{s \to 0} \frac{-K_2(1+T_1 s)}{T_1 T_2 s^2 + (T_1+T_2)s + 1 + K_p K_1} \frac{\lambda_0}{s} = \frac{-K_2 \lambda_0}{1 + K_p K_1} \tag{5-8}$$

由式（5-8）可看出，系统的静态偏差 $H_2(\infty)$ 与 K_p 有关，K_p 越大，静态偏差 $H_2(\infty)$ 越小；反之 K_p 越小，静态偏差 $H_2(\infty)$ 越大。

由控制原理可知，闭环系统是否发生振荡，取决于系统的阻尼比。由式（5-7）可得该系统的阻尼比为

$$\zeta = \frac{T_1 + T_2}{2 \sqrt{(1 + K_p K_1) T_1 T_2}} \tag{5-9}$$

很明显，阻尼比与 K_p 有关，K_p 越小，阻尼比越大，系统越不容易振荡，稳定性提高；反之，K_p 越大，阻尼比越小，系统越容易发生振荡，稳定性降低。

双容水箱的 $T_1 = 10$、$T_2 = 10$、$K_1 = 0.5$、$K_2 = 1$，调节器的 K_p 分别取 K_{p1}、K_{p2}、K_{p3} 时系统单位阶跃扰动响应曲线如图 5-15 所示。

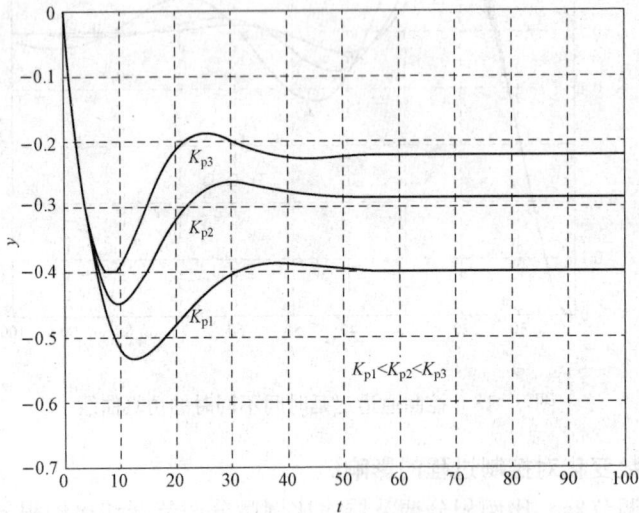

图 5-15　调节器的 K_p 不同时闭环系统的仿真曲线

由图 5-15 可知，调节器的 K_p 越大，系统的动态偏差和静态偏差越小，但系统容易发生振荡，稳定性降低；调节器的 K_p 越小，系统的动态偏差和静态偏差越大，但系统越不容易发生振荡，稳定性提高；因此调节器的 K_p 应适当。

（二）比例积分调节器参数变化对控制过程的影响

有自平衡能力双容水箱配比例积分调节器的水位控制系统如图 5-16 所示。

扰动 λ 作为输入，主水箱水位 H_2 作为输出时，系统的闭环传递函数为

$$\frac{H_2(s)}{\lambda(s)} = \frac{-K_2(1+T_1 s)s}{T_1 T_2 s^3 + (T_1+T_2)s^2 + (1+K_p K_1)s + K_i K_1} \tag{5-10}$$

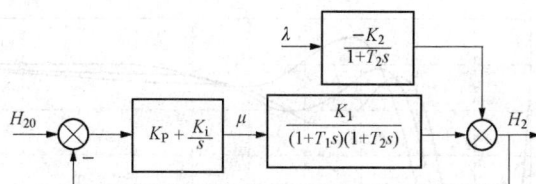

图 5 - 16　有自平衡能力双容水箱配比例积分调节器的水位控制系统

当阶跃扰动量为 λ_0 时，系统的静态偏差为

$$h_2(\infty) = \lim_{s \to 0} s \frac{-K_2(1+T_1 s)s}{T_1 T_2 s^3 + (T_1 + T_2)s^2 + (1+K_p K_1)s + K_i K_1} \frac{\lambda_0}{s} = 0 \qquad (5 - 11)$$

由式（5 - 11）可知，该系统的静态偏差为零，即控制过程结束后无静态偏差。

双容水箱参数同前，调节器的 K_p 保持不变，积分增益 K_i 分别取 K_{i1}、K_{i2}、K_{i3} 时闭环系统的仿真曲线如图 5 - 17 所示。

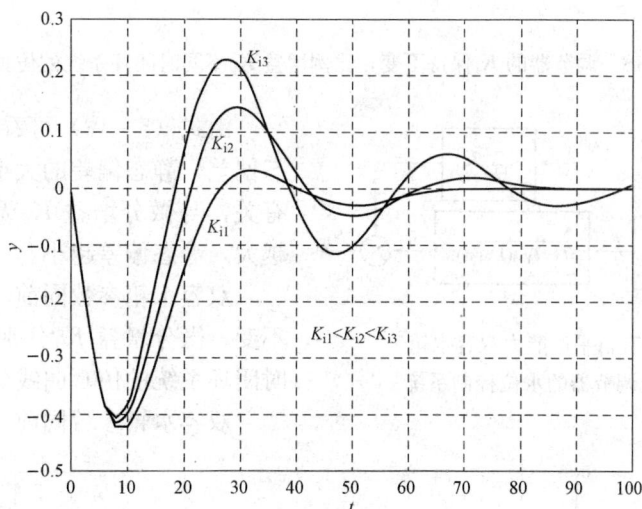

图 5 - 17　调节器的 K_p 保持不变，积分增益 K_i 不同时闭环系统的仿真曲线

双容水箱参数同前，调节器的 K_i 保持不变，比例增益 K_p 分别取 K_{p1}、K_{p2}、K_{p3} 时闭环系统的仿真曲线如图 5 - 18 所示。

由图 5 - 17 和图 5 - 18 可知，调节器的 K_p 不变，K_i 越大，系统的动态偏差越小，但过渡过程时间加长，稳定性下降；调节器的 K_i 不变，K_p 越小，系统的动态偏差越大，但过渡过程时间越短，稳定性越强。该系统控制过程结束后，静态偏差为零。

（三）比例微分调节器参数变化对控制过程的影响

有自平衡能力双容水箱配比例微分调节器的水位控制系统如图 5 - 19 所示。

扰动 λ 作为输入，主水箱水位 H_2 作为输出时，系统的闭环传递函数为

$$\frac{H_2(s)}{\lambda(s)} = \frac{-K_2(1+T_1 s)}{T_1 T_2 s^2 + (T_1 + T_2 + K_d K_1)s + 1 + K_p K_1} \qquad (5 - 12)$$

当阶跃扰动量为 λ_0 时，系统的静态偏差为

$$h_2(\infty) = \lim_{s \to 0} s \frac{-K_2(1+T_1 s)}{T_1 T_2 s^2 + (T_1 + T_2 + K_d K_1)s + 1 + K_p K_1} \frac{\lambda_0}{s} = \frac{-K_2 \lambda_0}{1 + K_p K_1} \qquad (5 - 13)$$

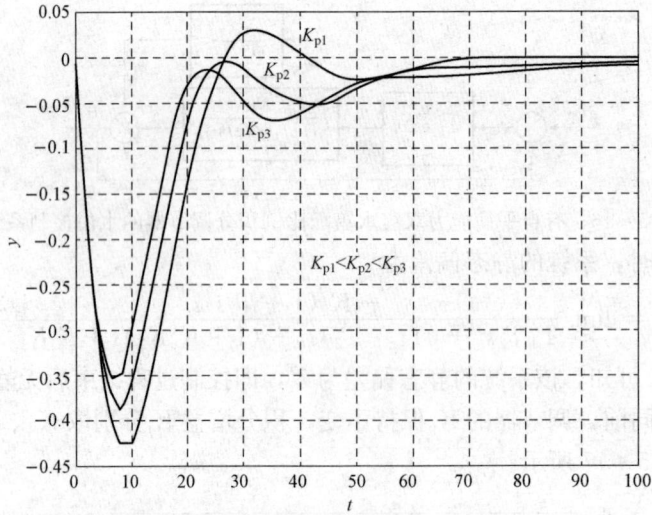

图 5 - 18　调节器的 K_i 保持不变，比例增益 K_p 不同时闭环系统的仿真曲线

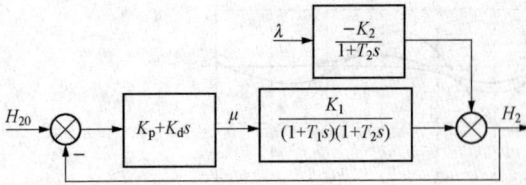

图 5 - 19　有自平衡能力双容水箱
配比例微分调节器的水位控制系统

由式（5 - 13）可看出，该系统存在静态偏差，静态偏差的大小只与比例增益 K_p 有关，与微分增益 K_d 无关，比例增益 K_p 越大，静态偏差越小。

双容水箱参数同前，比例增益 K_p 保持不变，微分增益 K_d 分别取 K_{d1}、K_{d2}、K_{d3} 时闭环系统的仿真曲线如图 5 - 20 所示。

双容水箱参数同前，微分增益 K_d 保持

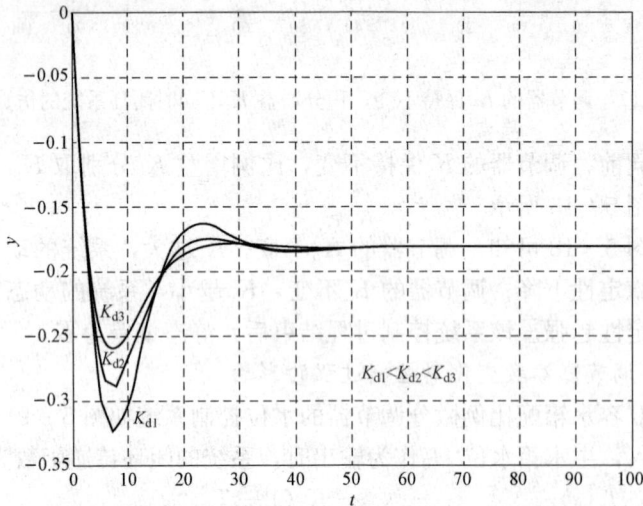

图 5 - 20　调节器的 K_p 保持不变，K_d 不同时闭环系统的仿真曲线

不变，比例增益 K_p 分别取 K_{p1}、K_{p2}、K_{p3} 时闭环系统的仿真曲线如图 5 - 21 所示。

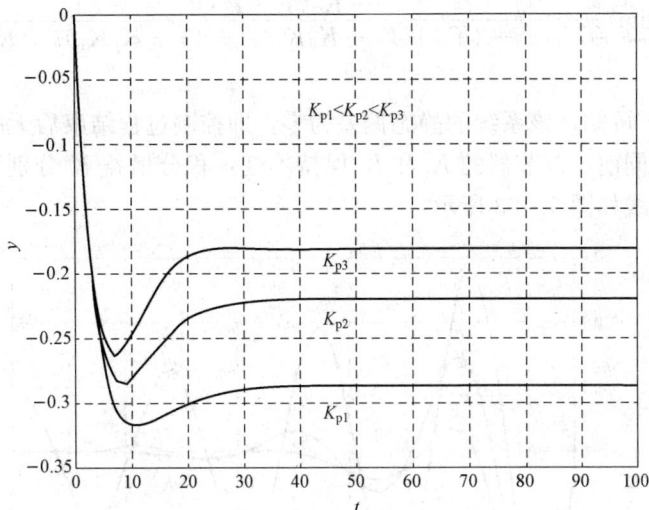

图 5 - 21 调节器的 K_d 保持不变，K_p 不同时闭环系统的仿真曲线

由式（5 - 12）可得该系统的阻尼比为

$$\zeta = \frac{T_1 + T_2 + K_1 K_d}{2\sqrt{(1 + K_p K_1) T_1 T_2}} = \zeta_P (1 + \frac{K_1 K_d}{1 + K_p K_1}) \tag{5 - 14}$$

式中：ζ_p 为有自平衡能力双容水箱采用比例调节器时系统的阻尼比。

由式（5 - 14）可看出，该系统的阻尼比与比例增益 K_p 和微分增益 K_d 有关。K_p 不变时，K_d 越大，阻尼比越大，系统越不容易振荡；K_d 不变时，K_p 越大，阻尼比越小，系统越容易振荡。采用比例微分调节器，该系统的阻尼比 ζ 比采用比例调节器的大 $1 + K_1 K_d / (1 + K_p K_1)$ 倍，故采用比例微分调节器，可使该系统的衰减率增大，提高系统的稳定性。

由图 5 - 20 和图 5 - 21 可知，调节器的比例增益 K_p 保持不变，K_d 越大，系统的动态偏差越小，系统越不容易振荡；调节器的微分增益 K_d 保持不变，K_p 越大，系统的动态偏差和静态偏差越小，但系统越容易振荡；与采用比例调节器相比，采用比例微分调节器，可以使该系统的衰减率增大，提高系统的稳定性。

（四）比例积分微分调节器参数变化对控制过程的影响

有自平衡能力双容水箱配比例积分微分调节器的水位控制系统如图 5 - 22 所示。

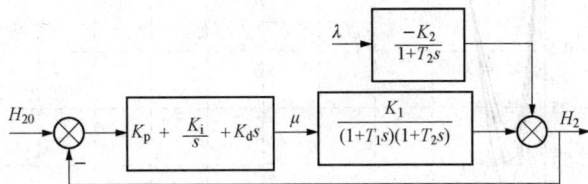

图 5 - 22 有自平衡能力双容水箱配比例积分微分调节器的水位控制系统

扰动 λ 作为输入，主水箱水位 H_2 作为输出时，系统的闭环传递函数为

$$\frac{H_2(s)}{\lambda(s)} = \frac{-K_2(1 + T_1 s)s}{T_1 T_2 s^3 + (T_1 + T_2 + K_d K_1)s^2 + (1 + K_p K_1)s + K_i K_1} \tag{5 - 15}$$

当阶跃扰动量为 λ_0 时，系统的静态偏差为

$$h_2(\infty) = \lim_{s \to 0} s \frac{-K_2(1+T_1 s)s}{T_1 T_2 s^3 + (T_1 + T_2 + K_d K_1)s^2 + (1 + K_p K_1)s + K_i K_1} \frac{\lambda_0}{s} = 0$$

(5 - 16)

由式（5 - 16）可知，该系统的静态偏差为零，即控制过程结束后无静态偏差。

双容水箱参数同前，调节器的 K_p 和 K_d 保持不变，积分增益 K_i 分别取 K_{i1}、K_{i2}、K_{i3} 时闭环系统的仿真曲线如图 5 - 23 所示。

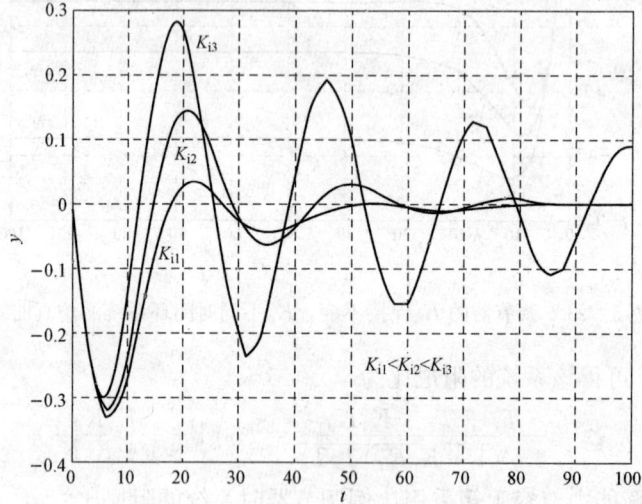

图 5 - 23　调节器的 K_p 和 K_d 保持不变，积分增益 K_i 不同时闭环系统的仿真曲线

双容水箱参数同前，调节器的 K_p 和 K_i 保持不变，微分增益 K_d 分别取 K_{d1}、K_{d2}、K_{d3} 时闭环系统的仿真曲线如图 5 - 24 所示。

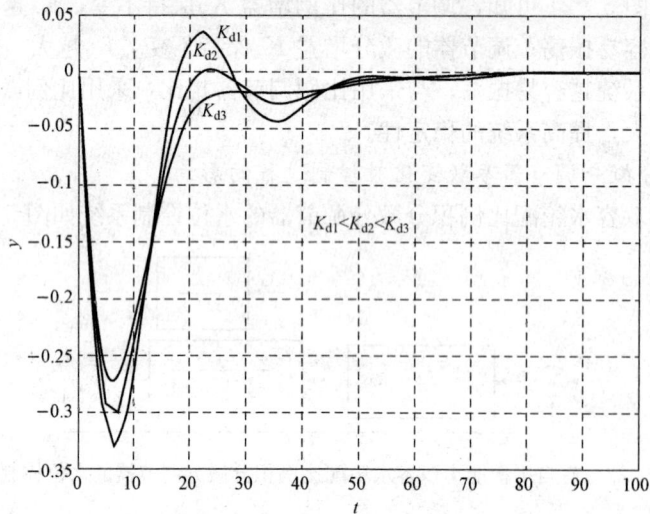

图 5 - 24　调节器的 K_p 和 K_i 保持不变，微分增益 K_d 不同时闭环系统的仿真曲线

双容水箱参数同前，调节器的 K_i 和 K_d 保持不变，比例增益 K_p 分别取 K_{p1}、K_{p2}、K_{p3} 时

闭环系统的仿真曲线如图 5 - 25 所示。

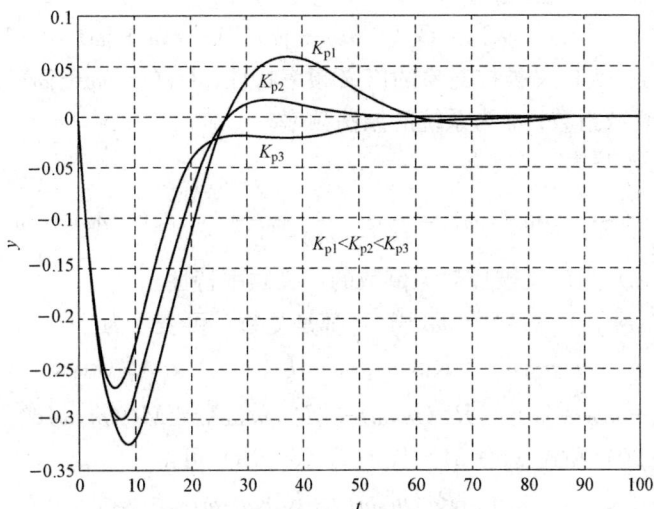

图 5 - 25　调节器的 K_i 和 K_d 保持不变，比例增益 K_p 不同时闭环系统的仿真曲线

由图 5 - 23～图 5 - 25 可知，调节器的 K_p 和 K_d 保持不变，积分增益 K_i 越大，系统动态偏差越小，但过渡过程时间增长，稳定性下降，容易振荡；调节器的 K_p 和 K_i 保持不变，微分增益 K_d 越大，系统的动态偏差越小，稳定性越强；调节器的 K_i 和 K_d 保持不变，比例增益 K_p 越大，系统的动态偏差越小，稳定性越强；该系统静态偏差为零。

第三节　单回路控制系统的整定

单回路控制系统的整定是指在单回路控制系统的结构已经确定、控制仪表与被控对象等都处在正常状态的情况下，适当选择调节器的参数（δ、T_i、T_d），使控制仪表的特性和被控对象的特性配合，从而使控制系统的运行达到最佳状态，取得最好的控制效果。控制系统的整定有理论整定方法和工程整定方法。理论整定方法是基于一定的性能指标，结合组成系统各个环节的动态特性，通过计算来整定调节器的参数。由于很难获取精确的被控对象特性，所以理论计算结果只能是近似的，只能作为工程整定方法的参考依据。工程整定方法是比较实用的现场整定方法，是通过现场调试来选择调节器的参数。

一、广义频率特性法

广义频率特性法是通过调整调节器的参数，使控制系统的开环频率特性变成具有规定相对稳定度的衰减频率特性，从而使闭环系统响应满足规定衰减率的一种参数整定方法。

单回路控制系统如图 5 - 26 所示。图中，$G_0(s)$ 为广义被控对象的传递函数，$G_T(s)$ 为调节器的传递函数。r 为给定值，y 为被调量，μ 为调节量，λ 为扰动。

由图 5 - 26 可得系统的开环传递函数为

$$G_K(s) = G_T(s)G_0(s) \qquad (5 - 17)$$

对大多数过程被控对象来说，系统开环传递函数 $G_K(s)$ 的极点都落在负实轴上。根据控制理

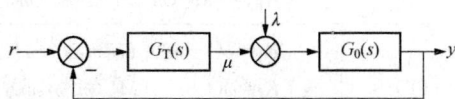

图 5 - 26　单回路控制系统

论的稳定判据，要使系统响应具有规定的衰减率 ψ，只需选择调节器的参数，使开环广义频率特性 $G_K(-m\omega+j\omega)$ 的轨迹通过（-1，j0）点，即

$$G_K(-m\omega+j\omega) = G_T(-m\omega+j\omega)G_0(-m\omega+j\omega) = -1 \tag{5-18}$$

式中：$G_0(-m\omega+j\omega)$ 为广义被控对象的广义频率特性；$G_T(-m\omega+j\omega)$ 为等效调节器的广义频率特性；m 为衰减指数；ω 为系统的振荡频率。

式（5-18）可改写为

$$-G_T(-m\omega+j\omega) = \frac{1}{G_0(-m\omega+j\omega)} = G_0^*(-m\omega+j\omega) \tag{5-19}$$

式中：$G_0^*(-m\omega+j\omega)$ 为广义被控对象倒数的广义频率特性。

由于 $-G_T(-m\omega+j\omega)$、$G_0^*(-m\omega+j\omega)$ 都是复数，可表示为

$$-G_T(-m\omega+j\omega) = R_T(m,\omega)+jI_T(m,\omega) = M_T(m,\omega)e^{j\theta_T(m,\omega)} \tag{5-20}$$

$$G_0^*(-m\omega+j\omega) = R_0^*(m,\omega)+jI_0^*(m,\omega) = M_0^*(m,\omega)e^{j\theta_0^*(m,\omega)} \tag{5-21}$$

所以将式（5-20）和式（5-21）代入式（5-19）可得

$$\begin{cases} R_T(m,\omega) = R_0^*(m,\omega) \\ I_T(m,\omega) = I_0^*(m,\omega) \end{cases} \tag{5-22}$$

$$\begin{cases} M_T(m,\omega) = M_0^*(m,\omega) \\ \theta_T(m,\omega) = \theta_0^*(m,\omega) \end{cases} \tag{5-23}$$

在式（5-22）或式（5-23）中，待定的未知数是调节器整定参数值和系统主导衰减振荡成分的频率 ω。这里计算用的关系式只有两个，如果调节器只有一个整定参数，则可由式（5-22）或式（5-23）得出唯一解。如果调节器有两个或三个整定参数，则根据式（5-22）或式（5-23）可得出无穷组解，这时所求出的各组调节器整定参数值均使系统瞬态响应中的主导振荡成分的衰减率等于指定的数值，但振荡频率不同。此时应选用其他指标进一步从中选定最合适的调节器整定参数值。一般来说，为保证主导振荡成分具有规定的衰减率，应选择其中频率最低的一组解。采用广义频率特性法整定调节器参数的计算公式见表 5-1。

表 5-1　　　　　　　　　　广义频率特性法整定调节器参数的计算公式

调节器	参数整定计算公式
P	$-K_P=R_0^*(m,\omega)$　　　　$0=I_0^*(m,\omega)$ 或　$K_P=M_0^*(m,\omega)$　　　　$\pi=\theta_0^*(m,\omega)$
PI	$K_I=\omega(1+m^2)I_0^*(m,\omega)$　　　$K_P=mI_0^*(m,\omega)-R_0^*(m,\omega)$ 或　$K_I=\omega(1+m^2)M_0^*(m,\omega)\sin\theta_0^*(m,\omega)$ $K_P=M_0^*(m,\omega)[m\sin\theta_0^*(m,\omega)-\cos\theta_0^*(m,\omega)]$
PD	$K_d=-I_0^*(m,\omega)/\omega$　　　　$K_P=-mI_0^*(m,\omega)-R_0^*(m,\omega)$ 或　$K_d=-M_0^*(m,\omega)\sin\theta_0^*(m,\omega)/\omega$ $K_P=-M_0^*(m,\omega)[m\sin\theta_0^*(m,\omega)+\cos\theta_0^*(m,\omega)]$
PID	$K_I=\omega(1+m^2)[I_0^*(m,\omega)+\omega K_d]$　　$K_P=mI_0^*(m,\omega)-R_0^*(m,\omega)+2m\omega K_d]$ 或　$K_I=\omega(1+m^2)[M_0^*(m,\omega)\sin\theta_0^*(m,\omega)+\omega K_d]$ $K_P=M_0^*(m,\omega)[m\sin\theta_0^*(m,\omega)-\cos\theta_0^*(m,\omega)]+2m\omega K_d$

【**例 5 - 3**】　单回路控制系统被控对象的传递函数为 $G_0(s)=1/(1+T_0s)^5$，其中 T_0 已知，调节器为比例调节器，以系统动态响应的衰减率 $\psi=0.75$ 为整定指标，试求调节器的整定参数 K_P 的数值。

解：被控对象倒数的传递函数为

$$G_0^*(s)=(1+T_0s)^5$$

则被控对象倒数的广义频率特性为

$$G_0^*(-m\omega+j\omega)=(1-mT_0\omega+jT_0s)^5=\left[(1-mT_0\omega)^2+(T_0\omega)^2\right]^{\frac{5}{2}}e^{j5\arctan\left[\frac{T_0\omega}{1-mT_0\omega}\right]}$$

所以

$$M_0^*(m,\omega)=\left[(1-mT_0\omega)^2+(T_0\omega)^2\right]^{\frac{5}{2}};\quad \theta_0^*(m,\omega)=5\arctan\left[\frac{T_0\omega}{1-mT_0\omega}\right]$$

根据表 5 - 1 可得采用比例调节器时的整定计算公式为

$$K_P=\left[(1-mT_0\omega)^2+(T_0\omega)^2\right]^{\frac{5}{2}} \tag{5-24}$$

$$\pi=5\arctan\left(\frac{T_0\omega}{1-mT_0\omega}\right) \tag{5-25}$$

由式（5 - 25）可得

$$T_0\omega=\frac{0.727}{(1+0.727m)} \tag{5-26}$$

因为 $\psi=0.75$ 时，$m=0.221$，所以

$$T_0\omega=0.626 \tag{5-27}$$

将式（5 - 27）和 m 的值代入式（5 - 24）得

$$K_P=\left[(1-0.221\times0.626)^2+(0.626)^2\right]^{\frac{5}{2}}=1.37$$

即调节器的整定参数为

$$K_P=1.37\quad 或\quad \delta=0.73$$

二、工程整定法

广义频率特性法整定调节器参数是以对象的传递函数为基础，计算工作量很大。由于难以获得精确的对象传递函数，所以计算结果还需要通过现场试验加以修正，因此在工程上采用得不多。工程实际中常采用工程整定法，它们是在理论基础上通过实践总结出来的。采用工程整定法，能迅速获得调节器的近似最佳整定参数，因而在工程中得到广泛应用。常见的工程整定法有临界比例度法、衰减曲线法、动态参数法、试凑法和经验法。

（一）临界比例度法

临界比例度法又称稳定边界法、临界比例带法、临界曲线法。它的理论基础是奈奎斯特稳定理论。其特点是不需要知道被控对象的动态特性，而直接在闭环系统中进行整定。该方法的要点是首先将调节器设置成比例度较大的纯比例调节器，然后将系统投入闭环运行，由大到小改变调节器的比例度，做阶跃扰动试验，直到系统产生等幅振荡为止，记下此时的比例度（称为临界比例度）和振荡周期（称为临界振荡周期），最后根据经验公式计算出调节器的各个参数。采用临界比例度法时，系统产生临界振荡的条件是系统的阶次为三阶或三阶以上。

临界比例度法整定步骤如下：

（1）将调节器的积分时间置于最大，微分时间置于零，比例度置于较大数值。

（2）将系统投入闭环运行，待系统稳定后，逐渐减小比例度，做扰动阶跃输入（恒值控制系统）或给定值阶跃输入试验（随动控制系统），观察不同比例度下系统的控制过程，直到系统出现等幅振荡为止，记下此时调节器的比例度 δ_k 和振荡曲线，并从振荡曲线上量出振荡周期 T_k。

（3）根据临界比例度 δ_k 和临界振荡周期 T_k，查表 5 - 2，计算调节器的整定参数。

（4）将计算好的参数值在调节器上设置好，做扰动阶跃输入（恒值控制系统）或给定值阶跃输入（随动控制系统）试验，观察系统的控制过程，适当修改调节器的参数，直到满意为止。

表 5 - 2　　　　　　　　　　临界比例度法经验公式（$\psi=0.75$）

调节器	比例度（%）	积分时间（min）	微分时间（min）
P	$2\delta_k$		
PI	$2.2\delta_k$	$0.85T_k$	
PID	$1.7\delta_k$	$0.5T_k$	$0.125T_k$

在大多数生产过程中，对象的惯性比较大，用临界比例度法试验时出现的等幅振荡周期也较长，这种低频的振荡过程，生产过程一般是允许的，因此可采用临界比例度法。但是临界比例度法在实际应用中也有一定的局限性，有些生产过程根本不允许产生等幅振荡；另外，某些惯性较大的单容对象配比例调节器时又很不容易产生等幅振荡过程，在这种情况下则不能使用临界比例度法。

（二）衰减曲线法

衰减曲线法是在临界比例度法的基础上发展起来的。当生产过程不允许出现等幅振荡时，可将试验过程中出现的等幅振荡过程改为有一定衰减率的衰减振荡过程，然后利用在比例作用下产生 4∶1($\psi=0.75$) 衰减振荡过程时调节器的比例度 δ_s 和振荡周期 T_s 或者 10∶1 ($\psi=0.9$) 衰减振荡过程时调节器的比例度 δ_s 和第一峰值时间 t_r 来选取相应的调节器参数。

衰减曲线法整定步骤如下：

（1）将调节器的积分时间置于最大，微分时间置于零，比例度置于较大数值，将系统投入闭环运行。

（2）待系统处于稳定状态后，做扰动阶跃输入（恒值控制系统）或给定值阶跃输入试验（随动控制系统），观察被调量的控制过程。如果过渡过程的衰减率大于 0.75，则应逐渐减小比例度，再次试验，直到过渡过程曲线出现 4∶1 的衰减过程（$\psi=0.75$）或 10∶1 的衰减振荡过程（$\psi=0.9$）为止，如图 5 - 27 所示，记下此时调节器的比例度 δ_s 和衰减振荡曲线。

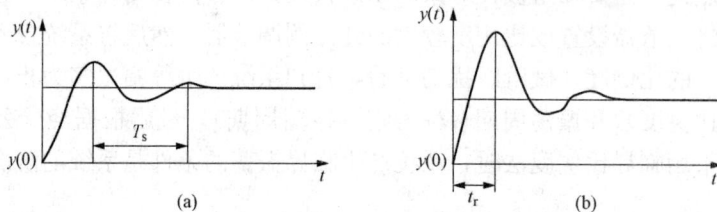

图 5 - 27　衰减振荡曲线

(a) 4∶1；(b) 10∶1

（3）在衰减振荡曲线上求取 $\psi=0.75$ 时的振荡周期 T_s 或 $\psi=0.9$ 时的第一峰值时间 t_r。

（4）根据 δ_s、T_s（或 t_r），查表 5 - 3 或表 5 - 4 计算调节器的整定参数。

表 5 - 3　　　　　　　　衰减曲线法经验公式（$\psi=0.75$）

调节器	比例度（%）	积分时间（min）	微分时间（min）
P	δ_s		
PI	$1.2\delta_s$	$0.5T_s$	
PID	$0.8\delta_s$	$0.3T_s$	$0.1T_s$

表 5 - 4　　　　　　　　衰减曲线法经验公式（$\psi=0.9$）

规律	比例度（%）	积分时间（min）	微分时间（min）
P	δ_s		
PI	$1.2\delta_s$	$2t_r$	
PID	$0.8\delta_s$	$1.2t_r$	$0.4t_r$

（5）按计算结果设置调节器的参数，做扰动阶跃输入（恒值控制系统）或给定值阶跃输入（随动控制系统）试验，观察系统的控制过程，适当修改调节器的参数，直到满意为止。

与临界比例度法一样，衰减曲线法也是利用了比例作用下的控制过程。现场试验表明，对于扰动频繁的控制系统，往往得不到闭环系统确切的衰减振荡曲线，从而得不到准确的 δ_s、T_s（或 t_r），这时采用衰减曲线法不容易得到满意的效果。

（三）动态参数法

动态参数法又称响应曲线法、反应曲线法。它是一种利用广义被控对象时间特性整定调节器参数的方法。即在系统处于开环状态下，作被控对象的阶跃扰动试验，根据记录下的阶跃响应曲线求取一组特征参数 ε、ρ、τ（有自平衡能力的对象）或 ε、τ（无自平衡能力的对象），再根据经验公式计算出调节器的整定参数。

动态参数法整定步骤如下：

（1）在系统开环并处于稳定的情况下，做被控对象的阶跃扰动试验，记录被调量 y 随时间变化的曲线，如图 5 - 28 所示。

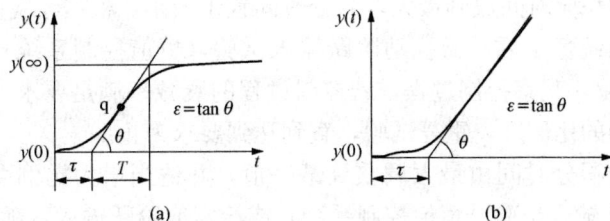

图 5 - 28　被控对象的阶跃响应曲线
（a）有自平衡能力对象；（b）无自平衡能力对象

（2）根据记录的被控对象阶跃响应曲线，计算被控对象的 ε、ρ、τ（有自平衡能力的对象）或 ε、τ（无自平衡能力的对象）。

（3）根据计算出的 ε、ρ、τ（有自平衡能力的对象）查表 5 - 5 或 ε、τ（无自平衡能力的

对象）查表 5-6，计算出调节器的整定参数。

表 5-5　　　　　动态参数法经验公式（有自平衡能力对象）

规律	$\tau/T<0.2$			$0.2<\tau/T<1.5$		
	比例度(%)	积分时间(min)	微分时间(min)	比例度(%)	积分时间(min)	微分时间(min)
P	$\varepsilon\tau$			$2.6\varepsilon T(\tau/T-0.8)/(\tau/T+0.7)$		
PI	$1.2\varepsilon\tau$	3.3τ		$2.6\varepsilon T(\tau/T-0.08)/(\tau/T+0.6)$	$0.8T$	
PID	$0.8\varepsilon\tau$	2τ	0.5τ	$2.6\varepsilon T(\tau/T-0.15)/(\tau/T+0.88)$	τ	0.25τ

表 5-6　　　　　动态参数法经验公式(无自平衡能力对象)

规律	比例度(%)	积分时间(min)	微分时间(min)
P	$\varepsilon\tau$		
PI	$1.2\varepsilon\tau$	3.3τ	
PID	$0.8\varepsilon\tau$	2τ	0.5τ

　　（4）按计算结果设置调节器的参数，做扰动阶跃输入（恒值控制系统）或给定值阶跃输入（随动控制系统）试验，观察系统的控制过程，适当修改调节器的参数，直到满意为止。

　　动态参数法的缺点是需要预先测试广义对象的反应曲线。然而在某些生产工艺上往往约束条件较严，不允许被控变量长期偏离给定值，这就给测试工作带来了麻烦。此外，如果对象中干扰因素较多，而且又比较频繁，那么就不容易得到比较准确的测试结果，因此这种整定方法的应用受到了一定的限制。

　　（四）试凑法

　　试凑法是人们通过长期实践总结出的调节器参数整定方法。它首先根据经验设置一组调节器参数，然后将系统投入闭环运行，待系统稳定后做扰动阶跃输入（恒值控制系统）或给定值阶跃输入（随动控制系统）试验，观察控制过程，如果控制过程不令人满意，则修改调节器参数，再做试验，直到控制过程满意为止。

　　试凑法整定步骤如下：

　　（1）将调节器的积分时间放到最大，微分时间置于最小，根据经验设置比例度，将系统投入闭环运行，待系统稳定后，做扰动阶跃输入试验（恒值控制系统）或给定值阶跃输入（随动控制系统）试验，观察控制过程，若控制过程的衰减率满足要求（$\psi=0.75\sim0.9$）则可，否则改变调节器的比例度，重复试验，直到达到要求为止。

　　（2）将调节器的积分时间由最大调整到某一值，并适当增大比例度（一般为纯比例的 1.2 倍），做扰动阶跃输入试验（恒值控制系统）或给定值阶跃输入（随动控制系统）试验，观察控制过程，若控制过程不满足要求，则修改积分时间，重复试验，直到满意为止。

　　（3）积分时间保持不变，改变比例度，看控制过程有无改善，若有改善，则继续修改比例度，否则反方向修改比例度，直到满意为止。

　　（4）比例度保持不变，改变积分时间，同样反复试凑，直到满意为止。

　　（5）若调节器采用 PID 调节规律，则在进行完上述调整试验后，将微分时间由小到大地调整，观察每次试验过程，直到满意为止。

采用试凑法整定调节器参数时，可参阅表 5 - 7 给出的调节器整定参数对控制质量的影响。

表 5 - 7　　　　　　　　　　　调节器整定参数对控制质量的影响

过程参数	调节器整定参数		
	比例度 δ 减小	积分时间 T_i 减小	微分时间 T_d 减小
动态偏差	增大	增大	减小
静态偏差	减小	不变	不变
衰减率	减小	减小	增大
振荡次数	增加	增加	减小

（五）经验法

经验法是按被控变量的性质提出调节器参数合适范围的整定方法。若将控制系统按液位、流量、温度、压力等参数来分类，属于同一类别的系统，其被控对象特性往往比较相近，所以无论是调节器的控制规律还是所整定的参数均可相互参考。

1. 流量控制系统

流量控制系统是典型的快过程，且往往具有噪声，对这种控制过程，宜用 PI，且比例度要大，$\delta = 40\% \sim 100\%$，积分时间可小，$T_i = 0.1 \sim 1\text{min}$。

2. 液位控制系统

对只需要实现平均液位控制的系统，宜用纯比例，比例度也要大，$\delta = 20\% \sim 80\%$。

3. 温度控制系统

对于间接加热的温度控制系统，因为它具有测量变送滞后和热传递滞后，所以显得很缓慢，比例度设置范围为 $20\% \sim 60\%$，具体还取决于温度变送范围和控制阀的尺寸；一般积分时间较大，$T_i = 3 \sim 10\text{min}$；微分时间约是积分时间的四分之一，$T_d = 0.5 \sim 3\text{min}$。

4. 压力控制系统

压力控制系统的运行有的很快，有的很慢，对运行过程比较快的压力控制系统，它的性质接近流量控制系统，所以可仿照典型流量控制系统来选择调节器的控制规律和参数；对运行过程比较慢的压力控制系统，它的参数整定应参照典型的温度控制系统。

应该说这种经验法是很有用的，工业生产上大多数控制系统只要用这种经验法都能满足整定要求。假若还需要更精确的调整，它起码提供了合适的初值。

经验法整定参数设置见表 5 - 8。

表 5 - 8　　　　　　　　　　　经 验 法 整 定 参 数

系统	比例度（%）	积分时间（min）	微分时间（min）
液位	20～80		
流量	40～100	0.1～1	
温度	20～60	3～10	0.5～3
压力	30～70	0.5～3	

第四节　单回路控制系统应用实例

以除氧器控制系统为例。在火力发电厂中，除氧器是一个重要的辅助设备。除氧器的主要作用就是利用汽轮机的抽汽加热给水，使其达到该压力下的饱和温度，并除去溶于水中的氧及其他气体。除氧器还作为汽轮机回热加热系统中的一级混合式加热器，同时担负汇集各种疏水、锅炉补充水的任务。除氧水箱还须保证锅炉所需给水的储备量。除氧器热力系统简化示意如图 5 - 29 所示。

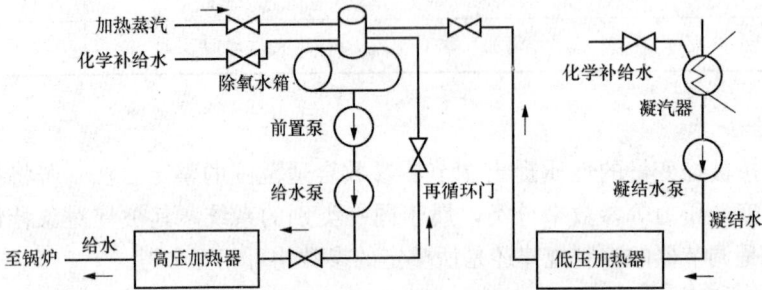

图 5 - 29　除氧器热力系统简化示意

一、除氧器的控制任务

如锅炉给水中含氧量较大，会使管道及锅炉受热面遭到腐蚀，给水含有其他气体也会妨碍热交换而降低传热效果，因此要对锅炉给水进行除氧及去除其他气体。由亨利定理可知，在一定压力下，水的温度越高，气体的溶解度越小，水的温度越低，气体的溶解度越大；此外，气体的溶解度还与水面该气体的分压力有关，因此当锅炉给水被加热至沸点时，水面上蒸汽压力就接近全压力，而其他气体的分压力则接近零，这样溶解于水中的气体就被分解出来，并及时地随部分蒸汽排走。由此可知，要保证除氧器安全运行并除去锅炉给水中的氧气和其他气体，除氧器正常运行时的控制任务如下。

（1）使除氧器除氧水箱的水位等于给定值。因为除氧器除氧水箱的水位过高，汽轮机汽封将进水，抽汽管将发生水击，威胁汽轮机的安全运行；除氧器除氧水箱水位过低，影响给水泵的安全运行，甚至会威胁锅炉上水，造成停炉事故。

（2）使除氧器温度（或压力）等于给定值。这里需要说明，要使除氧效果好，就应将给水加热到沸点温度。但由于温度测量存在较大的迟延，而饱和压力和饱和温度间有一一对应的关系，所以一般不采用控制温度的方法，而采用控制除氧器蒸汽空间的压力来达到控制给水加热至饱和温度的目的，也就是使除氧器压力保持稳定。因为如果压力突然升高，由于温度变化有迟延，不会马上跟着上升，将大大影响除氧效果；如果压力突然降低，则容易造成给水泵吸入压头不足，造成进入给水泵处的给水汽化，不利于给水泵安全运行。

二、除氧器被控对象的动态特性

根据除氧器的控制任务，在设计除氧器控制系统时，通常选择除氧器水位和除氧器压力为被调量。除氧器正常运行时，影响除氧器水位和除氧器压力的因素较多，通常选择化学补给水调节阀开度和蒸汽调节阀开度为调节量，用改变化学补给水调节阀开度来调节除氧器水位，用改变蒸汽调节阀开度来调节除氧器压力。这样除氧器被控对象为双输入双输出的被控对象，如图 5 - 30 所示。除氧器被控对象的动态特性是指除氧器水位 H、除氧器压力 p 与化学补给水调节阀开度 μ_b、蒸汽调节阀开度 μ_z 之间的动态关系。

（一）蒸汽调节阀开度与除氧器压力之间的关系

化学补给水调节阀开度保持不变，蒸汽调节阀开度阶跃扰动，除氧器压力的响应曲线如图 5 - 31 所示，曲线起始部分变化较快，这主要是由于加热蒸汽量突然变化是除氧器内蒸汽空间压力变化较快的结

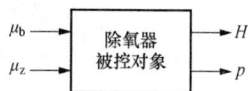

图 5 - 30　除氧器被控对象
H—除氧器水位；p—除氧器压力；μ_b—化学补给水调节阀开度；μ_z—蒸汽调节阀开度

果，随着压力变化，除氧器内水温将发生变化，而除氧器水箱容积很大，传热过程很慢，所以压力稳定的时间较长，容积滞后时间很大。可见除氧器压力为单容有自平衡能力的被控对象，可用时间常数较大的一阶惯性环节近似表示，即

$$G_P(s) = \frac{p(s)}{\mu_b(s)} = \frac{K}{1 + Ts} \tag{5 - 28}$$

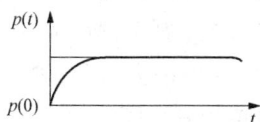

图 5 - 31　除氧器压力的响应曲线

（二）化学补给水调节阀开度与除氧器水位之间的关系

蒸汽调节阀开度保持不变，化学补给水调节阀开度阶跃扰动，除氧器水位的响应曲线如图 5 - 32 所示，曲线起始部分迟延较大，这是因为除氧器水箱容积很大，即使对化学补给水直接送到除氧器的系统，水位变化也存在纯迟延；对化学补给水送到凝汽器的系统，补给水要经过凝汽器、凝结水泵、轴封加热器和几台低压加热器等才进入除氧器，管路长、设备多，除氧器水位变化就会有更长的迟延时间。可见除氧器水位为有迟延的单容无自平衡能力的被控对象，可用有迟延的一阶积分环节近似表示，即

$$G_H(s) = \frac{H(s)}{\mu_z(s)} = \frac{K}{s} e^{-\tau s} \tag{5 - 29}$$

由于化学补给水调节阀开度保持不变，蒸汽调节阀开度阶跃扰动时，除氧器水位变化很小，同样，蒸汽调节阀开度保持不变，化学补给水调节阀开度阶跃扰动时，除氧器压力变化也很小，所以在设计除氧器控制系统时通常忽略二者的影响，按单回路控制原理设计除氧器控制系统，这样除氧器控制系统由除氧器压力控制系统和除氧器水位控制系统两部分组成。

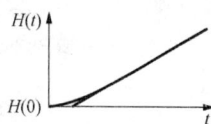

图 5 - 32　除氧器水位的响应曲线

三、除氧器控制系统

（一）除氧器压力控制系统

单台定压运行的除氧器压力控制系统如图 5 - 33 所示。图中，PT 为压力变送器，PC 为压力调节器。

除氧器的压力信号 p 与其给定值 p_0 比较后，偏差 e 经比例积分调节器运算，其结果作为控制信号，通过执行器调节加热蒸汽调节阀开度，改变进入除氧器的蒸汽量，以维持除氧器压力，满足除氧器运行要求。该系统为单回路控制系统，其控制系统原理框图如图 5 - 34 所示。图中，$G_P(s)$ 为除氧器压力被控对象的传递函数，K_μ 为蒸汽调节阀的传递系数，K_z 为执行器的传递系数，K_b 为变送器的传递系数，$G_T(s)$ 为调节器的传递函数，p_0 为除氧器压力给定值。

关于除氧器压力控制系统的分析与整定可参照单回路控制系统的分析和整定方法，这里

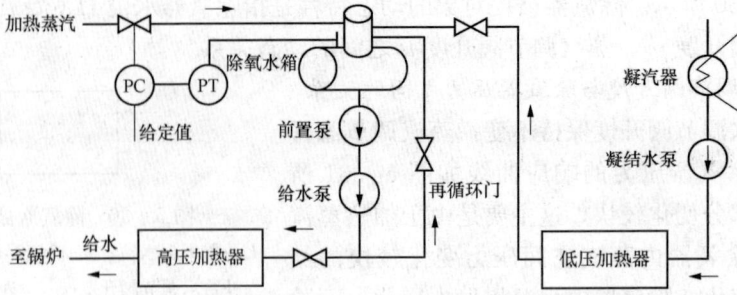

图 5 - 33　单台定压运行的除氧器压力控制系统

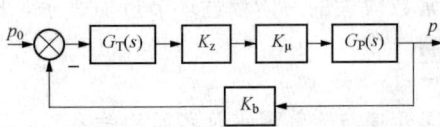

图 5 - 34　除氧器压力控制系统原理框图

不再赘述。

（二）除氧器水位控制系统

　　根据化学补给水加入位置不同，除氧器水位控制系统分为化学补给水直接进除氧器的除氧器水位控制系统和化学补给水直接进凝汽器的除氧器水位控制系统。这里主要介绍化学补给水直接进除氧器的除氧器水位控制系统。

　　化学补给水直接进除氧器的除氧器水位控制系统如图 5 - 35 所示。图中，LT 为液位变送器，LC 为液位调节器。

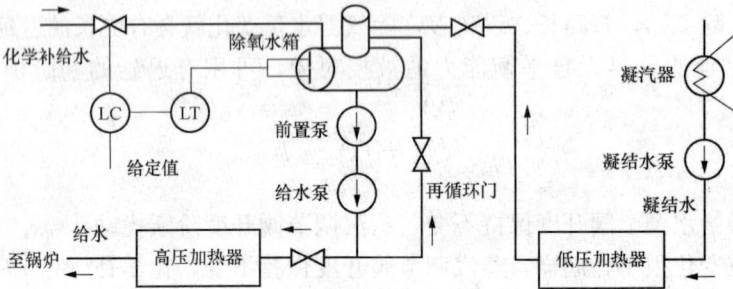

图 5 - 35　化学补给水直接进除氧器的除氧器水位控制系统

　　由于化学补给水直接进除氧器，系统的纯迟延相对较小，所以该系统采用单回路控制系统对除氧器水位进行控制。除氧器水位 H 经变送器后送到调节器，与水位给定值 H_0 比较，其偏差经 PID 运算后送到执行器，执行器的输出调节化学补给水调节阀的开度，改变进入除氧器的化学补给水量，维持除氧器水位。

　　该系统为单回路控制系统，其控制系统原理框图如图 5 - 36 所示。图中，$G_H(s)$ 为除氧器水位被控对象的传递函数，K_μ 为化学补给水调节阀的传递系数，K_z 为执行器的传递系数，K_b 为变送器的传递系数，$G_T(s)$ 为调节器的传递函数，H_0 为除氧器水位给定值。

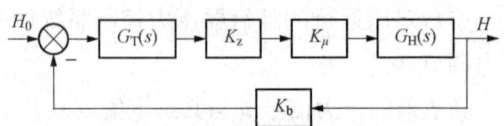

图 5 - 36　化学补给水直接进除氧器的除氧器水位控制系统原理框图

　　该系统的分析和整定可参照单回路控制系统的分析和整定方法，这里不再赘述。

本章小结

本章主要讲述了有关单回路控制系统的基础知识，主要包括单回路控制系统的组成、广义被控对象、等效调节器、控制通道、扰动通道、被调量的选择原则、调节量的选择原则、调节器控制规律的选择原则、环节的极性及单回路控制系统极性的确定。

重点讲述了单回路控制系统的分析方法，主要包括被控对象参数变化对控制过程的影响和调节器参数变化对控制过程的影响。

讲述了单回路控制系统的参数整定方法，主要包括广义频率特性法、临界比例度法、衰减曲线法、动态参数法、试凑法和经验法。

最后以火力发电厂的除氧器控制系统为例，详细介绍了单回路控制系统的应用。

思考题与习题

1. 设计控制系统时，如何选择被调量和调节量？

2. 简述选择 PID 调节器控制规律的基本原则。

3. 为什么要整定 PID 调节器参数？有哪些工程整定方法？

4. 对单回路控制系统，在比例控制的基础上分别增加：①适当的积分作用；②适当的微分作用。试问这两种情况对系统的稳定性、最大动态偏差和稳态误差分别有什么影响？

5. 换热器原理示意如图 5 - 37 所示，用加热蒸汽将进入其中的冷水加热到一定温度，生产工艺要求热水温度维持恒定（$\Delta\theta\leqslant\pm1$℃），试设计一简单温度控制系统，并指出调节器的类型。

6. 某混合器出口温度控制系统及原理框图如图 5 - 38所示。其中，$K_1=5.4$，$K_2=1$，$K_d=0.15$，$T_1=5$min，$T_2=2.5$min，调节器比例增益为 K_P。

（1）做出 $D=10$ 的阶跃输入，K_p 分别为 2.4 和 0.48 时系统输出 $\theta(t)$ 的响应曲线，并分析调节器比例增益 K_p 对扰动阶跃响应的影响。

图 5 - 37　换热器原理示意

（2）做出 $r=2$ 的阶跃输入，K_p 分别为 2.4 和 0.48 时系统输出 $\theta(t)$ 的响应曲线，并分析调节器比例增益 K_p 对设定值阶跃响应的影响。

7. 某水槽液位控制系统如图 5 - 39 所示，已知：$A=1000$cm^2，$R=0.03$s/cm^2，调节阀静态增益 $K_v=28$cm^2/（s·mA），液位变送器静态增益 $K_m=1$mA/cm。

（1）画出该系统框图。

（2）调节器为比例调节器，其比例度 $\delta=40\%$，试分别求出扰动 $Q_d=56$cm^3/s 及给定值扰动 $r=0.5$mA 时被调量的稳态误差。

（3）若 δ 改为 120%，其他条件不变，被调量的稳态误差又是多少？

（4）液位调节器改用 PI 调节器后，求被调量的稳态误差。

8. 在简单控制系统中，调节器为比例调节器，广义被控对象传递函数为 $G(s)=e^{-\tau s}/T_a s$，其中 τ、T_a 的数值已知，用衰减频率特性法求 $\psi=0.75$ 和 $\psi=0.90$ 时调节器的整定

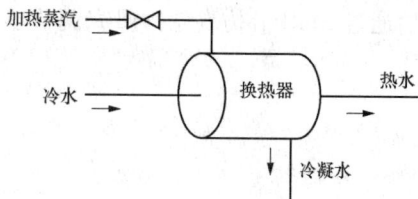

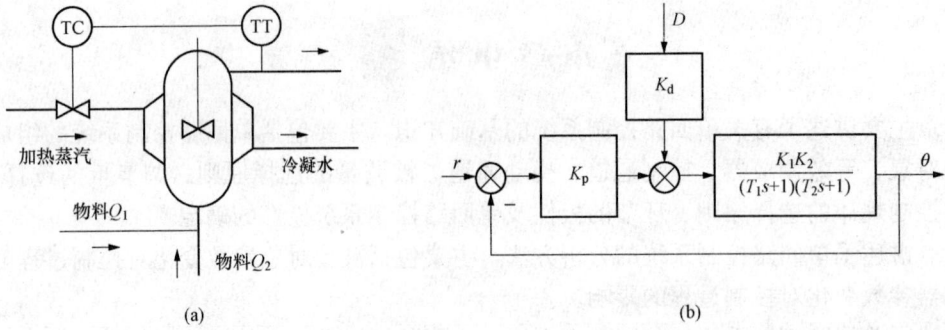

图 5 - 38　混合器出口温度控制系统及原理框图

(a) 系统；(b) 原理框图

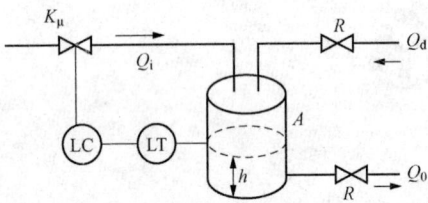

图 5 - 39　水槽液位控制系统

参数。

9. 某温度控制系统对象阶跃响应中测得的 $K=10$，$T=2\text{min}$，$\tau=0.1\text{min}$，应用动态特性参数法计算 PID 调节器整定参数。

10. 已知对象的传递函数 $G(s)=10/[s(s+2)(2s+1)]$，试用稳定边界法整定比例调节器的参数。

11. 某调节系统广义对象传递函数为 $G(s)=50/[s(s+5)(s+10)]$，时间常数以 min 为单位，调节器为 PI 调节作用。

(1) 试用稳定边界概念确定临界比例度 δ_{cr} 和临界振荡周期 T_{cr}。

(2) 试用稳定边界法整定调节器参数。

12. 自行设定一个有意义的一阶惯性加纯滞后的过程控制对象，采用 PID 进行调节，然后通过 Matlab 仿真软件研究调节器参数变化对系统性能的影响。

第六章 前馈-反馈控制系统

上一章学习的单回路控制系统是根据被调量和给定值之间的偏差进行控制的负反馈控制系统。该系统存在的问题是控制动作落后于扰动，偏差出现后才开始控制。显然，这影响该系统控制质量。本章在单回路控制系统的基础上，介绍前馈—反馈控制系统。首先介绍前馈控制系统的组成、分析和整定，然后介绍前馈—反馈控制系统的分析和整定，最后以汽包锅炉单级三冲量给水控制系统为例，介绍前馈—反馈控制系统的应用。

第一节 前馈控制系统的组成

与单回路反馈控制系统不同，前馈控制系统是按扰动控制的。由于扰动先于偏差，故该系统控制作用及时。下面以过程控制中常见的换热器前馈控制系统为例介绍前馈控制系统的组成，换热器的前馈控制系统如图6-1所示。图中，FT为流量变送器，FC为前馈控制器。

当扰动引起被加热料液的流量Q变化时，前馈控制器FC直接根据流量Q的变化来改变加热蒸汽调节阀的开度u，从而改变加热蒸汽流量，维持换热器的热平衡，实现前馈控制，其原理框图如图6-2所示。

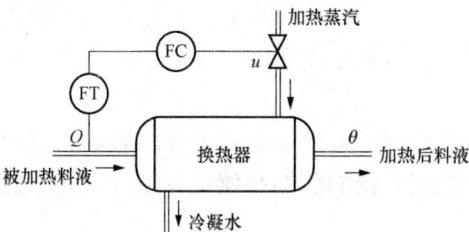

图6-1 换热器的前馈控制系统

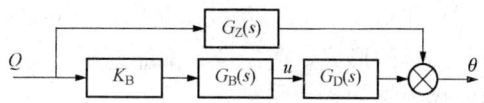

图6-2 加热器前馈控制原理框图

Q—被加热料液的流量；K_B—流量变送器FT的传递系数；$G_Z(s)$—扰动通道的传递函数；$G_B(s)$—前馈控制器FC的传递函数；$G_D(s)$—控制通道的传递函数；θ—加热后料液温度

从换热器前馈控制实例可看出，前馈控制系统是由扰动测量变送器、前馈控制器、被控对象扰动通道和控制通道组成的开环控制系统。根据前馈控制器控制规律的不同，前馈控制系统分为静态前馈控制系统和动态前馈控制系统。静态前馈控制系统框图如图6-3所示。

该系统主要通过具有比例控制规律的前馈控制器对被控对象实现开环控制。

动态前馈控制系统框图如图6-4所示。

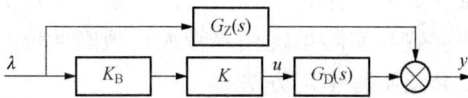

图6-3 静态前馈控制系统框图

λ—扰动量；$G_Z(s)$—扰动通道的传递函数；K_B—流量变送器FT的传递系数；K—前馈控制器FC的传递系数；u—调节量；$G_D(s)$—控制通道的传递函数；y—被调量

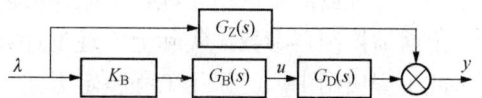

图6-4 动态前馈控制系统框图

该系统主要通过具有复杂控制规律的前馈控制器对被控对象实现开环控制。

比较图 6-3 和图 6-4 可看出，静态前馈控制系统和动态前馈控制系统的主要差别是二者的前馈控制器控制规律不同。静态前馈控制系统是动态前馈控制系统的特例。

第二节　前馈控制系统的分析与整定

一、前馈控制系统的分析

由图 6-4 可得

$$Y(s) = [G_Z(s) + K_B G_B(s) G_D(s)]\lambda(s) \tag{6-1}$$

令 $K_B = 1$，有

$$\frac{Y(s)}{\lambda(s)} = G_Z(s) + G_B(s) G_D(s) \tag{6-2}$$

当系统受到扰动时，为使被调量保持不变，即完全补偿，则有

$$\frac{Y(s)}{\lambda(s)} = G_Z(s) + G_B(s) G_D(s) = 0 \tag{6-3}$$

故前馈控制规律为

$$G_B(s) = -\frac{G_Z(s)}{G_D(s)} \tag{6-4}$$

式 (6-4) 说明前馈控制系统前馈控制器的控制规律完全由被控对象特性决定，它是扰动通道和控制通道传递函数之比，式中负号表示控制作用方向与扰动作用方向相反。如果 $G_Z(s)$ 和 $G_D(s)$ 可以很准确测出，且 $G_B(s)$ 完全和式 (6-4) 确定的特性一致，则不论扰动是怎样的形式，前馈控制都能起到完全补偿的作用，使被调量因扰动而引起的动态和静态偏差均为零。

由于准确地测量扰动通道和控制通道的传递函数比较困难，外加未知干扰的影响和前馈控制规律式 (6-4) 的可实现性等因素，实际上前馈控制系统的前馈补偿是有限的，并不能消除由于扰动引起的全部误差。

前馈控制系统的主要特点是前馈控制系统是直接根据扰动进行控制的，是开环控制系统，不存在系统的稳定性问题；前馈控制系统只能用来克服生产过程中主要的、可测的扰动，只能实现局部补偿；前馈控制反应迅速，对抑制扰动引起的被调量动、静态偏差比较有效；一种前馈控制作用只能控制一种扰动。

二、前馈控制系统的整定

前馈控制系统整定的主要任务是确定前馈控制器的参数。与单回路控制系统的整定方法一样，前馈控制系统的整定方法也有理论计算法和工程整定法。理论计算法是通过建立物质平衡方程或能量平衡方程，求取相应前馈控制器参数的方法。工程整定法是通过工程实验确定前馈控制器参数。实际上，理论计算法所得的参数与实际系统相差较大，精确性较差，因此工程应用中广泛采用工程整定方法。下面主要介绍工程整定方法。

前馈控制系统的工程整定方法分为静态前馈控制系统的工程整定方法和动态前馈控制系统的工程整定方法。

（一）静态前馈控制系统的工程整定

静态前馈控制系统的工程整定方法主要有以下两种方法。

1. 方法一

假设系统无前馈（即断开图 6-3 中前馈控制器的输入信号）时，系统的调节量为 u_0，扰动量为 λ_0，系统的输出为 y_0，改变扰动量为 λ_1 后，调整调节量 u_1 维持输出 y_0 不变，则所求前馈控制器的参数为

$$K = \frac{u_0 - u_1}{\lambda_0 - \lambda_1} \tag{6-5}$$

2. 方法二

若系统允许，则也可按图 6-3 进行现场调节。首先断开前馈控制器的输入信号（无前馈），假设系统在调节量 u_0、扰动 λ_0 作用下，系统输出为 y_0，然后将前馈控制器接入，调节前馈控制器参数 K 使系统的输出恢复为 y_0，此时的 K 即为所求。

（二）动态前馈控制系统的工程整定

由控制理论可知，精确测量实际被控对象传递函数 $G_D(s)$ 和 $G_Z(s)$ 很困难，所以在工程整定过程中，为了既保证工程精度又简化整定过程，通常将系统的控制通道和扰动通道的传递函数简化处理成一阶或二阶环节，并根据实际情况附加纯滞后的形式。本章以一阶环节为例，即

扰动通道传递函数

$$G_Z(s) = \frac{K_Z}{T_Z s + 1} e^{-\tau_Z s} \tag{6-6}$$

控制通道传递函数

$$G_D(s) = \frac{K_D}{T_D s + 1} e^{-\tau_D s} \tag{6-7}$$

根据前馈控制规律式（6-4）有

$$G_B(s) = -\frac{K_Z}{T_D} \frac{T_D s + 1}{T_Z s + 1} e^{-(\tau_Z - \tau_D)s} = -K_B \frac{T_1 s + 1}{T_2 s + 1} e^{-\tau_B s} \tag{6-8}$$

$$K_B = K_Z / K_D, T_1 = T_D, T_2 = T_Z, \tau_B = \tau_Z - \tau_D$$

式中：K_B 为静态前馈系数。

由于式（6-8）为含有时间常数 T_1 和 T_2 的超前滞后环节，所以实际工程中一般采用的前馈控制器为

$$G_B(s) = -K_B \frac{T_1 s + 1}{T_2 s + 1} \tag{6-9}$$

系统的整定分成静态前馈系数整定和时间常数整定两步。

1. 静态前馈系数整定

静态前馈系数整定时，将系统时间常数设为零，此时前馈控制器为

$$G_B(s) = -K_B \tag{6-10}$$

静态前馈系数整定方法与静态前馈控制系统的工程整定方法相同。

2. 时间常数整定

由于前馈控制器实际上是超前滞后补偿器，故在整定时间常数时，应首先搞清楚是让它起超前作用，还是让它起滞后作用，然后再进行时间常数的整定。若起超前补偿作用（此时扰动通道传递函数延时小于控制通道传递函数延时），则 $T_1 > T_2$；若起滞后补偿作用（此时扰动通道传递函数延时大于控制通道传递函数延时），则 $T_1 < T_2$。

第三节　前馈－反馈控制系统的分析和整定

由前面分析可知，单纯的前馈控制往往不能很好地补偿扰动，存在着不少局限性，这主要表现在单纯前馈控制不存在被控变量的反馈，即对补偿的效果没有检验的手段，这样在前馈作用的结果并没有最后消除被控变量偏差时，系统无法得到这一信息而做进一步的校正。为解决这一局限性，可将前馈控制与反馈控制结合起来使用，构成前馈－反馈控制系统。

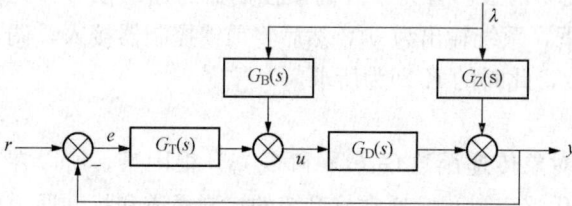

图 6-5　前馈－反馈控制系统方案一的原理示意

r—给定值；e—偏差；$G_T(s)$—反馈控制器的传递函数；

$G_B(s)$—前馈控制器的传递函数；u—调节量；

$G_D(s)$—控制通道的传递函数；λ—扰动；

$G_Z(s)$—扰动通道的传递函数；

y—被调量

理示意如图 6-6 所示。

该系统的连接特点是前馈信号与反馈控制器的输入信号叠加。

一、前馈－反馈控制系统的组成

根据前馈控制系统与单回路反馈控制系统叠加位置不同，前馈－反馈控制系统分为以下两种方案。

（一）方案一

前馈－反馈控制系统方案一的原理示意如图 6-5 所示。

该系统的连接特点是前馈信号与反馈控制器的输出信号叠加。

（二）方案二

前馈－反馈控制系统方案二的原

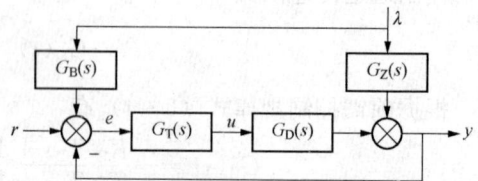

图 6-6　前馈－反馈控制系统方案二的原理示意

二、前馈－反馈控制系统的分析

（一）前馈－反馈控制系统方案一的分析

由图 6-5 可得

$$Y(s)=\frac{G_T(s)G_D(s)}{1+G_T(s)G_D(s)}R(s)+\frac{G_Z(s)+G_B(s)G_D(s)}{1+G_T(s)G_D(s)}\lambda(s) \qquad (6-11)$$

若 $R(s)=0$，$\lambda(s)\neq0$，则有

$$Y(s)=\frac{G_Z(s)+G_B(s)G_D(s)}{1+G_T(s)G_D(s)}\lambda(s) \qquad (6-12)$$

应用不变性原理有

$$\frac{G_Z(s)+G_B(s)G_D(s)}{1+G_T(s)G_D(s)}=0$$

即

$$G_B(s)=-\frac{G_Z(s)}{G_D(s)} \qquad (6-13)$$

对比式（6-4）和式（6-13）可看出，当系统实现完全补偿时，前馈－反馈控制系统方案一前馈控制器的控制规律与前馈控制系统的相同。因此对前馈控制信号与反馈控制器的输出信号叠加组成的前馈－反馈控制系统来说，前馈控制的完全补偿条件不变。

对比式（6-2）和式（6-12）可看出，由于 $1+G_T(s)G_D(s)\geqslant1$，故前馈－反馈控制系

统方案一的输出小于纯前馈控制系统的输出，也就是说前馈－反馈控制时，扰动对输出的影响要比纯前馈时小得多。

从式（6－11）可看出，前馈控制系统与反馈控制系统结合后，闭环系统的特征方程没变，故前馈－反馈控制系统的稳定性与纯反馈控制系统的稳定性相同。

（二）前馈－反馈控制系统方案二的分析

由图6－6可得

$$Y(s) = \frac{G_T(s)G_D(s)}{1 + G_T(s)G_D(s)}R(s) + \frac{G_Z(s) + G_B(s)G_T(s)G_D(s)}{1 + G_T(s)G_D(s)}\lambda(s) \qquad (6-14)$$

同样，若$R(s)=0$，$\lambda(s)\neq0$，则有

$$Y(s) = \frac{G_Z(s) + G_B(s)G_T(s)G_D(s)}{1 + G_T(s)G_D(s)}\lambda(s) \qquad (6-15)$$

应用不变性原理有

$$\frac{G_Z(s) + G_B(s)G_T(s)G_D(s)}{1 + G_T(s)G_D(s)} = 0 \qquad (6-16)$$

即完全补偿条件为

$$G_B(s) = -\frac{G_Z(s)}{G_T(s)G_D(s)} \qquad (6-17)$$

对比式（6－4）和式（6－17）可看出，当系统实现完全补偿时，前馈－反馈控制系统方案二前馈控制器的控制规律与前馈控制系统的不同。因此对前馈控制信号与反馈控制器的输入信号叠加组成的前馈－反馈控制系统来说，前馈－反馈控制系统补偿控制规律不仅与对象的特性有关，还与反馈调节器的调节规律有关。

从图6－6可看出，若要使反馈系统的被调量等于给定值，则前馈调节器必须为微分环节。前馈－反馈控制系统方案二的其他特性与前馈-反馈控制系统方案一的特性相同，不再赘述。

三、前馈-反馈控制系统的整定

前馈－反馈控制系统的工程整定方法主要有两种，第一种是前馈控制系统和反馈控制系统分别整定，确定各自参数，然后组合在一起；第二种是首先整定反馈控制系统，然后再在反馈的基础上引入前馈控制系统，并对前馈控制系统进行整定。

（一）前馈控制和反馈控制分别整定

整定前馈控制通道时，断开反馈控制系统。前馈控制系统的整定方法和静态前馈控制系统或动态前馈控制系统的相同。由于没有接入反馈，故这种整定法只适用于系统中其他扰动占次要地位的场合，不然会有较大偏差。

整定反馈控制系统时，断开前馈控制通道。反馈控制系统的整定方法也和单回路控制系统的整定方法相同，参见单回路控制系统的整定方法。

（二）先整定反馈，后整定前馈

整定方法如下。

（1）断开前馈控制信号，按单回路反馈控制系统的整定方法整定反馈控制系统，要注意根据实际生产过程的需要确定是否允许超调，以及确定超调量的大小。

（2）系统输入恒定不变，扰动产生阶跃变化，按静态前馈控制系统的整定方法整定静态前馈系数。

（3）整定过程条件同 2，按动态前馈控制系统的整定方法整定动态前馈时间常数，即首先判断扰动通道和控制通道的超前和滞后关系，然后利用超前滞后关系确定两个动态时间常数的大小关系。

第四节　前馈 - 反馈控制系统应用实例

以汽包锅炉单级三冲量给水控制系统为例。

一、汽包锅炉给水系统的控制任务

汽包锅炉给水系统结构示意如图 6 - 7 所示。汽包锅炉给水系统的控制任务为：

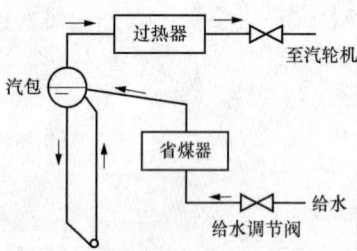

图 6 - 7　汽包锅炉给水系统结构示意

（1）维持汽包水位在一定范围内。汽包水位是影响锅炉安全运行的重要参数，它间接反映了锅炉蒸汽负荷与给水量之间的平衡关系。水位过高，会破坏汽水分离装置的正常工作，严重时会导致主蒸汽带水，增加在过热器管壁和汽轮机叶片上的结垢，甚至会使汽轮机发生水冲击事故；水位过低，则会破坏水循环，引起水冷壁的破裂。锅炉正常运行时水位的波动范围：±30～±50mm，异常情况：±200mm，事故情况：±350mm。

（2）保持稳定的给水量。锅炉给水量不应时大时小地剧烈波动，否则将对省煤器和给水管道的安全运行不利。

根据汽包锅炉给水系统的控制任务，通常选择汽包水位为被调量，给水调节阀门开度（或给水泵转速）为调节量。

二、给水控制对象的动态特性

锅炉给水量 W、主蒸汽流量（负荷）D、燃烧率（燃料、送风和引风协调变化的信号）M 分别阶跃增加时，汽包水位 H 的响应曲线如图 6 - 8 所示。

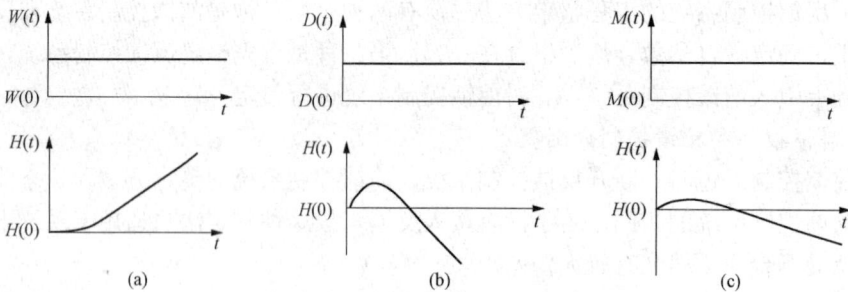

图 6 - 8　汽包水位 H 的响应曲线

（a）锅炉给水量 W 阶跃增加；（b）主蒸汽流量（负荷）D 阶跃增加；（c）燃烧率 M 阶跃增加

（一）给水量阶跃变化时，汽包水位的动态特性

图 6 - 8（a）为锅炉主蒸汽流量 D 和燃烧率 M 保持不变，给水量 W 阶跃增加时的汽包水位变化曲线，此时汽包水位 H 被控对象为无自平衡能力的被控对象，其近似传递函数为

$$\frac{H(s)}{W(s)} = \frac{\varepsilon}{(1 + Ts)s} \tag{6 - 18}$$

或

$$\frac{H(s)}{W(s)} = \frac{\varepsilon}{s} e^{-\tau s} \qquad (6-19)$$

（二）主蒸汽流量阶跃变化时，汽包水位的动态特性

图 6-8（b）为锅炉给水量 W 和燃烧率 M 保持不变，主蒸汽流量 D 阶跃增加时的汽包水位变化曲线，此时汽包水位 H 先上升，后下降，这种现象称为"虚假水位"现象。此时被控对象是无自平衡能力的被控对象，其近似传递函数为

$$\frac{H(s)}{D(s)} = \frac{K_1}{1+T_1 s} - \frac{\varepsilon_1}{s} \qquad (6-20)$$

（三）燃烧率阶跃变化时，汽包水位的动态特性

图 6-8（c）为锅炉主蒸汽流量 D 和给水量 W 保持不变，燃烧率 M 阶跃增加时的汽包水位变化曲线，与主蒸汽流量扰动相似，也出现"虚假水位"现象，但这种"虚假水位"现象比主蒸汽流量扰动时幅值变化要小一些，持续时间较长，其近似传递函数为

$$\frac{H(s)}{M(s)} = \frac{K_2}{1+T_2 s} - \frac{\varepsilon_2}{s} \qquad (6-21)$$

影响汽包水位的因素除上述三种之外，还有给水压力、汽包压力、汽轮机调速汽门开度、二次风分配等，不过这些因素都可用上述三种变化体现出来，这里不再赘述。

三、汽包锅炉单级三冲量给水控制系统

（一）单冲量给水控制系统

单冲量给水控制系统如图 6-9 所示。图中，LT 为液位变送器，LC 为液位控制器。

该系统结构简单，运行可靠，适用于水容量大，飞升速度小，负荷变化不大，控制质量要求不高的小容量锅炉。该系统为单回路控制系统，被调量为汽包水位，调节量为锅炉给水量。

（二）双冲量给水控制系统

双冲量给水控制系统如图 6-10 所示。图中，FT 为流量变送器，FC 为前馈控制器，LT 为液位变送器，LC 为液位控制器。

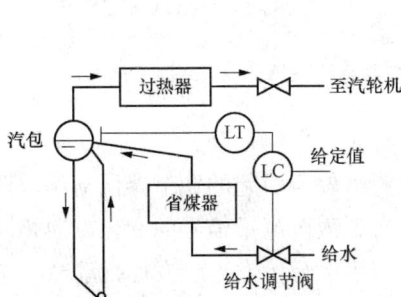

图 6-9　单冲量给水控制系统　　　　图 6-10　双冲量给水控制系统

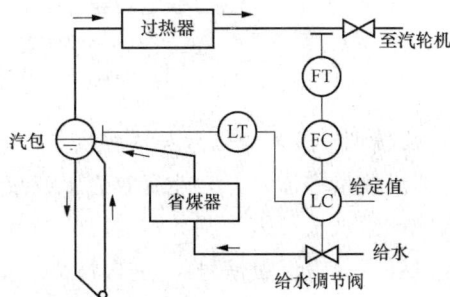

该系统为前馈-反馈控制系统。它是在单冲量给水控制系统的基础上引入了主蒸汽流量前馈信号。引入主蒸汽流量前馈信号的目的就是为了克服"虚假水位"现象。该系统适合于控制品质要求不高的中、小型电厂锅炉。

（三）三冲量给水控制系统

三冲量给水控制系统如图 6-11 所示。图中，FT1 为主蒸汽流量变送器，FC 为前馈控

制器，FT2 为给水流量变送器，LT 为液位变送器，LC 为液位控制器。

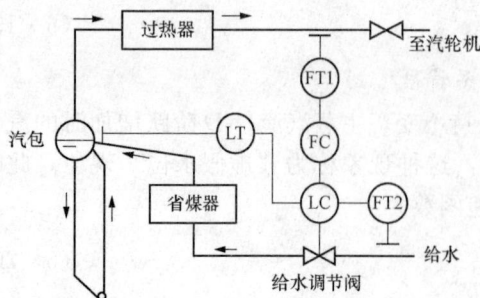

图 6-11　三冲量给水控制系统

该系统是在双冲量给水控制系统的基础上，为尽快消除给水量扰动，使锅炉给水量稳定，又引入了给水量的反馈控制。实际上该系统是具有两个反馈控制回路的前馈－反馈控制系统。

四、汽包锅炉单级三冲量给水自动控制系统的分析

单冲量给水控制系统、双冲量给水控制系统分别是常规的单回路控制系统、前馈－反馈控制系统，其分析和整定方法可参见第五章和本章的相关内容。下面主要介绍单级三冲量给水控制系统的分析和整定。

单级三冲量给水控制系统原理如图 6-12 所示。图中，$G_D(s)$ 为给水量与汽包水位之间的传递函数，$G_Z(s)$ 为主蒸汽流量与汽包水位之间的传递函数，$G_T(s)$ 为反馈调节器的传递函数，n_D 为主蒸汽流量分流系数（静态前馈调节器），n_w 为给水流量分流系数，γ_H 为水位变送器的传递系数，γ_w 为给水流量变送器的传递系数，γ_D 为主蒸汽流量变送器的传递系数，K_Z 为执行器的传递系数，K_μ 为调节阀的传递系数，K_0 为给定值的转换系数，H 为汽包水位，D 为主蒸汽流量，W 为给水量，H_0 为给定值。从图 6-12 可看出，该系统由两个反馈回路（Ⅰ、Ⅱ）和一个前馈通道（Ⅲ）组成，其中Ⅰ称为副回路（内回路），Ⅱ称为主回路（外回路）。

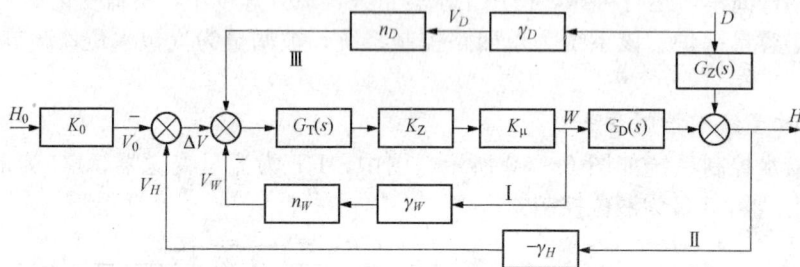

图 6-12　三冲量给水控制系统原理

（一）反馈调节器入口信号接线极性及正/反作用

当主蒸汽流量增加时，为能有效克服或减少虚假水位所引起的调节器误动作，调节器应立即动作增加给水量，因为调节器输出的控制信号与主蒸汽流量信号的变化方向相同，所以调节器入口处主蒸汽流量信号 V_D 的极性为"正"。当给水流量发生自发性扰动时，调节器也应立即动作，控制给水流量，使给水流量迅速恢复到原来的数值，从而保证汽包水位基本不变，因此在调节器入口处，给水流量信号 V_w 的极性为"负"。当汽包水位增加时，为了维持水位，调节器应立即动作使给水流量减少，即调节器控制给水流量的方向与水位信号变化的方向相反，由于水位变送器具有反特性，所以进入调节器的水位信号 V_H 的极性为"正"。

从图 6-12 中的内回路可以看出，执行器、调节阀、给水流量变送器、给水流量分流系数的特性均为正特性，给水流量信号的极性为"负"，根据判断反馈控制系统调节器正/反作用的原则，故反馈调节器 $G_T(s)$ 应为"正作用"。

（二）控制系统的静态特性

设调节器采用 PI 调节规律，静态时输入增量为零，输出为定值，即

$$V_H - V_0 + n_D V_D - n_W V_W = 0 \tag{6-22}$$

所以

$$V_0 - V_H = n_D V_D - n_W V_W \tag{6-23}$$

由于 $V_H = -\gamma_H H$，$V_0 = K_0 H_0$，$V_D = \gamma_D D$，$V_W = \gamma_W W$，故

$$\gamma_H H + K_0 H_0 = n_D \gamma_D D - n_W \gamma_W W \tag{6-24}$$

若忽略排污，则 $D = W$，上式可变为

$$\gamma_H H + K_0 H_0 = (n_D \gamma_D - n_W \gamma_W) D \tag{6-25}$$

改变给定值，使 $D = D_0$，$H = H_0$，可得

$$\gamma_H H_0 + K_0 H_0 = (n_D \gamma_D - n_W \gamma_W) D_0 \tag{6-26}$$

由式（6-25）和式（6-26）可得控制系统的静态特性方程

$$H - H_0 = \frac{n_D \gamma_D - n_W \gamma_W}{\gamma_H}(D - D_0) \tag{6-27}$$

当 $n_D \gamma_D = n_W \gamma_W$ 时，$H = H_0$，水平特性，为无差调节，如图 6-13 曲线 1 所示；当 $n_D \gamma_D < n_W \gamma_W$ 时，D 越大，H 与 H_0 的负差值越大，为向下特性，如图 6-13 曲线 2 所示；当 $n_D \gamma_D > n_W \gamma_W$ 时，D 越大，H 与 H_0 的正差值越大，为向上特性，如图 6-13 曲线 3 所示。

（三）控制系统的参数整定

1. 副回路的参数整定

由于副回路的主要作用是当给水量扰动时快速消除给水量扰动，使水位保持不变，即副回路动作时主回路不变，所以在整定副回路时将主回路断开。副回路的框图如图 6-14 所示。

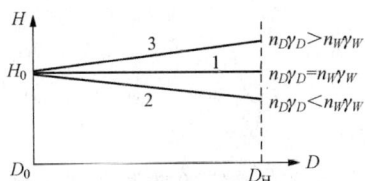

图 6-13　三冲量给水控制系统的
　　　　　静态特性曲线

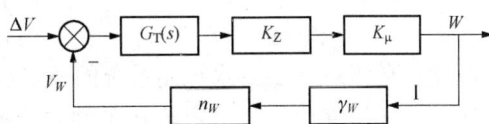

图 6-14　副回路的框图

副回路为单回路控制系统，可按单回路控制系统的整定方法整定。该系统广义被控对象的传递函数为

$$G_{D2}^*(s) = K_\mu K_Z \gamma_W \tag{6-28}$$

等效调节器的传递函数为

$$G_{T2}^*(s) = G_T(s) n_W \tag{6-29}$$

由于被控对象为比例环节，故调节器比例度和积分时间都可以取得很小，以保证副回路不振荡为目的。

2. 主回路的参数整定

由于副回路是一个快速随动系统，即主回路动作时副回路已经动作完毕，所以在整定主

回路时，副回路可近似等效为比例环节。主回路的等效框图如图 6 - 15 所示。

图 6 - 15 中，$G_2^*(s) = 1/(n_w\gamma_w)$ 为等效副回路的传递函数。主回路广义被控对象的传递函数为

$$G_{D1}^*(s) = \gamma_H G_D(s) \tag{6 - 30}$$

等效调节器的传递函数为

$$G_{T1}^*(s) = \frac{1}{n_w\gamma_w} \tag{6 - 31}$$

可见主回路的等效调节器为比例调节器，等效比例度为

$$\delta_1^*(s) = n_w\gamma_w \tag{6 - 32}$$

从主/副回路的比例度来看，n_w 对主/副回路的影响正好相反，若 n_w 增大，主回路稳定性增强，副回路则减弱，反之情况相反。

3. 前馈通道的参数整定

前馈通道对系统稳定性没有影响，因此可以独立考虑。前馈通道框图如图 6 - 16 所示。

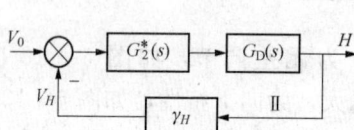

图 6 - 15　主回路的等效框图　　　　图 6 - 16　前馈通道框图

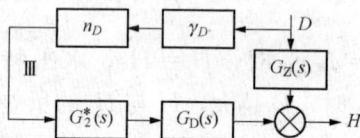

根据前馈完全补偿原则可得

$$n_D = -\frac{n_w\gamma_w}{\gamma_D}\frac{G_Z(s)}{G_D(s)} \tag{6 - 33}$$

可见 n_D 不可能实现完全补偿，因为它不是一个简单的环节。工程上一般按式（6 - 34）进行近似整定，即

$$n_D = \frac{n_w\gamma_w}{\gamma_D} \tag{6 - 34}$$

综上所述，单级三冲量给水控制系统的整定步骤为：

（1）按照快速消除内扰、稳定给水量的要求整定副回路，确定等效调节器比例度 $\delta^* = \delta/n_w$ 和积分时间 T_i。

（2）根据 $G_D(s)$，整定主回路的比例度，确定 n_w 的值。

（3）根据副回路等效比例度 δ^*，计算实际调节器的比例度 δ。

（4）根据无静差的要求，确定 n_D 的值，使 $n_w\gamma_w = n_D\gamma_D$。

本 章 小 结

本章首先讲述了前馈控制系统的组成、前馈控制系统的分析和整定方法，然后讲述了由单回路反馈控制和前馈控制组成的前馈 - 反馈控制系统，最后以汽包锅炉单级三冲量给水控制系统为例，讲述了前馈 - 反馈控制系统设计及应用。

思考题与习题

1. 试比较前馈控制和反馈控制系统的特点和不同。

2. 在前馈控制中，如何达到全补偿？静态前馈和动态前馈有什么联系和区别？

3. 可否采用常规 PID 控制器作为前馈控制器？

4. 前馈控制有哪些结构形式？在工业控制中为什么很少单独使用前馈控制，而选用前馈－反馈控制系统？

5. 为什么采用前馈 - 反馈控制系统能较大改善控制系统的控制品质？

6. 试述前馈控制系统的整定方法？

7. 在前馈控制系统整定过程中，增加前馈模型分母的时间常数，前馈补偿情况会发生怎样的变化？如果增大分子的时间常数，补偿情况又会怎样变化？

8. 有一前馈 - 反馈控制系统，其被控对象扰动通道的传递函数 $G_Z(s) = 2/(10s+1)$，控制通道的传递函数 $G_D(s) = 4/(20s+1)$，反馈控制器采用 PID 规律，试设计前馈控制器，并画出前馈 - 反馈控制系统框图，画出单位阶跃扰动作用下前馈控制器的输出。

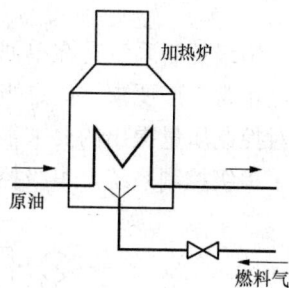

图 6 - 17　原油加热炉

9. 原油加热炉如图 6 - 17 所示，用燃料气在炉内燃烧来加热原油。工业要求原油出口温度保持稳定，系统的主要干扰来自原油流量的波动，试分别画出单回路控制系统和前馈控制系统的原理示意和控制框图，并比较这两种控制系统的特点。

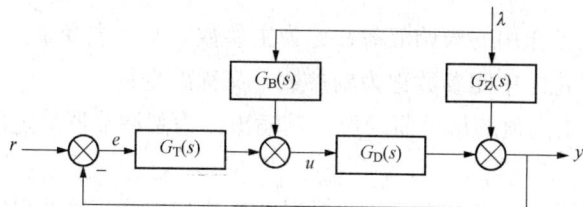

图 6 - 18　冷凝器温度前馈 - 反馈控制系统

10. 针对图 6 - 17 所示的原油加热炉，如果对原油出口温度控制要求很高，且原油流量与燃料气压力经常波动，试设计一个控制系统，画出控制系统的示意与框图。

11. 冷凝器温度前馈 - 反馈控制系统框图如图 6 - 18 所示。已知扰动通道的传递函数 $G_Z(s) = 1.05e^{-6s}/(41s+1)$；控制通道传递函数 $G_D(s) = 0.94e^{-8s}/(55s+1)$；温度控制器 $G_T(s)$ 采用 PI 规律。试求该前馈 - 反馈控制系统中前馈控制器的传递函数 $G_B(s)$。

12. 汽包锅炉水位控制有哪三种控制方案？说明它们的应用场合。

第七章 串级控制系统

本章描述串级控制系统的基本知识，首先介绍串级控制系统的组成、串级控制系统的分析和整定，然后介绍前馈－反馈串级控制系统，最后以汽包锅炉过热蒸汽温度串级控制系统为例，介绍串级控制系统的应用。

第一节 串级控制系统的组成

串级控制系统是在单回路控制系统的基础上产生的。通常情况下，单回路控制系统都能满足正常生产要求，但是当对象的容量滞后较大、负荷或扰动变化比较剧烈、比较频繁，工艺对控制质量提出的要求很高时，单回路控制系统就不再有效了。为解决此类问题，人们提出了串级控制系统。串级控制系统如图 7-1 所示。

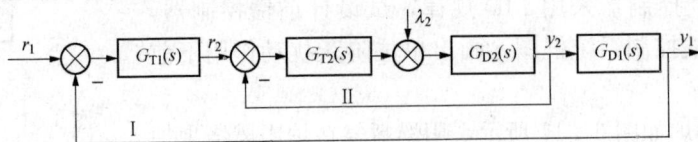

图 7-1 串级控制系统

一、串级控制系统常见的术语

(1) 主参数 y_1：串级控制系统中起主导作用的被调节参数称为主参数，又称主变量。

(2) 副参数 y_2：能提前反映主参数变化的中间参数称为副参数，又称副变量。

(3) 主调节器 $G_{T1}(s)$：根据主参数与给定值的偏差而动作，其输出作为副调节器给定值的调节器称为主调节器，又称主控制器。

(4) 副调节器 $G_{T2}(s)$：其给定值由主调节器输出决定，并根据副参数与主调节器输出的偏差而动作的调节器称为副调节器，又称副控制器。

(5) 主对象 $G_{D1}(s)$：主参数所处的那部分工艺设备，它的输入信号为副变量，输出信号为主变量，又称惰性区。

(6) 副对象 $G_{D2}(s)$：副参数所处的那部分工艺设备，它的输入信号为副调节器的输出信号，输出信号为副变量，又称导前区。

(7) 内回路Ⅱ：由副参数、副调节器及副对象组成的闭合回路称为内回路，又称副回路。

(8) 外回路Ⅰ：由主参数、主调节器及副回路组成的闭合回路称为外回路，又称主回路。

二、串级控制系统的结构

从图 7-1 可看出，串级控制系统与单回路控制系统相比有一个显著的区别，即在结构上形成了两个反馈回路，一个在里面，为随动控制回路，在控制过程中起粗调作用；另一个在外面，为定值控制回路，用来完成细调任务，使主被调量满足生产要求；串级控制系统中有两个调节器，它们的作用各不相同，主调节器具有自己独立的给定值，副调节器的给定值是主调节器的输出。

第二节　串级控制系统的分析

与单回路控制系统相比，串级控制系统具有较高的控制性能。

一、串级控制系统的特点

（一）串级控制系统具有很强的克服内扰能力

图 7 - 1 化简后的框图如图 7 - 2 所示。

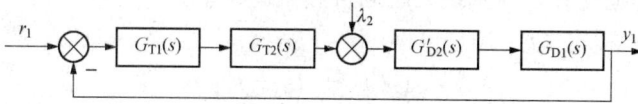

图 7 - 2　串级控制系统的简化示意

其中

$$G'_{D2}(s) = \frac{G_{D2}(s)}{1 + G_{T2}(s)G_{D2}(s)} \tag{7 - 1}$$

输出 y_1 对扰动 λ_2 的传递函数

$$G_{\lambda 2}(s) = \frac{G_{D1}(s)G'_{D2}(s)}{1 + G_{T1}(s)G_{T2}(s)G_{D1}(s)G'_{D2}(s)} \tag{7 - 2}$$

输出 y_1 对输入 r_1 的传递函数

$$G_{r1}(s) = \frac{G_{T1}(s)G_{T2}(s)G_{D1}(s)G'_{D2}(s)}{1 + G_{T1}(s)G_{T2}(s)G_{D1}(s)G'_{D2}(s)} \tag{7 - 3}$$

因此克服扰动能力为

$$\frac{G_{r1}(s)}{G_{\lambda 2}(s)} = G_{T1}(s)G_{T2}(s) \tag{7 - 4}$$

若 $G_{T1}(s) = K_{T1}$，$G_{T2}(s) = K_{T2}$，则有

$$\frac{G_{r1}(s)}{G_{\lambda 2}(s)} = K_{T1}K_{T2} \tag{7 - 5}$$

如果系统采用单回路控制，那么有

$$\frac{G_{r1}(s)}{G_{\lambda 2}(s)} = K_{T1} \tag{7 - 6}$$

一般 $K_{T1}K_{T2} > K_{T1}$，故串级控制系统具有很强的克服内扰能力。

（二）串级控制系统可以减小副回路时间常数，改善对象动态特性，提高系统工作频率

假设主/副对象为惯性环节，其他均为比例环节，由图 7 - 1 可得副回路的闭环传递函数为

$$G_{b2}(s) = \frac{Y_2(s)}{R_2(s)} = \frac{K_{b2}}{1 + T_{b2}s} \tag{7 - 7}$$

式中

$$K_{b2} = \frac{K_{T2}K_2}{1+K_{T2}K_2}, \quad T_{b2} = \frac{T_2}{1+K_{T2}K_2}$$

由于 $1+K_{T2}K_2>1$，所以 $T_{b2}<T_2$，即副回路闭环传递函数的时间常数小于不加控制前传递函数的时间常数，从而改善了系统的动态特性。

由图 7-1 可得系统闭环特征方程为

$$1+G_{T2}(s)G_{D2}(s)+G_{T1}(s)G_{T2}(s)G_{D1}(s)G_{D2}(s) = 0 \tag{7-8}$$

即

$$T_1T_2s^2+(T_1+T_2+K_{T2}K_2T_1)s+(1+K_{T2}K_2+K_{T1}K_{T2}K_1K_2) = 0 \tag{7-9}$$

由于标准二阶系统的特征方程为

$$s^2+2\zeta\omega_0s+\omega_0^2 = 0 \tag{7-10}$$

式中：ζ 为系统的阻尼比；ω_0 为系统无阻尼自然振荡频率。

比较式（7-9）和式（7-10）可得

$$\omega_{0c} = \frac{1}{2\zeta_c}\frac{T_1+T_2+K_{T2}K_2T_1}{T_1T_2} \tag{7-11}$$

所以

$$\omega_c = \sqrt{1-\zeta_c^2}\omega_{0c} = \sqrt{1-\zeta_c^2}\frac{1}{2\zeta_c}\frac{T_1+T_2+K_{T2}K_2T_1}{T_1T_2} \tag{7-12}$$

利用同样的方法，可求得单回路系统的工作频率

$$\omega_d = \sqrt{1-\zeta_d^2}\frac{1}{2\zeta_d}\frac{T_1+T_2}{T_1T_2} \tag{7-13}$$

假设 $\zeta_c=\zeta_d$，则

$$\frac{\omega_c}{\omega_d} = 1+\frac{K_{T2}K_2T_1}{T_1T_2} \tag{7-14}$$

由于 $\omega_c/\omega_d>1$，所以 $\omega_c>\omega_d$，即串级控制系统提高了系统的工作频率。

（三）串级控制系统具有一定的自适应能力

串级控制系统主回路是一个定值控制系统，副回路是一个随动控制系统，副回路的给定值是主调节器的输出，是一个变化量，主调节器按照被控对象的特性和扰动变化情况，不断地纠正副调节器的给定值，副调节器使系统时间常数缩短，能很快克服扰动，改善动态特性，这就是一种自适应能力。

二、串级控制系统的实施

（一）串级控制系统中主/副回路的选择原则

1. 应力求把变化幅度最大、最激烈和最频繁的扰动包括在副回路内

由于串级控制系统中的副回路具有动作速度快、抗扰动能力强的特点，如果在设计时把对主变量影响最严重、变化最激烈、最频繁的扰动包含在副回路内，就可以充分利用副回路的特性，将扰动的影响抑制在最低限度，这样，扰动对主变量的影响就会大大减少，从而使系统的控制质量获得提高。

2. 选择副回路时，应力求把尽量多的扰动包括进去

在某些情况下，系统的扰动较多而难于分出主要扰动，这时应考虑使副回路能尽量多包含扰动。但是这又与要求副回路控制通道短、反应快相矛盾，故在设计时应加以协调。在具体设计时副回路的范围取决于整个对象的容积分布情况及各种扰动的大小。

3. 主/副回路的工作频率应适当匹配

由于串级控制系统中主/副回路是两个相互独立又密切相关的回路。如果在某种扰动作用下，主参数的变化进入副回路，会引起副回路中的副参数振幅增加，而副参数的变化传到主回路后，又迫使主参数幅度增加，如此循环往复，就会使主/副参数长时间大幅度地波动，这种现象称为串级控制系统的"共振"。为防止串级控制系统出现"共振"，一般应使副回路的频率比主回路的频率高得多。通常取 $T_{d1} = (3 \sim 10) T_{d2}$，其中，$T_{d1}$ 为主回路的振荡周期，T_{d2} 为副回路的振荡周期。

4. 当对象具有非线性环节时，应使非线性环节处于副回路之中

前已分析，串级控制系统具有一定的自适应能力。当操作条件或负荷变化时，主控制器可以适当地修改副控制器的给定值，使副回路在新的工作点上运行，以适应变化的情况。由式（7-7）可以看出，由于 $1 + K_{T2} K_2$ 的值远远大于1，所以 $K_{b2} \approx 1$，即副对象增益或调节阀增益对等效副回路的增益 K_{b2} 影响不大。所以当非线性环节包含在副回路之中时，它的非线性对主变量的影响就很小了。

5. 当对象具有较大纯滞后时，应使副回路尽量不包括纯滞后

这样做的原因就是尽量将纯滞后部分放到主对象中去，以提高副回路的快速抗扰动能力，及时对扰动采取控制措施，将扰动的影响抑制在最小限度内，从而提高主变量的控制质量。不过这种方法有很大的局限性，即只有当纯滞后环节能够大部分乃至全部划入主对象中时，这种方法才能有效地提高系统的控制质量，否则将不会获得好的效果。

（二）串级控制系统中主/副调节器调节规律的选择原则

串级控制系统中，主/副调节器的任务不同，其调节规律的选择原则也不一样。

1. 主调节器调节规律的选择

在串级控制系统中，主变量是生产工艺的主要控制指标，它直接关系到产品的质量或生产的安全，工艺上对它的要求比较严格，一般来说，主变量不允许有静态偏差，因此主回路是一个定值控制系统，主调节器起着定值控制作用。为了主变量的稳定，主调节器必须具有积分作用，所以主调节器通常选用比例积分调节器。当被控对象控制通道滞后比较大时，为了克服容量滞后，需要选用比例积分微分调节器。

2. 副调节器调节规律的选择

在串级控制系统中，对副变量的要求一般都不是很严格，允许它有波动和静态偏差，因为维持副变量的稳定并不是目的，设置副变量的目的就在于保证和提高主变量的控制质量。在扰动作用下，为了维持主变量不变，副变量就要变，因此副回路是一个随动控制系统，它的给定值随主调节器输出的变化而变化，为了能快速跟随，副调节器最好不带积分作用和微分作用。一般情况下副调节器采用比例作用就可以了。只有当副对象容积滞后比较大时，可适当加一点微分作用。

（三）串级控制系统中主/副调节器正/反作用的选择原则

主/副调节器正/反作用的选择顺序应该是先副后主。

1. 副调节器正/反作用的选择

副调节器的正/反作用要根据副回路的具体情况决定，而与主回路无关。与单回路控制系统调节器正/反作用的确定原则相同，即为了使副回路构成一个稳定的控制系统，副回路的开环放大倍数的符号必须为"负"，也就是说，副回路内所有环节放大倍数符号的乘积应

为"负",因此只要知道了调节阀、副对象和副变送器的放大倍数的符号,就可以很容易地确定副调节器的正/反作用。

2. 主调节器正/反作用的选择

主调节器的正/反作用要根据主回路所包括的各个环节的情况来确定。主回路包括主调节器、副回路、主对象和主变送器。对于副回路,可以将它视为放大倍数为"正"的环节,因为副回路是一个随动控制系统,对它的要求是副变量要能快速跟踪给定值,所以副回路可视为放大倍数为"正"的环节。这样只要根据主对象与主变送器放大倍数的符号及整个主回路开环放大倍数符号为"负"的要求,就可以确定主调节器的正/反作用。

第三节 串级控制系统的整定

在串级控制系统中,因为两个调节器串在一起,相互之间或多或少有些影响,因此串级控制系统的整定要比单回路控制系统的整定复杂。串级控制系统的整定方法主要有逐次逼近法、两步整定法、一步整定法和补偿整定法,其共同点是整定的顺序都是先整定副回路后整定主回路。

一、逐次逼近法

这是一种主/副回路反复调试以逐次接近最优的方法,其整定步骤如下。

(1) 先整定副调节器。在第一次整定副调节器时,断开主回路,即按副回路单独工作时的单回路控制系统来整定副调节器 $G_{T2}(s)$ 的参数,记作 $[G_{T2}(s)]_1$。

(2) 主回路闭合,根据 $[G_{T2}(s)]_1$,按单回路控制系统的整定方法整定主调节器的参数,记作 $[G_{T1}(s)]_1$。

(3) 在主回路闭合的条件下,根据 $[G_{T1}(s)]_1$,按单回路控制系统的整定方法再次重新整定副调节器的参数,记作 $[G_{T2}(s)]_2$。

(4) 主回路闭合,根据 $[G_{T2}(s)]_2$,再次按单回路控制系统的整定方法整定主调节器的参数,记作 $[G_{T1}(s)]_2$。

重复以上步骤,如果相邻两次整定的主/副调节器参数基本相同,那么整定就告结束。这种整定方法费时费力,在实际中可根据具体条件进行简化。

二、两步整定法

两步整定法是在主/副回路工作频率相差比较大的条件下采用的一种方法。两步整定法就是整定分两步进行,先整定副回路,再整定主回路。具体步骤如下。

(1) 将主/副回路均闭环,置主调节器的比例度为 100%,积分时间为最大,微分时间为最小,然后按 $4:1$ 衰减曲线法整定副回路的比例度 δ_{2S} 和振荡周期 T_{2S}。

(2) 将副调节器的比例度置为所得到的值 δ_{2S},积分时间为最大,微分时间为最小,按 $4:1$ 衰减曲线法整定主回路的比例度 δ_{1S} 和振荡周期 T_{1S}。

(3) 按所得到的主/副回路的比例度和振荡周期,结合主/副调节器的调节规律,采用 $4:1$ 衰减曲线法的经验公式,分别整定主/副调节器的参数。

(4) 在主/副回路均闭合的条件下,采用步骤 3 得到的调节器参数,按先副回路后主回路,先比例后积分最后微分的顺序对系统进行调试,观察控制过程曲线,如果结果不够满意,可适当进行一些微小的调整。

这种方法虽然比逐次逼近法简化了调试过程，但还是要进行两次 4∶1 衰减曲线法的实测。

三、一步整定法

两步整定法需要进行两次 4∶1 衰减曲线法的实测，较为费时，在总结实践经验的基础上还可以简化，这就是一步整定法。一步整定法是根据经验先将副调节器参数一次整定好，不再变动，然后按单回路系统的整定方法直接整定主调节器参数。

一步整定法的依据是在串级控制系统中，主变量是工艺过程的主要控制指标，直接关系到产品的质量，因而对控制精度要求较高，而选择副变量主要是为了提高主变量的控制质量，对副变量本身没有很高的控制精度要求，允许其在一定范围内变化，因此系统整定的主要目标是主变量，只要主变量达到规定的质量指标要求即可。对具体的串级控制系统，如温度、压力、流量、液位等串级控制系统，在一定范围内，主/副调节器的增益是可以相互匹配的，只要主/副调节器的增益乘积等于主变量出现 4∶1 衰减振荡时调节器的增益，控制系统就能产生 4∶1 衰减振荡过程。虽然按照经验一次放上的副调节器参数不一定合适，但可以通过调整主调节器的增益来进行补偿，结果仍然可使主变量呈 4∶1 衰减。常见对象的副调节器比例度的经验值见表 7 - 1。

表 7 - 1 　　　　　　　　　　　常见对象的副调节器比例度的经验值

副变量类型	温度	压力	流量	液位
比例度（%）	20～60	30～70	40～80	20～80
比例增益	1.7～5.0	1.4～5.0	1.25～2.5	1.25～5.0

经验证明，这种整定方法对于主变量精度要求较高，而对副变量没有什么要求或要求不严，允许它在一定范围内变化的串级控制系统来说，是很有效的。

四、补偿整定法

当控制对象导前区的动态特性与整个控制对象的动态特性相比，迟延和惯性不够小时，控制系统经整定后主/副回路的振荡频率差别不够大，这时可采用补偿整定法整定调节器的参数。

对图 7 - 1 所示的串级控制系统，在保证系统闭环特征方程式不变的条件下，可把它的闭合回路等效变换成如图 7 - 3 所示的框图，其中 y 为等效被调量。

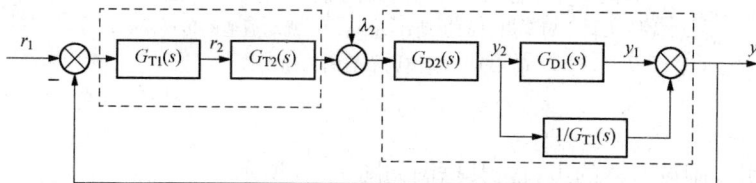

图 7 - 3　串级控制系统的等效框图

从图 7 - 3 可看出，如果为了分析串级控制系统的稳定性，可以把它看作一个单回路控制系统，在这个等效的单回路控制系统中，等效调节器为

$$G_T^*(s) = G_{T1}(s)G_{T2}(s) \tag{7 - 15}$$

广义被控对象为

$$G_D^*(s) = G_{D2}(s)\left[G_{D1}(s) + \frac{1}{G_{T1}(s)}\right] \tag{7-16}$$

因此串级控制系统可按下述步骤进行整定。

(1) 适当选择主调节器 $G_{T1}(s)$ 的参数，以构成一个动态特性较好的广义被控对象 $G_D^*(s)$，即通过选择主调节器 $G_{T1}(s)$ 的参数使广义被控对象 $G_D^*(s)$ 比较有利于控制，这就是补偿法整定的基本思想。

(2) 选择好主调节器 $G_{T1}(s)$ 的参数和得到广义被控对象 $G_D^*(s)$ 后，按单回路控制系统整定方法整定等效调节器 $G_T^*(s)$；

(3) 根据式 (7-15)，可以得出副调节器 $G_{T2}(s)$ 的参数。

用补偿法整定串级控制系统时，不必考虑主/副回路之间互相影响的程度。虽然整定的结果并不能保证串级控制系统在最佳的条件下工作，但是它可以使系统具有足够的稳定裕量，因而使整定后的串级控制系统具有正常运行的基本条件。在主/副调节器不能分别独立整定时，这可以作为整定串级控制系统的一种实用的方法。

第四节　前馈-反馈串级控制系统

一、系统组成

为了进一步提高串级控制系统的控制精度，常把前馈控制引入串级控制系统，组成前馈-反馈串级控制系统。该系统具有前馈控制系统和串级控制系统的优点。根据前馈控制信号引入位置不同，前馈-反馈串级控制系统通常有两种组成方案。

（一）方案一

前馈信号引入副调节器的入口，其框图如图 7-4 所示。

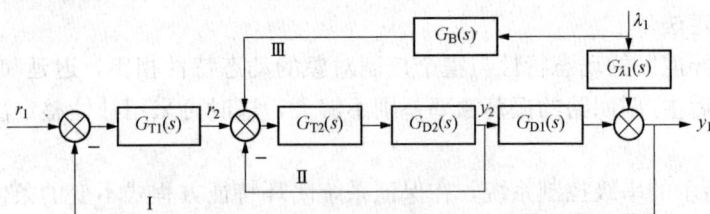

图 7-4　前馈-反馈串级控制系统方案一框图

λ_1—来自主对象出口的扰动；$G_{\lambda 1}(s)$—扰动通道的传递函数；

$G_B(s)$—前馈调节器的传递函数

（二）方案二

前馈信号引入副调节器的出口，其框图如图 7-5 所示。

二、系统分析和整定

（一）前馈-反馈串级控制系统方案一的分析

1. 串级控制部分

由于前馈控制系统不影响反馈系统的稳定性，所以在分析和整定该系统的串级控制部分时可以不考虑前馈控制部分，其分析和整定方法可参考串级控制系统的分析和整定方法。

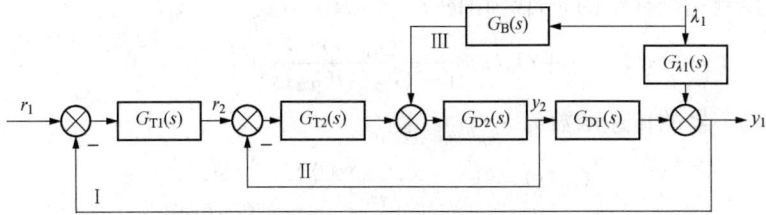

图 7 - 5　前馈 - 反馈串级控制系统方案二框图

2. 前馈控制部分

根据前馈控制完全补偿的条件，由图 7 - 4 可得

$$G_{\lambda 1}(s) + G_B(s) \frac{G_{T2}(s)G_{D2}(s)}{1 + G_{T2}(s)G_{D2}(s)} G_{D1}(s) = 0 \tag{7 - 17}$$

所以前馈调节器的传递函数为

$$G_B(s) = - \frac{G_{\lambda 1}(s)}{\dfrac{G_{T2}G_{D2}(s)}{1 + G_{T2}(s)G_{D2}(s)} G_{D1}(s)} \tag{7 - 18}$$

可见，前馈调节器的调节规律是与扰动通道特性、主/副控制通道特性和副调节器的调节规律都有关的复杂传递函数。

在实际串级控制系统整定中，一般副回路的工作频率远高于主回路的工作频率（约 10 倍），就系统分析来说可认为副回路的闭环传递函数为 1，即

$$\frac{G_{T2}G_{D2}(s)}{1 + G_{T2}(s)G_{D2}(s)} \approx 1 \tag{7 - 19}$$

因此前馈调节器的传递函数可进一步写成

$$G_B(s) = - \frac{G_{\lambda 1}(s)}{G_{D1}(s)} \tag{7 - 20}$$

即前馈 - 反馈串级控制系统方案一前馈调节器的调节规律取决于扰动通道 $G_{\lambda 1}(s)$ 和主对象 $G_{D1}(s)$ 的特性。其参数的具体整定方法可参见第六章第二节。

（二）前馈 - 反馈串级控制系统方案二的分析

1. 串级控制部分

与方案一相同，在分析和整定方案二的串级控制系统部分时，也可以不考虑前馈控制部分，其分析和整定方法同串级控制系统的分析和整定方法。

2. 前馈控制部分

将图 7 - 5 的框图进行等效变换，如图 7 - 6 所示。

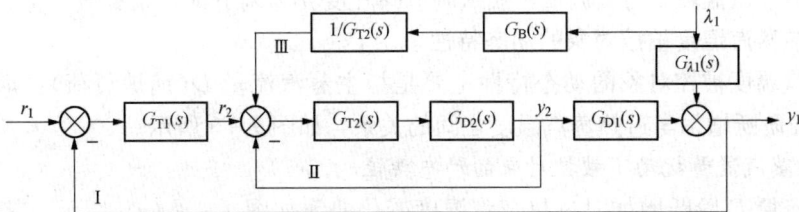

图 7 - 6　前馈 - 反馈串级控制系统方案二的等效框图

根据前馈控制完全补偿的条件，由图 7 - 6 可得

$$G_{\lambda 1}(s) + G_B(s) \frac{G_{D2}(s)}{1 + G_{T2}(s)G_{D2}(s)} G_{D1}(s) = 0 \tag{7-21}$$

所以前馈调节器的传递函数为

$$G_B(s) = - \frac{G_{\lambda 1}(s)}{\dfrac{G_{D2}(s)}{1 + G_{T2}(s)G_{D2}(s)} G_{D1}(s)} \tag{7-22}$$

可见前馈调节器的调节规律也是与扰动通道特性、主/副控制通道特性、副调节器的调节规律都有关的复杂传递函数。

由于副回路是一个快速随动控制系统，$G_{T2}(s)\ G_{D2}(s)$ 远大于 1，所以前馈调节器的传递函数进一步改写成

$$G_B(s) = - \frac{G_{\lambda 1}(s)G_{T2}(s)}{G_{D1}(s)} \tag{7-23}$$

即前馈 - 反馈串级控制系统方案二前馈调节器的调节规律不但取决于扰动通道 $G_{\lambda 1}(s)$ 和主对象 $G_{D1}(s)$ 的特性，还与副调节器的调节规律 $G_{T2}(s)$ 有关，其参数的具体整定方法可参见第六章第二节。

第五节　串级控制系统应用实例

以汽包锅炉过热蒸汽温度串级控制系统为例。过热蒸汽温度被控对象工艺流程示意如图 7 - 7 所示。

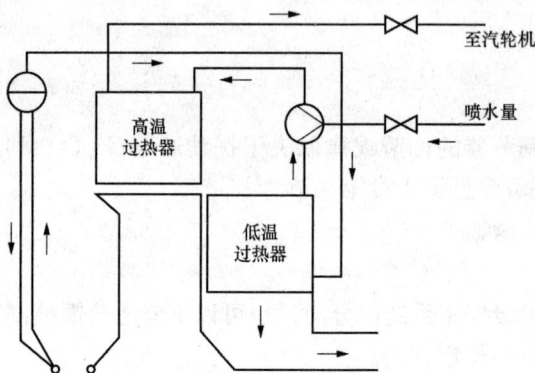

图 7 - 7　过热蒸汽温度被控对象工艺流程示意

一、过热蒸汽温度控制任务

过热蒸汽温度控制任务是维持过热器出口蒸汽温度在允许的范围内。过热蒸汽温度是锅炉安全运行的重要指标之一。过热蒸汽温度过高可能造成过热器、蒸汽管道和汽轮机的高压部分金属损坏；过热蒸汽温度过低会使汽轮机尾部湿度升高，降低电厂的工作效率。一般规定过热蒸汽温度上限不能高于其额定值＋5℃，过热蒸汽的温度下限不能低于其额定值－10℃。

根据过热蒸汽温度控制任务，通常选择过热器出口蒸汽温度 θ 为被调量，喷水调节阀开度 μ 为调节量。

二、过热蒸汽温度被控对象的动态特性

过热蒸汽温度被控对象的动态特性主要是指主蒸汽流量 D（锅炉负荷）、烟气流量 Q_y、减温水量 W_b 阶跃增加与过热蒸汽温度之间的关系，如图 7 - 8 所示。

（一）主蒸汽流量扰动下被控对象的动态特性

主蒸汽流量 D 阶跃增加时过热蒸汽温度变化曲线如图 7 - 8 （a）所示。其特点是有迟延、有惯性、有自平衡能力，迟延时间约 15s。过热蒸汽温度之所以增加是因为主蒸汽流量增加使沿整个过热器管路长度上各点的蒸汽流速增加，且现代大型锅炉对流式过热器的受热

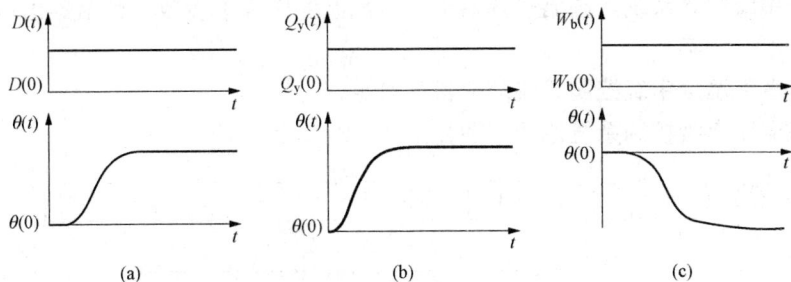

图 7 - 8 过热蒸汽温度控制对象的动态特性

(a) 主蒸汽流量阶跃增加；(b) 烟气流量阶跃增加；(c) 减温水流量阶跃增加

面积大于辐射式过热器的受热面积。

（二）烟气流量扰动下被控对象的动态特性

烟气流量 Q_y 阶跃增加时过热蒸汽温度变化曲线如图 7 - 8（b）所示。其特点也是有迟延、有惯性、有自平衡能力，迟延时间为 10～20s。过热蒸汽温度之所以增加是因为烟气流速增加使沿整个过热器的烟气传递热量增强。

（三）减温水流量扰动下被控对象的动态特性

减温水流量 W_b 阶跃增加时过热蒸汽温度变化曲线如图 7 - 8（c）所示。其特点是有迟延、有惯性、有自平衡能力，迟延时间为 30～60s。过热蒸汽温度下降的原因主要是当减温水流量增加时，降低了高温过热器入口蒸汽温度。

从图 7 - 8 可看出，当主蒸汽流量（负荷）D 扰动或烟气流量 Q_y 扰动时，过热蒸汽温度的反应较快；而减温水流量 W_b 扰动时，过热蒸汽温度反应较慢。由于主蒸汽流量的大小取决于用户，不能作为调节量，而烟气流量用于调节再热蒸汽温度，故通常采用改变喷水量的方法调节过热蒸汽温度。由于减温水流量扰动下过热蒸汽温度对象具有较大的迟延和惯性，且过热蒸汽温度控制精度要求较高，所以过热蒸汽温度控制系统通常采用串级控制方案。

三、过热蒸汽温度串级控制系统

过热蒸汽温度串级控制系统结构示意如图 7 - 9 所示。图中，TT1 为锅炉出口蒸汽温度变送器，TT2 为减温器出口蒸汽温度变送器，TC1 为主温度调节器，TC2 为副温度调节器。

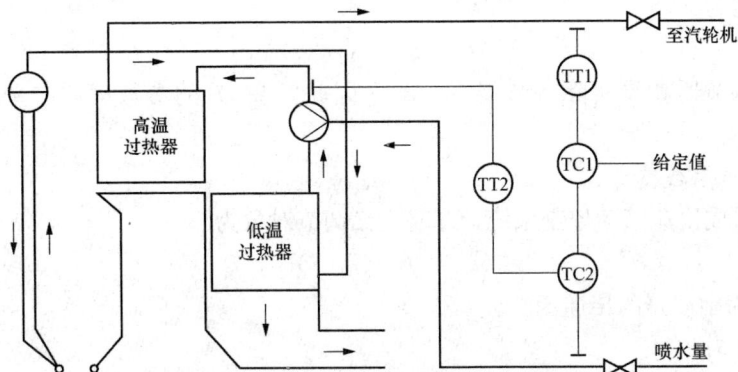

图 7 - 9 过热蒸汽温度串级控制系统

这是一个串级控制系统，高温过热器出口蒸汽温度作为主参数，减温器出口蒸汽温度是副参数。

四、过热蒸汽温度串级控制系统的分析与整定

过热蒸汽温度串级控制系统原理框图如图 7 - 10 所示。

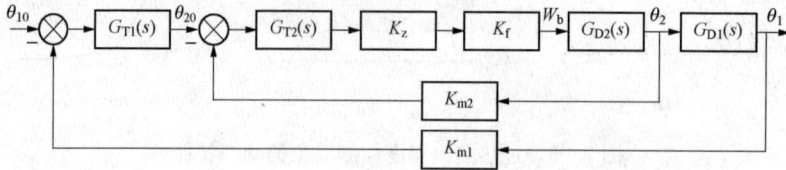

图 7 - 10 过热蒸汽温度串级控制系统原理框图

θ_{10}—锅炉出口蒸汽温度给定值；$G_{T1}(s)$—主调节器；θ_{20}—主调节器的输出；$G_{T2}(s)$—副调节器；

K_z—执行器的传递函数；K_f—调节阀的传递函数；W_b—减温水流量；

$G_{D2}(s)$—减温器及管路的传递函数（副对象）；θ_2—减温器出口蒸汽温度；

$G_{D1}(s)$—高温过热器的传递函数（主对象）；θ_1—锅炉出口蒸汽温度；

K_{m2}—副变送器的传递函数；K_{m1}—主变送器的传递函数

（一）调节器的正/反作用

1. 副调节器的正/反作用

由于 K_z、K_f、K_{m2} 为"正特性"，$G_{D2}(s)$ 为"反特性"，根据单回路负反馈构成原则，所以副调节器应选择"正作用"。

2. 主调节器的正/反作用

由于 K_{m1}、$G_{D1}(s)$、内回路均为"正特性"，所以主调节器应为"反作用"。

（二）调节器参数整定

由于过热蒸汽温度控制系统的主/副回路工作频率相差较大，所以该系统通常采用两步法整定。

1. 副调节器参数整定

断开主回路，此时广义调节对象为

$$G_{D2}^*(s) = K_z K_f K_{m2} G_{D2}(s) \qquad (7 - 24)$$

等效调节器为

$$G_{T2}^*(s) = G_{T2}(s) \qquad (7 - 25)$$

可见等效调节器就是实际调节器 $G_{T2}(s)$，因此 $G_{T2}(s)$ 的参数可按广义调节对象特性整定。

2. 主调节器参数整定

将副回路看成快速随动控制系统，此时广义调节对象为

$$G_{D1}^*(s) = K_{m1} G_{D1}(s) G_{b2}(s) \qquad (7 - 26)$$

式中：$G_{b2}(s)$ 为副回路的传递函数。

等效调节器为

$$G_{T1}^*(s) = G_{T1}(s) \qquad (7 - 27)$$

可见 $G_{T1}(s)$ 的参数可根据副回路、主变送器和主对象的特性整定。

由于在实际生产过程中，主对象 $G_{D1}(s)$ 是很难求得的，因此工程上根据对象动态特性

的特点，近似计算 $G_{D1}(s)$，即

$$G_{D1}(s) \approx \rho_2 G_D(s) \tag{7-28}$$

式中：ρ_2 为副对象的自平衡率；$G_D(s)$ 为减温水与锅炉出口蒸汽温度之间的传递函数。

本章小结

本章首先讲述了串级控制系统的组成、分析和整定方法，然后讲述了前馈－反馈串级控制系统，最后以汽包锅炉过热蒸汽温度串级控制系统为例，讲述了串级控制系统的工程应用。

思考题与习题

1. 画出串级控制系统的典型结构框图，什么情况下可以考虑采用串级控制方式？
2. 串级控制系统有哪些主要特点？
3. 串级控制系统的主/副变量如何选择？
4. 试述串级控制系统主/副控制器控制规律的选择原则。
5. 串级控制系统的主/副调节器正/反作用的选择原则是什么？
6. 简述串级控制系统调节器参数的整定方法。
7. 图 7-11 表示两个被控过程的框图，试求：
（1）为了改善闭环品质（λ_2 扰动时），哪一个过程应该采用串级控制？为什么？
（2）对应该采用串级控制的系统，试画出相应的控制系统框图。

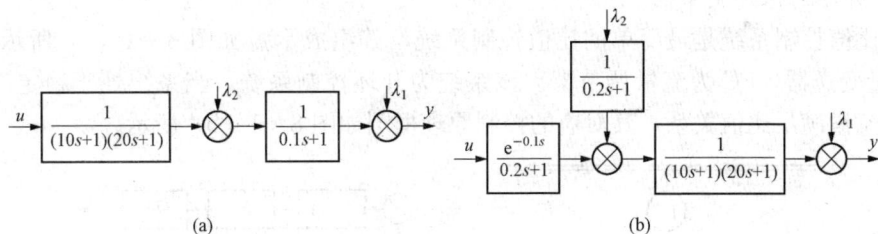

图 7-11 被控过程框图

8. 画出由前馈控制和串级反馈控制组成的两种前馈－反馈串级控制系统框图，并比较两者的差别。
9. 简述前馈－反馈串级控制系统参数的整定方法。
10. 画出蒸汽流量（锅炉负荷）、烟气流量和减温水量分别单独阶跃增加时，汽包锅炉出口过热蒸汽温度响应曲线的大致形状，并比较三者之间的差别。

第八章　其他过程控制系统

本章主要学习其他过程控制系统，主要有比值、纯迟延、解耦、均匀、分程和选择性控制系统。

第一节　比值控制系统

在工业生产过程中，常需要保持两个变量（通常指流量）成比例变化。比值控制系统的作用就在于维持两个变量之间的比值关系。

比值控制系统中所指的两个流量，通常将其中处于主导地位的流量称为主动流量，用 F_1 表示，另一个与主动流量进行配比的流量称为从动流量，用 F_2 表示。一般情况下，主动流量 F_1 不加控制（F_1 作为其他系统的控制变量，由其他系统加以控制），从动流量 F_2 作为系统的调节量，从动流量与主动流量的比值 K 作为系统的被调量，即

$$K = \frac{F_2}{F_1} \tag{8-1}$$

一、比值控制系统的组成与分析

比值控制系统是过程控制系统中广泛采用的一种控制系统。常见的比值控制系统有开环比值控制系统、单闭环比值控制系统、双闭环比值控制系统和变比值控制系统。

（一）开环比值控制系统

开环比值控制系统是最简单的比值控制系统，其组成示意如图 8-1（a）所示，图中，FT 为流量变送器，FC 为流量调节器。该系统为开环控制系统，当系统处于稳定工作状态时，两种流量满足比值关系，其对应的控制原理框图如图 8-1（b）所示。

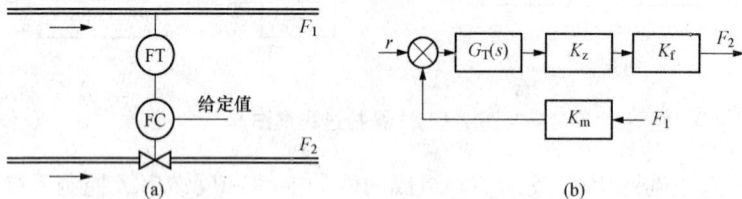

图 8-1　开环比值控制系统

（a）组成示意；（b）原理框图

r—给定值；$G_T(s)$—调节器的传递函数；K_z—执行器的传递系数；K_f—调节阀的传递系数；K_m—主动流量变送器的传递系数

在这个系统中，为了保证随着 F_1 的变化，F_2 也跟着变化，以满足 $F_2 = KF_1$ 的要求，调节器必须选择比例调节规律，且给定值设为零。当主动流量 F_1 受到扰动而发生变化时，系统通过调节器成比例的改变调节阀开度，调节从动流量 F_2 使之与主动流量 F_1 仍保持原有的比例关系。

当从动流量 F_2 受到外界扰动时，由于系统是开环系统，没有调节从动流量 F_2 自身波动

的环节，也没有调节主动流量 F_1 的环节，故两种流量的比值关系很难保持不变，也就是说开环比值控制系统对从动流量 F_2 本身无抗扰动能力，只能适用于从动流量 F_2 较平稳且比值要求不高的场合。

由于实际生产过程中，从动流量 F_2 的扰动是不可避免的，因此生产上很少采用开环比值控制系统。

（二）单闭环比值控制系统

单闭环比值控制系统是在开环比值控制系统的基础上增加对从动流量的闭环控制回路，用以实现主、从动流量的比值不变。单闭环比值控制系统分为单闭环定值型比值控制系统和单闭环随动型比值控制系统两种。

1. 单闭环定值型比值控制系统

（1）系统组成。单闭环定值型比值控制系统结构示意如图 8 - 2（a）所示，图中，FY 为除法器。F_1 为主动流量，F_2 为从动流量，比值 $I_K = I_{F2}/I_{F1}$ 作为系统的被调量，送入调节器，与给定值 I_0 相比较，其差值经调节器及执行器控制从动流量 F_2，以保持 F_1 和 F_2 之间的比例关系。

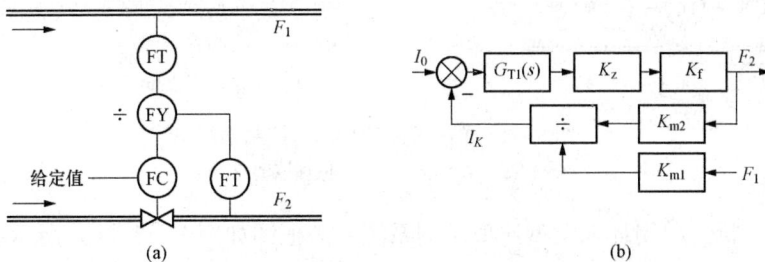

图 8 - 2　单闭环定值型比值控制系统
(a) 结构示意；(b) 原理框图

（2）系统分析。单闭环定值型比值控制系统原理框图如图 8 - 2（b）所示，图中，K_{m1} 为主动流量变送器的传递系数，K_{m2} 为从动流量变送器的传递系数。

假设系统采用线性测量装置，其转换系数 K_{m1}、K_{m2} 为常数，即

$$I_{F1} = K_{m1}F_1, \quad I_{F2} = K_{m2}F_2 \tag{8 - 2}$$

由于静态时，$I_0 = I_K$，所以

$$\frac{F_2}{F_1} = \frac{K_{m1}}{K_{m2}}I_0 \tag{8 - 3}$$

可见静态时，F_1 和 F_2 之间比值为定值。

动态时，广义被控对象为

$$G_D^*(s) = \frac{K_{m2}}{I_{F1}} \tag{8 - 4}$$

其静态放大系数为

$$K_D^* = \frac{\mathrm{d}I_K}{\mathrm{d}F_2} = \frac{\mathrm{d}}{\mathrm{d}F_2}\left[\frac{I_{F2}}{I_{F1}}\right] = \frac{K_{m2}}{K_{m1}}\frac{\mathrm{d}}{\mathrm{d}F_2}\left[\frac{F_2}{F_1}\right] = \frac{K_{m2}}{K_{m1}}\frac{1}{F_1} \tag{8 - 5}$$

令 $K_{m2}/K_{m1} = K_D$，则有

$$K_D^* = \frac{K_D}{F_1} \tag{8 - 6}$$

可见广义被控对象的放大系数 K_D^* 与主动流量 F_1 成反比，因此在小流量下整定好的系统，在大流量下将变得呆滞，在大流量下整定好的系统，在小流量下将变得不稳定。

单闭环定值型比值控制系统的特点是 F_2 与 F_1 的比值作为被调量，可直接读出，但由于比值运算环节包括在闭环之内，因此尽管采用线性检测装置，系统的开环增益仍随负荷而变，使系统整定比较困难，且控制品质随负荷变化而变化。

2. 单闭环随动型比值控制系统

（1）系统组成。单闭环随动型比值控制系统结构示意如图 8-3 (a) 所示，图中，FY 为比例器。主动流量 F_1 经检测装置转换为 I_{F1} 信号，送入比例器乘以系数 K' 后，作为从动流量 F_2 的给定值引入调节器，从动流量 F_2 作为调节变量受调节阀控制，其流量经检测装置后作为反馈信号送入调节器与给定值相平衡，因此系统是一个典型的随动系统。

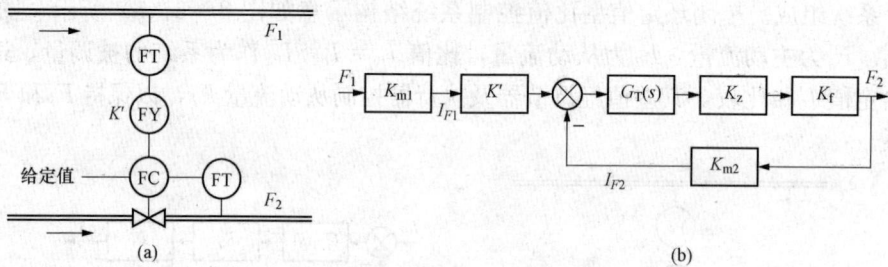

图 8-3　单闭环随动型比值控制系统

(a) 结构示意；(b) 原理框图

（2）系统分析。单闭环随动型比值控制系统原理框图如图 8-3 (b) 所示。如果系统采用线性检测装置，则

$$I_{F1} = K_{m1} F_1, \quad I_{F2} = K_{m2} F_2 \tag{8-7}$$

静态时

$$K' I_{F1} = I_{F2} \tag{8-8}$$

所以

$$\frac{F_2}{F_1} = \frac{K_{m1}}{K_{m2}} K' \tag{8-9}$$

由于 K_{m1} 和 K_{m2} 均为常数，所以静态时，F_2 与 F_1 的比值由系数 K' 决定。

如果系统采用非线性检测装置，则

$$I_{F1} = K_{m1} F_1^2, \quad I_{F2} = K_{m2} F_2^2 \tag{8-10}$$

静态时

$$K' I_{F1} = I_{F2} \tag{8-11}$$

所以

$$\frac{F_2^2}{F_1^2} = \frac{K_{m1}}{K_{m2}} K' \tag{8-12}$$

式（8-12）两边开方得

$$\frac{F_2}{F_1} = \sqrt{\frac{K_{m1}}{K_{m2}} K'} = K \tag{8-13}$$

由于 K_{m1} 和 K_{m2} 均为常数，则 K 为常数，即对于随动型单闭环比值控制系统，无论是否采用线性检测装置，均能保证静态时 F_1 和 F_2 之间的比值为常数。

此时反馈支路的放大系数为

$$K_f = \frac{\mathrm{d}I_{F2}}{\mathrm{d}F_2} = 2K_{m2}F_2 \qquad (8-14)$$

显然 K_f 是流量 F_2 的函数,即负荷越大,K_f 越大。此时系统的整定应考虑在大负荷下整定。

单闭环随动型比值控制系统的特点是由于比值运算环节没包括在闭环之内,因此系统的控制品质指标比较稳定,尤其是采用线性检测装置后,使系统的特性与负荷(流量)无关,因此系统整定比较简便。

(三)双闭环比值控制系统

1. 系统组成

为克服单闭环比值控制系统中主动流量不受控制所引起的不足,在单闭环比值控制系统的基础上,设计了双闭环比值控制系统,如图 8-4(a)所示。从图 8-4(a)可以看出,它比单闭环比值控制系统多增加了主动流量 F_1 的反馈控制回路,其控制原理框图如图 8-4(b)所示。

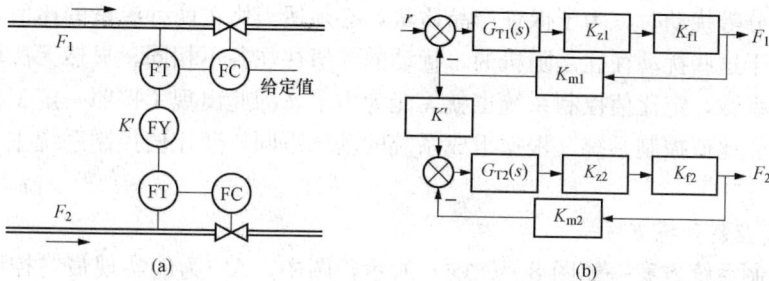

图 8-4 双闭环比值控制系统

(a)结构示意;(b)原理框图

r—给定值;$G_{T1}(s)$—主动流量调节器传递函数;K_{z1}—主动流量执行器传递系数;

K_{f1}—主动流量调节阀传递系数;K_{m1}—主动流量变送器传递系数;

K'—比例器传递系数;$G_{T2}(s)$—从动流量调节器传递函数;

K_{z2}—从动流量执行器传递系数;K_{f2}—从动流量调节阀传递系数;

K_{m2}—从动流量变送器传递系数

2. 系统分析

双闭环比值控制系统由一个主动流量定值控制回路和一个跟随主动流量变化的从动流量随动控制回路组成。

在双闭环比值控制系统工作时,如果主动流量受到扰动,那么主动流量控制回路对其进行定值控制,使主动流量始终稳定在给定值附近,同时从动流量控制回路也会随主动流量的波动进行调整;当从动流量受到扰动时,从动流量控制回路对其进行控制,使从动流量始终跟随给定值变化,此时主动流量不受从动流量波动的影响。因此,由扰动引起的主动流量和从动流量波动,利用各自控制回路分别使实际值与给定值吻合,从而保证主动流量和从动流量的比值恒定。

当调整主动流量给定值时,主动流量控制回路调节主动流量使实际值和给定值吻合;同时,根据主动流量与从动流量的比值及新的主动流量给定值,系统给出从动流量控制回路的输入值(给定值)。通过从动流量控制回路的调节使从动流量的实际值与该输入值吻合,即从动流量的实际值与主动流量变动后的数值相对应，保持主动流量和从动流量的比值不变。可见，主动流量控制回路是一个定值控制系统，而从动流量控制回路是一个随动控制系统。

双闭环比值控制系统的突出优点是：

（1）控制系统更为稳定。主动流量的定值控制克服了扰动对主动流量的影响，因此主动流量变化平稳，从动流量也将平稳，进而更好地满足生产工艺要求。

（2）系统更易于调节。当需要改变主动流量的设定值时，主动流量控制回路通过控制使主动流量的输出值改变为新设定值，同时从动流量也将随主动流量按给定值变化。因此，当需要调整负荷时，只要改变主动流量控制器的给定值，就可以同步调整主动流量和从动流量，并保持主动流量和从动流量的比值不变。

（四）变比值控制系统

前面提到的各种比值控制系统都是为实现两种流量比值固定的定比值控制系统，但是生产上维持流量比恒定往往不是控制的最终目的，仅仅是保证产品质量的一种手段。定比值控制方案只能克服流量扰动外对比值的影响。当系统中存在着除流量扰动外的其他扰动，如温度、压力、成分等扰动时，为了保证产品质量，必须适当修正两种流量的比值，即重新设置比值系数。由于这些扰动往往是随机的，扰动的幅值往往各不相同，显然无法用人工方法经常去修正比值系数，定比值控制系统也就无能为力了。因此出现了按照一定工艺指标自行修正比值系数的变比值控制系统。根据组成系统的基础不同，变比值控制系统主要有两种控制方案。

1. 变比值控制系统方案一

变比值控制系统方案一如图 8 - 5（a）所示，图中，AC 为能实现最终控制目标的主调节器。

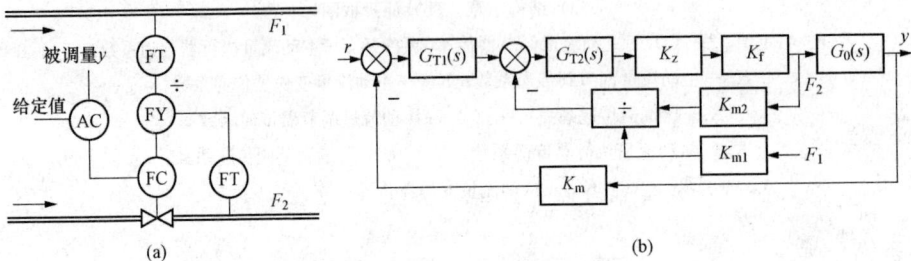

图 8 - 5   变比值控制系统方案一

(a) 结构示意；(b) 原理框图

该系统实际上是在单闭环定值型比值控制系统的基础上，通过引入能实现最终控制目标的参数 y 来进一步修正比值系数。从图 8 - 5（b）可看出，它有两个闭合回路，里面的是一个比值控制回路，称为副回路；外面的是一个定值控制回路，称为主回路。

稳态时，主动、从动流量恒定，分别经变送器后送除法器，其输出即为比值，作为 $G_{T2}(s)$ 调节器的测量值，此时主参数 y 恒定，$G_{T1}(s)$ 调节器的输出稳定，且等于主动、从动流量比值，$G_{T2}(s)$ 调节器的输出稳定，调节阀开度一定，所以主参数符合工艺要求，产品质量合格。

当 F_1、F_2 出现扰动时，副回路可以很快动作，使两者的比例维持常数，即保持比值一定，从而不影响主参数或者大大减小扰动对主参数的影响。如果主参数受某种扰动偏离给定值时，主回路调节器将会改变副回路调节器的给定值，即修正两个流量的比值，使系统在新的比值上重新稳定。

2. 变比值控制系统方案二

变比值控制系统方案二如图8-6（a）所示。

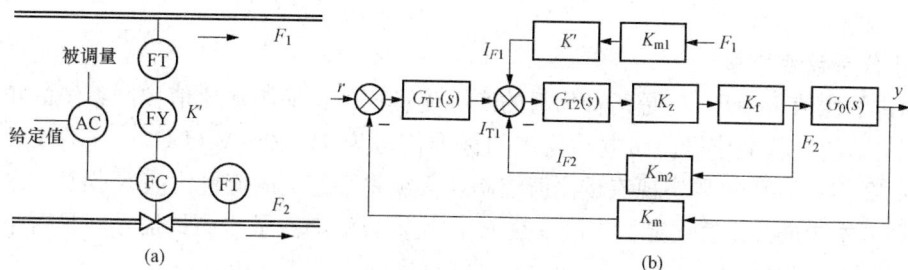

图8-6　变比值控制系统方案二

(a) 结构示意；(b) 原理框图

该系统实际上是在单闭环随动型比值控制系统的基础上，通过引入能实现最终控制目标的参数 y 来进一步修正比值系数。从图8-6（b）可看出，该系统就是前馈-反馈串级控制系统，主动流量为前馈信号，从动流量为副被调量，代表最终控制目标的参数 y 为主被调量。主被调量 y 是能反映 F_1、F_2 之间实际比值关系的参数，通常为成分。主调节器 $G_{T1}(s)$ 的作用是维持 y 为给定值 r，即维持实际流量 F_1 和 F_2 之间为最佳比值。主调节器的输出对流量信号 F_1 和 F_2 之间的比值关系起校正作用。副调节器 $G_{T2}(s)$ 对 F_1 和 F_2 进行比值控制。

若主动流量 F_1 发生变化，则首先由副回路根据 I_{F1} 的变化迅速增加 F_2，使 $I_{F2} = K'I_{F1}$。如果流量 F_1、F_2 能准确测量，那么有

$$\frac{F_2}{F_1} = \frac{K_{m1}}{K_{m2}}K' \tag{8-15}$$

因而确保 F_1 和 F_2 之间比值不变，y 基本不变，继续维持在给定值 r。反之，若流量 F_1 或 F_2 测量存在较大误差，则经副回路调节后，尽管同样使得 $I_{F2} = K'I_{F1}$，但式（8-15）不成立，因而实际流量 F_1、F_2 之间的比值发生变化，使 y 偏离给定值 r，通过主调节器，对 I_{F1}、I_{F2} 之间的关系进行校正，改变从动流量 F_2，以使 y 回到给定值，静态时有

$$y = r, \quad I_{F2} = I_{F1} + I_{T1} \tag{8-16}$$

二、比值控制系统的设计与整定

（一）比值控制系统的设计

1. 主动流量和从动流量的选择

在比值控制系统中，主动、从动流量的选择影响系统的控制方向、产品质量、经济性及安全性。主动、从动流量的选择是控制系统设计的首要一步。选择主动、从动流量的原则有：

（1）对有显著贵贱区别的流量，应选择贵重流量为主动流量，实现以贵重流量为主进行控制，其他非贵重流量根据控制过程需要增减变化，这样不会造成浪费，可提高产量。

（2）不可控的或者工艺上不允许控制的流量一般选为主动流量，其他为从动流量。因为不可控的流量不能利用流量调节构成闭环反馈控制，所以不宜选为从动流量。

（3）起主导作用的流量一般选为主动流量，其他流量为从动流量，从动流量跟随主动流

量变化。

(4) 选择流量较小的流量作为从动流量，这样在控制过程中控制阀的开度较小，系统控制灵敏，当然系统结构可能也会小些。

(5) 由于生产控制过程必须按相应的工艺过程进行，所以主动、从动流量的选择必须符合生产工艺的要求。

2. 比值系数的换算

前面讲的比值 $K = F_2/F_1$ 是两种物料的实际流量比值，而组成比值控制系统的单元组合仪表使用的是统一标准信号，如电动仪表的标准信号为 4～20mA（DC）；气动仪表的标准信号是 0.02～0.1MPa。要实现流量比值控制，必须将工艺上的流量比值 K 换算成仪表的比值系数 K'，才能进行比值设定。比值系数 K' 的换算方法随流量与测量信号间是否呈线性关系而不同。

(1) 流量与测量信号呈线性关系。测量信号经过开方器后与流量信号呈线性关系。对 DDZ - Ⅲ型仪表，当流量由零变到最大值 F_{max} 时，仪表对应的输出信号为 4～20mA（DC），则流量的任一中间值 F 所对应的输出电流为

$$I = \frac{F}{F_{max}} \times 16 + 4 \tag{8-17}$$

则

$$F = (I - 4)\frac{F_{max}}{16} \tag{8-18}$$

根据式（8-1）可得工艺要求的流量比值

$$K = \frac{F_2}{F_1} = \frac{(I_2 - 4) \times \dfrac{F_{2max}}{16}}{(I_1 - 4) \times \dfrac{F_{1max}}{16}} = \frac{I_2 - 4}{I_1 - 4} \times \frac{F_{2max}}{F_{1max}} \tag{8-19}$$

所以仪表比值系数 K' 为

$$K' = \frac{I_2 - 4}{I_1 - 4} = K\frac{F_{1max}}{F_{2max}} \tag{8-20}$$

式中：F_{1max}、F_{2max} 分别为主动、从动流量变送器的最大量程。

对于气动单元组合式仪表，当流量从零变到最大值 F_{max} 时，仪表的输出信号为 0.02～0.1MPa，任一中间流量对应的仪表输出信号为

$$p = \frac{F}{F_{max}} \times 0.08 + 0.01 \tag{8-21}$$

同理也可得出气动仪表的比值系数 K' 为

$$K' = \frac{p_2 - 0.02}{p_1 - 0.02} = K\frac{F_{1max}}{F_{2max}} \tag{8-22}$$

(2) 流量与测量信号成非线性关系。测量信号未经过开方处理时，流量与差压的关系为

$$F = C\sqrt{\Delta p} \tag{8-23}$$

式中：C 为节流装置的比例系数；Δp 为节流装置前后压差。

当压差信号由零变到最大值 p_{max} 时，DDZ - Ⅲ型仪表的输出电流为 4～20mA（DC）；气动仪表的输出压力为 0.02～0.1MPa。

对于电动仪表，任一中间流量 F 对应的输出电流为

$$I = \frac{F^2}{F_{max}^2} \times 16 + 4 \tag{8-24}$$

所以

$$F^2 = (I - 4) \frac{F_{max}^2}{16} \tag{8-25}$$

则有

$$\frac{F_2^2}{F_1^2} = K^2 = \frac{I_2 - 4}{I_1 - 4} \times \frac{F_{2max}^2}{F_{1max}^2} = K' \times \frac{F_{2max}^2}{F_{1max}^2} \tag{8-26}$$

所以仪表比值系数 K' 为

$$K' = \frac{I_2 - 4}{I_1 - 4} = K^2 \frac{F_{1max}^2}{F_{2max}^2} \tag{8-27}$$

对于气动仪表，用同样方法也可以得到式（8-27）的换算公式。

可以证明，比值系数 K' 的换算方法与仪表的结构型号无关，只与测量方法有关。

3. 比值控制系统的选择

比值控制系统有多种控制方案，具体选用应分析各种控制方案的特点，根据不同的工艺情况、负荷变化、扰动性质、控制要求和经济性等进行合理选择。

（1）单闭环比值控制系统的选用。当要求两种流量比值精确、恒定，外扰引起的主动流量波动可以容忍，只有一种流量可控，其他流量不可控，对由主动流量波动引起的从动流量波动和总生产能力变化没有限制时，可选用单闭环比值控制方案。

（2）双闭环比值控制系统的选用。当要求两种流量比值精确、恒定；扰动引起的主动、从动流量变化较大；不适用于只有一种流量可控，其他流量不可控的情况；要求总生产能力或主从流量总量恒定；经常需要升降负荷时，可选用双闭环比值控制方案。

（3）变比值控制系统的选用。当两种流量的比值与主被调量（主动流量和从动流量之外的第三变量）有内在关系，需要根据主动流量的测量值和主被调量的给定值，调整主从流量的比值，实现对主被调量给定值的跟踪控制或定值控制时，应选用变比值控制方案。

4. 调节器调节规律的选择

比值控制系统调节器的调节规律是根据不同的控制方案和控制要求确定的。

（1）单闭环比值控制系统。在单闭环比值控制系统中，调节器 $G_T(s)$ 起比值控制作用和使从动流量相对稳定，故应选择比例积分调节规律。

（2）双闭环比值控制系统。双闭环比值控制系统中两流量不仅要保持恒定的比值，而且主动流量要实现定值控制，其结果从动流量的设定值也是恒定的，所以主调节器 $G_{T1}(s)$ 和副调节器 $G_{T2}(s)$ 均应选择比例积分调节规律。

（3）变比值控制系统。由于变比值控制系统具有串级控制系统的一些特点，所以根据串级控制系统调节器调节规律的选择原则，主调节器 $G_{T1}(s)$ 应选择比例积分调节规律或比例积分微分调节规律，副调节器 $G_{T2}(s)$ 应选择比例调节规律或比例积分调节规律。

（二）比值控制系统的整定

1. 整定的总体原则

（1）稳定问题。为了防止扰动引起系统不稳定，控制系统应有足够的稳定裕量。

（2）快速性问题。应保证系统响应的快速性，从而保证比值恒定。

（3）静态偏差问题。稳定时，各比值控制系统的闭环均为定值控制，故系统跟踪不应存在静态偏差。

(4) 微分问题。比值控制系统的调节器不宜采用微分作用,因为比值控制系统的被控对象为流量对象,而流量对象滞后时间都比较小,且在管路中存在很多不规则的干扰噪声,因此调节器不宜采用微分作用。

2. 比值控制系统的整定

(1) 单闭环比值控制系统。从动流量控制回路是跟随主动流量变化的随动系统,因此要求反映快速和准确,故应采用 PI 控制方式,并将过渡过程整定成非周期临界情况,这时过渡过程既不振荡,反映又快。调节器参数的整定步骤如下。

1) 根据工艺要求的流量比值,求比值系数 K'。

2) 将积分时间置于最大值,由大到小逐步改变比例带,直到在阶跃扰动下过渡过程处于振荡与不振荡的临界过程为止。

3) 适当放大比例带,一般放大 20% 左右,缓慢地减小积分时间,直到系统出现振荡与不振荡的临界过程或稍有一点超调为止。

(2) 双闭环比值控制系统。主动流量控制回路实现定值控制,从动流量控制回路实现自身的稳定控制和对主动流量变化的跟踪,从而实现主动、从动流量的比值恒定,所以两闭合回路的调节器均应选择 PI 控制规律,而且应使从动流量控制回路的响应比主动流量控制回路快,这样从动流量控制系统才能跟上主动流量的变化,保证主动、从动流量比值恒定。主动、从动流量控制回路都应将过渡过程整定成非周期临界情况。

另外,这样整定的调节器参数防止了从动流量控制回路的共振问题。因为从动流量控制回路通过比值器与主动流量控制回路发生联系,主动流量的变化必然引起从动量控制回路调节器给定值的变化,如果主动流量的变化频率接近从动流量控制回路的工作频率,那么有可能引起从动流量控制回路的共振,以至系统的控制品质变坏,因此,主动流量的过渡过程为非周期变化过程,能有效防止这种现象的发生。

(3) 变比值控制系统。变比值控制系统具有串级控制系统的一些特点,可参考串级控制系统调节器的整定原则进行整定,在此不再赘述。

三、比值控制系统应用实例

以中间储仓式锅炉燃烧过程控制系统为例。

(一) 中间储仓式锅炉燃烧过程简介

中间储仓式锅炉燃烧过程工艺流程示意如图 8-7 所示。

(二) 燃烧过程的调节任务

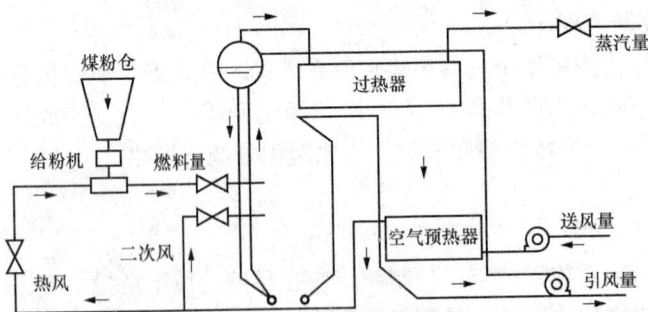

图 8-7 中间储仓式锅炉燃烧过程工艺流程示意

锅炉燃烧过程是一个将燃料的化学能转变为热能,以蒸汽形式向汽轮机提供热能的能量转换过程。根据单元机组的运行方式不同,燃烧过程的调节任务分两种基本情况。

1. 锅炉跟随汽轮机运行方式

在这种情况下,锅炉燃烧过程的调节任务是维持锅炉出口主蒸汽压力，使其保持在给定值±0.3MPa 范围内；维持炉内过量空气稳定，保证燃烧经济性，使烟气含氧量在给定值±1％范围内；维持炉膛负压，使其保持在给定值±100Pa 范围内。

2. 汽轮机跟随锅炉运行方式

在这种情况下，锅炉燃烧过程的调节任务是维持机组的负荷，使其保持在给定值±1.5％范围内；维持炉内过量空气稳定，保证燃烧经济性，使烟气含氧量在给定值±1％范围内；维持炉膛负压，使其保持在给定值±100Pa 范围内。

根据中间储仓式锅炉燃烧过程的调节任务，通常将锅炉出口汽压 p_T 或机组负荷 N_E、烟气含氧量 O_2、炉膛负压 p_S 作为被调量；将燃料量 M、送风量 V、引风量 V_S 作为调节量。可见中间储仓式锅炉燃烧被控过程是一个三输入三输出的复杂被控对象。

（三）中间储仓式锅炉燃烧被控过程动态特性

中间储仓式锅炉燃烧被控过程动态特性是指锅炉的燃料量、送风量、引风量与锅炉出口蒸汽压力或机组负荷、烟气含氧量、炉膛负压之间的关系。

1. 燃料量扰动下蒸汽压力被控对象的动态特性

燃料量阶跃增加时锅炉出口蒸汽压力的响应曲线如图 8-8 所示。

从图 8-8 （a）可以看出当汽轮机调速汽门开度不变时，燃料量阶跃增加时锅炉出口蒸汽压力 p_T 的阶跃响应曲线是有自平衡能力的对象，可用带有纯迟延的一阶惯性环节近似；从图 8-8 （b）可以看出当机组负荷不变时，燃料量阶跃增加时锅炉出口蒸汽压力 p_T 的阶跃响应曲线是无自平衡能力的对象，可用带有纯迟延的积分环节近似。

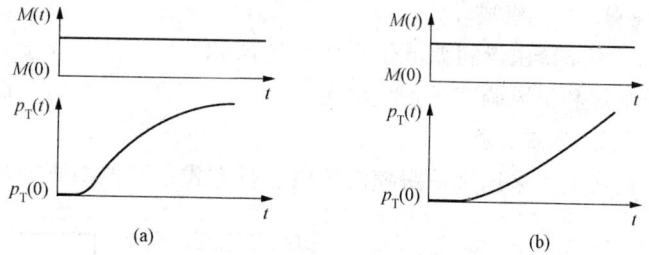

图 8-8 燃料量阶跃增加时锅炉出口蒸汽压力的响应曲线
(a) 汽轮机调速汽门开度不变；(b) 机组负荷不变

2. 机组负荷扰动下蒸汽压力被控对象的动态特性

机组负荷阶跃增加时锅炉出口蒸汽压力的响应曲线如图 8-9 所示。

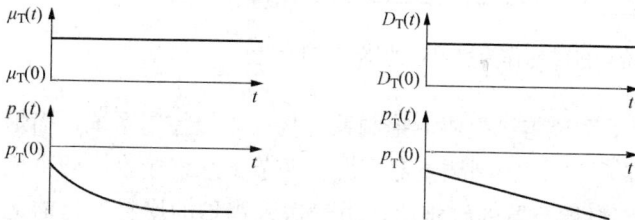

图 8-9 机组负荷阶跃增加时锅炉出口蒸汽压力的响应曲线

从图 8-9 可看出，锅炉燃料量 M 不变时，汽轮机调速汽门开度 μ_T 阶跃增加时锅炉出口蒸汽压力 p_T 的响应曲线是有自平衡能力的对象，可用反向的比例环节加一阶惯性环节近似；锅炉燃料量 M 不变时，机组负荷 D 阶跃增加时锅炉出口汽压 p_T 的响应曲线是无自平衡能力的对象，可用反向的比例环节加积分环节近似。

3. 烟气含氧量被控对象的动态特性

当送风量阶跃增加时，烟气含氧量 O_2 的响应曲线如图 8-10 （a）所示，该特性是有自平衡能力的对象，可用一阶惯性环节近似；当燃料量阶跃增加时，烟气含氧量 O_2 的响应曲

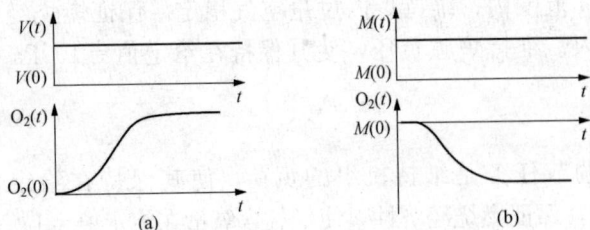

图 8 - 10 烟气含氧量的响应曲线

(a) 送风量阶跃增加；(b) 燃料量阶跃增加

线如图 8 - 10（b）所示，该特性也是有自平衡能力的对象，可用反向的一阶惯性环节近似。

4. 炉膛负压被控对象的动态特性

当送风量 V 阶跃增加时，炉膛负压 p_S 的响应曲线如图 8 - 11（a）所示。该特性是有自平衡能力的对象，可用反向带纯迟延的一阶惯性环节近似；当引风量 V_S 阶跃增加时，炉膛负压 p_S 的响应曲线如图 8 - 11（b）所示，该特性也是有自平衡能力的对象，可用一阶惯性环节近似。

（四）中间储仓式锅炉燃烧控制系统

以采用给粉机转速作为燃料量的燃烧控制系统为例，其控制系统如图 8 - 12 所示。

1. 系统组成

该系统由燃料调节子系统、送风调节子系统和引风调节子系统组成。

2. 系统分析

设机组采用锅炉跟随汽轮机运行方式，其控制原理框图如图 8 - 13 所示。

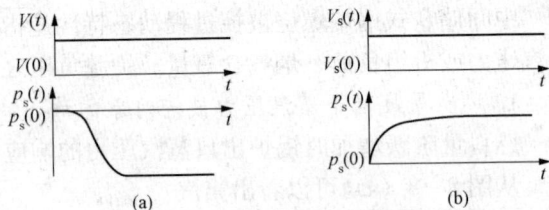

图 8 - 11 炉膛负压的响应曲线

(a) 送风量阶跃增加；(b) 引风量阶跃增加

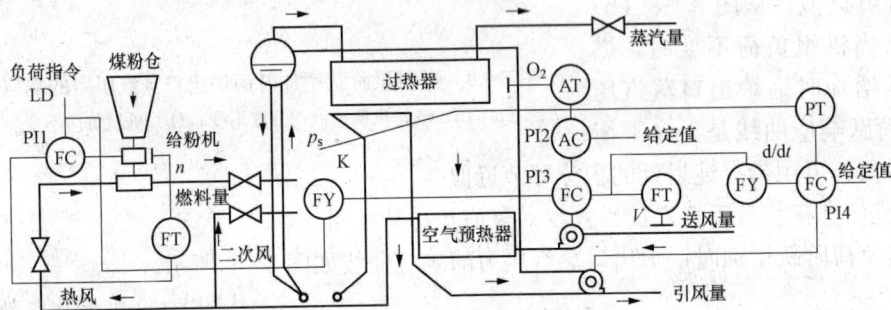

图 8 - 12 采用给粉机转速作为燃料量的燃烧控制系统

（1）燃料调节子系统。燃料调节子系统与机组协调控制系统构成串级控制系统，锅炉调节器 $G_T(s)$ 为主调节器，燃料调节器 $G_{T1}(s)$ 为副调节器；燃料调节子系统接收协调主控制系统发出的负荷指令信号 LD，作为燃料调节器的给定值；由于送入锅炉的燃料量目前无法准确地实时测量，所以采用给粉机转速信号 n 代表实际的燃料量反馈信号；燃料量作为调节量，通过调节给粉机转速来调节燃料量。

（2）送风调节子系统。送风调节子系统为前馈 - 反馈串级控制系统，氧量调节器 $G_{T2}(s)$ 为主调节器，送风调节器 $G_{T3}(s)$ 为副调节器，烟气含氧量 O_2 为主被调量，送风量 V 为副被调量，机组负荷指令 LD 为前馈信号，送风机动叶角度为调节量，通过调节送风机动叶角度来调节送风量；同时，燃料调节子系统与送风调节子系统构成双闭环比值控制系统，送入锅炉的燃料量为主动流量，送风量为从动流量，燃料量的调节回路为主动流量的闭合控制回路，送风量的调节回路为从动流量的闭合控制回路，两者通过比例器 K 实现比值控制，从而保证锅炉的经济燃烧。

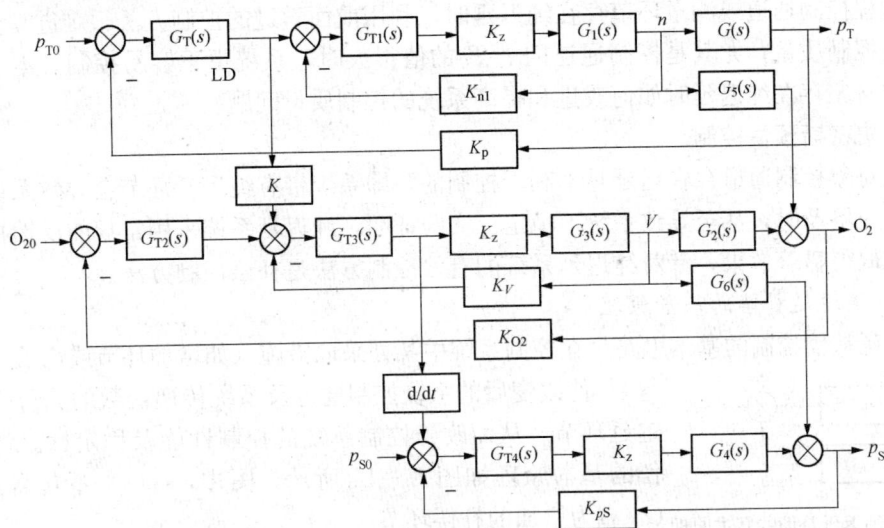

图 8 - 13　采用给粉机转速作为燃料量的燃烧控制系统原理框图

$G_1(s)$ —给粉机被控对象的传递函数；$G(s)$ —燃料量与主蒸汽压力被控对象的传递函数；$G_5(s)$ —燃料量与烟气含氧量被控对象的传递函数；K_{n1}—给粉机转速测量变送器的传递系数；K_p—主蒸汽压力变送器的传递系数；$G_3(s)$ —送风机被控对象的传递函数；$G_2(s)$ —送风量与烟气含氧量被控对象的传递函数；$G_6(s)$ —送风量与炉膛负压被控对象的传递函数；K_V—送风量测量变送器的传递系数；K_{O2}—氧量变送器的传递系数；$G_4(s)$ —引风量与炉膛负压被控对象的传递函数；K_{pS}—炉膛负压变送器的传递系数

（3）引风调节子系统。引风调节子系统为前馈－反馈控制系统，送风量的微分信号作为前馈信号，炉膛负压 p_S 作为被调量，引风机静叶角度作为调节量，通过调节引风机静叶角度来调节引风量。引入送风量的微分前馈信号可实现动态时送风量与引风量同时动作。

3. 系统整定

（1）燃料调节子系统的整定。燃料调节子系统为串级控制系统，可按串级控制系统的整定原则进行整定，要先整定燃料调节器 $G_{T1}(s)$，后整定锅炉调节器 $G_T(s)$。注意：锅炉调节器 $G_T(s)$ 在协调控制系统中。

（2）送风调节子系统的整定。送风调节子系统是前馈－反馈串级控制系统，可按前馈－反馈串级控制系统的整定原则进行整定，首先整定送风调节器 $G_{T3}(s)$，然后整定氧量调节器 $G_{T2}(s)$，最后整定前馈控制器（比例器 K）。不过在整定送风调节器 $G_{T3}(s)$ 时，要考虑燃料调节子系统与送风调节子系统构成双闭环比值控制系统，因此送风调节子系统的副回路（送风调节回路）的动作要比燃料调节子系统的副回路（燃料量调节回路）快。

（3）引风调节子系统的整定。引风调节子系统为前馈－反馈控制系统，可按前馈－反馈控制系统的整定原则进行整定。

第二节 纯迟延控制系统

当过程控制通道或测量环节存在纯迟延时,利用前面学过的控制方法很难进一步提高控制系统的控制质量,尤其是控制通道的 τ/T_C 的值很大时,系统更不容易控制。本节主要介绍当被控对象存在纯迟延时如何改进和提高系统的控制质量问题。

一、史密斯预估控制

被控对象控制通道存在迟延是不利于控制的,即系统带有纯迟延环节会导致系统对控制指令的反应不及时,甚至导致系统不稳定。实践证明,纯迟延系统采用常规的反馈控制方法往往难以取得显著效果,针对纯迟延系统的有效控制方法是补偿控制方法。

(一)纯迟延补偿的基本原理

纯迟延补偿控制的基本思路是在控制系统中某处采取措施(如增加环节或增加控制支路

图 8 - 14 纯迟延补偿的基本原理

等),使改变后的系统控制通道及系统传递函数的分母不包含纯迟延环节,从而改善控制系统的控制性能及稳定性。纯迟延补偿的基本原理如图 8 - 14 所示,图中,$G(s)$ 不包含纯迟延,$G_p(s)$ 为增加的补偿环节。

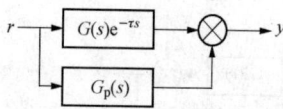

令增加补偿环节后的系统传递函数为 $G(s)$,即

$$G(s)e^{-\tau s} + G_p(s) = G(s) \tag{8 - 28}$$

则

$$G_p(s) = (1 - e^{-\tau s})G(s) \tag{8 - 29}$$

式(8 - 29)即是为了消除纯迟延的影响所采用的补偿器模型。由于这一方法首先是由史密斯(O. J. M. Smith)提出来的,因此这种方法称为史密斯补偿法,$G_p(s)$ 称为史密斯补偿器。从图 8 - 14 可看出,史密斯补偿法实际上是通过在被控对象上并联一个补偿器,使被控对象控制通道不再表现为纯迟延特性。

(二)史密斯迟延补偿控制系统

史密斯迟延补偿控制系统如图 8 - 15 所示,图中虚线框 $G_p(s)$ 为史密斯补偿器。

将图 8 - 15 等效变换得图 8 - 16。

将图 8 - 16 等效变换得图 8 - 17。

因为图 8 - 17 中 y_2 恒等于零,所以图 8 - 17 可简化成图 8 - 18 的形式。

由图 8 - 18 可得系统的闭环传递函数为

$$\frac{Y(s)}{R(s)} = \frac{G_T(s)G(s)e^{-\tau s}}{1 + G_T(s)G(s)} \tag{8 - 30}$$

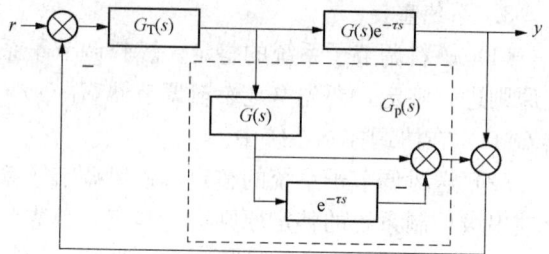

图 8 - 15 史密斯迟延补偿控制系统

可见,经补偿后的传递函数特征方程已不包含纯迟延,也就是消除了纯迟延对系统控制品质的影响。

从图 8 - 18 中不难看出 y 与 y_1 的变化相同,只是在时间上相差一个时间 τ,因此在 r 做阶跃变化时,y_1 与 y 具有相同的过渡过程形状和品质指标。由控制原理可知,系统中没有纯迟延的 y 的变化比系统中有纯迟延的 y 的变化要小,控制质量要高。而图 8 - 18 中 y 的变化与系统中没有纯迟延的 y 的变化相同，只是在响应时间上向后推迟了一个时间 τ，因此图 8 - 18 系统与未加史密斯补偿器的单回路纯迟延控制系统相比，控制质量要高，即在具有纯迟延对象上加入史密斯补偿器后，系统控制质量会得到提高。

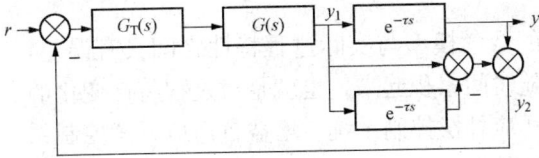

图 8 - 16　史密斯迟延补偿控制系统的等效变换

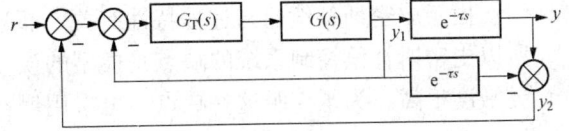

图 8 - 17　史密斯迟延补偿控制系统的等效变换

需要指出的是，在实际应用中，为便于实施，史密斯补偿器 $G_p(s)$ 是反向并联于调节器 $G_T(s)$ 上的，如图 8 - 19 所示，其中虚线框为史密斯控制器 $G_S(s)$。

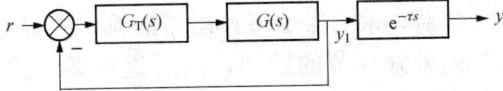

图 8 - 18　史密斯迟延补偿控制系统的等效变换

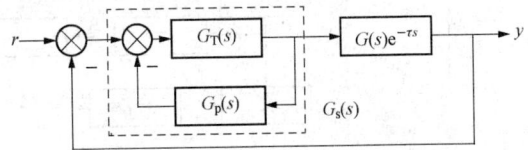

图 8 - 19　史密斯补偿控制系统等效框图

（三）完全抗扰动的史密斯迟延补偿控制系统

完全抗扰动的史密斯迟延补偿控制系统是在史密斯迟延补偿控制系统的基础上，增加一个反馈环节 $G_f(s)$，从而实现系统的完全抗扰动。其系统原理框图如图 8 - 20 所示，图中虚线框 $G_p(s)$ 为史密斯补偿器。

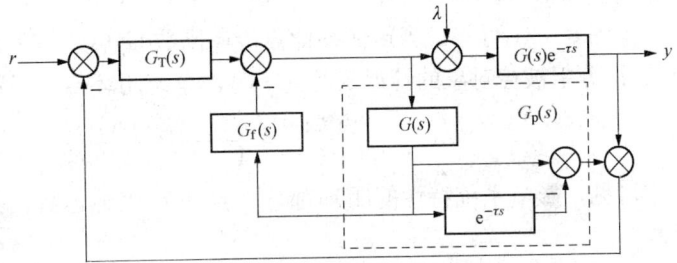

图 8 - 20　完全抗扰动的史密斯迟延补偿控制系统

给定值与被调量之间的闭环传递函数为

$$\frac{Y(s)}{R(s)} = \frac{G_T(s)G(s)e^{-\tau s}}{1 + G_T(s)G(s) + G_f(s)G(s)} \tag{8-31}$$

扰动与被调量之间的闭环传递函数为

$$\frac{Y(s)}{\lambda(s)} = \frac{1 + G_f(s)G(s) + G_T(s)G(s)(1 - e^{-\tau s})}{1 + G_T(s)G(s) + G_f(s)G(s)} G(s)e^{-\tau s} \tag{8-32}$$

若要系统完全不受扰动 λ 的影响，则只需上式中分子为零，即

$$1 + G_f(s)G(s) + G_T(s)G(s)(1 - e^{-\tau s}) = 0 \tag{8-33}$$

由此可得新增反馈环节的传递函数为

$$G_f(s) = -\frac{1 + G_T(s)G(s)(1 - e^{-\tau s})}{G(s)} \tag{8-34}$$

将式（8-34）代入式（8-31）中，可得系统闭环传递函数为

$$\frac{Y(s)}{R(s)} = 1 \tag{8-35}$$

这就是说如果 $G_f(s)$ 完全满足式（8-34），则系统可完全跟踪设定值，而且对扰动 λ 还可以进行无差补偿。由于式（8-34）在实际中很难实现，所以这种补偿方式只有理论意义，而在实际中很少采用。

（四）增益自适应补偿控制系统

由于史密斯补偿器与过程特性有关，而过程的数学模型与实际过程特性之间又有误差，所以史密斯补偿控制系统的缺点是模型的误差会随时间累积起来，也就是对过程特性变化的灵敏度很高。为了克服这一缺点，可采用增益自适应补偿控制系统。增益自适应补偿控制系统如图 8-21 所示，图中，虚线框为增益自适应补偿器，$G_p(s)$ 为预估补偿器的传递函数。

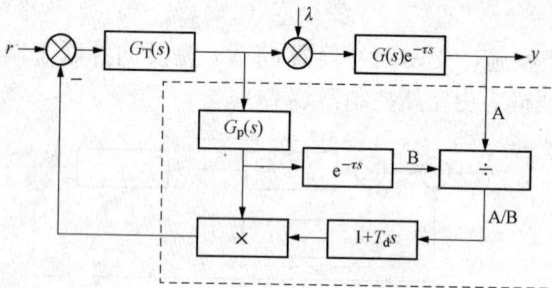

图 8-21　增益自适应补偿控制系统

该系统是在史密斯补偿控制系统的基础上增加了一个除法器、一个导前微分环节和一个乘法器。除法器是将过程的输出值除以模型的输出值；导前微分环节将过程与模型输出之比提前送入乘法器；乘法器是将补偿器的输出乘以导前微分环节的输出，然后送到调节器。利用这三个环节，根据模型和过程输出信号之间的比值来提供一个自动校正补偿器增益的信号。

由图 8-21 可知，当预估补偿器传递函数 $G_p(s)$ 等于被控对象的 $G(s)$，且导前微分环节的 T_d 等于被控对象的纯迟延时间 τ 时，系统闭环传递函数为

$$\frac{Y(s)}{R(s)} = \frac{G_T(s)G(s)e^{-\tau s}}{1+(T_d s+1)G_T(s)G(s)} \tag{8-36}$$

可见，影响系统特性的闭环部分已经不包含纯迟延，控制系统的控制品质得到大幅度提高。

（五）改进型史密斯补偿控制系统

改进型史密斯补偿控制系统如图 8-22 所示，图中，虚线框为改进型史密斯补偿器，$G_p(s)$ 为预估补偿器的传递函数，$G_{T2}(s)$ 为辅助调节器，$G_e(s)$ 为模型的传递函数。

从图 8-22 可看出，改进型史密斯补偿控制系统的最大特点是在史密斯补偿控制系统的基础上增加了一个反馈调节回路，这样使主反馈调节回路的传递函数不是 1 而是 $G_f(s)$，即

$$G_f(s) = -\frac{G_{T2}(s)G_e(s)}{1+G_{T2}(s)G_e(s)} \tag{8-37}$$

当预估补偿器的传递函数 $G_p(s)$ 等于被控对象的传递函数 $G(s)$ 时，改进型史密斯补偿控制系统的闭环传递函数为

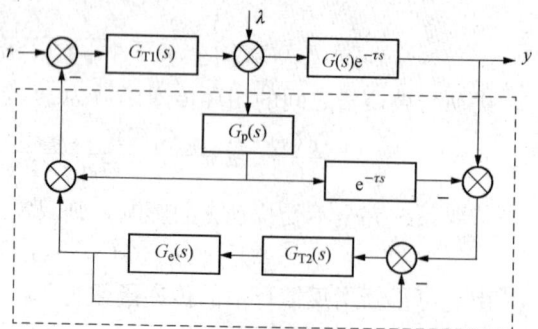

图 8-22　改进型史密斯补偿控制系统

$$\frac{Y(s)}{R(s)} = \frac{G_{T1}(s)G(s)e^{-\tau s}}{1+G_{T1}(s)G(s)} \tag{8-38}$$

可见该系统闭环特征方程式中也不包括纯迟延环节,所以系统的控制品质能得到提高。为了保证系统输出响应无静差,要求两个调节器 $G_{T1}(s)$ 和 $G_{T2}(s)$ 均应采用比例积分调节规律。

理论分析表明,改进型方案的稳定性优于原方案,其对模型精度的要求明显降低,有利于改善系统的控制性能。无论设定值扰动还是负荷扰动,改进型方案有相当好的适应能力,是一种有希望的控制系统。

二、史密斯预估补偿控制应用实例

以火力发电厂单元机组过热蒸汽温度控制系统为例。该机组的过热蒸汽温度控制采用二级喷水减温控制方式。过热器设计成二级喷水减温方式,除可以有效减小过热蒸汽温度在基本扰动下的纯迟延,改善过热蒸汽温度的调节品质外,第一级喷水减温还具有防止屏式过热器超温、确保机组安全运行的作用。

1. 过热器系统工艺流程

过热器系统工艺流程如图 8 - 23 所示。

2. 过热蒸汽温度控制系统

该机组过热蒸汽温度控制系统分为一级喷水减温控制系统和二级喷水减温控制系统(分左右侧)。一级喷水减温控制系统和二级喷水减温控制系统(分左右侧)均为采用带有史密斯控制器的串级控制系统。一级喷水减温控制系统简化示意如图 8 - 24 所示,图中模块 Smith 为史密斯控制器。

从图 8 - 24 可看出,该系统是在串级控制系统的基础上,引入前馈信号和防超温保护回路而形成喷水减温控制系统。主被调量为二级减温器入口蒸汽温度,副被调量为一级减温器出口蒸汽温度;主调节器为 PI1 调节器或史密斯控制器,

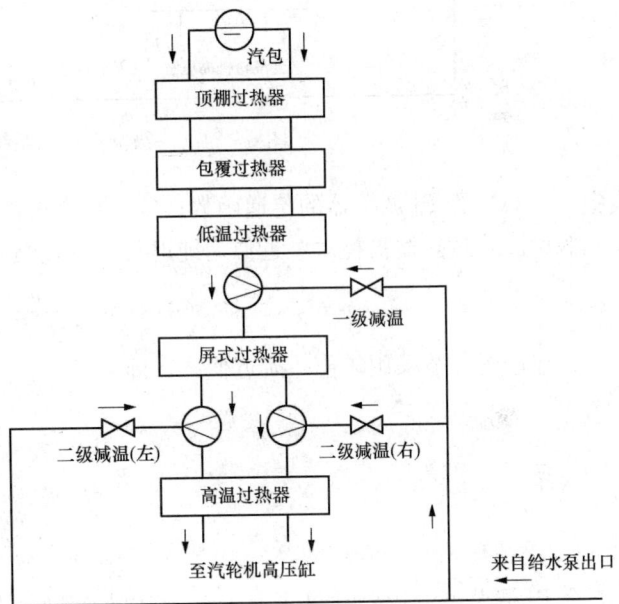

图 8 - 23　过热器系统工艺流程示意

两者通过切换开关 T1 进行选择,副调节器为 PI2;调节器 PI3 构成防超温保护回路,正常情况下这一回路不起作用,只有当二级减温器入口蒸汽温度比给定值高出 4℃ 以上时才投入,以防止屏式过热器超温。

史密斯控制器仍采用经典控制理论设计。史密斯控制器的应用原理是将被控对象在基本扰动作用下的动态特性简化为纯迟延和一阶惯性环节相串联的数学模型,史密斯控制器根据这个输入的数学模型,预先估计出所采用的控制作用对被调量的可能影响,而不必等到被调量有所反应之后再去采取控制动作,从而达到提高控制效果的目的。

从图 8 - 19 可得出史密斯控制器的传递函数为

$$G_s(s) = \frac{G_T(s)}{1 + G_T(s)G_p(s)} \tag{8-39}$$

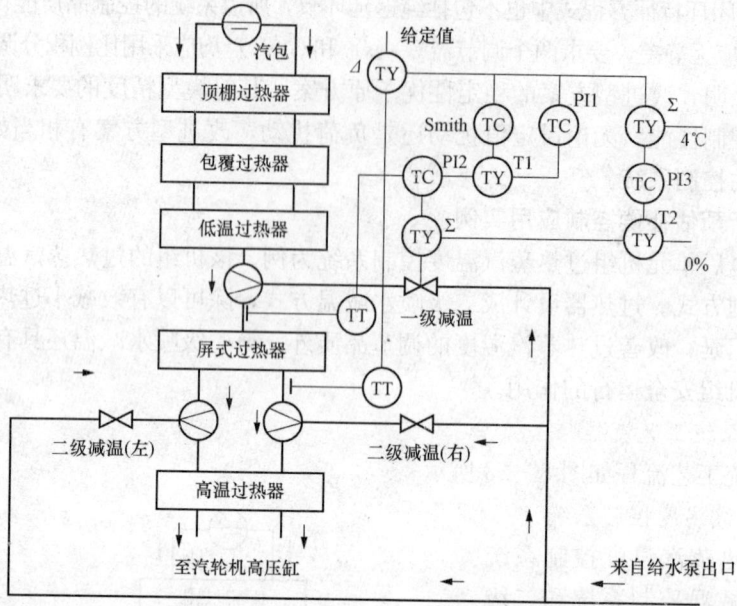

图 8 - 24　一级减温控制系统简化示意

式中：$G_T(s)$ 为 PI 调节器的传递函数；$G_p(s)$ 为史密斯补偿器的传递函数。

假设屏式过热器被控对象近似为纯迟延和一阶惯性环节串联的被控对象，即

$$G_1(s) = \frac{K_1 e^{-\tau s}}{1 + T_1 s} \qquad (8 - 40)$$

且纯迟延环节采用帕德一阶近似式，即

$$e^{-\tau s} = \frac{2}{1 + \tau s/2} \qquad (8 - 41)$$

这样

$$1 - e^{-\tau s} = \frac{\tau s}{1 + \tau s/2} \qquad (8 - 42)$$

令 PI 调节器的积分时间 $T_i = T_1$，比例带 $\delta = K_1 \tau / T_1$，史密斯预估补偿器的传递函数为

$$G_p(s) = \frac{K_1}{1 + T_1 s}(1 - e^{-\tau s}) \qquad (8 - 43)$$

所以史密斯控制器的传递函数可近似为 $G_T(s)$，即

$$G_s(s) \approx G_T(s) \qquad (8 - 44)$$

从理论上讲，对于一个准确的纯迟延和一阶惯性环节串联的被控对象，被调量在外部扰动和给定值扰动下，应用史密斯控制器控制的过渡过程，可以达到非常理想的效果，实际被控对象动态特性越逼近纯迟延串联一阶惯性环节，控制效果就越好。

第三节　解耦控制系统

一、系统的耦合

前面介绍的过程控制系统大多数是由一个被调量和一个调节量组成的控制系统，其被控

对象是单输入单输出的。在实际工业生产过程中，有些被控对象是多输入多输出的，如火力发电厂中的磨煤机被控对象、直流锅炉被控对象、单元机组协调被控对象等都是典型的多输入多输出被控对象。这种被控对象的主要特点是每一个被调量都同时收到几个调节量的影响，而每个调节量都能同时影响到几个被调量。

（一）系统耦合的基本概念

调节量与被调量之间互相影响，一个调节量的变化同时引起几个被调量变化的现象称为耦合。对于一个具有 n 个被调量和 n 个调节量的被控对象，其输入/输出特性可由矩阵方程表示，即

$$Y(s) = G(s)U(s) \tag{8-45}$$

式中：$Y(s)$ 为被调量向量；$U(s)$ 为调节量向量；$G(s)$ 为传递函数矩阵。

$$Y(s) = \begin{bmatrix} y_1(s) \\ y_2(s) \\ \vdots \\ y_n(s) \end{bmatrix} U(s) = \begin{bmatrix} u_1(s) \\ u_2(s) \\ \vdots \\ u_n(s) \end{bmatrix} G(s) = \begin{bmatrix} g_{11} & g_{12} & \cdots & g_{1n} \\ g_{21} & g_{22} & \cdots & g_{2n} \\ \vdots & \vdots & \vdots & \vdots \\ g_{n1} & g_{n2} & \cdots & g_{nn} \end{bmatrix} \tag{8-46}$$

传递函数矩阵 $G(s)$ 中的元素 $g_{ij}(s)$ 为被调量 $y_i(s)$ 与调节量 $u_j(s)$ 之间的传递函数。若 $g_{ij}(s)=0$，则表明 $y_i(s)$ 不受 $u_j(s)$ 作用影响。若被控对象传递函数矩阵 $G(s)$ 为对角形矩阵，则称为无耦合对象；若被控对象传递函数矩阵 $G(s)$ 为三角形矩阵，则称为半耦合对象；若被控对象传递函数矩阵 $G(s)$ 中每一行和每一列均至少有两个元素不为零，则称为耦合对象。对耦合对象通常采用相对增益矩阵来描述对象的关联程度和耦合性质。

（二）相对增益矩阵

相对增益是用来衡量一个预先选定的调节量 $u_j(s)$ 对一个特定的被调量 $y_i(s)$ 的影响。它是相对于过程中其他调节量对被调量的影响而言的。显然，只计算在所有其他调节量都固定不变的情况下的开环增益是不够的，因为在关联过程中，每个调节量不只影响一个被调量，因此特定被调量对选定调节量的响应将取决于其他调节量处于何种状况。

1. 相对增益的定义

假设 Y 是包含系统所有被调量的列向量，U 是包含系统所有调节量的列向量，为衡量系统的关联性质，设 p_{ij} 表示在 $u_r(r \neq j)$ 不变时，调节量 u_j 变化对被调量 y_i 影响的静态放大系数，称为第一放大系数，即

$$p_{ij} = \left. \frac{\partial y}{\partial u_j} \right|_{u_r} \tag{8-47}$$

设 q_{ij} 表示在 $y_r(r \neq i)$ 不变时，调节量 u_j 变化对被调量 y_i 影响的静态放大系数，称为第二放大系数，即

$$q_{ij} = \left. \frac{\partial y}{\partial u_j} \right|_{y_r} \tag{8-48}$$

则调节量 u_j 对被调量 y_i 的相对增益定义为

$$\lambda_{ij} = \frac{p_{ij}}{q_{ij}} \tag{8-49}$$

相应地，相对增益矩阵为

$$\mathbf{\Lambda} = \begin{bmatrix} \lambda_{11} & \lambda_{12} & \cdots & \lambda_{1n} \\ \lambda_{21} & \lambda_{22} & \cdots & \lambda_{2n} \\ \vdots & \vdots & \vdots & \vdots \\ \lambda_{n1} & \lambda_{n2} & \cdots & \lambda_{rn} \end{bmatrix} \qquad (8-50)$$

从以上定义可看出，调节量 u_j 对被调量 y_i 的相对增益 λ_{ij} 的大小反映了变量之间的耦合程度。

（1）若 $\lambda_{ij}=1$，则表示在调节量 u_r 不变和变化两种情况下，调节量 u_j 对被调量 y_i 的传递不变，即调节量 u_j 对被调量 y_i 通道不受其他调节量的影响，因此不存在其他通道对该通道的耦合。

（2）若 $\lambda_{ij}=0$，则表示在调节量 u_r 不变和变化两种情况下，调节量 u_j 对被调量 y_i 没有影响，不能利用调节量 u_j 对被调量 y_i 进行控制。

（3）若 $0<\lambda_{ij}<1$，则表示调节量 u_j 对被调量 y_i 通道与其他通道间存在耦合。

（4）若 $\lambda_{ij}>1$，则表示由于存在耦合，减弱了调节量 u_j 对被调量 y_i 的控制作用。

（5）若 $\lambda_{ij}<0$，则表示调节量 u_j 对被调量 y_i 的变化极性相反，形成闭环控制，该通道构成正反馈。

综上所述，相对增益矩阵反映了调节量 u_j 对被调量 y_i 控制作用的强弱，以及其他通道对该通道耦合作用的强弱。相对增益矩阵是多输入多输出对象选择控制通道和解耦控制方法的主要依据。

2. 相对增益的求法

相对增益的确定方法主要有解析法和间接法。

（1）解析法。解析法是基于被控过程的工作原理，通过对调节量和被调量数学关系的变换和推导，求得相对增益的方法。下面以压力和流量被控过程为例来说明这种方法。

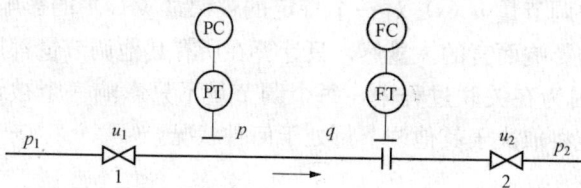

图 8-25　压力和流量由两个阀门控制的系统

【例 8-1】　流量过程如图 8-25 所示，求以调节阀 1 开度 u_1 和调节阀 2 开度 u_2 为调节量，管道流量 q 和管道压力 p 为被调量的过程相对增益矩阵。

管道内压力和流量关系为

$$q = u_1(p_1 - p) = u_2(p - p_2) \qquad (8-51)$$

所以

$$p = \frac{u_1 p_1 + u_2 p_2}{u_1 + u_2} \qquad (8-52)$$

$$q = \frac{u_1 u_2}{u_1 + u_2}(p_1 - p_2) \qquad (8-53)$$

因此两个回路都处于开环下，q 对 u_1 的第一放大系数为

$$p_{11} = \frac{\partial q}{\partial u_1}\bigg|_{u_2} = \left[\frac{u_2}{u_1 + u_2}\right]^2 (p_1 - p_2) \qquad (8-54)$$

压力回路闭合时，q 对 u_1 的第二放大系数为

$$q_{11} = \left.\frac{\partial q}{\partial u_1}\right|_p = \frac{u_2}{u_1 + u_2}(p_1 - p_2) \tag{8-55}$$

根据相对增益定义，有

$$\lambda_{11} = \frac{p_{11}}{q_{11}} = \frac{u_2}{u_1 + u_2} = \frac{p_1 - p}{p_1 - p_2} \tag{8-56}$$

同理可求得 λ_{12}、λ_{21}、λ_{22}。

所以相对增益矩阵为

$$\boldsymbol{\Lambda} = \begin{bmatrix} \lambda_{11} & \lambda_{12} \\ \lambda_{21} & \lambda_{22} \end{bmatrix} = \frac{1}{p_1 - p_2}\begin{bmatrix} p_1 - p & p - p_2 \\ p - p_2 & p_1 - p \end{bmatrix} \tag{8-57}$$

（2）间接法。间接法是通过相对增益与第一放大系数的关系，利用第一放大系数求得相对增益的方法，较为实用。下面以双输入双输出系统为例介绍这种方法。

【例 8-2】　双输入双输出关联系统如图 8-26 所示，图中，k_{11}、k_{12}、k_{21}、k_{22} 为相应传递函数的静态放大系数，求其相对增益矩阵。

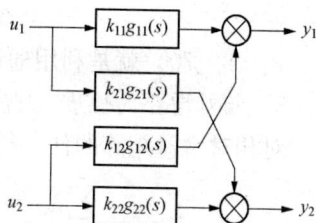

图 8-26　双输入双输出关联系统

由图 8-26 可得

$$\begin{bmatrix} y_1(s) \\ y_2(s) \end{bmatrix} = \begin{bmatrix} k_{11}g_{11}(s) & k_{12}g_{12}(s) \\ k_{21}g_{21}(s) & k_{22}g_{22}(s) \end{bmatrix}\begin{bmatrix} u_1(s) \\ u_2(s) \end{bmatrix} \tag{8-58}$$

稳态时式（8-58）可写成

$$\begin{bmatrix} y_1 \\ y_2 \end{bmatrix} = \begin{bmatrix} k_{11} & k_{12} \\ k_{21} & k_{22} \end{bmatrix}\begin{bmatrix} u_1 \\ u_2 \end{bmatrix} \tag{8-59}$$

因此第一放大系数为

$$p_{ij} = \left.\frac{\partial y_i}{\partial u_j}\right|_{u_r} = k_{ij} \tag{8-60}$$

由式（8-59）得

$$y_1 = k_{11}u_1 + k_{12}\frac{y_2 - k_{21}u_1}{k_{22}} \tag{8-61}$$

根据第二放大系数定义，得第二放大系数为

$$q_{11} = k_{11} - \frac{k_{12}k_{21}}{k_{22}} \tag{8-62}$$

根据相对增益定义，可得相对增益为

$$\lambda_{11} = \frac{k_{11}k_{22}}{k_{11}k_{22} - k_{12}k_{21}} \tag{8-63}$$

同理，可求得其他相对增益为

$$\lambda_{12} = \frac{-k_{11}k_{21}}{k_{11}k_{22} - k_{12}k_{21}} \tag{8-64}$$

$$\lambda_{21} = \frac{-k_{21}k_{12}}{k_{11}k_{22} - k_{12}k_{21}} \tag{8-65}$$

$$\lambda_{22} = \frac{k_{11}k_{22}}{k_{11}k_{22} - k_{12}k_{21}} \tag{8-66}$$

可见对双输入双输出系统，利用第一放大系数也可求得相对增益。

一般情况下，对多输入多输出系统，系统输入/输出可写为

$$Y = PU \tag{8-67}$$

若式（8-67）中的关系矩阵 P 非奇异，则系统输入/输出关系可写为

$$U = HY \tag{8-68}$$

其中：关系矩阵 H 是关系矩阵 P 的逆，其元素为

$$h_{ij} = \frac{(\mathrm{adj}P)_{ij}}{\det P} \tag{8-69}$$

根据第一放大倍数和第二放大倍数的定义，所以系统的相对增益为

$$\lambda_{ij} = p_{ij} \frac{(\mathrm{adj}P)_{ij}}{\det P} \tag{8-70}$$

式（8-70）就是利用通道静态增益来计算相对增益的一般公式。

3. 相对增益的性质

对相对增益矩阵的任一行求和得

$$\sum_{i=1}^{n} \lambda_{ij} = \sum_{i=1}^{n} p_{ij} \frac{(\mathrm{adj}P)_{ij}}{\det P} = \frac{1}{\det P} \sum_{i=1}^{n} p_{ij} (\mathrm{adj}P)_{ij} = 1 \tag{8-71}$$

对相对增益矩阵的任一列求和得

$$\sum_{j=1}^{n} \lambda_{ij} = \sum_{j=1}^{n} p_{ij} \frac{(\mathrm{adj}P)_{ij}}{\det P} = \frac{1}{\det P} \sum_{j=1}^{n} p_{ij} (\mathrm{adj}P)_{ij} = 1 \tag{8-72}$$

因此，相对增益矩阵的每行或每列相对增益总和都等于 1。

相对增益矩阵的这个性质既可用于简化相对增益的计算，又可用于分析系统通道的耦合性质。下面分析双输入双输出过程的耦合性质。

（1）如果 $\lambda_{11}=1$，$\lambda_{22}=1$，则 $\lambda_{12}=0$，$\lambda_{21}=0$，所以 $p_{12}=0$，$p_{21}=0$。$p_{21}=0$ 说明在第 2 通道的输入不变时，第 1 通道的输入对第 2 通道的输出没有影响，即第 2 通道的输出取决于第 2 通道的输入；$p_{12}=0$ 说明在第 1 通道的输入不变时，第 2 通道的输入对第 1 通道的输出没有影响，即第 1 通道的输出取决于第 1 通道的输入；此时两个通道是一个无耦合过程。

（2）如果 $\lambda_{11}=0$，$\lambda_{22}=0$，则 $\lambda_{12}=1$，$\lambda_{21}=1$，所以 $p_{11}=0$，$p_{22}=0$。$p_{11}=0$ 说明在第 2 通道的输入不变时，第 1 通道的输入对第 1 通道的输出没有影响，即第 1 通道的输出取决于第 2 通道的输入；$p_{22}=0$ 说明在第 1 通道的输入不变时，第 2 通道的输入对第 2 通道的输出没有影响，即第 2 通道的输出取决于第 1 通道的输入；此时两个通道是一个无耦合过程，但应将输入、输出对应关系对调。

（3）如果相对增益在（0，1）区间内，表明通道间存在耦合作用。相对增益越接近于 1（或 0），表示通道之间的耦合作用越小。相对增益在 0.5 附近表示通道之间的耦合作用最强。

（4）如果相对增益大于 1，则必有相对增益小于 0。如果相对增益 λ_{ij} 小于 0，表明第 i 个输出随第 j 个输入的增大而减小，这表明过程间存在负耦合。当构成闭环控制系统时，这种负耦合将引起正反馈，从而导致过程的不稳定，因此必须考虑采取措施来避免和克服这种现象。

综上所述，可以得出相对增益矩阵反映系统耦合性质：

（1）若相对增益矩阵为单位阵，则说明过程通道之间没有耦合，系统的每个通道都可以构成单回路控制。

（2）若相对增益矩阵的非对角元素为 1，对角元素为 0，则说明过程控制通道输入输出控制关系选择错误，应该更换输入输出间的配对关系，可实现系统的无耦合控制。

（3）若相对增益矩阵的元素均在（0，1）区间内，则说明过程通道之间存在相互耦合作用。元素值接近于 1，说明通道的耦合较小，可构成单回路控制。

（4）若相对增益矩阵同一行或同一列的元素值相接近或相等，则表明通道之间的耦合作用很强，必须采取专门的解耦措施。

（5）若相对增益矩阵中的元素值大于 1，则同一行（或列）中必有元素小于 0，表示过程通道之间存在不稳定耦合，必须对控制系统采取镇定措施。

（三）系统的解耦

显然耦合被控对象和其他单输入单输出被控对象具有明显不同。对耦合被控对象不能采用通常的单回路控制系统进行控制，在控制中必须考虑变量间的耦合，根据变量间的耦合采用相应的控制方式才有可能实现系统的控制要求。

当几个调节量同时对几个被调量有严重影响，即耦合严重时，为了消除系统之间的相互耦合，也就是去掉过程中相互交叉的各个通道，使各系统成为独立的、互不相关的控制回路，这就是对被控对象的解耦。

实际被控对象不同，调节量和被调量之间的关系也不同。对于被控对象的耦合，可以采用被调量和调节量之间的适当匹配或重新整定调节器参数的方法加以克服，也可以采用附加解耦装置，用以解除其耦合关系。当被控对象某一调节量和某一被调量之间的关系具有明显的一一对应关系，而其他被调量和调节量对其相互影响可以忽略时，被控对象的关系可以简化为多个无耦合的被控对象，此时把其他影响因素看成干扰。

二、解耦控制系统的分析和整定

系统解耦的基本原理在于设置一个补偿网络，用以抵消存在于各回路间的关联，以使各被调量能实现单变量控制。常用的串联解耦方法有对角矩阵法、单位矩阵法、三角矩阵法、前馈补偿法等。

本节以双输入双输出耦合被控对象的控制为例进行介绍。双输入双输出串联解耦控制系统如图 8-27 所示。

图中，$G(s)$ 为被控对象的传递函数阵

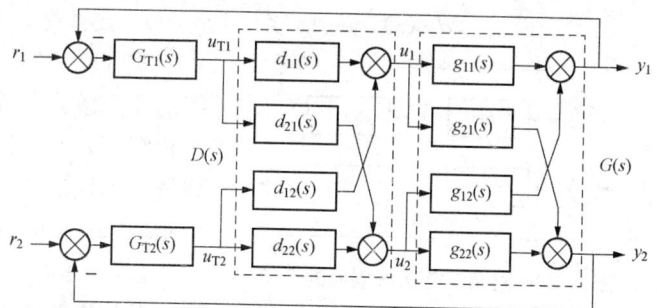

图 8-27　双输入双输出串联解耦控制系统

$$G(s) = \begin{bmatrix} g_{11}(s) & g_{12}(s) \\ g_{21}(s) & g_{22}(s) \end{bmatrix} \tag{8-73}$$

$D(s)$ 为串联补偿器的传递函数阵

$$D(s) = \begin{bmatrix} d_{11}(s) & d_{12}(s) \\ d_{21}(s) & d_{22}(s) \end{bmatrix} \tag{8-74}$$

$Y(s)$ 为被调量向量

$$Y(s) = \begin{bmatrix} y_1(s) & y_2(s) \end{bmatrix}^T \tag{8-75}$$

$U(s)$ 为调节量向量

$$U(s) = \begin{bmatrix} u_1(s) & u_2(s) \end{bmatrix}^{\mathrm{T}} \tag{8-76}$$

$R(s)$ 为给定值向量

$$R(s) = \begin{bmatrix} r_1(s) & r_2(s) \end{bmatrix}^{\mathrm{T}} \tag{8-77}$$

$U_{\mathrm{T}}(s)$ 为调节器输出向量

$$U_{\mathrm{T}}(s) = \begin{bmatrix} u_{\mathrm{T}1}(s) & u_{\mathrm{T}2}(s) \end{bmatrix}^{\mathrm{T}} \tag{8-78}$$

从图 8-27 可得

$$Y(s) = G(s)D(s)U_{\mathrm{T}}(s) \tag{8-79}$$

由式（8-79）可知，只要使 $G(s)$ $D(s)$ 相乘后为对角阵或三角阵，这样就解除了系统间的耦合，使两个控制回路不再关联。

（一）对角矩阵法

将式（8-73）和式（8-74）代入式（8-79）得

$$\begin{bmatrix} y_1(s) \\ y_2(s) \end{bmatrix} = \begin{bmatrix} g_{11}(s) & g_{12}(s) \\ g_{21}(s) & g_{22}(s) \end{bmatrix} \begin{bmatrix} d_{11}(s) & d_{12}(s) \\ d_{21}(s) & d_{22}(s) \end{bmatrix} \begin{bmatrix} u_{\mathrm{T}1}(s) \\ u_{\mathrm{T}2}(s) \end{bmatrix} \tag{8-80}$$

对角矩阵法就是使系统传递函数矩阵成为如下形式

$$\begin{bmatrix} y_1(s) \\ y_2(s) \end{bmatrix} = \begin{bmatrix} g_{11}(s) & 0 \\ 0 & g_{22}(s) \end{bmatrix} \begin{bmatrix} u_{\mathrm{T}1}(s) \\ u_{\mathrm{T}2}(s) \end{bmatrix} \tag{8-81}$$

由式（8-80）和式（8-81）可得

$$\begin{bmatrix} g_{11}(s) & g_{12}(s) \\ g_{21}(s) & g_{22}(s) \end{bmatrix} \begin{bmatrix} d_{11}(s) & d_{12}(s) \\ d_{21}(s) & d_{22}(s) \end{bmatrix} = \begin{bmatrix} g_{11}(s) & 0 \\ 0 & g_{22}(s) \end{bmatrix} \tag{8-82}$$

如果被控对象传递函数矩阵 $G(s)$ 的逆存在，则串联补偿器（解耦器）传递函数阵为

$$\begin{bmatrix} d_{11}(s) & d_{12}(s) \\ d_{21}(s) & d_{22}(s) \end{bmatrix} = \begin{bmatrix} g_{11}(s) & g_{12}(s) \\ g_{21}(s) & g_{22}(s) \end{bmatrix}^{-1} \begin{bmatrix} g_{11}(s) & 0 \\ 0 & g_{22}(s) \end{bmatrix} \tag{8-83}$$

式（8-83）就是将原耦合系统转化为无耦合系统的完全解耦条件，即用式（8-83）得到的解耦器进行解耦，将使被调量 y_1 和 y_2 成为两个完全独立的系统。利用对角矩阵法进行解耦后的系统如图 8-28 所示。

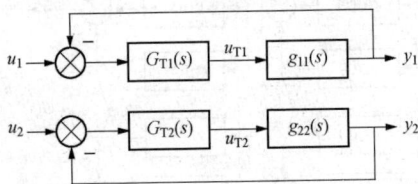

图 8-28　对角矩阵法解耦后的系统

（二）单位矩阵法

单位矩阵法是对角线矩阵法的特例。该方法是使被控对象传递矩阵与解耦器矩阵的乘积为单位矩阵，即

$$\begin{bmatrix} g_{11}(s) & g_{12}(s) \\ g_{21}(s) & g_{22}(s) \end{bmatrix} \begin{bmatrix} d_{11}(s) & d_{12}(s) \\ d_{21}(s) & d_{22}(s) \end{bmatrix} \begin{bmatrix} 1 & 0 \\ 0 & 1 \end{bmatrix} \tag{8-84}$$

通过解耦，使各个系统的对象特性成为 1∶1 的比例环节。

假设被控对象传递矩阵非奇异，则解耦器矩阵为

$$\begin{bmatrix} d_{11}(s) & d_{12}(s) \\ d_{21}(s) & d_{22}(s) \end{bmatrix} = \begin{bmatrix} g_{11}(s) & g_{12}(s) \\ g_{21}(s) & g_{22}(s) \end{bmatrix}^{-1} \tag{8-85}$$

解耦后的系统如图 8-29 所示。

（三）三角矩阵法

三角矩阵法是使被控对象传递矩阵与解耦器矩阵的乘积为三角阵，即

$$\begin{bmatrix} g_{11}(s) & g_{12}(s) \\ g_{21}(s) & g_{22}(s) \end{bmatrix} \begin{bmatrix} d_{11}(s) & d_{12}(s) \\ d_{21}(s) & d_{22}(s) \end{bmatrix} = \begin{bmatrix} 1 & 0 \\ g_{21}(s) & 1 \end{bmatrix} \tag{8-86}$$

同理，假设被控对象传递矩阵非奇异，则解耦器矩阵为

$$\begin{bmatrix} d_{11}(s) & d_{12}(s) \\ d_{21}(s) & d_{22}(s) \end{bmatrix} = \begin{bmatrix} g_{11}(s) & g_{12}(s) \\ g_{21}(s) & g_{22}(s) \end{bmatrix} = \begin{bmatrix} 1 & 0 \\ g_{21}(s) & 1 \end{bmatrix} \tag{8-87}$$

解耦后的系统如图 8-30 所示。

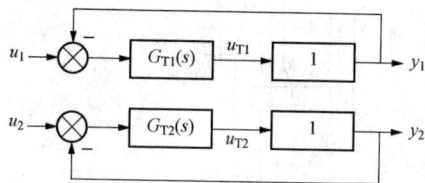

图 8-29　单位矩阵法解耦后的系统　　　　图 8-30　三角矩阵法解耦后的系统

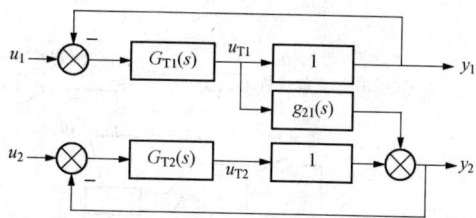

（四）前馈补偿法

前馈补偿法只是规定对角线以外的元素为零，这样也完全解除了耦合，但是各通道的传递函数并不是原来的 $g_{ij}(s)$，此时可取某些 $d_{ij}(s)=1$，这样做比较简单，所以又称为简易解耦。对于双输入双输出耦合被控对象，前馈补偿解耦系统如图 8-31 所示。

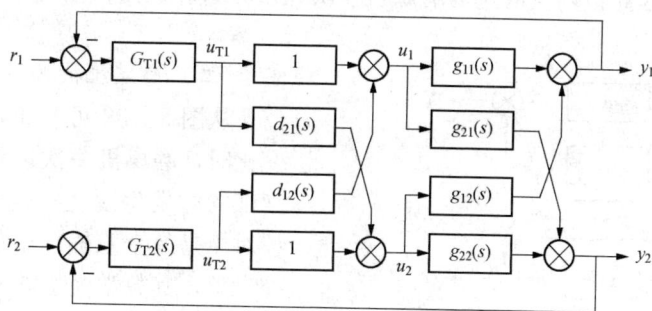

图 8-31　前馈补偿解耦系统

此时取 $d_{11}(s)=d_{22}(s)=1$。要实现系统解耦，即 $y_1(s)$ 不受 $r_2(s)$ 的影响，$y_2(s)$ 不受 $r_1(s)$ 的影响，从图 8-31 可得

$$d_{12}(s)g_{11}(s) + g_{12}(s) = 0 \tag{8-88}$$

$$d_{21}(s)g_{22}(s) + g_{21}(s) = 0 \tag{8-89}$$

因此前馈补偿器的 $d_{12}(s)$ 和 $d_{21}(s)$ 分别为

$$d_{12}(s) = -\frac{g_{12}(s)}{g_{11}(s)} \tag{8-90}$$

$$d_{21}(s) = -\frac{g_{21}(s)}{g_{22}(s)} \tag{8-91}$$

前馈补偿法解耦后的系统如图 8-28 所示。在需要时，也可取 $d_{21}(s)=d_{12}(s)=1$ 或

$d_{21}(s)=d_{22}(s)=1$ 或 $d_{12}(s)=d_{11}(s)=1$，按同样原理可求得前馈补偿器的传递函数。

三、解耦控制系统应用实例

以火力发电厂单元机组配置的中速磨煤机控制系统为例。该机组采用直吹式制粉系统，共配置六台中速磨煤机，其中，五台正常运行就能保证机组带满负荷，一台作为后备。每台磨煤机均配有冷风调节风门和热风调节风门。该机组设有六套完全一样的磨煤机控制系统。

(一) 磨煤机制粉系统简介及调节任务

以 A 磨煤机为例。A 磨煤机制粉系统工艺流程简化示意如图 8 - 32 所示。

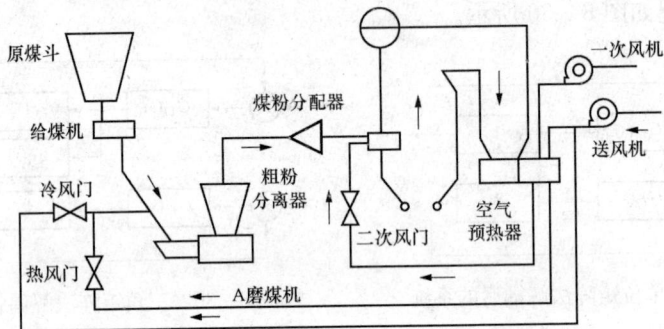

图 8 - 32　A 磨煤机制粉系统工艺流程简化示意

磨煤机制粉系统主要调节任务是：①为锅炉提供一定量的合格煤粉（磨煤机一次风量），保证锅炉负荷的需求；②磨煤机正常运行时，要保证磨煤机出口煤粉温度在一定范围内（一般为 60～90℃）。为此被调量应选为磨煤机一次风量和磨煤机出口温度；调节量应选为冷风量和热风量。

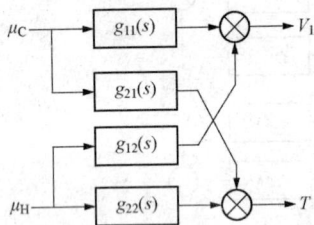

图 8 - 33　磨煤机被控对象

μ_C—冷风调节门开度；μ_H—热风调节门开度；

$g_{11}(s)$—磨煤机一次风量与冷风调节门开度之间的传递函数；

$g_{21}(s)$—磨煤机出口温度与冷风调节门开度之间的传递函数；

$g_{12}(s)$—磨煤机一次风量与热风调节门开度之间的传递函数；

$g_{22}(s)$—磨煤机出口温度与热风调节门开度之间的传递函数；

V_1—磨煤机一次风量；T—磨煤机出口温度

(二) 磨煤机被控对象的动态特性

从图 8 - 32 可看出，热风量或冷风量变化时，磨煤机一次风量和磨煤机出口温度都同时发生变化；也就是说，磨煤机被控对象是一个双输入双输出相互耦合的被控对象，其数学模型如图 8 - 33 所示。

1. 冷风量阶跃增加时，磨煤机一次风量和磨煤机出口温度的动态特性

热风调节门开度保持不变，冷风调节门 μ_C 阶跃增加时，磨煤机一次风量 V_1 和磨煤机出口温度 T 的响应曲线如图 8 - 34 所示。

从图 8 - 34 可看出，冷风量与磨煤机一次风量的动态特性是时间常数较小的惯性环节；冷风量与磨煤机出口温度的动态特性是时间常数较大的反向高阶惯性环节。

2. 热风量阶跃增加时，磨煤机一次风量和磨煤机出口温度的动态特性

冷风调节门开度保持不变，热风调节门 μ_H 阶跃增加时，磨煤机一次风量 V_1 和磨煤机出口温度 T 的响应曲线如图 8 - 35 所示。

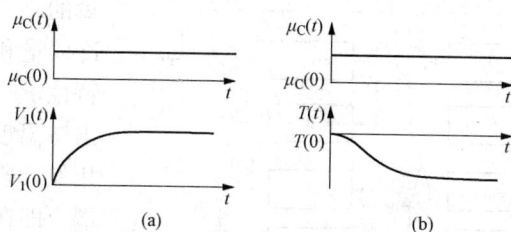

图 8-34 冷风量阶跃增加时磨煤机一次风量和磨煤机出口温度的响应曲线

（a）磨煤机一次风量的响应曲线；（b）磨煤机出口温度的响应曲线

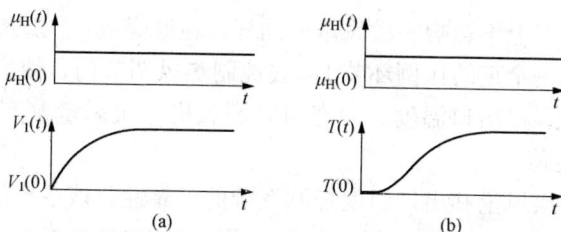

图 8-35 热风量阶跃增加时磨煤机一次风量和磨煤机出口温度的响应曲线

（a）磨煤机一次风量的响应曲线；（b）磨煤机出口温度的响应曲线

从图 8-35 可看出，热风量与磨煤机一次风量的动态特性是时间常数较小的惯性环节；热风量与磨煤机出口温度的动态特性是时间常数较大的正向高阶惯性环节。

（三）磨煤机控制系统

磨煤机控制系统由磨煤机一次风量控制子系统和磨煤机出口温度控制子系统组成。其示意如图 8-36 所示。

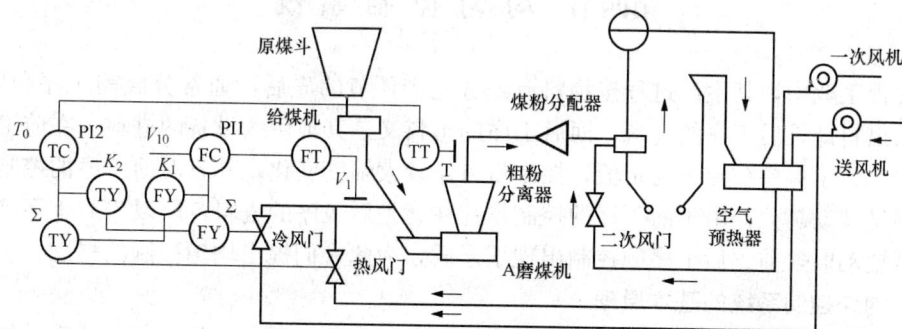

图 8-36 磨煤机控制系统

T 为磨煤机出口温度，V_1 为磨煤机一次风量，M 为给煤量，T_0 为磨煤机出口温度给定，V_{10} 为磨煤机一次风量给定

其控制原理框图如图 8-37 所示。图中，μ_H 为热风调节门开度，μ_C 为冷风调节门开度。从图 8-37 可看出，该系统为采用前馈补偿法的静态解耦控制系统。静态前馈补偿解耦器如图 8-37 中虚线框所示。由磨煤机被控对象的动态特性可知，磨煤机的风量特性和出口温度特性两者相差较大，尤其是在负荷变动时，一次风量变化较大，采用单回路控制方案单独控制磨煤机一次风量或出口温度都比较困难，难以保证控制质量，所以该系统采用前馈补偿法进行解耦控制。由于冷风量和磨煤机一次风量的动态特性 $g_{11}(s)$ 与热风量和磨煤机一次风

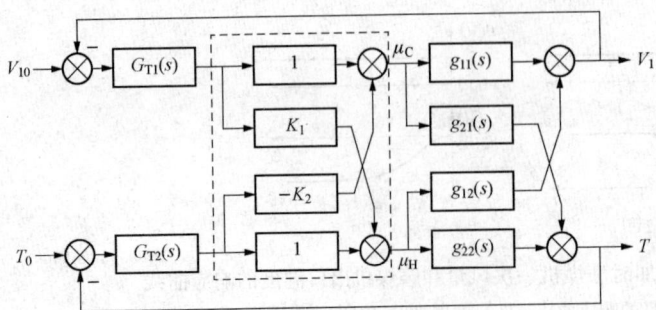

图 8-37 磨煤机控制系统原理框图

量的动态特性 $g_{12}(s)$ 相似，且冷风量和磨煤机出口温度的动态特性 $g_{21}(s)$ 与热风量和磨煤机出口温度的动态特性 $g_{22}(s)$ 也相似，所以该系统采用了静态解耦，即在磨煤机出口温度调节器的输出去控制热风调节门的同时，通过一个负的比例环节 K_2 去控制冷风调节门，使磨煤机出口温度调节器的动作基本上不影响一次风量；同样，在磨煤机一次风量调节器的输出控制冷风调节门的同时，通过一个正的比例环节 K_1 去控制热风调节门，使磨煤机一次风量调节器的动作基本上不影响磨煤机出口温度。静态时，磨煤机一次风量 V_1 等于给定值 V_{10}，磨煤机出口温度 T 等于给定值 T_0。

为了提高磨煤机一次风量和出口温度控制系统的可靠性，该系统的一次风量和出口温度测量分别采用两只变送器（图 8-36 中已略去），可手动/自动选择平均值或任意一个值。当有一只变送器出现故障时则发出报警。

该系统磨煤机一次风量的测量值采用磨煤机进口温度和压力进行补偿（图 8-36 中也已略去）。一次风量给定值由对应于该磨煤机的给煤量 M（常用给煤机转速）通过函数发生器 $f(x)$ 加上偏置产生；磨煤机出口温度给定值由操作员手动设置。

前馈补偿器的参数 K_2 和 K_1 可根据式（8-90）和式（8-91）分别进行整定。磨煤机一次风量调节器和磨煤机出口温度调节器可根据单回路控制系统的整定方法分别进行整定。

第四节 均 匀 控 制 系 统

在过程工业中，其生产过程按物料流经各生产环节的先后，通常分成前工序和后工序。前工序的出料即是后工序的进料，而后工序的出料又是其他后续设备的进料。在前工序的控制系统中，为了保持被控量为定值，控制量可作较大幅度变化，并且对前工序的控制要求越高，控制量波动越大；由于前工序的控制量往往就是后工序的进料，所以当后工序进料不允许大幅度波动时，前、后工序的控制出现了矛盾，为此人们提出均匀控制的概念。

一、均匀控制系统的基本原理

均匀控制系统是为了适应连续性的生产需要而产生的。所谓均匀控制系统就是使两个有关联的被控变量在规定范围内缓慢、均匀地变化，使前后设备在物料的供求上相互兼顾、均匀协调的控制系统。

这里，均匀控制指的是前后设备物料供求上的均匀，因此表征前后设备物料的被控变量都不应该稳定在某一固定数值上。均匀控制中可能出现的控制过程曲线如图 8-38 所示。

图 8-38（a）表示把前一个设备的液位 h 控制成比较稳定的直线，后一个设备的进料量 Q_0 必然波动很大；图 8-38（b）表示把后面设备的进料量 Q_0 控制成比较稳定的直线，则前一设备的液位 h 必然波动很大；因此这两种过程都不应是均匀控制。只有图 8-38（c）所示的液位 h 和流量 Q_0 的控制过程曲线才符合均匀控制的含义，两者都有波动，但波动比较

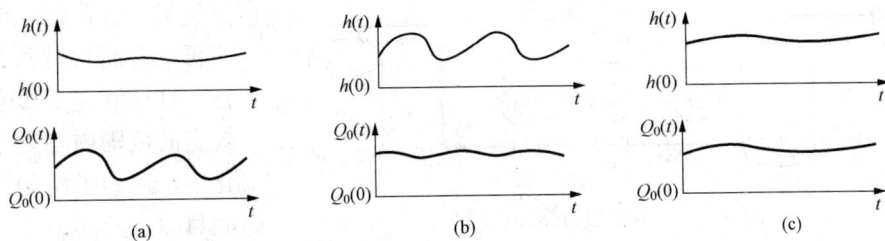

图 8 - 38 均匀控制中可能出现的控制过程曲线

缓慢。

均匀控制系统的主要特点是：

（1）前后设备或设备供求矛盾的两个参数都是变化的。

（2）前后设备控制过程应该是缓慢的，这与定值控制系统希望控制过程要快的要求是不同的。

（3）前后设备的参数变化应在工艺允许的操作范围内。

二、均匀控制系统的组成

均匀控制与定值控制在控制结构上没有任何区别，其区别在于控制的目的不同。均匀控制为保证被控量和控制量在一定范围内都缓慢变化，其控制器参数比例度和积分时间都比定值控制系统大得多，即控制作用很"弱"。从结构上看，均匀控制系统可以是单回路控制系统，可以是串级控制系统，也可以是其他形式。下面以实现"液位－流量"均匀控制为例介绍均匀控制系统的组成。

（一）简单均匀控制系统

简单均匀控制系统如图 8 - 39 所示。

从图 8 - 39 可看出，在系统的结构形式上，它与纯液位定值控制系统没有什么区别，但这里控制目的是使液位和流量均匀协调。为了满足均匀控制的要求，必须选择合适的控制规律和控制参数。因为在调节过程中，液位 h 和流出量 Q_0 都是变化的，所以不应该有微分作用，因为微分作用对控制过程的影响与均匀控制的要求背道而驰；比例作用一般都作为基本控制，但纯比例控制在系统出现连续同向扰动时容易使被控量的波动超过允许范围，因此可适当引入积分作用。为达到均匀控制的目的，比例作用和积分作用都不能太强，一般比例度 $\delta = 100\% \sim 200\%$；积分时间 T_i 为几分钟到十几分钟。

（二）串级均匀控制系统

串级均匀控制系统如图 8 - 40 所示。图中，液位控制器 LC 为主控制器，流量控制器 FC 为副控制器。

从图 8 - 40 可看出，液位控制

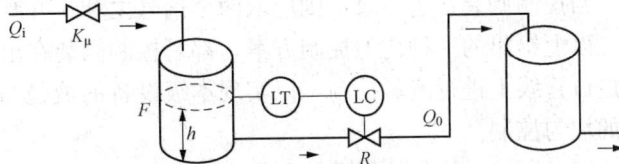

图 8 - 39 简单均匀控制系统

器 LC 的输出作为流量控制器 FC 的给定值，两者串联工作。因此从结构上看就是典型的串级控制系统。但是这里控制目的是使液位和流量均匀协调。假如扰动使液位 h 上升，液位控制器 LC 输出信号随之增大，通过流量控制器 FC 使调节阀缓慢地开大；反映在工艺参数上，液位 h 不是立即快速下降而是继续缓慢地上升，同时流出量 Q_0 也在缓慢增加，当液位 h 上

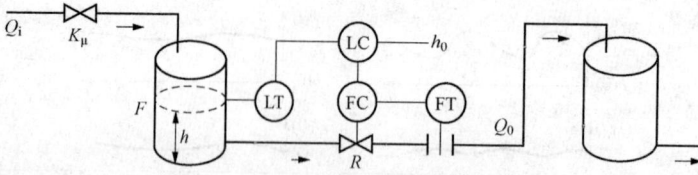

图 8-40　串级均匀控制系统

升到某一数值时，液位 h 就不再上升而暂时达到最高液位。这样液位 h 和流量 Q_0 在规定的范围内均处于缓慢变化中，达到了均匀协调的控制目的。

要达到均匀控制的目的，两个调节器都不应有微分作用。液位控制器 LC 宜选择 PI 控制作用；流量控制器 FC 主要用来克服扰动对流量的影响，一般选择比例控制作用。但对流量的稳定要求比较高时，流量控制器 FC 也可以采用 PI 控制作用。

串级均匀控制系统中，主控制器的参数设置与简单均匀控制系统相同；副控制器的参数范围：比例度 $\delta=100\%\sim200\%$；积分时间 $T_i=0.1\sim1min$。

（三）双冲量均匀控制系统

所谓双冲量均匀控制系统就是将两个变量的测量值相减（控制阀装在出口）或相加（控制阀装在进口）后作为被控量的控制系统。

当控制阀装在出口时，其原理示意如图 8-41 所示，图中，C 为可调偏置，FY 为加法器，h_0 为液位给定值。

当液位 h 偏高或流量偏低时，都应把控制阀开大一些。此时取液位 h 与流量 Q_0 信号之差作为测量值。如不另加措施，则在正常工况下这一差值可能为零，而在扰

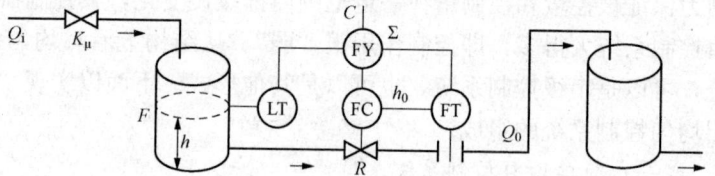

图 8-41　双冲量均匀控制系统

动出现时将会成为负值或正值。不论从加法器或控制器测量值输入端来看，信号为负值时是不能工作的。为此在加法器输入端再引入一个固定偏置值 C，以把零点降低，使在正常工况下加法器的输出是一个中间数值，在出现扰动后既不会超出上限，又不会低于下限。为调整两个信号的相对比重，也可以对它们分别乘以加权系数。至于控制器的设定值 h_0，应等于额定工况下的测量值。由于控制器接收的是由加法器送来的两个变量之差，并且又要使两变量之差保持在固定值上，所以控制器应该选择 PI 控制规律。参数范围：比例带 $\delta=100\%\sim200\%$；积分时间 $T_i=0.1\sim1min$。

当控制阀装在进口时，则应取两个信号之和，并减去一个偏置值后作为测量值。

以上给出的三种均匀控制方案，都是控制阀装在出口管线形式。如果工艺需要，也可以在进口管线上进行流量控制，以实现本级设备的液位与进入流量（即前级设备的出料流量）间的均匀控制。

综上所述，均匀控制是兼顾两个被控变量。如果扰动因素平稳，液位能接近设定值，流量也保持平稳少变。在扰动出现后，这两个被控变量都会起变化，但相当和缓。

另外，当流体为气体时，反映物料存储量的变量将是压力而不是液位。采用压力对流量串级控制系统，只要控制器参数整定得合适，也可起到均匀控制的作用。

三、均匀控制系统的参数整定

简单均匀控制系统和双冲量均匀控制系统，要整定的控制器都是一个，可按照单回路控

制系统的整定方法进行，只是要注意比例度要宽，积分时间要长，通过"看曲线、整参数"，使液位和流量达到均匀协调的最终目的。

串级均匀控制系统可采用经验整定法进行整定，具体步骤为：

（1）先将主控制器的比例度放到一个适当的经验数值上，然后对副控制器的比例度由小到大调整，直到副变量呈现缓慢的非周期衰减过程为止。

（2）已整定好的副控制器比例度不变，由小到大地调整主控制器的比例度，直到主变量呈现缓慢的非周期衰减过程为止。

（3）根据对象的具体情况，为防止同向扰动造成被控变量的静态偏差超过允许范围，可适当加入积分作用。

四、均匀控制系统的应用举例

以火力发电厂单元机组均匀控制系统为例。火力发电厂单元机组是指单个锅炉、汽轮机和发电机共同组成的单元制发电机组。为保证单元机组安全运行，满足发电需求，锅炉出口压力和发电机有功功率是两个重要的监控参数。

由于锅炉设备和汽轮机设备是两种不同性质的设备，所以二者的动态特性差异较大。为更好地理解单元机组均匀控制系统的控制机理，这里首先介绍单元机组协调对象热力系统的组成和动态特性，然后介绍单元机组运行调整方式，最后讲述单元机组均匀控制系统。

（一）单元机组被控对象热力系统简介

单元机组被控对象热力系统如图 8 - 42 所示。

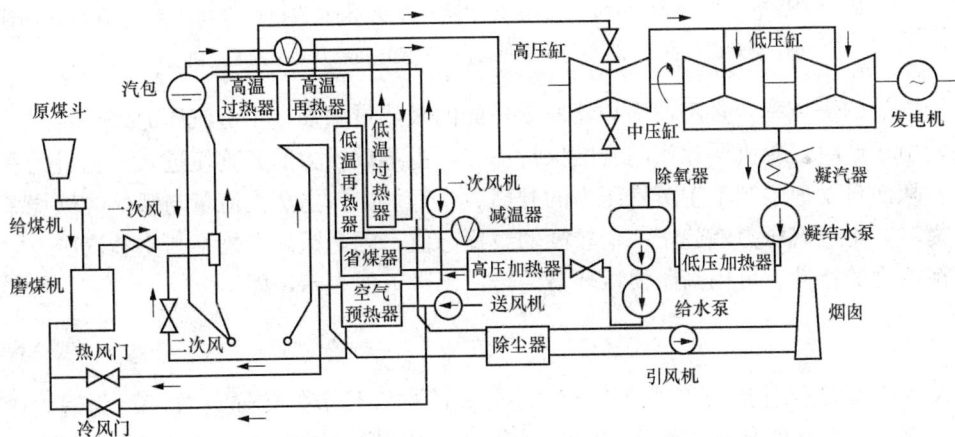

图 8 - 42　单元机组被控对象热力系统

1. 单元机组的调节任务

单元机组输出电功率（发电机有功功率）与负荷要求是否一致反映了机组与外部电网之间能量供求的平衡关系；锅炉出口主蒸汽压力反映了机组内部锅炉和汽轮发电机之间能量供求的平衡关系。单元机组的调节任务是通过协调锅炉的燃料量、送风量、给水量及汽轮机调速汽门开度等，使机组既能适应电网负荷指令的要求，又能保持单元机组在额定参数下安全经济地运行。

2. 单元机组控制系统被调量和调节量的选择

根据单元机组的调节任务，要使机组能适应电网负荷的需求，应选择单元机组输出电功率（发电机有功功率）作为被调量；要保证单元机组安全经济运行，应选择锅炉出口主蒸汽压力作为被调量。

图 8-43 单元机组被控
对象框图

μ_T—汽轮机调速汽门开度指令；

μ_B—锅炉燃烧率指令；

p_T—锅炉出口主蒸汽压力（或机前压力）；

N_E—发电机有功功率

影响发电机有功功率和锅炉出口主蒸汽压力的因素很多，通常选择锅炉侧的燃烧率指令（指燃料量、送风量、引风量三者协调动作的指令）和汽轮机侧的汽轮机调速汽门开度指令作为调节量。这样单元机组被控对象可用图 8-43 所示的框图表示。

由图 8-43 可看出，单元机组被控对象为双输入双输出的变量之间相互耦合的被控对象。

（二）单元机组被控对象的动态特性

单元机组被控对象的动态特性是指单元机组锅炉侧的燃烧率指令或汽轮机侧调速汽门开度指令与发电机有功功率或锅炉出口主蒸汽压力之间的动态关系。

1. 锅炉燃烧率指令与锅炉出口主蒸汽压力、发电机有功功率之间的关系

汽轮机调速汽门开度 μ_T 保持不变，锅炉燃烧率 μ_B 阶跃增大时锅炉出口主蒸汽压力 p_T 和发电机有功功率 N_E 的响应曲线如图 8-44 所示。

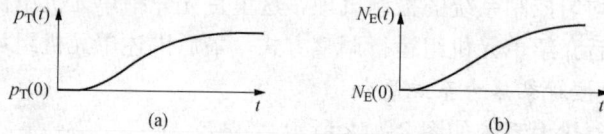

图 8-44 锅炉燃烧率 μ_B 阶跃增大时，锅炉出口主蒸汽压力 p_T 和发电机有功功率 N_E 的响应曲线
(a) 锅炉出口主蒸汽压力的响应曲线；(b) 发电机有功功率的响应曲线

增加锅炉的燃烧率，必定使锅炉蒸发受热面的吸热量增加，主蒸汽压力经一定迟延后逐渐升高，由于此时汽轮机调速汽门开度保持不变，主蒸汽压力的升高使进入汽轮机的蒸汽流量增加，从而自发地限制了主蒸汽压力的升高。当锅炉出口主蒸汽流量与锅炉的燃烧率达到新的平衡时，主蒸汽压力就趋于一个较高的新稳态值，因此锅炉燃烧率与主蒸汽压力之间为有自平衡能力的特性。可用高阶惯性环节的传递函数近似表示，即

$$G_{p\mu_B}(s) = \frac{K_1}{(1 + T_1 s)^{n_1}} \tag{8-92}$$

式中：K_1 为锅炉燃烧率指令与主蒸汽压力之间高阶惯性环节的传递系数；T_1 为锅炉燃烧率指令与主蒸汽压力之间高阶惯性环节的时间常数；n_1 为锅炉燃烧率指令与主蒸汽压力之间高阶惯性环节的阶次。

因为锅炉燃烧率增加的同时使主蒸汽压力升高，所以主蒸汽流量增大，进而使汽轮机输出功率增加，输出电功率（发电机有功功率）N_E 也随即增加，直到主蒸汽流量不变时，输出电功率也趋于一个较高的新稳态值，因此锅炉燃烧率与发电机有功功率之间也为有自平衡能力的特性。也可用高阶惯性环节的传递函数近似表示，即

$$G_{N_B}(s) = \frac{K_2}{(1 + T_2 s)^{n_2}} \tag{8-93}$$

式中：K_2 为锅炉燃烧率指令与发电机有功功率之间高阶惯性环节的传递系数；T_2 为锅炉燃烧率指令与发电机有功功率之间高阶惯性环节的时间常数；n_2 为锅炉燃烧率指令与发电机有功功率之间高阶惯性环节的阶次。

2. 汽轮机调速汽门开度指令与锅炉出口主蒸汽压力、发电机有功功率之间的关系

锅炉燃烧率指令 μ_B 保持不变，汽轮机调速汽门开度指令 μ_T 阶跃增大时锅炉出口主蒸汽压力 p_T 和发电机有功功率 N_E 的响应曲线如图 8-45 所示。

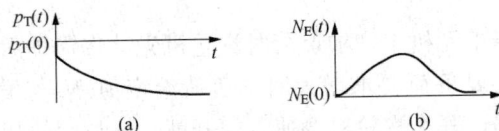

图 8-45　汽轮机调速汽门 μ_T 阶跃增大时锅炉出口主蒸汽压力 p_T 和发电机有功功率 N_E 的响应曲线
(a) 锅炉出口主蒸汽压力的响应曲线；(b) 发电机有功功率的响应曲线

汽轮机调速汽门开度 μ_T 阶跃增大后，一开始进入汽轮机的蒸汽流量立刻成比例增加，同时汽轮机机前压力（这里用其代替锅炉出口主蒸汽压力）也随之立刻阶跃下降（下降幅度大小与汽轮机调速汽门开度和锅炉蓄热量大小有关）。由于锅炉燃烧率保持不变，所以锅炉蒸发量也不变。主蒸汽流量的增加是因为汽轮机调速汽门开度增大，锅炉蒸汽压力下降而释放出的一部分蓄热，这只是暂时的，最终蒸汽流量仍恢复到与锅炉燃烧率相对应的数值，汽轮机机前压力也逐渐趋于一个较低的稳态值。因此汽轮机调速汽门开度与机前压力之间也为有自平衡能力的特性，可用比例环节与一阶惯性环节并联后的传递函数表示，即

$$G_{p\mu_T}(s) = -\left[K_3 + \frac{K_4}{1 + T_4 s} \right] \tag{8-94}$$

式中：K_3 为汽轮机开度指令与机前压力之间比例环节的幅值；K_4 为汽轮机调速汽门开度指令与机前压力之间惯性环节的传递系数；T_4 为汽轮机开度指令与机前压力之间惯性环节的时间常数。

因为汽轮机调速汽门开度阶跃增大，蒸汽流量增加是暂时的，故发电机有功功率也有暂时的增加，最终发电机有功功率也随蒸汽流量的恢复而恢复到扰动前的数值。因此汽轮机调速汽门开度与发电机有功功率之间也为有自平衡能力的特性，可用正向一阶惯性环节和反向高阶惯性环节并联后的传递函数表示，即

$$G_{N\mu_T}(s) = \frac{K_5}{1 + T_5 s} - \frac{K_6}{(1 + T_6 s)^{n_6}} \tag{8-95}$$

式中：K_5 为汽轮机调速汽门开度指令与发电机有功功率之间正向一阶惯性环节的传递系数；T_5 为汽轮机调速汽门开度指令与发电机有功功率之间正向一阶惯性环节的时间常数；K_6 为汽轮机调速汽门开度指令与发电机有功功率之间反向高阶惯性环节的传递系数；T_6 为汽轮机调速汽门开度指令与发电机有功功率之间反向高阶惯性环节的时间常数；n_6 为汽轮机调速汽门开度指令与发电机有功功率之间反向高阶惯性环节的阶次。

对比图 8-44 和图 8-45 可看出，单元机组被控对象动态特性的特点是当锅炉燃烧率指令改变时，锅炉出口主蒸汽压力 p_T 和发电机有功功率 N_E 的响应都很慢，即热惯性大；当汽轮机调速汽门开度指令改变时，锅炉出口主蒸汽压力 p_T 和发电机有功功率 N_E 的响应都很快，即热惯性小。

锅炉反应慢、汽轮机反应快是单元机组被控对象本身的固有特性。

（三）单元机组运行调整方式

根据锅炉、汽轮机在运行过程中的任务和相互关系的不同，单元机组通常分为炉跟机运行方式、机跟炉运行方式和机炉协调运行方式。

1. 炉跟机运行方式

炉跟机运行方式是指单元机组增加负荷时汽轮机先动作锅炉后动作的运行方式，又称为锅炉跟随运行方式。当外界负荷要求增大时，负荷给定值 N_0 与发电机有功功率 N_E 出现偏差，通过汽轮机侧控制器，开大汽轮机调速汽门开度，增加汽轮机进汽量，从而迅速改变发电机输出的有功功率，使其和负荷指令相一致。当汽轮机调速汽门开大后，锅炉出口主蒸汽压力随之降低，锅炉出口主蒸汽压力与主蒸汽压力给定值之间出现偏差，通过锅炉侧控制器增加锅炉的燃烧率，使锅炉出口主蒸汽压力和压力给定值相一致。由于汽轮机对象是快特性，锅炉对象是慢特性，所以发电机有功功率控制回路动作较快，锅炉出口主蒸汽压力控制回路动作较慢。

这种运行方式的特点是汽轮机侧调整发电机有功功率，锅炉侧调整主蒸汽压力。在调整过程中，充分利用了锅炉的蓄热来迅速适应机组负荷的变化，对机组调峰调频有利，但锅炉出口压力变化较大，甚至超出允许范围，不利于机组的安全经济运行。

当单元机组中锅炉设备及其辅机运行正常，而机组输出的发电机有功功率受到汽轮机设备及其辅机限制时，可以采用这种运行方式。

2. 机跟炉运行方式

机跟炉运行方式是指单元机组增加负荷时锅炉先动作汽轮机后动作的运行方式，又称为汽轮机跟随运行方式。当外界负荷要求增大时，负荷给定值 N_0 与发电机有功功率 N_E 出现偏差，通过锅炉侧控制器增加锅炉的燃烧率，随着锅炉蒸发量的增大，锅炉出口主蒸汽压力升高，增大发电机输出的有功功率，使其和负荷指令相一致。同时，锅炉出口主蒸汽压力与主蒸汽压力给定值之间也出现偏差，通过汽轮机侧控制器，开大汽轮机调速汽门开度，使锅炉出口主蒸汽压力和压力给定值相一致。由于汽轮机对象是快特性，锅炉对象是慢特性，所以发电机有功功率控制回路动作较慢，锅炉出口主蒸汽压力控制回路动作较快。

这种运行方式的特点是锅炉侧调整发电机有功功率，汽轮机侧调整锅炉出口主蒸汽压力，在调整过程中，锅炉出口主蒸汽压力变化较小，有利于机组的安全经济运行，但由于没有充分利用锅炉的蓄热，所以机组负荷适应性较差，不利于机组带变动负荷和参加电网调频。

当单元机组中汽轮机设备及其辅机运行正常，而机组输出的发电机有功功率受到锅炉设备及其辅机限制时，可以采用这种运行方式。

3. 机炉协调运行方式

机炉协调运行方式是指单元机组增加负荷时锅炉和汽轮机同时动作的运行方式，又称为机炉综合运行方式。当负荷要求改变时，负荷给定值 N_0 与发电机有功功率 N_E 出现偏差，通过锅炉侧控制器发出改变锅炉燃烧率指令，改变锅炉的燃烧率，通过汽轮机侧控制器发出改变汽轮机调速汽门开度指令，改变汽轮机的进汽量；与此同时，锅炉出口主蒸汽压力与主蒸汽压力给定值之间也出现偏差，锅炉侧控制器和汽轮机侧控制器根据压力偏差的大小再次调整锅炉燃烧率指令和汽轮机调速汽门开度指令，适当地限制汽轮机调速汽门开度的变化和适当地加强锅炉的燃烧率。当调整过程结束时，发电机输出的有功功率与负荷要求一致，锅炉出口主蒸汽压力与压力给定值一致。

这种运行方式的特点是锅炉侧和汽轮机侧同时调整发电机有功功率和锅炉出口主蒸汽压力。在调整过程中，充分利用了锅炉的蓄热，能较快适应机组负荷要求，同时锅炉出口主蒸汽压力变化也不大，有利于机组的安全经济运行。

机炉协调运行方式要求锅炉设备及其辅机和汽轮机设备及其辅机均运行正常。当单元机组需要参加电网调频时，应采用机炉协调运行方式。

（四）单元机组均匀控制系统

根据单元机组被控对象的动态特性和单元机组运行调整方式，可以设计两种单元机组均匀控制系统。

1. 炉跟机均匀控制系统

按炉跟机运行方式设计的控制系统，汽轮机侧调节发电机有功功率（主蒸汽流量），锅炉侧调节主蒸汽压力。当调节器参数都按常规调节器参数整定方法整定时，该控制系统的特点是发电机有功功率波动小，负荷适应性强，但主蒸汽压力波动大。采用均匀控制的概念可以解决该控制系统存在的主蒸汽压力波动大的问题。炉跟机均匀控制系统如图 8 - 46 所示。

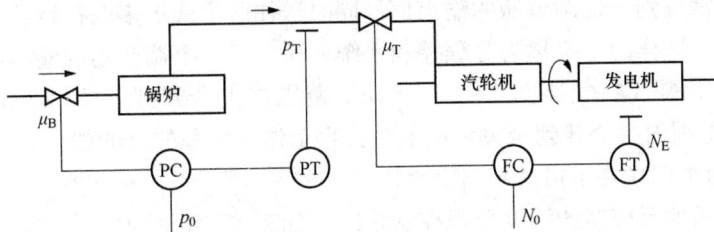

图 8 - 46　炉跟机均匀控制系统

从图 8 - 46 可看出，该均匀控制系统属于"压力 - 流量"均匀控制系统。锅炉侧为前设备，锅炉出口压力为被控量，压力调节器 PC 为锅炉侧调节器，选择 PI 控制作用；汽轮机侧为后设备，发电机功率（主蒸汽流量）为被控量，功率调节器 FC 为汽轮机侧调节器，也选择 PI 控制作用。前后设备均为简单均匀控制系统。当压力调节器 PC 和功率调节器 FC 的参数都按均匀控制的概念进行整定时，该控制系统的两个被控量都可以满足工程要求。该控制系统只适用于带基本负荷的机组。

2. 机跟炉均匀控制系统

按机跟炉运行方式设计的控制系统，汽轮机侧调节主蒸汽压力，锅炉侧调节发电机有功功率（主蒸汽流量）。当调节器参数都按常规调节器参数整定方法整定时，该控制系统的主要特点是主蒸汽压力波动小，但发电机有功功率波动大，负荷适应性差。采用均匀控制的概念可以解决该控制系统存在的发电机有功功率波动大，负荷适应性差的问题。机跟炉均匀控制系统如图 8 - 47 所示。

从图 8 - 47 可看出，该均匀控制系统属于"流量 - 压力"均匀控制系统。锅炉侧为前设备，发电机功率（主蒸汽流量）为被控量，功率调节器 FC 为锅炉侧调节器，选择 PI 控制作用；汽轮机侧为后设备，锅炉出口压力为被控量，压力调节器 PC 为汽轮机侧调节器，也选择 PI 控制作用。前后设备均为简单均匀控制系统。当压力调节器 PC 和功率调节器 FC 的

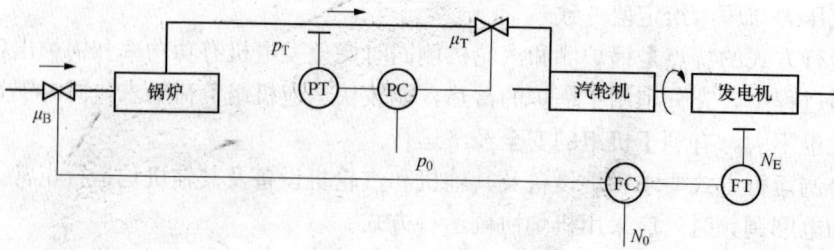

图 8-47　机跟炉均匀控制系统

参数都按均匀控制的概念进行整定时，该控制系统的两个被控量也都可以满足工程要求。该控制系统只适用于带基本负荷的机组。

第五节　分程控制系统

一、分程控制原理和结构

在前面学过的单回路控制系统中，一台调节器的输出信号只送往一个执行器，然而在实际生产过程中也常看到一台调节器的输出信号同时送往两个或更多的执行器，且每个执行器的工作范围不同，这样的系统称为分程控制系统。例如，一个调节器的输出同时送往气动调节阀 A 和 B，调节阀 A 在气压 0.02～0.06MPa 范围内由全开到全关，而调节阀 B 在气压 0.06～0.1MPa 范围内由全开到全关，调节阀分程工作。分程的目的如下。

（一）不同的工况需要不同的控制手段

例如，釜式间歇反应器的温度分程控制系统，如图 8-48 所示。图中，TT 为温度变送器，TC 为温度调节器。工艺要求：在一开始时需要加热升温，而到反应开始并逐渐剧烈时，反应放热，又需要冷却降温。加热蒸汽调节阀和冷却水调节阀由同一个温度调节器控制，需要分程工作。

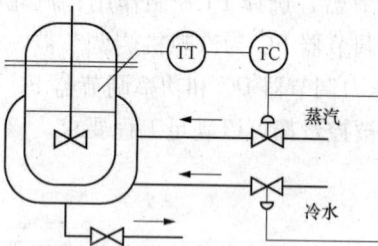

图 8-48　釜式间歇反应器
的温度分程控制系统

（二）扩大调节阀的可调范围

在过程控制中，有些场合需要调节阀的可调范围很宽，如果仅用一个大口径的调节阀，当调节阀工作在小开度时，阀门前后的压差很大，流体对阀芯、阀座的冲蚀严重，并会使阀门剧烈振荡，影响阀门寿命，破坏阀门的流量特性，从而影响控制系统的稳定；若将调节阀换小，其可调范围又满足不了生产需要，致使系统不能正常工作。在这种情况下，可将大小两个调节阀并联分程后当作一个调节阀使用，从而扩大了可调比，改善了调节阀的工作特性，使得在小流量时有更精确的控制。例如，并联工作的大小两个调节阀，如图 8-49 所示，其小调节阀 A 的最大流通能力为 $C_{Amax}=4$，大调节阀 B 的最大流通能力为 $C_{Bmax}=100$，两调节阀的可调比相同，即 $R_A=R_B=30$。

根据可调比的定义，可以计算出小调节阀 A 的最小流通能力为

$$C_{Amin}=\frac{C_{Amin}}{R_A}=\frac{4}{30}=0.133 \tag{8-96}$$

那么两调节阀并联组合在一起的可调比 R_{AB} 为

$$R_{AB} = \frac{C_{Amin} + C_{Bmin}}{C_{Amin}} = \frac{100 + 4}{0.133} = 781.9$$

$$(8 - 97)$$

可见组合后调节阀的可调比是单独一个调节阀可调比的 26 倍。

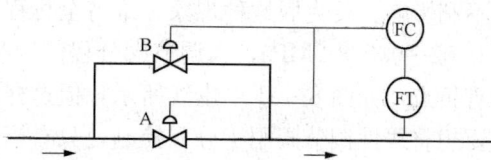

图 8 - 49　扩大调节阀可调范围的压力分程控制

根据选用调节阀的类型不同，可以组成不同方式的分程控制系统。以选用气动调节阀为例，两个调节阀的情况，分程动作可分为同向和异向两大类，各自又有气开与气关的组合，因此共有 4 种组合方式，如图 8 - 50 所示。图中，p 为控制信号压力；μ_T 为阀门开度。

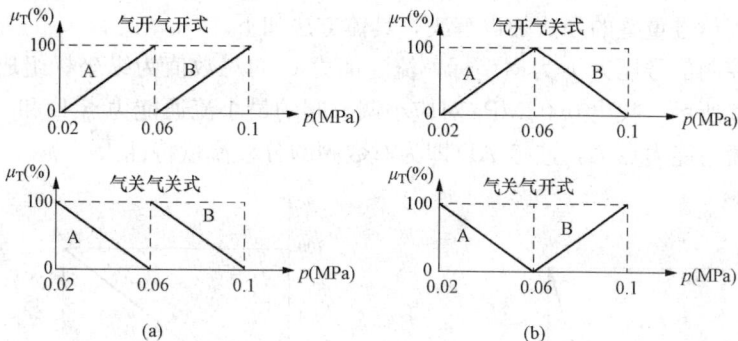

图 8 - 50　两个调节阀的分程组合

（a）两阀同向；（b）两阀异向

在采用三个或更多调节阀时，组合方式更多，不过总的分程数也不宜过多，否则每个调节阀在很小的输入区间内就要从全开到全关，要精确实现这样的规律相当困难。

二、实施时的几个问题

（一）调节阀的泄漏量要求

所谓泄漏量就是调节阀完全关闭时的流动量。在大调节阀与小调节阀并联分程时，要求大调节阀的泄漏量要小，最好为零，否则小调节阀将不能充分发挥其控制作用，甚至不起控制作用。因为泄漏量与调节阀的最小流通能力是两个不同的概念，以气开调节阀为例，输入气压为规定下限（如 0.02MPa）时的流通量应与最小流通能力相应，而输入气压为零且调节阀门完全关闭时的流通量应与泄漏量相应。如果大调节阀在全关时有相当大的泄漏量，就无法保证扩大总的可调范围的要求。

（二）分程信号的衔接

两个调节阀并联分程时，实际上就是将两个调节阀当作一个调节阀来使用，这时存在由

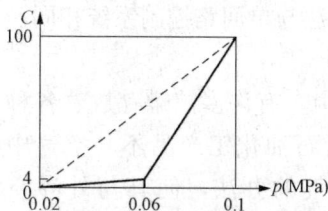

图 8 - 51　线性调节阀分程特性

一个调节阀向另一个调节阀平滑过渡的问题。例如，两个线性调节阀并联分程使用，小调节阀的流通能力 $C_1 = 4$，大调节阀的流通能力 $C_2 = 100$，小调节阀的分程范围 $0.02 \sim 0.06$MPa，大调节阀的分程范围 $0.06 \sim 0.1$MPa。两个调节阀的合成流量特性如图 8 - 51 所示。

由于小调节阀和大调节阀的流通能力不同，致使两个调节阀在衔接处有突变现象，形成一个折点，这对控制品质带

来不利影响。要克服这种现象，维持全行程的流通能力恒定，只有令小调节阀分程信号范围为 $0.02 \sim 0.023\ 2MPa$，大调节阀分程信号范围为 $0.023\ 2 \sim 0.1MPa$，大小调节阀衔接处才没有折点，如图 8 - 51 中虚线所示，但这样的分程信号范围太悬殊，几乎和不分程一样，所以要想将线性调节阀用于分程控制，只有当两个调节阀的流通能力很接近时才可以。

如果使用两个对数流量特性的调节阀进行并联分程，效果要比两个线性调节阀分程好得多。例如，小调节阀的最大流通能力 $C_{1max} = 4$、最小流通能力 $C_{1min} = 0.115$；大调节阀的最大流通能力 $C_{2max} = 100$、最小流通能力 $C_{2min} = 2$；小调节阀的分程范围 $0.02 \sim 0.06MPa$，大调节阀的分程范围 $0.06 \sim 0.1MPa$，其合成流量特性如图 8 - 52 所示。

但是，从图 8 - 52 中可看出，在两特性的衔接处仍不平滑，还存在有一定的突变现象。此时可采用分程信号重叠的办法加以解决，具体方法如下。

（1）在由控制信号压力 p 为横坐标，流通能力 C 的对数值为纵坐标组成的半对数坐标上，如图 8 - 53 所示，找出 $0.02MPa$ 对应小调节阀的最小流通能力点 D 和 $0.1MPa$ 对应大调节阀的最大流通能力点 A，连接 AD 即为对数阀的分程流量特性。

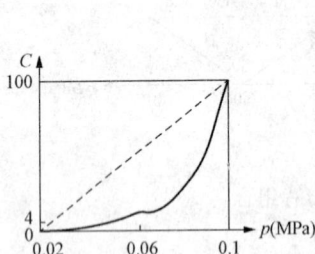

图 8 - 52　对数调节阀分程特性　　　图 8 - 53　确定重叠分程信号示意

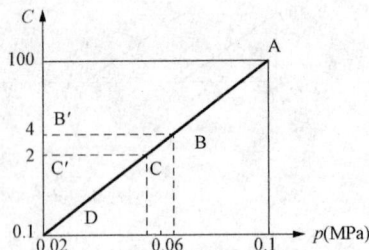

（2）在纵坐标上找出小调节阀的最大流通能力（$C_{1max} = 4$）点 B′ 和大调节阀的最小流通能力（$C_{2min} = 2$）点 C′。

（3）过 B′、C′ 点作水平线与直线 AD 交于 B、C 两点，在横坐标上找出 B、C 两点对应的坐标值 $0.065MPa$ 和 $0.055MPa$。

由此可得到分程信号范围：小调节阀为 $0.02 \sim 0.065MPa$，大调节阀为 $0.055 \sim 0.1MPa$，这样分程时，不等到小调节阀全开，大调节阀已开始渐开（升程），不等到大调节阀全关，小调节阀已开始关小（降程），从而使两调节阀在衔接处平滑过渡。

由于对数调节阀合成的流量特性比线性调节阀效果好，一般都采用两个对数调节阀并联分程。如果系统要求合成调节阀的流量特性为线性，则可通过添加其他非线性补偿环节的方法，将合成的对数特性校正为线性特性。

分程控制系统属于单回路控制系统，其调节器参数整定方法与单回路控制系统相同。

三、分程控制系统应用举例

以罐顶氮封分程控制系统为例。在炼油厂或石油化工厂中，有许多储罐存放着各种油品或石油化工产品。这些储罐建造在室外，为使这些油品或石油化工产品不与空气中的氧气接触被氧化变质，或引起爆炸危险，常采用罐顶充氮气的办法，使其与外界空气隔绝。

实行罐顶氮封的技术要求是要始终保持储罐内的氮气微量正压。储罐内储存物料量增减时，将引起罐顶压力的升降，应及时进行控制，否则将使储罐变形，更有甚者，会将储罐吸扁。因此当储罐内液面上升时，应停止继续补充氮气，并将压缩的氮气适量排出，反之，当液面下降时应停止放出氮气，只有这样才能达到隔绝空气，又保证储罐不变形的目的。

罐顶氮封分程控制系统如图 8-54 所示。图中，PT 为压力检测变送器，PC 为压力调节器。

在罐顶氮封分程控制系统中，压力调节器选择 PI 调节规律，具有反作用；充气调节阀 A 选择气开式，排气调节阀 B 选择气关式。当罐顶压力减小时，调节器输出增大，从而将打开充气调节阀 A 而关闭排气调节阀 B，反之当罐顶压力增大时，调节器输出减小，关闭充气调节阀 A，打开排气调节阀 B。为避免 A、B 两调节阀频繁开闭，有效地节省氮气，针对一般储罐顶部空隙较大，压力对象时间常数较大，同时对压力的控制精度要求又不高，所以排气调节阀 B 的分程信号压力为 0.02~0.058MPa，充气调节阀 A 的分程信号压力为0.062~0.1MPa，中间存在一个间歇区或称不灵敏区。调节阀分程动作关系如图 8-55 所示。

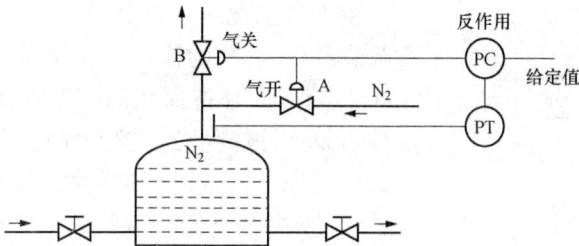

图 8-54　罐顶氮封分程控制系统　　　图 8-55　调节阀分程动作关系

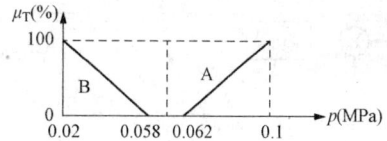

从控制结构上看，以上讨论的都是对多输入（两输入）单输出被控过程的控制问题，不过这几个调节量的调整在工艺上存在某种逻辑要求，它要求几个调节量按一定规律接替变化，这类分程控制系统的设计，除需要考虑调节阀的气开、气关特性选择和分程区间的选择外，还应对控制系统的性能做进一步分析。

第六节　选择性控制系统

一、选择性控制系统的基本概念

一般地说，凡是在控制回路中引入选择器的系统都可称为选择性控制系统。随着自动控制技术的发展，利用计算机实现选择性控制十分方便。这里主要讨论用于"软"保护的一类选择性控制系统，它又称为"超驰"控制系统、取代控制系统或"软"保护控制系统。

在选择性控制系统中，把生产过程中的限制条件所构成的逻辑关系叠加到正常的控制系统中去，即当工艺过程参数趋近于危险极限，但还未到达危险极限（也称安全极限）时，一个用于控制不安全情况的控制方案将取代正常情况下工作的控制方案，用取代调节器自动顶替正常工况下的调节器工作，使正常调节器处于开环状态，通过取代调节器的工作，使生产过程参数脱离"安全极限"而回到安全范围内，这时取代调节器又自动退出，处于开环状态。正常情况下的调节器再次接通，恢复到原来的控制方案上。

常用的选择器是低值选择器或高值选择器，它们各有两个（或更多个）输入，低值选择

器把低值作为输出，高值选择器把高值作为输出，其数学表达式分别为

$$u_0 = \min(u_1, u_2, \cdots u_i, \cdots); \quad u_0 = \max(u_1, u_2, \cdots, u_i, \cdots) \tag{8-98}$$

式中：u_i是选择器的第 i 个输入；u_0是选择器的输出。

选择器实现的是逻辑运算，把逻辑规律引入控制算法，丰富了自动化的内容和范围，使更多生产中的实际控制问题得以很好的解决。

二、选择性控制系统的组成

根据选择器在控制回路中的位置可分为两类，一类是选择器接在调节器与执行器之间，另一类是选择器接在变送器与调节器之间。

（一）选择器接在调节器与执行器之间

根据被选择的变量不同还分为对调节器输出信号的选择性控制系统和对调节量的选择性控制系统两种。

1. 对调节器输出信号的选择性控制系统

对调节器输出信号的选择性控制系统如图 8-56 所示。

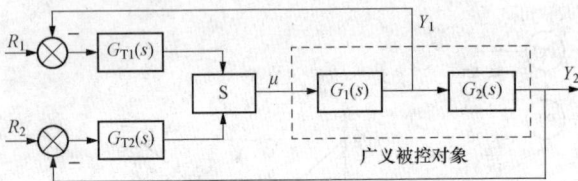

图 8-56　对调节器输出信号的选择性控制系统

$G_{T1}(s)$ —取代调节器；$G_{T2}(s)$ —正常调节器；S—选择器；

μ —调节量；$G_1(s)$ 和 $G_2(s)$ —广义被控制对象；

Y_1 和 Y_2 —被调量

在正常工况下，选择器 S 选择正常调节器 $G_{T2}(s)$ 的输出，取代调节器 $G_{T1}(s)$ 处于开环待命状态，正常调节器 $G_{T2}(s)$ 对被调量 Y_2 进行控制。当被控对象出现异常情况，被调量 Y_1 达到高限时，选择器 S 选择取代调节器 $G_{T1}(s)$ 的输出，正常调节器 $G_{T2}(s)$ 处于开环状态，此时取代调节器 $G_{T1}(s)$ 对被调量 Y_1 进行控制。当故障排除后，选择器 S 再次选择正常调节器 $G_{T2}(s)$ 的输出，取代调节器 $G_{T1}(s)$ 再次处于开环待命状态，控制系统恢复正常工况下的控制。

2. 对调节量的选择性控制系统

对调节量的选择性控制系统如图 8-57 所示。

在正常工况下，选择器 S 选择调节量 μ_1，对被调量 Y 进行控制；当工况出现变化选择调节量 μ_1 不能满足要求时，选择器 S 选择调节量 μ_2，对被调量 Y 进行控制。当恢复正常工况时，选择器 S 再次选择调节量 μ_1，对被调量 Y 进行控制。

（二）选择器接在变送器与调节器之间

为保证测量的可靠性，将选择器接在变送器的输出端，一般用来对多个测量信号进行选择。对被调量的选择性控制系统如图 8-58 所示。

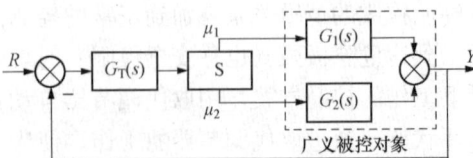

图 8-57　对调节量的选择性控制系统

$G_T(s)$ —调节器；μ_1 和 μ_2 —调节量；S—选择器；

$G_1(s)$ 和 $G_2(s)$ —广义被控制对象；Y —被调量

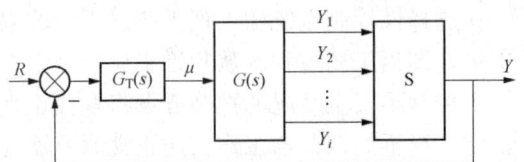

图 8-58　对被调量的选择性控制系统

$G_T(s)$ —调节器；μ —调节量；$G(s)$ —被控对象；Y_1、Y_2、$\cdots$、

Y_i、$\cdots$ —被调量；S—选择器；Y —被选中的被调量

选择器 S 根据被控对象 $G(s)$ 的特性变化或变送器的状态选择被调量，调节器根据被选中的被调量 Y 与给定值的偏差对被调量进行控制。选择器 S 的选择逻辑可以是高值选择、低值选择、中间值选择或多数值选择（表决方法）。

三、工程设计和实施的几个问题

（一）选择器的逻辑

确定选择器逻辑的前提是预先确定调节阀的气开、气关方式及调节器的正、反作用。当选择器 S 位于调节器与执行器之间时，一般宜选用低值选择器，原因是安全方面的考虑。选择控制时用能保证生产安全的信号作为送往调节阀的输出值，如采用低值选择器，则意味着低值信号为安全信号，即使在失电或其他故障情况下，输出值为零显然能满足安全需要。同时，与调节阀的气开、气关方式选择也正好对应，当调节器输出为零时，系统能保证安全。

（二）调节器调节规律的选择和参数整定

由于对正常调节器的控制精度要求较高，调节规律的选择和前面讲的单回路定值控制系统一样，一般情况下采用 PI 调节作用，若被控对象容量滞后较大，可引入一定的微分；而取代调节器在多数情况下处于开环待命状态，只有在出现故障时，用它作为暂时性的措施，因此一般选 P 调节作用就可以了，但当对极限值要求严格时，也可采用 PI 调节作用。

对调节器参数整定时，两个调节器的参数都可以按照前面讲过的单回路控制系统的整定方法进行。由于取代调节器是为了安全、避免事故发生，所以对取代调节器的要求是一旦投入工作，控制作用要强、速度要快，因此取代调节器的比例度 δ 应整定的较小，积分时间 T_i 也应较短，以便产生及时的保护作用。

（三）调节器的防积分饱和

选择器接在调节器与执行器之间的选择性控制系统中，总有一台调节器处于开环状态，若这台调节器具有积分作用，则会产生积分饱和。

这里所说的积分饱和是指在选择性控制系统中，当其中的一个调节器或两个调节器都采用 PI 调节作用时，则在一个调节器被另一个调节器切换后，偏差显然存在，而且会存在一段较长的时间，这个调节器将出现积分饱和现象，下一次的切换将不能及时进行。

目前防止积分饱和主要有三种方法。

（1）限幅法。该方法是采用高低值限幅器将调节器积分反馈信号限制在某个区间。

（2）积分切除法。该方法是将调节器的积分作用在开环情况下暂时自动切除，使其仅具有比例作用。

（3）外反馈法。调节器在开环情况下，不再使用它自身的信号作积分反馈，而是采用合适的外部信号作为积分反馈信号，从而也切断了积分正反馈，防止了进一步的偏差积分作用。

外反馈法防积分饱和的选择性控制如图 8-59 所示。

由图 8-59 可看出，外反馈法的积分反馈信号取自选择器的输出，当调节器 $G_{T2}(s)$ 处于工作状态时，选择器 S 的输出信号就是调节器 $G_{T2}(s)$ 的输出信号，所以调节器 $G_{T2}(s)$ 仍保持 PI

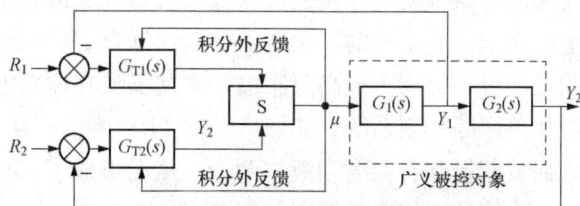

图 8-59　外反馈法防积分饱和的选择性控制

调节作用；而对调节器 $G_{T1}(s)$ 而言，则处于开环状态，其积分的外反馈信号是调节器 G_{T2} (s) 的输出，是与调节器 $G_{T1}(s)$ 的偏差无关的变量，只能作为调节器 $G_{T1}(s)$ 输出的一个偏值信号，此时调节器 $G_{T1}(s)$ 只有比例调节作用，而无积分作用，从而避免了积分饱和现象。反之亦然，有效地防止了两个调节器的积分饱和。

四、选择性控制系统的应用举例

以液态氨蒸发冷却器控制系统为例，其控制系统示意如图 8 - 60 所示。

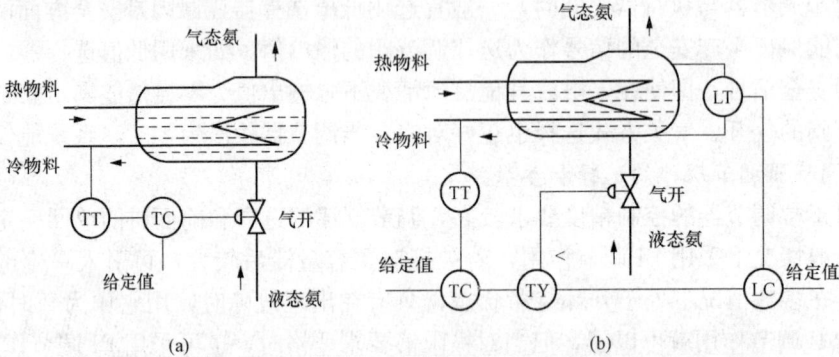

图 8 - 60   液态氨蒸发冷却器控制系统示意

（a）正常工况下的单回路定值控制系统；（b）增加一个防氨液位超限的取代单回路控制系统

TY—低值选择器；TT—温度变送器；TC—温度调节器，LT—液位变送器，LC—液位调节器

液态氨蒸发冷却器是工业生产中用的很多的一种换热设备，它利用液态氨的蒸发吸取大量的气化热，来冷却流经管内的被冷却物料。工艺上要求被冷却物料的出口温度稳定为某一定值，所以将被冷却物料的出口温度作为被调量，以液态氨的流量为调节量，构成正常工况下的单回路定值控制系统，如图 8 - 60（a）所示。

从安全角度考虑，调节阀选用气开式，温度调节器选择正作用方式。当被冷却物料的出口温度升高时，调节器的输出增大，调节阀门开度增大，液态氨流量增大，从而有更多的液态氨气化，使被冷却物料的出口温度下降。这一控制方案实际上是基于改变换热器列管淹没在液态氨中的多少，以改变传热面积来达到控制温度的目的。在正常工况下，调节液态氨流量使被冷却物料的出口温度得到控制，而液位在允许的一定范围内变化。

如果突然出现异常工况，假设有杂质油漏入被冷却物料管线，使导热系数下降，原来的传热面积不能带走同样多的热量，只有使液位升高，加大传热面积。当液位升高到全部淹没换热器的所有列管时，传热面积已达到极限，出口温度仍没有降下来，温度调节器会不断地开大调节阀门，使液位继续升高，这时就可能带来生产事故。这是因为汽化的氨是要回收重复使用的，氨气将进入压缩机入口，若氨气带液，液滴会损坏压缩机叶片，因而液态氨蒸发器上部必须留有足够的汽化空间，以保证良好的汽化条件。为了保持足够的汽化空间，就要限制氨液位不得高于最高限制值，为此需要在原有温度控制基础上，增加一个防氨液位超限的取代单回路控制系统，如图 8 - 60（b）所示。从工艺上看，调节量只有液态氨的流量一个，而被调量却有温度和液位两个，从而形成了对被调量的选择性控制系统。

该系统的工作原理框图如图 8 - 61 所示。

控制系统工作的逻辑规律为在正常工况下，由温度调节器 $G_{TT}(s)$ 操纵液氨流量调节阀

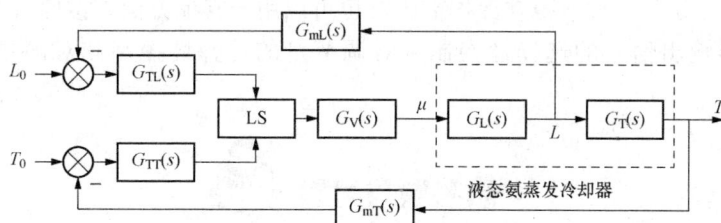

图 8-61　液态氨蒸发冷却器的控制系统框图

$G_{TL}(s)$ —液位调节器；$G_{TT}(s)$ —温度调节器；LS—低值选择器；$G_V(s)$ —执行器的传递函数；$G_L(s)$ —液态氨
流量与液态氨液位之间的传递函数；$G_{mL}(s)$ —液位变送器的传递函数；$G_T(s)$ —液态氨液位与被冷却物料出口温度
之间的传递函数；$G_{mT}(s)$ —温度变送器的传递函数

门进行温度控制，而当出现异常工况，引起氨的液位达到高限时，被冷却物料的出口温度即使仍偏高，但此时温度的偏离暂时成为次要因素，而保护氨压缩机不致损坏上升为主要矛盾，于是液位调节器 $G_{TL}(s)$ 应取代温度调节器 $G_{TT}(s)$ 工作。待引起生产不正常的因素消失，液位恢复到正常区域，此时又应恢复温度调节器 $G_{TT}(s)$ 的闭环运行。

当气源中断时，为了使氨蒸发冷却器的液位不致因过高而满溢，则应选用气开调节阀，相应地，温度调节器 $G_{TT}(s)$ 应选用正作用方式，而液位调节器 $G_{TL}(s)$ 选用反作用方式。选择器 LS 的选择取决于"超驰"作用的调节器。由于液位调节器 $G_{TL}(s)$ 为反作用，当测量值超过设定值时，调节器输出信号会减小。该信号减小后，要求被选择器选中，显然该选择器应为低值选择器。

温度调节器 $G_{TT}(s)$ 的调节作用选择与参数整定均与常规情况相同；而对"超驰"功能的液位调节器 $G_{TL}(s)$，为了取代及时，它的调节作用应选 P 作用，且参数整定应使控制作用较常规情况强烈，一般采用较窄的比例度。

本 章 小 结

本章学习了比值、纯迟延、解耦、均匀、分程、选择性控制系统的原理、结构及应用。这些系统都是在单回路和串级控制系统的基础上为了满足生产过程控制的要求而发展起来的。

比值控制系统是为满足工艺上要求两种或两种以上物料流量保持一定比例关系而设置的，主要有开环比值控制、单闭环比值控制、双闭环比值控制和变比值控制系统。

史密斯预估器是改善纯迟延控制系统控制品质的有效方法之一，它是一种以模型为基础的预估器补偿控制方法，它使被延迟的被调量超前反馈到调节器，使调节器提前动作。

本章分析了多变量的耦合结构与关联特性。给出了相对增益矩阵的概念与计算方法，介绍了四种常用的多变量串联解耦设计方法，即对角矩阵解耦法、单位矩阵解耦法、三角矩阵解耦法和前馈补偿解耦法。

本章对均匀控制如何解决前后设备在物料供求上矛盾的原理进行了介绍，归纳了均匀控制的特点，介绍了简单、串级及双冲量均匀控制系统的构成和工作过程。

分程控制系统是一种单回路控制系统，主要用来扩大调节阀的可调范围，以提高控制系统的品质，或用来满足生产工艺上的特殊要求。

选择性控制系统是一种故障软保护措施，也可以用于其他方面。按照对不同变量的选择可分为对调节器输出信号的选择性控制、对调节量的选择性控制和对测量信号的选择性控制。

思考题与习题

1. 比值控制系统的结构形式有哪几种？对应的工艺流程图和控制原理示意如何画？
2. 比值控制系统的主动、从动流量的选择原则是什么？
3. 有无开方器对比值控制系统有什么影响？
4. 比值 K 和比值系数 K' 有何不同？怎样将比值换成比值系数？
5. 采用相除方案与采用相乘方案组成的比值系统有什么不同之处？各有什么特点？

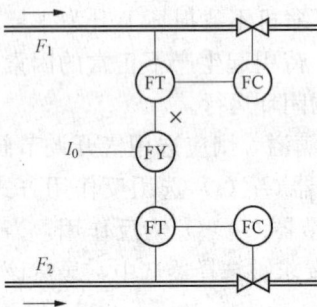

图 8-62 双闭环比值控制系统

6. 一个比值控制系统，F_1 变送器量程为 $0\sim8000\mathrm{m}^3/\mathrm{h}$，$F_2$ 变送器量程为 $0\sim10\,000\mathrm{m}^3/\mathrm{h}$，流量经开方后再用气动比值器或用气动乘法器时，若保持 $F_2/F_1=K=2.1$，问比值器和乘法器上的比值系数 K' 应设定为何值？

7. 若比值 $K=F_2/F_1=4$，$F_{2\max}=6000\mathrm{kg/h}$，$F_{1\max}=2000\mathrm{kg/h}$，当流量测量不加开方器，试计算比值系数 K'。这时系统会出现什么问题？应如何解决？

8. 有一双闭环比值控制系统，如图 8-62 所示。若采用 DDZ-Ⅲ型仪表和相乘方案来实现。已知 $F_{1\max}=7000\mathrm{kg/h}$，$F_{2\max}=4000\mathrm{kg/h}$。试求：

(1) 画出系统框图。

(2) 若已知 $I_0=18\mathrm{mA}$，求该比值系统的比值 $K=$？比值系数 $K'=$？

(3) 待该比值系统稳定时，测得 $I_1=10\mathrm{mA}$，试计算此时 $I_2=$？

9. 什么是史密斯预估控制？画出史密斯预估控制系统结构框图。

10. 已知被控过程如图 8-63 所示。图中，U 为调节量，$G_V(s)$ 为调节阀的传递函数，F 为扰

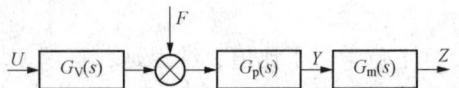

图 8-63 被控过程的框图

动，$G_p(s)$ 为被控对象的传递函数，Y 为被调量，$G_m(s)$ 为变送器的传递函数，Z 为测量值。

这里

$$G_V(s)=\frac{K_V}{T_V s+1};\quad G_p(s)=\frac{\mathrm{e}^{-\tau p s}}{T_p s+1};\quad G_m(s)=\frac{K_m}{T_m s+1}$$

(1) 画出史密斯预估控制系统结构框图（PID 调节器用一般的传递函数表示）。

(2) 假若将该系统看成单回路控制系统，试写出等效的"反馈调节器"算式。

11. 图 8-64 是一种带 $G_f(s)$ 的史密斯预估补偿控制系统。试导出系统对扰动 $D_1(s)$ 和 $D_2(s)$ 实现完全补偿的条件。图中，$G_d(s)$ 为抗扰动反馈控制器，$G_f(s)$ 为测量反馈环节，$G_C(s)$ 为主控制器，$G_p(s)$ 为被控对象线性部分的传递函数。

12. 常用的解耦设计方法有哪几种？试说明其优缺点。

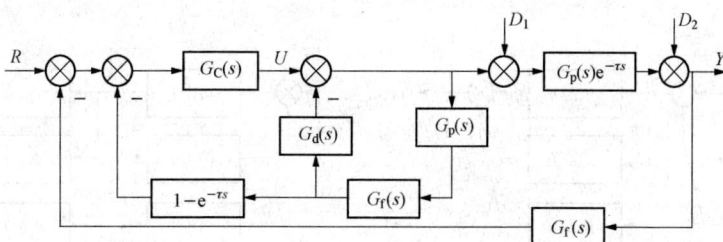

图 8 - 64　带 $G_f(s)$ 的史密斯预估补偿控制系统

13. 试述相对增益 λ_{ij} 的物理概念。

14. 相对增益矩阵有什么实用意义？

15. 什么是静态解耦？什么是动态解耦？

16. 在所有控制回路均开环的条件下，某一过程的开环增益矩阵为

$$K = \begin{bmatrix} 0.58 & -0.36 & -0.36 \\ 0.73 & -0.61 & -0 \\ 1 & 1 & 1 \end{bmatrix}$$

试求出相对增益矩阵，并选择最佳的控制回路，分析此过程是否需要解耦？

17. 现有一个三种液体混合系统，混合液流量为 Q，被控量为混合液的密度 ρ 和黏度 v，它们满足下列关系

$$\rho = \frac{au_1 + bu_2}{Q}; \quad v = \frac{cu_1 + du_2}{Q}$$

式中：u_1 和 u_2 为两个可控流量；a、b、c、d 分别为物理常数。试求系统的相对增益矩阵。若设 $a=b=c=0.5$，$d=1$，求相对增益矩阵，并对计算结果进行分析。

18. 已知一个 2×2 相关系统的传递函数矩阵为

$$G = \begin{bmatrix} g_{11} & g_{12} \\ g_{21} & g_{22} \end{bmatrix} = \begin{bmatrix} 0.3 & -0.4 \\ 0.5 & 0.2 \end{bmatrix}$$

试计算该系统相对增益矩阵，说明其变量配对的合理性，然后按静态解耦方法进行解耦，求静态解耦装置的数学模型。

19. 已知被控对象的传递函数矩阵为

$$G_p(s) = \begin{bmatrix} \dfrac{1}{(s+1)^2} & \dfrac{-1}{2s+1} \\ \dfrac{1}{3s+1} & \dfrac{1}{s+1} \end{bmatrix}$$

期望的闭环传递函数矩阵为

$$G_B(s) = \begin{bmatrix} \dfrac{1}{s+1} & 0 \\ 0 & \dfrac{1}{s+1} \end{bmatrix}$$

试设计调节器解耦环节的参数。

20. 两个双变量耦合系统如图 8 - 65 所示，设被控对象的特性 $G(s)$ 已知，求解耦环节的传递函数矩阵 $D(s)$。试比较图 8 - 65 （a）和 8 - 65 （b）两个解耦环节的复杂性，并从物

理概念上解释之。

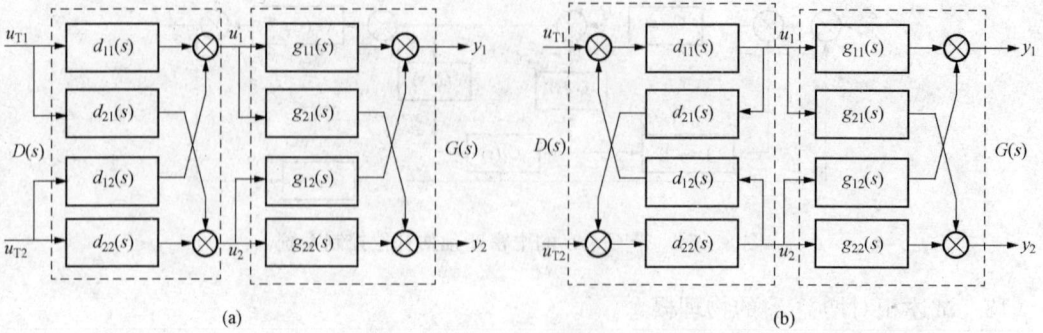

图 8 - 65　双变量耦合系统

21. 设置均匀控制的目的是什么？均匀控制系统有哪些特点？

22. 如何对均匀控制系统进行参数整定？

23. 液位均匀控制系统与纯液位控制系统有何异同点？在什么场合需要采用均匀控制？

24. 在均匀控制系统中为什么推荐采用纯比例调节器？

25. 什么是分程控制系统？何时需采用这种系统？

26. 分程控制有哪些用途？如何解决两个分程信号衔接处流量特性的折点现象？

27. 有一放热反应的化学反应釜，需要移走热量，在一般情况下用自来水作冷却剂，但在热天需要补充深井水作冷却剂。控制的要求是当自来水调节阀全开还感到去热不足时，才开启深井水调节阀，其分程控制系统如图 8 - 66 所示。

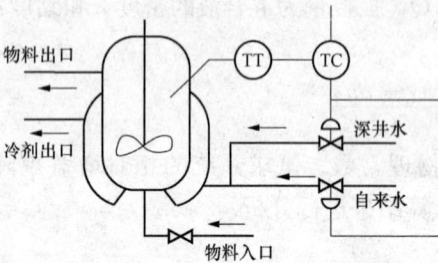

图 8 - 66　放热反应的化学反应釜分程控制系统

试确定：

（1）调节阀的气开、气关形式。

（2）调节器的正、反作用。

（3）分程区间。

28. 什么是"超驰"控制系统？何时需采用这种系统？

29. 设置选择性控制的目的是什么？有哪些类型？

30. 为什么选择性控制系统中容易出现积分饱和？如何防止积分饱和？

第九章 集散控制系统

本章主要学习实现过程控制系统的集散控制系统（Distributed Control System，DCS），它是以微处理器为基础，将计算机技术、数据通信技术、自动控制技术和图形显示技术有机结合起来形成的一种新型计算机控制系统。

第一节 集散控制系统基础知识

集散控制系统也称分布式计算机控制系统或分散控制系统。这里集散、分散或分布的基本思想是"控制分散，管理集中"，这里所指的"控制系统"实际上是一种新型"控制设备"。集散控制系统是由众多计算机分层组成的、取代控制盘台安装仪表（二次仪表）的、实现综合自动化的局域网络监控系统。

一、集散控制系统发展历程概述

集散控制系统是计算机控制技术和自动化仪表技术共同发展的产物。集散控制系统的产生和发展大约分四个阶段。

（一）20 世纪 70 年代中期

集散控制系统是 1975 年 11 月首先由美国霍尼威尔（Honeywell）公司推出的，产品型号为 TDC-2000，它标志着集散控制系统的诞生。1975～1976 年是集散控制系统发展的第一高潮，形成了第一代集散控制系统，其基本结构如图 9-1 所示。

它主要是由现场控制站、现场监测站、数据公路、CRT 操作站和监控计算机组成。现场控制站又称过程控制单元，它是由微处理器、存储器、输入/输出（I/O）（板）、A/D 和 D/A 转换器、内总线、电源和通信接口等组成，它可以控制多个回路，实现分散控制。现场监测站又称数据采集装置，它也是微型计算机结构，主要采集非控制

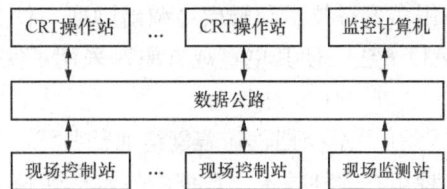

图 9-1 第一代集散控制系统的基本结构

变量以进行数据处理，并将某个采集的过程信息经数据公路送到监控计算机。CRT 操作站是由微处理器、CRT、键盘、打印机等组成的人机系统，实现集中显示、集中操作和集中管理。数据公路由通信电缆和通信软件组成，实现现场控制站、现场监测站、CRT 操作站和监控计算机之间的数据通信。监控计算机是集散控制系统的主计算机，一般采用小型计算机，具有大规模复杂运算能力，具有多输入多输出控制功能，它综合监视全系统的各个工作站，管理全系统的所有信息，实现全系统的最优控制和优化管理。

第一代集散控制系统在技术上尚存在一定的局限性，如控制单元的管理、全系统的信息处理、显示和操作管理等功能均集中于监控计算机；系统采用 8 位或 16 位微处理器；系统采用初级工业控制局域网络；系统采用专用的通信协议；有的系统还不具备顺序控制功能。

（二）20 世纪 80 年代初中期

随着微处理器运算能力的增强，超大规模集成电路集成度的提高和成本的不断降低，促进了集散控制系统的发展。20 世纪 80 年代初，集散控制系统厂家陆续推出了自己的新产品，形成了第二代集散控制系统，其基本结构如图 9-2 所示。

第二代集散控制系统的基本结构主要由局域网络（通常为环形网络或总线形网络）、现场控制站、中央操作站、主计算机、网关（网间连接器）和系统管理站等组成。第二代集散控制系统与第一代相比，进一步提高了系统的可靠性；采用了新开发的多功能过程控制站和增强型中央操作站；采用了光纤通信等，它的主要特色是在逻辑控制方面有明显的优势。

（三）20 世纪 80 年代末期

美国福克斯波罗（Foxboro）公司在 1987 年推出的 I/A Series 系统标志着集散控制系统进入了第三代，其基本结构如图 9-3 所示。

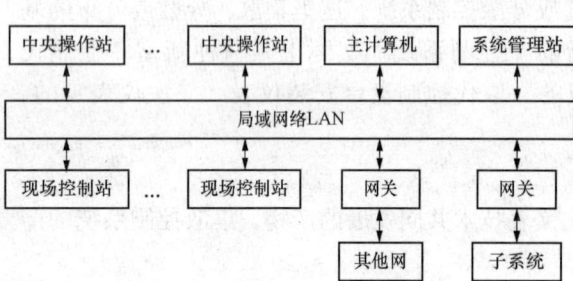

图 9-2　第二代集散控制系统的基本结构　　图 9-3　第三代集散控制系统的基本结构

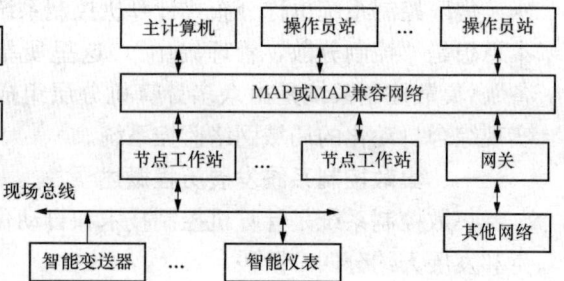

第三代集散控制系统实现开放式的系统通信；节点工作站使用 32 位微处理器，使控制功能增强，能方便地使用先进控制算法；操作员站采用 32 位微处理器，增强图形显示功能，采用多窗口技术和触摸屏调出画面，使其操作简单，操作响应速度加快；过程控制组态采用CAD 方法，使其更直观方便；采用了实时分散数据库，引入专家系统，实现自整定功能。

（四）21 世纪初期

21 世纪初期，随着网络通信技术、计算机硬件技术、嵌入式系统技术、现场总线技术、各种组态软件技术、数据库技术的快速发展，各集散控制系统厂家纷纷推出了第四代集散控制系统。第四代集散控制系统的体系结构主要分为现场仪表层、单元监控层、工厂（车间）层和企业管理层四层结构。集散控制系统厂家主要提供前三层功能，而企业管理层则提供用于连接第三方管理软件平台的开放数据接口。第四代集散控制系统充分体现信息化和集成化，是真正的混合控制系统，它包含现场总线控制系统（FCS）功能，并进一步分散化。

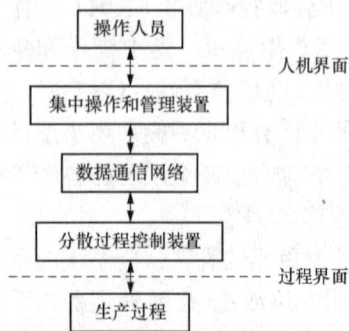

图 9-4　集散控制系统的组成

二、集散控制系统的组成

集散控制系统概括起来由分散过程控制装置、集中操作和管理装置，以及数据通信网络三部分组成，如图 9-4 所示。

（一）分散过程控制装置

分散过程控制装置是集散控制系统与生产过程之间的

接口。在分散过程控制装置内，进行模拟量与数字量的相互转换，完成控制算法的各种运算，对输入量与输出量进行有关的软件滤波及其他的一些运算。生产过程的各种变量通过分散过程控制装置转化为操作监视的数据，而操作的各种信息也通过分散过程控制装置送到生产过程。分散过程控制装置一般安装在电子间内。

（二）集中操作和管理装置

集中操作和管理装置是操作人员与集散控制系统之间的接口。操作人员通过集中操作和管理装置，了解生产过程的运行状况，并通过它发出操作指令给生产过程。集中操作和管理装置集中各分散过程控制装置送来的信息，通过监视和操作，把操作命令下送各分散过程控制装置。信息用于分析、研究、打印、存储，并作为确定生产计划、调度的依据。集中操作和管理装置一般安装在单元控制室内。

（三）数据通信网络

数据通信网络用于系统的数据通信。这里所指的通信是指各级计算机、微处理机与外部设备的通信、级与级之间的通信。通信网络的作用是把分布于生产现场的多个现场控制站、数据采集站与操作员站、工程师站、管理计算机连接起来，使操作员站成为整个生产过程监视与操作的中心，同时对处于过程控制级的设备进行控制和管理。数据通信网络是分散过程控制装置与集中操作和管理装置之间完成数据传递和交换的桥梁，又称高速数据公路或高速数据通道。通信网络系统有着不同的网络结构形式。

三、集散控制系统分类

（一）按产品结构类型分类

1. 单回路控制器＋通信系统＋操作管理站

这是一种适用于中、小企业的集散控制系统结构。它用单回路控制器（或双回路、四回路控制器）作为盘装仪表，信息的监视操作由操作管理站或仪表面板实施，有较大灵活性和较高性价比。

2. 可编程逻辑控制器（PLC）＋通信系统＋操作管理站

这是一种在制造业广泛应用的集散控制系统结构。尤其适用于有大量顺序控制的工业生产过程。

3. 分散过程控制站＋高速数据公路＋操作站

这是第一代集散控制系统的典型结构。经过对操作站、过程控制站、通信系统性能的改进和扩展，系统的性能已有较大提高。

4. 分散过程控制站＋局域网＋信息管理系统

这是第二代集散控制系统的典型结构。由于采用局域网技术，使通信性能提高，联网能力增强。

5. 模件化控制站＋与 MAP 兼容的宽带、载带局域网＋信息综合管理系统

这是第三代集散控制系统的典型结构。作为大系统，通过宽带和载带网络，可在很广的地域内应用。通过现场总线，系统可与现场智能仪表通信和操作，它是开放的、互连的和互操作性的系统，它将成为集散控制系统的主流结构。

（二）按实际应用中的结构类型分类

1. 工业级微机＋通信系统＋操作管理机

工业级微机用作多功能多回路的分散过程控制装置，相应的软件由软件厂商开发。

2. 单回路控制器＋通信系统＋工业级微机

工业级微机作为操作管理站使用，它的通用性较强，软件可自行开发，相应的管理、操作软件也有产品，可购买。

3. 可编程控制器（PLC）＋通信系统＋工业级微机

适用于以顺序控制为主的场合。

4. 工业级微机＋通信系统＋工业级微机

工业级微机各有不同的功能，前者作为分散过程控制装置，后者作为操作管理装置。相应的机型，容量等也可以有所不同。

5. 智能前端＋通信系统＋工业级微机

这是一种简易而较通用的集散控制系统结构。

四、集散控制系统特点

与常规模拟控制仪表及一般计算机控制系统相比，集散控制系统具有以下特点。

（一）硬件设备积木化

集散控制系统采用分层次的积木式结构。在数据通信网络层，可按照用户需要配置若干现场控制站、操作员站、工程师站等系统部件，每个部件内部又可配置若干具有不同功能的标准化组件，无需内部连线。整个硬件系统的配置具有很大的灵活性，便于用户分批分步地扩展自己的系统，以构成更为完善、功能更强的计算机控制与管理系统。

（二）软件系统模块化

集散控制系统为用户提供了丰富的功能软件，极大地减少了用户进行软件开发的成本，这些功能软件主要包括控制软件、操作显示软件、报表打印软件、系统管理软件等，并提供至少一种过程控制语言，供用户开发高级应用软件。

（三）分级递阶控制

集散控制系统是分级递阶控制系统，它在垂直方向和水平方向都是分级的。最简单的集散控制系统至少在垂直方向分为两级，即操作管理级和过程控制级。在水平方向上各个过程控制级之间是相互协调的分级，它们把数据向上送达操作管理级，同时接收操作管理级的指令，各个水平分级间相互也进行数据的交换。集散控制系统的规模越大，系统垂直和水平分级的范围也越广。

（四）全方位分散控制

分散是针对集中而言的，这里分散含义不单是分散控制，它还包含人员分散、地域分散、功能分散、危险分散、设备分散及操作分散等，分散的目的是为了使危险分散，提高设备的可利用率。

（五）自治和协调性

集散控制系统各级组成部分是相互独立的自治系统，它们各自执行各自的功能，相互间又有联系，数据信息相互交换，各种条件相互制约。分散的基础是被分散的系统应是自治的系统。分级递阶的基础是被分级的系统是相互协调的系统。在集散控制系统中，各个分散的自治系统是在统一集中管理和协调下各自分散工作的。

（六）功能齐全，算法丰富

集散控制系统充分利用和发挥了计算机的优势，把过程控制与监视操作以至管理融为一体，可实现生产过程的综合自动控制。在过程控制方面不仅可以构成单回路控制系统，而且可以构成分级控制、多变量解耦控制、协调控制等高级控制系统。既可以实现连续调节，也可以实现顺序控制、逻辑保护等控制方式。这些控制功能的实现无需增加特殊的专门仪表，只需适当选择不同功能的算法模块进行组态（软连接）即可。

（七）技术先进，可靠性高

集散控制系统具有比其他常规控制仪表更高的可靠性，完全满足工业控制对可靠性的要求。集散控制系统采用先进的、高质量的大规模或超大规模集成电路，在确保选用质量可靠元件的基础上，大幅度减少元件数量；集散控制系统采用冗余和自诊断技术，使系统的关键硬件双重化配置，使系统的软件具有故障检测、诊断、处理、指令回执等功能；集散控制系统采用表面安装技术，提高硬件设计和制造的可靠性，最大限度地降低硬件故障率；集散控制系统采用"电磁兼容性"设计，提高了系统的抗干扰能力。

（八）界面友好，使用方便

集散控制系统的设计充分考虑了用户维护使用的方便性。在使用方面，无论系统的组态、调整、修改，都十分简便，操作人员借助十分直观、丰富的各类画面，进行监视与操作，而无需监视大量的常规仪表，劳动强度大大降低。由于各种功能组件种类相对较少，备品备件易于准备。通过自诊断技术，使系统的维护与恢复十分方便。许多系统能够对控制系统设备进行集中监视和诊断，就地面板也设置有状态指示灯，插件允许带电插拔。

第二节　集散控制系统数据通信系统

集散控制系统是由若干个过程控制站、操作管理站等子系统组成的，对应的各子系统都是以微处理器为基础的智能设备，各子系统之间都需要进行信息的交换。这些信息交换是通过数据通信系统实现的，而集散控制系统的通信系统是采用计算机网络中的局域网络（LAN）实现的。

一、数据通信基本概念

（一）数据通信系统的基本组成

数据是由计算机处理的数字、字母和符号等具有一定意义的实体。数据通信是一种通过计算机与通信线路相结合，完成编码信息的传输、转接、存储和处理的通信技术。最简单的数据通信系统如图 9-5 所示。

图 9-5　最简单的数据通信系统

从图 9-5 可看出，最简单的数据通信系统包括通信控制部件、收发器或调制解调器及信道。通信控制部件负责链路控制、同步、差错控制、计算机内部的代码与通信编码之间的转换、信号的传输与接收；收发器或调制解调器是一个以信息的发送、收集、分配和转存为目的的数据传输子系统，只负责数据准确无误地传送，不涉及对数据信息的加工处理；信道是信息传输通道，它包括传输介质和中间通信设备，其功能是为信息传输提供必要的路径。

（二）数据通信中的传输技术

1. 基带传输

直接将二进制数字信号以原样进行传输，对信号未做任何调制，称为基带传输。基带传输中传送的是一系列方波电脉冲信号。

2. 载带传输

在一条物理信道上，把要传送的一路数字信号"骑"在另一种载波信号上进行传送，称为载带传输。载带传输中传送的是一路具有载波频率的连续电信号。把数字信号"骑"到载波上称为调制，把数字信号从载波上卸下来称为解调。常用的调制方式有调幅方式、调频方式和调相方式。执行调制与解调任务的设备称为调制解调器（MODEM）。调幅方式是用原始基带脉冲信号控制载波的振幅变化，又称为振幅键控（ASK）。调频方式是用原始基带脉冲信号控制载波的频率变化，又称为频率键控（FSK）。调相方式是用原始基带脉冲信号控制载波的相位变化，又称为相位键控（PSK）。

3. 宽带传输

在一条物理信道上传送多路数字信号，使每种要传送的数字信号"骑"在指定频率的载波信号上，用不同频段进行多路数字信号的传送称为宽带传输。这种传送技术又称为"多路复用技术"。宽带传输中传送的是几路不同频率的连续电信号。多路复用技术分为频分多路复用（FDM）技术、时分多路复用（TDM）技术、码分多路复用（CDM）技术。频分多路复用（FDM）技术是把信道的频谱分割成若干条互不重叠的小频段，每条小频段作为一条子信道，而且相邻频段之间留有一空闲频段，即使发送的时间重合，但各自的频带严格区分，以保证数据在各自频段上可靠地传输。时分多路复用（TDM）技术是把信道的传输时间分割成许多时间段，当有多路信号准备传输时，每路信号占用一个指定的时间段，在此时间段内，该路信号占用整个信道进行传输。为了在接收端能够对传输信号进行正确的分离，收、发两端的时序必须严格同步，否则将造成信号间的混淆。码分多路复用（CDM）技术是指各站所发的信号在结构上各不相同并且相互具有准正交性，以区别地址，而在频率、时间、空间上都可能重叠。这时站的划分和识别是根据各站的码型结构的不同来实现的。

（三）数据通信中的通信方式

1. 按数据位的传输方式分类

（1）并行传输方式。在数据传输时，如果一个数据编码字符的所有各位都同时发送，并排传输，又同时被接收，则将这种传输方式称为并行传输方式。并行传输方式要求物理信道为并行内总线或并行外总线。

（2）串行传输方式。在数据传输时，如果一个数据编码字符的各位不是同时发送，而是按一定顺序，一位接着一位在信道中被发送与接收，则称为串行传输方式。串行传输方式要求物理信道为串行总线。

2. 按信息的传输方向分类

（1）单工传输方式。信号（不包括联络挂钩信号）在信道中只能沿一个方向传送，不能沿相反方向传送的工作方式称为单工传输方式。计算机向显示器传送数据就采用单工传输方式。

（2）半双工传输方式。通信双方均具有发送与接收信号的能力，信道也具有双向传输性能，但是通信的任何一方都不能同时既发送信息又接收信息，即在指定时刻只能沿某一个方向传送信息，这种工作方式称为半双工传输方式。半双工传输方式大多采用双线制。大多数计算机之间或计算机与终端之间都按这种通信方式工作。

（3）全双工传输方式。信号在通信双方之间能沿两个方向同时传送，任何一方在同一时刻既能发送又能接收信息，这种工作方式称为全双工传输方式。全双工传输方式大多采用四线制。

3. 按连接方式分类

（1）总线连接的通信方式。该方式是将两台计算机的总线通过缓冲转换器直接相连。其采用的通信协议和通信速度由计算机的种类决定，波特率可达兆级。

（2）调制/解调连接的通信方式。该方式是将计算机输出的数据经并/串转换后再进行调制，然后在双芯传送线上发送，而接收端的计算机首先对收到的信息进行解调，然后经过串/并转换，使数据复原。

（3）过程 I/O 连接的通信方式。该方式是利用计算机的输入/输出接口的功能来传送数据。

（4）高速数据通道连接的通信方式。该方式是采用二进制串行高速传送的方式。在高速数据通信指挥器的控制下，对要通信的计算机内存进行直接存储器存取（DMA）操作，实现数据通信。

（四）数据通信中的异同步技术

1. 异步通信

异步通信是以字符为单位进行传输，每次传送一个字节的数据。在传输时允许在一个个编码字符之间有不相等的间隔与停顿。异步通信要求按异步格式进行传送，异步通信格式如图 9-6 所示。

异步通信格式的一个数据字节包括 1 位起始位，8 位数据位，最后是停止位。起始位规定为 0。8 位数据位由低位到高位顺次

| 空闲 | 起始 | D0 | D1 | … | D6 | 奇偶 | 停止 | 空闲 |

图 9-6 异步通信格式

发送，前 7 位（D0～D6）组成一个编码字符，第 8 位为奇偶校验位。停止位可以选择 1 位、1.5 位、2 位。这样形成的异步格式数据字可以是 10 位、10.5 位或 11 位。空闲位又称传号位，空闲时间允许不等，空闲位呈"1"状态。

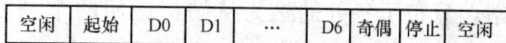

2. 同步通信

所谓同步是指接收端按照发送端所发送每个字符的起止时间来接收数据，即接收端和发送端的动作要在时间上取得一致。在同步通信中，信息不是以字符为单位传输而是以数据块为单位传输，每次传送 n 个字节的数据块。一个数据块内包含有若干个连续的字符，在字符之间没有空闲。若没有字符发送，则应插入同步字符，以确保各字符间的时间间隔相等。同步通信要求采用同步格式传送数据。同步格式分为面向字符的同步格式和面向比特的同步格式，如图 9-7 所示。图中，SYN 为同步字符，SOH 为信息头，STX 为正文开始，ETX 为正文结束，CRC 为循环检验码，FCS 为帧检验序列。

二、集散控制系统通信网络

（一）通信网络的概念

通信网络是集散控制系统的信息传输系统。多层次集散控制系统可在不同的网络层次采用不同的拓扑结构和控制方法。根据网络中站与站之间距离远近，通信网络分为三大类。

SYN	SYN	SOH	信息标题	STX	信息	ETX	CRC	CRC

(a)

SYN	地址	控制	信息	FCS	SYN

(b)

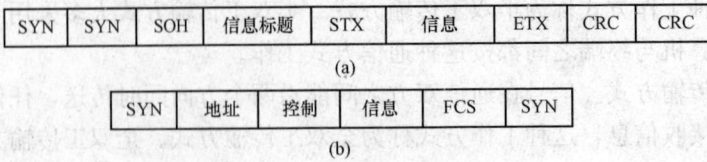

图 9-7　同步通信格式

(a) 面向字符的同步格式（双同步）；(b) 面向比特的同步格式（单同步）

1. 紧耦合网络

紧耦合网络又称为多处理器系统，这种网络是通过计算机内部总线实现站与站之间通信的。

2. 局域网络

局域网络（local area network，LAN）又称局部网络或局域网。这种网络利用双绞线或同轴电缆或光纤实现站间连接，站与站之间的距离在几公里范围之内。

3. 广域网络

广域网络（wide area network，WAN）又称远程网络，这种网络采用光纤、电话线或无线信道实现站间连接，网络覆盖的地理范围很大，一般在几公里以上。

（二）通信网络的拓扑结构

在通信网络中拓扑是指网络中站或节点相互连接的方法，拓扑结构就是网络节点互连的方式。集散控制系统的通信网络通常为星形、总线形、环形和树形。

1. 星形网络结构

星形网络结构示意如图 9-8 所示。网络中的各站有主、从之分。处于中心位置的站为主站，分布于各处的站为从站，任何两个站之间的通信都必须通过主站，主站轮流查询从站，从站只能响应查询。

2. 总线形网络结构

总线形网络结构示意如图 9-9 所示。它以一条开环的无源通信电缆作为通信通道，称为总线，所有的站都通过相应的硬件接口挂到总线上。各站的功能可以有主从之分，也可以不分主从。

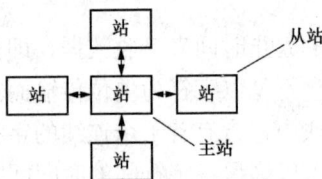

图 9-8　星形网络结构示意　　　　图 9-9　总线形网络结构示意

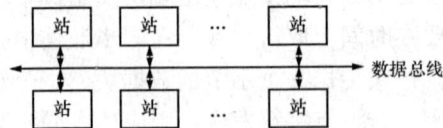

3. 环形网络结构

环形网络结构示意如图 9-10 所示。

各个站都通过各自的接口电路挂到一个首尾相连的环形总线上。环形网络结构下的通信控制不采用集中控制（主站控制）方式，而是由网上各个站平等地行使通信权。信息在网上的传递总是从始发站（顺时针或逆时针方向）开始，沿环形网络单向或双向传输。网上的每个站都要承担信息的接收、放大、再传递的任务。当站出现故障时，能自动旁路信息，而不影响信息的传递。

4. 树形网络结构

树形网络结构示意如图 9-11 所示。在树形网络中，主站又称为树根站，由树根站开始向下分级的各从站又称为树枝站或树叶站。树形网络结构的数据流通是分级组成的，即从树根站开始分级向下连接。

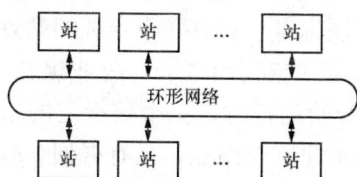

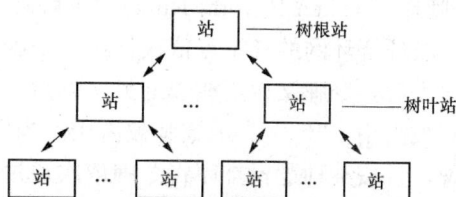

图 9-10　环形网络结构示意　　　　图 9-11　树形网络结构示意

除上述四种基本结构外，还有网形结构和复合形结构。从目前所推出的集散控制系统来看，几乎全部采用总线形、环形或星形网络结构。

（三）通信网络的信息传输控制技术

通信网络的信息传输控制技术又称为介质访问技术。通信网络上各站之间传输信息必须依靠适合于不同网络结构的信息传输控制技术。

1. 查询方式

这种方式适用于具有主站的星形网络结构，处于网络中的主站就是一个网络控制器，对网络行使控制作用，它按次序查询各从站是否需要通信，需要发送信息的从站把信息送给主站，再由主站把信息发送给需要的其他从站。当网络中同时有多个从站要发送信息时，网络控制器则根据各从站的优先级别，安排发送顺序。

2. 广播方式

这是一种无主站控制的通信方式。在同一时间内，网络上只有一个站发送信息而其他站收听信息，参加网络通信的所有站都处于平等地位。在这种通信方式中，通信的原站通过网络向外发送自己的信息，即占用传输线路。如果在同一时刻有多个原站发出信息，即发生抢占传输线路的冲突，则必须按一定协议方式协调这种冲突。广播方式适用于总线形和环形网络结构。广播方式可分为自由竞争方式和通行标记方式两种。

（1）自由竞争方式。自由竞争方式又称载波检测多路存取/冲突检测方式（CSMA/CD）。自由竞争方式是指任何一个站可以随时广播报文或信息包，并为其他站所接收，当某个站识别到报文上的接收站名（目的地）与本站名相符时，便将报文接收下来。自由竞争方式的工作原理是当某一站点要发送信息时，首先要侦听网络中有无其他站点正发送信息，若没有则立即发送；否则，即网络中已有某站点发送信息（信道被占用），该站点就需等待一段时间，再侦听，直至信道空闲，开始发送。

在自由竞争方式中，需解决信道被占用时等待时间的确定和信息冲突两个问题。确定等待时间的方法是当某站点检测到信道被占用后，继续检测下去，待发现信道空闲时，立即发送，或者当某站点检测到信道被占用后，就延迟一个随机时间，然后再检测。重复这一过程，直到信道空闲，开始发送。解决信息冲突检测的方法是当某站点开始占用网络信道发送信息时，该站点再继续对网络检测一段时间，也就是说该站点一边发送一边接收，且把收到的信息和自己发送的信息进行比较，若比较结果相同，说明发送正常进行，可以继续发送；若比较结果不同，说明网络上还有其他站点发送信息，引起数据混乱，发生冲突，此时应立即停止发送，等待一个随机时间后，再重复以上过程。

(2) 通行标记方式。通行标记方式又称令牌传递方式，分令牌环 (Token Passing Ring) 和令牌总线 (Token Passing Bus) 两种。

1) 令牌环 (Token Passing Ring)。令牌环 (Token Passing Ring) 是指有一个被称为令牌的信息段环绕环网的各站点依次传送。令牌是控制标志，只有获得令牌的站点才能发送信息，发送完后，令牌又传给相邻的另一站点。令牌有"空"和"忙"两种状态。"空"表示令牌没有被占用，"忙"表示令牌被占用。当网络开始运行时，一个被指定的站点产生一个空闲令牌，且按某种逻辑排序将令牌依次通过网上的每一个站点，只有得到令牌的站点才有权控制和使用网络，即有权向网上发送信息，此时其他站只能接收信息。某个站接到传给自己的令牌后，如果令牌为"空"，则首先把令牌置为"忙"，并置入发送信息、原站名、目的站名等信息段，然后将其送上环网。令牌沿环网运行一周再回到原站时，传送信息已被目的站取走，再把令牌置成"空"，送上环网继续传送，以便其他站使用。在令牌的传递过程中，任何站点若已发送（接受）完信息，或无信息发送（接收），或持有令牌时间到，将自动把令牌传送给下一站点。

2) 令牌总线 (Token Passing Bus)。令牌总线 (Token Passing Bus) 方式是人为给各站点规定一个顺序（例如，可按各站点号的大小排列），即逻辑环。逻辑环中的控制方式类似于令牌环。不同的是在令牌总线中，信息可以双向传送，任何站点都能"听到"其他站点发出的信息，为此站点发送的信息中要有下一个要控制的站点地址。由于只有获得令牌的站点才可发送信息（此时其他站点只收不发），因此该方式不需要检测冲突就可以避免冲突。

自由竞争、令牌环和令牌总线三种访问控制方式的比较见表 9 - 1。

表 9 - 1 三种访问控制方式比较

广播方式	自由竞争	令牌总线	令牌环
低负载	好	差	中
高负载	差	好	好
短 包	差	中	中
长 包	中	差	好

3. 存储转发方式

存储转发方式是一种允许网上所有站都能同时发送和接收信息的方式。这种方式的每个站点可以随时向自己相邻的下一个站点发出信息，包括原站、目的站地址在内。相邻站点接收这些信息并存储起来，等到自己的信息发送完毕，再对接收到的信息进行识别，如果不是目的站点，则对信息进行放大，继续发往相邻的下一个站点，直到该信息到达目的站，就在该信息段上加上接收确认信息，如果检查信息出错，则加上否认信息，之后继续向下一站点发送，直至重新回到原站点，原站点若收到的是确认信息，则表明此次传输成功，去掉该段信息，可以发送下一信息，如果收到的是否认信息，则需要重新发送，可见在这种通信控制协议下，网络中各站之间任一时刻传输的信息是不同的，每一个站在通信网络中起到中继站的作用。

三、集散控制系统差错控制技术

(一) 差错与类型

集散控制系统的通信网络及各站点主要分布在一个局部区域内。由于来自信道内部和外部的干扰与噪声的影响，在数字信号的传输过程中将不可避免地引起信息传输错误，使接收端收到的信息与发送端发出的信息不一致，即产生传输差错。根据差错的特征，差错分为随机差错和突发差错。

1. 随机差错

随机差错主要是由传输介质或放大电路中电子热运动产生的白噪声引起的。随机差错的特征是随机的、独立的，即二进制数据的某一位出错与它前后的位是否出错无关。

2. 突发差错

突发差错主要是由外界冲击噪声所致。冲击噪声的持续时间可能相当长，幅度可能相当大，可以影响相邻的多位数据。突发差错的特征是成片出现，即二进制数据的某一位出错受到前后位的影响。

(二) 传输的可靠性

传输的可靠性与传输速度密切相关。传输速度越快，每位所占用的时间越短，其波形越窄，所含有的能量就越少，抗干扰能力就越差，可靠性就越低。通常传输的可靠性用误码率来表示。误码率是衡量通信信道质量的一个重要参数，其定义是二进制位在传输过程中被传错的概率。若传输二进制位的总数为 N，被传错的位数为 N_c，则误码率 P_c 为

$$P_c = \frac{N_c}{N} \tag{9-1}$$

一般要求误码率低于 10^{-9}。对于工业过程控制中应用的集散控制系统，由于其实际传输速度更高，可靠性和数据完整性的要求也更高，其误码率要求更低，应低于 3×10^{-15}。

(三) 降低误码率的措施

为降低通信系统的误码率、提高数据传输的准确度，保证传输质量，通常采用以下技术措施。

1. 通过改善系统中通信网络及各站点的电气性能和机械性能来降低误码率

这种措施有一定限度，往往受到经济和技术上的制约，过于苛求网络性能，不仅难以使误码率降至所要求的水平，而且必然导致各站点的结构复杂化，使成本增加。

2. 在误码率不够理想的情况下，由接收端检验误码，然后设法纠正误码

这种措施就是差错控制技术，是降低误码率常采用的措施。差错控制技术包含两个基本内容，即误码检验和误码纠正，其相应的检验和纠错的技术方法也较多。

(四) 误码检验方法

1. 奇偶校验方法

奇偶校验方法是一种以字符为单位的校验方法，即一个字符校验一次。这种校验方法首先将所要传输的信息按字符进行分组，并在每组（每个字符）信息后面加上一个奇偶校验位（冗余码）构成码字。奇偶校验位可以是 0 或 1，其作用是保证码字中为"1"的个数为奇数或偶数。如果码字中为"1"的个数为奇数，则该码字称为"奇校验码"；如果码字中为"1"的个数为偶数，则该码字称为"偶校验码"。

　　例如，对于 ASCⅡ码，每一个字符都是由 7 位二进制数组成。为使之传输时具有检错能力，应在该字符的 7 位信息码后加上一个校验位。

　　若采用奇校验，发送端必须保证传送字节中"1"的个数为奇数；若 7 位信息码中"1"的个数不为奇数，则必须用校验码补足为奇数，此时校验位为"1"。

　　若采用偶校验，发送端必须保证传送字节中"1"的个数为偶数；若 7 位信息码中"1"的个数不为偶数，则必须用校验码补足为偶数，此时校验位为"1"。

　　发送端按照上述奇（偶）校验编码后，以字节（$b_0 \sim b_7$）为单位发送，接收端则对收到的每个字节进行奇（偶）校验，其校验规则为

奇校验
$$\sum_{i=0}^{6} b_i + b_7 = 1 \tag{9-2}$$

偶校验
$$\sum_{i=0}^{6} b_i + b_7 = 0 \tag{9-3}$$

式中：b_7 为校验位；b_i 为传送字符的位。

　　加法运算采用模 2 加规则，即

$$0+0=0 \quad 0+1=1 \quad 1+0=1 \quad 1+1=0$$

　　如果发送端发送的字节为奇校验码，接收端收到的字节经校验满足式（9-2），则传输正确，否则传输错误；如果发送端发送的字节为偶校验码，接收端收到的字节经校验满足式（9-3），则传输正确，否则传输错误。

　　2. 循环冗余校验方法

　　循环冗余校验是基于系统循环码的误码检验方法，是应用最为广泛、纠错能力很强的一种误码检验方法。

　　（1）线性分组码。设需要发送的信息为二进制信息码，信息码的字长为 k 位，则 k 位信息码有 2^k 个组合；若在信息码后按照某种规则附加 r 位冗余码，可构成字长为 $k+r=n$ 位的码字，那么 n 位码字会有 2^n 个组合。在这 2^n 个码字中存在着 2^k 个不同的码字集合，这个集合称为"分组码"，记为（n, k）。如果附加冗余码的规则是冗余码中的每一位都是由 k 个信息码中的某几位线性模 2 加，则由此所得的分组码称为"线性分组码"。

　　（2）循环码的定义。设有一个（n, k）线性分组码 C，若其中一个码字

$$V = (b_{n-1} b_{n-2} b_{n-3} \cdots b_0) \tag{9-4}$$

将 V 循环右移 1 位所得的码字

$$V^{(1)} = (b_0 b_{n-1} b_{n-2} \cdots b_1) \tag{9-5}$$

还是 C 的一个码字；同样将 V 循环右移 i 位所得的码字

$$V^{(i)} = (b_{i-1} b_{n-1} b_{n-2} \cdots b_i) \tag{9-6}$$

仍然是 C 的一个码字，那么该线性分组码 C 称为循环码。

　　为研究问题方便，通常以码字中的每一位作为系数构成一个码多项式，例如码字为 $V = (b_{n-1} b_{n-2} b_{n-3} \cdots b_0)$，其码多项式是

$$V(x) = b_{n-1} x^{n-1} + b_{n-2} x^{n-2} + b_{n-3} x + \cdots + b_0 \tag{9-7}$$

即每一个码字都有一个小于或等于（$n-1$）次的码多项式与之对应。

　　码多项式的运算规则是乘法运算与一般多项式相同，加或减运算遵循模 2 加运算法则。

　　定理　在一个（n, k）循环码中，存在唯一的一个阶次最低（$n-k$）的非零码多项式

$$g(x) = x^{n-k} + g_{n-k-1}x^{n-k-1} + \cdots + g_1 x + 1 \qquad (9-8)$$

且循环码 C 中的每一个码多项式 $V(x)$ 都是 $g(x)$ 的倍式，即每一个小于或等于 $(n-1)$ 次的多项式，若为 $g(x)$ 的倍式，则它们必定是码多项式 $V(x)$。通常 $g(x)$ 称为生成多项式，其阶次等于冗余码位数。

以上定理表明，在 (n,k) 循环码中每个码多项式都可表示为

$$V(x) = m(x)g(x) \qquad (9-9)$$

其中，$m(x)$ 称为信息多项式，且有

$$m(x) = m_{k-1}x^{k-1} + m_{k-2}x^{k-2} + \cdots + m_1 x + m_0 \qquad (9-10)$$

式中：m_{k-1}，$\cdots$，m_0 分别为信息码各位的值。

由此可见，一个信息的编码等价于把信息多项式 $m(x)$ 与生成多项式 $g(x)$ 相乘。

【例 9-1】 设需要编码的信息码为 101（$k=3$），对应的信息多项式为 $m(x)=x^2+1$，若冗余码位数 $r=4$，生成多项式为 $g(x)=x^4+x^3+x^2+1$，求 $(7,3)$ 循环码。

解 根据式（9-9）有多项式

$$V(x) = m(x)g(x) = (x^2+1)(x^4+x^3+x^2+1) = x^6+x^5+x^3+1 \qquad (9-11)$$

对应的码字为 $V=(1101001)$，故所求得 $(7,3)$ 循环码为 1101001。

从［例 9-1］循环码的排列结构可看出，信息码 101 位于冗余码之间，这种循环码称为非系统循环码。

凡循环码前端为 k 位信息码，随后为 r 位冗余码的循环码称为系统循环码。在集散控制系统中，大都采用系统循环码进行检错。

（3）系统循环码的编码方法。将式（9-10）乘以 x^{n-k} 得

$$x^{n-k}m(k) = m_{k-1}x^{n-1} + m_{k-2}x^{n-2} + \cdots + m_1 x^{n-k+1} + m_0 x^{n-k} = p(x)g(x) + r(x)$$

$$(9-12)$$

式中：$p(x)$ 和 $r(x)$ 分别为 $x^{n-k}m(x)$ 除以 $g(x)$ 的商和余式。

生成多项式 $g(x)$ 的阶次 $r=n-k$，则余式 $r(x)$ 的阶次必定小于或等于 $(n-k-1)$，即

$$r(x) = r_{n-k-1}x^{n-k-1} + r_{n-k-2}x^{n-k-2} + \cdots + r_1 x + r_0 \qquad (9-13)$$

由于加法和减法均采用模 2 加运算规则，因此式（9-12）可整理为

$$\begin{aligned} p(x)g(x) &= x^{n-k}m(x) + r(x) \\ &= m_{k-1}x^{n-1} + m_{k-2}x^{n-2} + \cdots + m_1 x^{n-k+1} + m_0 x^{n-k} \qquad (9-14) \\ &\quad + r_{n-k-1}x^{n-k-1} + r_{n-k-2}x^{n-k-2} + \cdots + r_1 x + r_0 \end{aligned}$$

式（9-14）表明，$x^{n-k}m(x)+r(x)$ 是 $g(x)$ 的倍式，且阶次小于或等于 $(n-1)$。

依据前述定理，$x^{n-k}m(x)+r(x)$ 为一码多项式，这个码多项式对应的码字为

$$(m_{k-1}\ m_{k-2}\cdots\ m_0\ r_{n-k-1}\cdots r_1\ r_0) \qquad (9-15)$$

该码字由前端为 k 位信息码，随后附加 r 位冗余码所构成，故该码字为系统码，而与该码字对应的循环码为系统循环码。

【例 9-2】 求［例 9-1］的系统循环码。

解 已知

$$g(x) = x^4+x^3+x^2+1;\quad m(x)=x^2+1;\quad n=k+r=7$$

则

$$x^{n-k}m(x) = x^r m(x) = x^4(x^2+1) = x^6 + x^4$$

利用长除法求

$$\frac{x^{n-k}m(x)}{g(x)} = \frac{x^6 + x^4}{g(x)}$$

$$
\require{enclose}
\begin{array}{r}
x^2 + x + 1 \\
x^4 + x^3 + x^2 + 1 \enclose{longdiv}{x^6 + x^4 } \\
\underline{x^6 + x^5 + x^4 + x^2 } \\
x^5 + x^2 \\
\underline{x^5 + x^4 + x^3 + x } \\
x^4 + x^3 + x^2 + x \\
\underline{x^4 + x^3 + x^2 + 1} \\
x + 1
\end{array}
$$

所以余式为 $r = x+1$，则所求码多项式为

$$x^{n-k}m(x) + r(x) = x^6 + x^4 + x + 1$$

对应于该码多项式的码字为（1010011），所以系统循环码为 1010011。

（4）循环冗余校验方法的基本原理。将传输的位串看成系数为 0 或 1 的多项式，收、发双方约定一个生成多项式 $g(x)$，发送端按照系统循环码的编码方法，在帧的末尾加上冗余码，使带冗余码的帧多项式能被 $g(x)$ 整除，也就是多项式对应的码字，然后首先发送码字中的信息码，紧接其后再发送冗余码。接收端设有检验电路，用来接收码字，并判别收到的码字是否能被 $g(x)$ 整除，如果可以整除，则认为传输正确，此时接收端向发送端做出肯定应答，通知发送下一个新的数据信息；如果收到的码字不能整除，则认为传输过程发生差错，此时接收端向发送端做出否定应答，要求重新发送一次该码字。

应当明确，编码的检错能力与两个因素有关，一是与生成冗余码的规则有关，二是与冗余码的位数有关。一般地说，冗余码的位数越多，检错能力也越强。在集散控制系统中，由于对数据信息传输的正确性要求非常高，相应地要求冗余码的位数也比较多，一般采用 12 位、16 位，也有采用 32 位冗余码的情况。循环冗余校验方法的关键是如何计算冗余码。

误码的检验方法很多，但在集散控制系统中应用最为广泛的是奇偶校验和循环冗余校验两种。现场控制级通常采用奇偶校验，过程管理级等高一级的通信网络采用循环冗余校验。

（五）纠错方式

1. 重发纠错方式

该方式是指发送端发送能够检错的信息码（如奇偶校验码），接收端收到信息码后根据该码的编码规则，判断传输过程中是否产生误码，并把判断结果反馈给发送端。如果判断结果没有误码，则接收端输出数据，并通知发送端发送下一个新的数据信息；如果判断结果有误码产生，则接收端对该数据信息不予输出，并通知发送端重新发送该信息，直至接收端认为正确为止。

在重发纠错方式中，发送端附加的冗余码只是用于接收端检验信息中的差错，并不能确定误码的个数和位置，而且接收端也不可能检测出所有可能出现的差错，其检错能力取决于采用的编码方式。重发纠错方式必须具备反馈信道。反馈重发的次数与信道的干扰有关，若

干扰十分频繁，则系统会经常处于重发状态，故这种方式传输信息的连贯性较差。由于重发纠错要求发送端发送只具有检错能力的码，接收端只需检错而不纠错，所以差错控制电路比较简单。

2. 自动纠错方式

自动纠错方式是指发送端发送既能检错又能纠错的信息码（如循环码），接收端接收到信息码后，通过译码不仅能发现传输差错，而且能自动地确定误码位置并予以纠正，保证接收端输出正确的传输信息。

自动纠错方式不需要反馈信息通道，所采用的编码必须与信道的干扰情况密切对应。自动纠错方式纠错位数有限，若为了纠正比较多的差错，则要求附加冗余码的位数也比较多，会导致传输效率降低。该方式的差错控制电路比较复杂。

3. 混合纠错方式

混合纠错方式是上述两种方式的综合。发送端发送的信息码不仅具有发现误码的能力，而且还具有一定的纠错能力；接收端接收到该信息码后，首先检错，然后纠错，如果误码较多，超过了自动纠错的能力范围，则接收端通过反馈信道要求发送端重新发送信息，直到正确为止。混合纠错方式具有更高的传输可靠性，故在集散控制系统中得到普遍应用。

四、集散控制系统网络协议

在数据通信网络中，所有站点都要共享网络中的资源，但由于挂接在网络上的站点是各种各样的，这样就给相互之间的通信带来一定困难，因此需要有一套所有站点共同遵守的"约定"，以便实现彼此的通信和资源共享，这种约定称为"网络协议"或"通信协议"。

（一）数据通信参考模型

计算机网络的数据通信应包含两部分功能：一是传送数据及报文；二是保证传送正确可靠。为此必须进行各种辅助操作，称为通信控制。通信控制功能分为一组组操作，并必须遵守通信双方的约定和规则。通信网络协议即是用协议形式制定的一整套站点间通信所必须遵守的约定和准则，也是对信道使用权、信息发送方式及格式等的一系列规定。不同的协议规定了网络的性质。通信网络协议一般采用层次模型结构，每个协议层相对独立，完成特定的服务内容；层次之间是链接关系，底层支持高层，高层调用底层，若底层连接断开则高层也随之断开，而高层连接断开并不影响底层。

国际标准化组织（ISO）在 1980 年提出了开放系统互连参考模型 OSI（Open Systems Interconnection），OSI 被定义为"系统之间为了相互交换信息所共同使用的一组标准化规则"，是公用网络协议。OSI 将网络功能从逻辑上划分为七层，如图 9-12 所示。

图 9-12 中下面 3 层提供网络通信服务，上面 4 层为高层协议，提供"端对端"的末端用户之间的通信功能。在开放系统互连参考模型中，当站 S1 与站 S2 进行通信时，两个系统的通信通过对等层之间的通信来实现。但实际上，两个系统间的数据通信

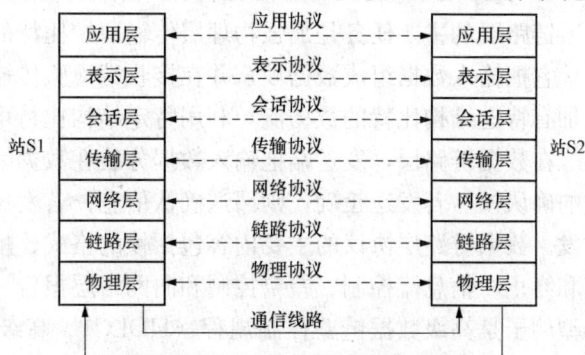

图 9-12　开放系统互连参考模型

（除物理层外）并不是从第 n 层直接送到第 n 层，而是发送端自上而下地逐层、垂直传递到物理层，经过通信线路，在接收端再由物理层自下而上传送到对等的层面。因此网络协议实际上是下层为上层提供服务。

图 9-13 为站 S1 发送一批数据（或报文）给站 S2 的传输示意，图中 H2、H3、…、H7 为对应层的封装标题，T2 为封装标尾。

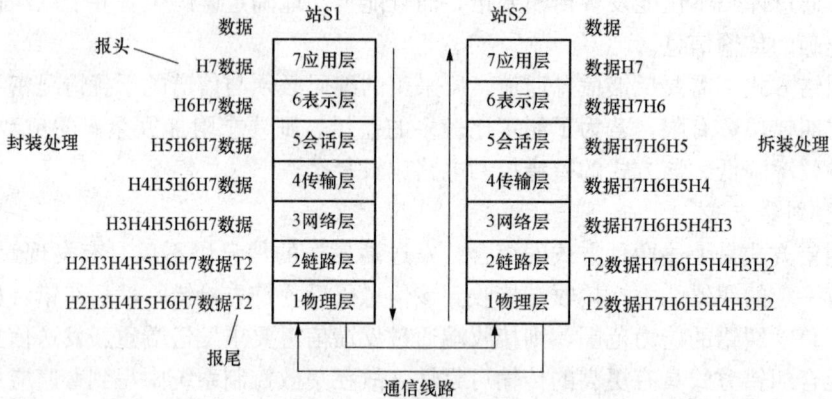

图 9-13　开放系统互连参考模型数据传输示意

（二）开放系统互连参考模型中各层功能及协议

1. 物理层（physical）

物理层是通信网络中各设备之间的物理接口，它直接实现设备间的数据传送。物理层在信道上传输未经处理的信息。因此物理层协议与所选择的通信介质、信道结构（串行、并行）、编码方式和接口电路等密切相关。

物理层在数据通信中有一个基本要求，就是数据传输的正确性，发送是"1"，接收应该也是"1"，而不是"0"。物理层要解决的典型问题是用多大电压表示"1"，多大电压表示"0"；一个比特持续多少微秒；传输是否在两个方向上同时进行；最初的连接如何建立和完成通信后连接如何终止；网络连接插件有多少插脚及各插脚的用途。这些问题都要有协议加以规定，共同遵守。物理层协议具体体现在通信接口上，典型例子有 RS-232C 串行接口和 IEEE488 并行接口。

2. 链路层（Data Link）

链路层的主要任务是加强物理层传输原始比特的功能，使之对网络层显现为一条无错线路。它把输入数据组成数据帧，并在接收端检验传输的正确性。所谓数据帧就是一个在头和尾加有特定结构比特的数据流，利用特定结构比特可以识别帧的边界。

在数据链路层，发送端把输入数据分装在数据帧里，按次序逐帧传送，并处理接收端回送的确认帧。若发送正确，则回送确认信息；若发送不正确，则抛弃该帧，等待发送端超时重发。数据链路层协议的主要内容包括帧的格式、帧的类型、比特填充技术、数据链路的建立和终止、信息流控制、差错控制和向网络层报告一个不可恢复的错误。数据链路层协议的典型例子是高级数据链路控制规程（HDLC）、高级数据通信控制规程（ADCCP）、平衡链路存取规程（LAP-B）、同步数据链路控制（SDLC）。高级数据链路控制规程（HDLC）与高级数据通信控制规程（ADCCP）基本一致，平衡链路存取规程（LAP-B）和同步数据链路控制（SDLC）是高级数据链路控制规程（HDLC）的一个子集。

高级数据链路控制规程（HDLC）是国际标准化组织于 1972 年提出的，并被推荐为国际标准。

（1）高级数据链路控制规程（HDLC）帧的结构。高级数据链路控制规程（HDLC）是以帧作为基本的信息传输单位，可以把帧视为运载信息的标准化工具。高级数据链路控制规程（HDLC）帧的结构如图 9-14 所示。

可见高级数据链路控制规程（HDLC）的帧是由首尾 2 个标志字段、地址字段、控制字段、数据字段和帧校验字段组成的。

标志	地址	控制	数据	帧校序序列	标志
8位	8位	8位	可变	16位	8位

图 9-14 高级数据链路控制规程（HDLC）帧的结构

（2）高级数据链路控制规程（HDLC）的滑动窗口协议。在数据链路上对信息流进行控制，经常采用的方法是窗口控制。所谓窗口，实际上是一种控制机制。数据链路在窗口控制下，限制发送分组的最大数目。通过设置窗口宽度来实现对信息流的控制。窗口宽度规定了发送方允许发送的最大帧数。

（3）高级数据链路控制规程（HDLC）的差错控制协议。为了提高数据链路上信息传输的正确性，广泛采用差错控制。差错控制的实现可以分为两步，第一步是对收到的数据进行误码检测，通常采用循环冗余校验；第二步是当检出误码后，接收端发出自动重发请求。自动重发请求在数据通信中是提高传输可靠性的重要方法，可与信息流控制配合，保证数据帧有节奏地正确传输。

3. 网络层（Network）

网络层也称分组层，它的任务是使网络中传输的数据分组。网络层规定分组在网络中是如何传输的。

网络层的关键问题是如何为分组选择路由。所谓"路由"是指两个交换站点之间建立一个连接或通信的途径。路由选择方法很多，既可以采用固定的静态路由表，也可以在一次会话开始时决定，还可以根据当前网络的负载状况，灵活地为每个分组决定路由。网络层协议主要处理多路径通信网络中的路径选择问题，还负责子网络之间的地址变换。网络层协议的功能除选择路由外，还包括数据交换、网络连接的建立和终止；在一个给定的数据链路上网络连接的复用；根据从数据链路层来的错误报告而进行的错误检测和恢复；分组的排序和信息流的控制等。

在集散控制系统中，网络层协议的主要作用是管理子网络之间的接口和与其他计算机系统连接时所需要的网间连接器（网关）。网络层的典型例子是 CCITT（国际电报电话咨询委员会）推出的 X.25 协议，它是分组式数据终端设备和数据链路终端设备之间建立同步通信的接口协议。

4. 传输层（Transport）

传输层用于建立不同站之间的通信通道，提供一种数据交换的可靠机制，完成信息的确认、误码的检测、错误的恢复、优先级的调度及信息流的控制，确保数据无差错、不丢失、不重复、按次序地传送。

传输层的基本功能是首先从会话层接收数据，在必要时把接收的数据分成较小的单元，然后把它们传输到网络层并保证这些数据全部正确地到达另一端。通常会话层每请求建立一个传输连接，传输层就为其创建一个独立的网络连接。传输层是真正的从源点到目的点的"端到端"的层。即在源计算机上的某程序，利用报头文和控制报文与目的机上的类似程序进行对话。传输层负责确保高质量的网络服务。它的一个重要功能是控制端到端的数据完整性。其总目的是作为网络层和会话层的一个接口，确保网络层为会话层和网络的高级功能提供高质量的服务。传输层协议与前面所介绍的网络层、链路层和物理层协议不同，它是端对端的协议。

5. 会话层（Session）

会话层用于建立和管理进程之间的连接，为进程之间提供对话服务，为管理它们的数据交换提供必要的手段，并处理某些同步与恢复问题。会话层提供的服务包括会话连接的建立和释放、常规数据交换、隔离服务、加速数据交换、交互管理、会话连接同步、异常报告等。

会话层允许不同机器上的用户建立会话关系。会话是指用户之间的连接。为了建立会话，用户必须提供希望连接的远程地址（会话地址），会话双方首先需要彼此确认，以证明它有权从事会话和接收数据，然后会话双方必须同意在该会话中的各种选择项，如半双工、全双工等，最后开始数据传输。会话层控制建立或结束一个会话的进程。它检查并决定一个正常的通信是否正在发生。如果没有发生，则必须在不丢失数据的情况下恢复会话，或者根据规定，在会话不能正常发生的情况下终止会话。会话层允许信息同时双向传输或任一时刻只能单向传输。若属于后者，则会话层将记录此时该轮到哪一方了。

6. 表示层（Presentation）

表示层又称表达层，用于向应用程序和终端管理程序提供一批数据交换服务，实现不同信息格式和编码之间的转换，以便处理数据加密、信息压缩、数据兼容及信息表达等问题，使信息按相同的通信语言传送，如不同类型计算机、终端和数据库之间的数据变换、协议转换、数据库管理服务等。

表示层通常提供数据翻译（编码和字符集的转换）、格式化（修改数据的格式）、语法选择（对所用变换的初始选择和随后的修改）等服务项目。表示层常用的转换有正文压缩，如将常用的词用缩写字母或特殊数字编码，消去重复的字符和空白等；提供加密、解密；不同计算机间不相容文件格式的转换（文件传输协议），不相容终端输入/输出格式的转换（虚拟终端协议）。

7. 应用层（Application）

应用层是面向用户的，为用户应用程序（或进程）提供访问开放系统参考模型（OSI）环境的服务，如通信服务、虚拟终端服务、网络文件传送、网络设备管理等。应用层的内容视对系统的不同要求而定，它规定在不同应用情况下所允许的报文集合和对每个报文所采取的动作。

应用层负责与其他高级功能的通信，如分布式数据库和文件传输。应用层解决数据传输完整性的问题或与发送/接收设备的速度不匹配问题。应用层包含大量人们普遍需要的协议，包括虚拟终端协议、虚拟文件协议、电子邮件、远程输入、信息查询和其他通用和专用的功能协议。

（三）IEEE 802 局域网络标准

局域网络协议是在公用数据网络的基础上发展起来的，协议标准应尽可能与国际标准化组织（ISO）的开放系统互连参考模型（OSI）兼容。

目前从事局域网络协议标准化工作影响比较大的是成立于 1980 年 2 月的美国电气与电子工程师协会（IEEE）的局域网络标准委员会（简称 802 课题组）。该委员会于 1981 年末提出了 IEEE 802 局域网标准，其与开放系统互连参考模型（OSI）对应关系如图 9 - 15 所示。

可见 IEEE 802 局域网标准相当于开放系统互联参考模型（OSI）的第一层和第二层。IEEE 802 局域网标准将数据链路层分为逻辑链路控制层（LLC）和介质存取控制层（MAC）。

物理层（PS）主要完成数据的封装/拆装、数据的发送/接收管理等功能，并通过介质存取部件（也称收发器）收发数据信号。

图 9 - 15　OSI 模型与 IEEE 802 局域网标准的层次关系

介质存取控制层（MAC）主要提供传输介质访问控制方式，并为逻辑链路控制层提供服务。它支持的介质存取控制方法包括载波检测多路存取/冲突检测（CSMA/CD）、令牌总线（Token Passing Bus）和令牌环（Token Passing Ring）。

逻辑链路控制层（LLC）主要提供寻址、排序、差错控制等功能。逻辑链路控制层（LLC）支持数据链路功能、数据流控制、命令解释及产生响应等，并规定局域网络逻辑链路控制协议（LNLLC）。

IEEE 802 是为局域网络制定的标准，主要包括系统结构和网络互联标准 IEEE 802.1；逻辑链路控制标准 IEEE 802.2；载波检测多路存取/冲突检测（CSMA/CD）总线访问方法和物理层技术规范 IEEE 802.3；令牌总线（Token Passing Bus）访问方法和物理层技术规范 IEEE 802.4；令牌环（Token Passing Ring）访问方法和物理层技术规范 IEEE 802.5；城市网络访问方法和物理层技术规范 IEEE 802.6；宽带网络标准 IEEE 802.7；光纤网络标准 IEEE 802.8；语音、数据综合局域网络访问方法 IEEE 802.9。

（四）工业用数据高速公路规则（PROWAY）

PROWAY 是国际电工委员会主持制定的"工业环境中局域网络协议"（IEC/SC65B/WG6），它提出了工业用数据高速公路规则，它以美国电气和电子工程师学会（IEEE）的局域网络标准 IEEE 802.2 和 IEEE 802.4 为基础，有三个基本功能层，即物理接收发层、介质存取控制层和链路控制层。

PROWAY 是针对按位传送系统的物理层和链路层协议制定的，特别注意系统的完整性和差错检测。在数据链路层采用高级数据链路控制规程（HDLC），物理层采用 RS - 499 和 RS - 232。PROWAY 采用冗余措施（接口和通信介质冗余）；能够使具有高优先权的用户在 2ms 内对介质进行访问；每个联网设备能了解所要与其通信设备的优先级。PROWAY 将数据传输分为数据报表、信息传输和会话服务，并支持实时数据操作。

PROWAY 数据通信系统为总线形的网络拓扑结构，传送路径采用 75Ω 同轴电缆，最大传送距离为 2～32km，传送速率为 1～2Mbit/s，可以挂接 100 个左右的工作站；PROWAY

数据通信系统使用曼彻斯特编码（Manchester's code），信号调制方式为频移键控法（FSK），差错控制方式为立即确认、监视再送（Immediate ACK），误码率为 3×10^{-5} 以下。

PROWAY 数据通信系统的数据链路层接口服务包括发送数据并被确认（SDA）、发送数据无需确认（SDN）、无需回答的数据方式（RDR）、再发脉冲方式（RSR）、数据状态设定和读取（MOP）五项，其中发送数据无需确认（SDN）、无需回答的数据方式（RDR）、再发脉冲方式（RSR）三项为选择项目。

（五）制造自动化协议（MAP）

制造自动化协议（MAP）是由美国通用汽车公司（GM）于 1982 年开始的一项研究计划。该公司的制造自动化协议（MAP）工作组以开放系统互连参考模型（OSI）为基础，建立了一个适合于工业控制领域的网络互联分层协议，即制造自动化协议（MAP）。

实际上，MAP 只是提供给各种智能设备之间进行通信的一个规范，而不是开发的一个新标准，它是从现有的文件和已执行的标准中选择出所应共同遵循的标准。MAP 各层协议分别采用的是 IEEE 802.4、ISO（国际标准化组织）、MBS（美国国家标准局）的有关标准。MAP 被提出后历经了诸多版本，目前采用的是 MAP3.0 版本。

1. MAP 的几种形式

在 MAP 的发展过程中，先后形成了宽带 MAP、小型 MAP 和增强型 MAP 三种类型。这三种类型的 MAP 并不互相排斥，而是能连接起来，完成不同层次的网络通信任务。能实现完整的 OSI 的七层协议 MAP 称为全 MAP。

2. MAP3.0 的结构特点

MAP3.0 的结构是基于 IEEE 802 协议的，它的数据链路层也分为两个子层，即逻辑链路控制层（LLC）和介质存取控制层（MAC）。其中，逻辑链路控制层（LLC）与 IEEE 802.2 逻辑链路层中的非应答无连接服务基本符合；介质存取控制层（MAC）与 IEEE 802.4 令牌总线协议基本一致。在 MAP 结构中，MAP 帧采用 48 位的地址结构，这样不仅在单一局域网络中能容纳更多的站点，而且还可在多个互联的网络中为某个站点提供唯一的标识。

3. MAP 的工业应用

MAP 网络一般采用廉价的同轴电缆 CATV（宽带媒质）构成 MAP 宽带网，作为整个局域网的主干，横贯于整个工厂厂区（数公里或数十公里）。通过"网桥"（bridge），MAP 宽带网与载带网相连，载带网应用于集散控制系统的过程控制级，宽带网用于信息管理级。MAP 宽带网通过网间连接器（gateway）与其他网络相连。MAP 的网络结构示意如图 9-16 所示。

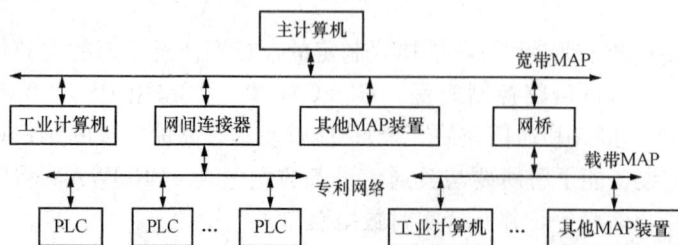

图 9-16　MAP 的网络结构示意

（六）以太网协议（Ethernet）

以太网（Ethernet）是 1975 年美国施乐（Xerox）公司研制成功的。1980 年 9 月由数字设备公司（DEC）、英特尔（Intel）和施乐（Xerox）三家公司联合宣布了以太网（Ethernet）技术规范。

以太网是以同轴电缆作为传输媒介的总线型网络结构，是分布控制方式（无主站）。它的每一个工作站都是由发送/接收器、以太网接口等组成。以太网网络采用基带同轴电缆将有关计算机资源互联，信息在总线上以 10Mbit/s 速率传输，总线分布范围 500m。同轴电缆是双向无源总线，站点包括用户设备、接口及收发器等，站点间串行通信。整个以太网网络中没有集中控制设备。控制功能分布在各工作站，由以太网接口以竞争方式发送数据。通信方式为广播应答式（接收方收到信息帧，经验证无误后，要向发送站送一个 ACK 确认信息）。以太网网络在结构上可划分为物理层、数据链路层及用户层。以太网网络协议与 IEEE 802.3（带冲突检测的载波侦听多路存取）协议基本上一致，但仍有一些差别，主要表现在帧格式和链路控制服务两个方面。

（七）HART 协议

HART（可寻址的远程传感器高速公路）协议是由美国罗斯蒙特（Rosemount）公司 1986 年推出，它是在 4～20mA 的直流模拟信号上叠加一个频移键控的数字通信信号，两种信号之间互不影响。该协议目前已成为智能仪表的工业标准，HART 协议分为物理层、数据链路层和应用层三层。

1. 物理层

物理层规定了物理信号方式和传输介质特性，数字信号采用频移键控的方式来实现，1200Hz 的信号表示逻辑"1"，22Hz 的信号表示逻辑"0"，通常采用双绞线作为传输介质。网络结构采用主从式，可以有两个主设备，15 个从设备。设备地址是 0～15，其中地址 0 表示采用点对点的通信方式，其余表示多点通信方式。

2. 数据链路层

数据链路层规定了数据帧的格式和通信规程，数据帧的具体格式如下：

PREM	DELM	ADDR	COMM	BCNT	STATUS	DATA	CHK

其中，PREM 是前导码，DELM 是起始界定符，ADDR 是源地址和目的地址，COMM 为命令，BCNT 为字节数，STATUS 为变送器状态（仅通信时有），DATA 是通信数据，CHK 为校验码。

3. 应用层

应用层规定 HART 协议通信命令的内容。有三类命令：通用命令、普通应用命令和特殊命令。通用命令适用于所有符合 HART 协议的产品。普通应用命令适用于大多数符合 HART 协议的产品，但不同公司的产品可能有区别。特殊命令只适用于各厂商，互不兼容。

HART 协议有三种应用方式：第一种方式是手握终端与采用 HART 协议的智能仪表之间通信，通常由维护人员来设置仪表的量程和具体的位号，使用非常方便；第二种方式是带有 HART 协议的仪表之间的通信，通过一台仪表终端来对另一台仪表进行组态；第三种方式是 DCS 与 HART 协议仪表之间的通信，在 DCS 中，这种方式被广泛使用。

五、局域网络互联

局域网是一个局部范围的网络，其特点是分布范围小，配置和管理容易，运行速度快，时延小。局域网络技术是计算机网络技术中标准化最好的部分。但是局域网络毕竟只能在局域范围内使用，使用距离是受限制的。为了扩大局域网络的使用范围，需要研究局域网络互联技术。实现网络之间的互联有不同方式，常见的有下面几种方法。

（一）采用"中继器"方式

当多个网络系统具有共同的特性时，这些相容网络间的互联是最为简单的。只要采用中继器就可实现互联，如图9-17所示。

图9-17中，局域网1的任何一个站点动作将直接影响局域网2上的站点。为了保证一定的网络效率，站点数就不能过多。中继器是在物理层上的中继，经由中继器的互联是物理层的互联。中继器又称重复器（repeater）。

（二）采用"网桥"方式

当相连网络具有相同逻辑链路控制协议，但采用不同的介质存取控制协议时，不能采用简单的中继器，而必须采用网桥（bridge）实现网络互联，如图9-18所示。

| 局域网1 | — | 中继器 | — | 局域网2 |

图9-17 采用中继器实现网络互联

| 局域网1 | — | 网桥 | — | 局域网2 |

图9-18 采用网桥实现网络互联

通过网桥互联是链路层的互联，网桥对帧的格式不加修改，不作重包装。图9-18中，局域网1上的站点动作（如发送数据），只要不是向局域网2的站点发送，就不会影响局域网2站点的动作（如发送数据）；同样，局域网2上的站点动作（如发送数据），只要不是向局域网1的站点发送，就不会影响局域网1站点的动作（如发送数据）。显然，用网桥来实现互联是进了一步，不但能延长局域网的距离，而且也可扩大局域网的规模。

由于网桥没有选路的能力，当其中任一个局域网发送数据时，它将同时向所有互联的局域网发送数据。由于网桥是采用广播的办法向非本网站点进行数据广播的，互联的局域网过多将引起"广播风暴"，使得网络的效率大大降低。

（三）采用"路由器"方式

采用路由器（routers）实现网络互联，如图9-19所示。

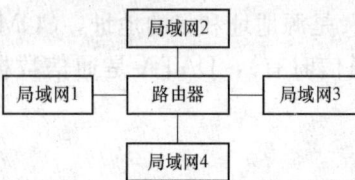

图9-19中，局域网1的站点要向局域网4的站点发送数据，首先路由器检查发送数据的被叫地址，如果地址在局域网4的网段上，路由器就将这个数据包发给局域网4，经由局域网4发送给要接收的站点，这时候局域网2、局域网3没有收到任何数据；同样，如果局域网3的站点要向局域网4的站点发送数据，也不会影响局域网1和局域网2。这是一种很好的方法，因而被广泛地用于局域网的互联。

图9-19 采用路由器实现网络互联

通过路由器来进行局域网互联是经网络层实现互联的。它是根据IP地址实现寻址和完成交换的。

（四）采用"网关"方式

当相连网络的逻辑链路控制协议不相同时，不能采用上述方法，必须采用网关（gateway）实现网络互联。采用网关实现网络互联，如图9-20所示。

网关的功能是将一个网络协议层次上的报文"映射"为另一网络协议层次上的报文。在不同类型的局域网络互联时，必须制定互联协议（IP），解决网际寻址、路由选择、网际虚电路/数据报、流量控制、拥挤控制及网际控制等服务功能的问题。网关又称

| 局域网1 | — | 网关 | — | 局域网2 |

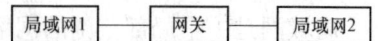

图9-20 采用网关实现网络互联

信关或网间连接器。网关有两种类型：介质转换型和协议转换型。

1. 介质转换型

该类型网关是从一个子网中接收信息，拆除封装，并产生一个新封装，然后将信息转发到另一个子网中去。

2. 协议转换型

该类型网关是将一个子网的协议转换为另一个子网的协议。对于语义不同的网，这种转换还必须先经过标准互联协议的处理。

第三节 集散控制系统硬件设备

目前的集散控制系统品牌众多，各有特点，与之配套的硬件产品更是琳琅满目，不胜枚举。本章求同存异，主要从过程控制设备、过程管理设备和系统通信设备三个方面进行介绍。

一、过程控制设备

集散控制系统的过程控制设备是一个可独立运行的计算机监测与控制系统，称为现场控制单元。由于它是专为过程控制而设计的通用型设备，所以其机柜、电源、输入/输出模件和控制计算机等与一般的计算机系统不同。

（一）机柜和电源

1. 机柜

现场控制站的机柜一般是用金属材料制成的立式机柜，柜内设有多层机架，供安装电源及各种模件之用。机柜内纵向一般分 6～8 层，横向可插 4～12 个模件。为保证柜内设备正常工作和人身安全，柜与柜之间采用电气连接，机柜接地，接地电阻小于 4Ω。机柜内装有风扇，作为散热降温用。如果机柜内温度超过正常范围，机柜会自动发出报警信号。机柜共有两种形式，一种为控制机柜，用于安装控制模件、输入/输出模件、通信模件和电源模件等；另一种为端子机柜，用于安装各类信号调理端子板和与现场连接的电缆。这两种机柜具有相同的外形尺寸，但内部结构不同。典型集散控制系统的机柜外观图如图 9-21 所示。

2. 电源

现场控制单元的供电来自 220V 或 110V 交流电源。交流电源是由集散控制系统的总电源装置提供。交流电源经现场控制单元内的配电盘、断路器给直流稳压电源及系统供电。每一个现场控制单元均采用两路单相交流电源供电，两路互为冗余。机柜内配置的冗余电源切换装置负责自动切换。为了防止网上电压波动，保证提供的交流电源有稳定的电压，机柜内还配置了交流电子调压器。电源通常放在机柜的最上层或最下层。

在控制过程连续性要求特别高的场合，采用不间断供电电源（UPS），使现场控制单元的两路供电电源中的一路经过 UPS 后再与现场控制单元连接。

现场控制单元内部各模件的供电均采用直流电源，但直流电源的等级不一，常见的有 +5V、±12V、±15V、+24V 等。通常情况下，+5V、±12V 供给控制计算机和输入/输出模件使用；+24V 供给端子板和操作器使用。直流电源采用冗余配置，互为备用。

（二）输入/输出模件

在集散控制系统中，种类最多、数量最大的就是各种输入/输出接口模件，它的基本作

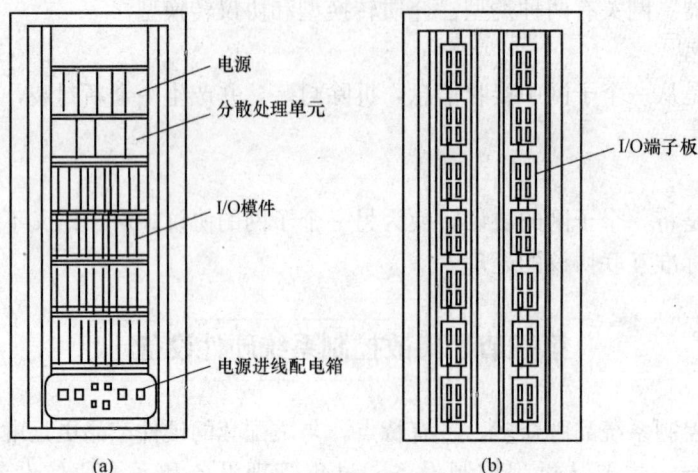

图 9-21 典型集散控制系统的机柜外观图

(a) 控制机柜；(b) 端子机柜

用是对生产现场的模拟量、开关量、脉冲量进行采样、转换、处理成微处理器能接受的标准数字信号，或将微处理器的输出结果转换、还原成模拟量或开关量信号，去控制现场执行机构。集散控制系统的输入/输出模件主要有模拟量输入模件（AI）、模拟量输出模件（AO）、开关量输入模件（DI）、开关量输出模件（DO）、脉冲量输入模件（PI）等。

1. 模拟量输入模件（AI）

模拟量输入模件（AI）的基本功能是对多路输入的各种模拟量进行采样、滤波、放大、隔离、输入开路检测、误差补偿及必要的修正（如热电偶冷端补偿、电路性能漂移校正等）、工程单位转化、模拟量/数字量转换，以此提供准确可靠的数字量。典型模拟量输入模件（AI）组成框图如图 9-22 所示。

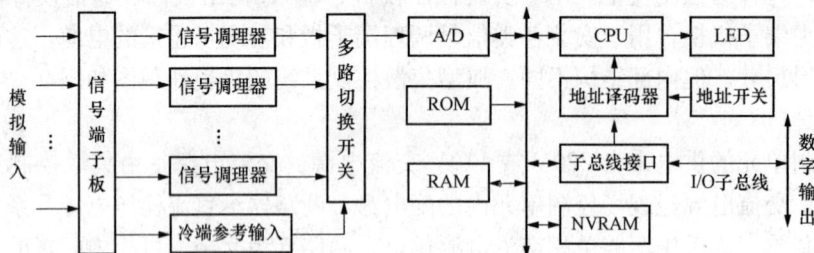

图 9-22 典型模拟量输入模件（AI）组成框图

输入模拟量主要有毫伏级电压信号、电流信号和常规直流电压信号。模拟量输入模件的技术指标有模入容量、采样速度和信号极性。模拟量输入通道一般由信号端子板、信号调理器、多路切换开关、A/D 转换器、微处理器及柜内连接电缆等部分组成。在结构设计上，有的是将这些部分统一在一块模件上，有的则采用 2～3 个模件加以实现，但无论怎样，其基本组成部分和基本功能大同小异。每个 AI 模件可接收 4～6 路模拟量。

2. 模拟量输出模件（AO）

模拟量输出模件的基本功能是把计算机输出的数字量信号转换成外部过程控制仪表或控

制装置可接收的模拟量信号，用来驱动各种执行机构控制生产过程或为模拟控制器提供给定值，或为记录仪表和显示仪表提供模拟信号。典型模拟量输出模件（AO）组成框图如图 9-23 所示。

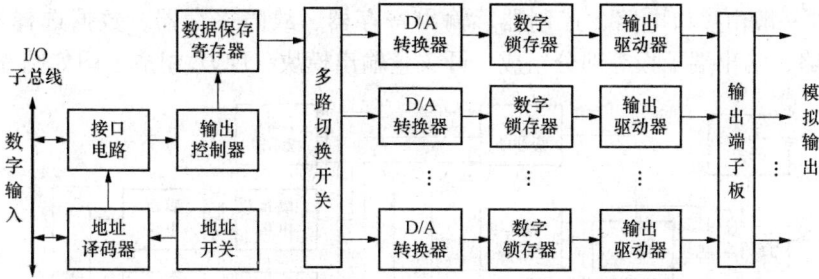

图 9-23 典型模拟量输出模件（AO）组成框图

模拟量输出模件输出的模拟量有电压和电流两种形式。技术指标主要有通道容量和分辨率。模拟量输出通道一般由接口电路、输出控制器、数据保存寄存器、多路切换开关、D/A转换器、数字锁存器、输出驱动器、输出端子板等硬件组成。模拟量输出模件一般提供 4～8 路模拟量输出。

3. 开关量输入模件（DI）

开关量输入模件的基本功能是根据监测和控制的需要，把生产过程中的某些只有两种状态的开关量信号，如各种限位（限值）开关、继电器或电磁阀门连动触点的开关状态，转换成计算机可识别的信号形式。

开关量输入模件（DI）所接收的开关量输入信号，一般为电压信号，它可以是交流电压，也可以是直流电压。最常见的有 5、12、24、48、125V（DC）和 120V（AC）等几种规格的输入，允许输入误差在 ±10% 左右。技术指标主要包括通道容量、输入信号、采样速度、分辨率、隔离方式五个指标。开关量输入模件一般由输入端子板、保护电路、隔离电路、信号处理器、数字缓冲器、输出控制器、地址开关与地址译码器、LED 指示器等组成。其组成框图如图 9-24 所示。

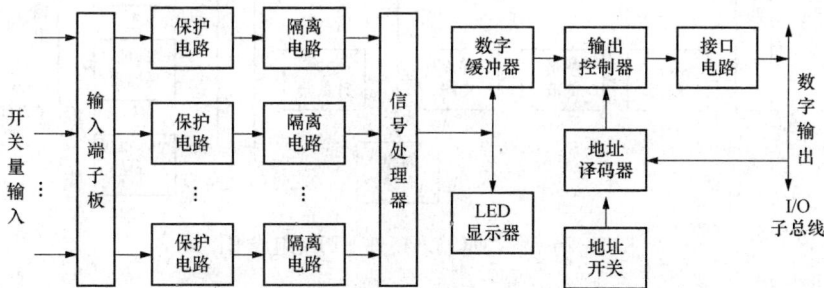

图 9-24 开关量输入模件（DI）组成框图

4. 开关量输出模件（DO）

开关量输出模件的基本功能是把计算机输出的二进制代码所表示的开关量信号转换成能对生产过程进行控制或状态显示的开关量信号，以控制现场有关电动机的启/停、继电器的闭/断、电磁阀门的开/关、指示灯的亮/灭、报警系统的开关状态，可用来实现局部功能组甚至整个机组自动启停的控制。

DO 模件输出的开关量信号，随模件的生产厂家和型号不同而异，通常有 20、24、60V（DC）等电压等级的输出。技术指标主要有通道容量、输出方式、隔离方式三个方面的指标。DO 模件一般由接口电路、控制器、输出寄存器、故障寄存器、数据选择器、隔离电路、驱动电路、输出端子板等部分组成。开关量输出模块（DO）组成框图如图 9-25 所示。

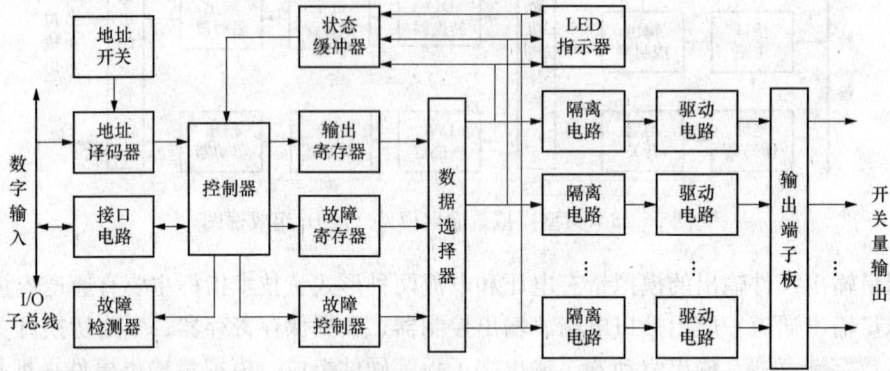

图 9-25　开关量输出模件（DO）组成框图

5. 脉冲量输入模件（PI）

脉冲量输入模件的基本功能是将输入的脉冲量转换成与之对应的且计算机可识别的数字量。输入信号类型为脉冲信号，量程范围为 $-55\sim+55$ V。性能指标主要有通道容量、隔离方式两个指标。脉冲量输入通道主要由输入端子板、限幅限流、整形滤波、隔离电路、定时计数器、标准时钟、数据缓冲寄存器等组成。其组成框图如图 9-26 所示。

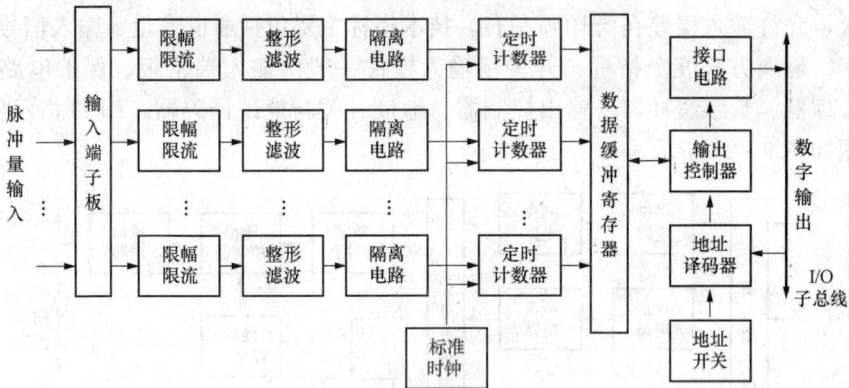

图 9-26　脉冲量输入模件（PI）组成框图

上述各种 I/O 通道模件在设计时，为保证其通用性和系统组态的灵活性，其模件上均设有一些用于改变信号量程与种类的跳线或开关，并有一组地址开关，用于本模件地址的确定，这些在系统安装时必须按组态数据仔细设定。

（三）控制计算机

不同的集散控制系统，对现场控制单元中的控制计算机有着不同的称谓。如功能模件、多功能处理模件、功能处理机、数字处理器、控制处理主模件、智能模件等，它是现场控制单元的核心模件，是 I/O 模件的上一层智能化模件。它通过现场控制单元的内部总线与各种 I/O 模件进行信息交换，实现现场数据采集、存储、运算、控制等功能。控制计算机一般由中央处理单元（CPU）、只读存储器（ROM）、随机存储器（RAM）、模件总线和通信接口组成。其组成框图如图 9-27 所示。

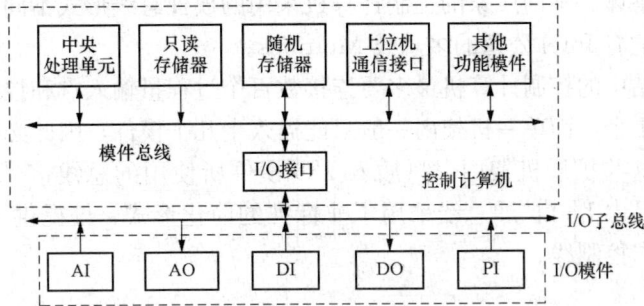

图 9-27 控制计算机组成框图

1. 中央处理单元（CPU）

中央处理单元（CPU）是控制计算机的指挥处理中心。目前各厂家生产的 DCS 现场控制单元普遍采用高性能的 32 位微处理器，大多为美国摩托罗拉（Motorola）公司生产的 68000 系列 CPU 和美国 Intel 公司生产的 80X86CPU 系列产品。很多系统还配有浮点运算协处理器，因此数据处理能力大大提高，工作周期可缩短到 0.1～0.2s，并且可执行更为复杂先进的控制算法，如自整定、预测控制、模糊控制等。为保证系统的可靠性，CPU 常采用 1：1 冗余配置。

2. 只读存储器（ROM）

只读存储器（ROM）是控制计算机的程序存储器。由于控制计算机在正常工作中运行的是一套固定程序，为了工作的安全可靠，大多采用程序固化的办法，不仅将系统启动、自检及基本 I/O 驱动程序写入 ROM 中，而且将各种控制、检测功能模块、固定参数和系统通信、系统管理模块全部固化在 ROM 中，因此在控制计算机中，ROM 占有较大比例，一般有数百千字节。有的系统将用户组态的应用程序也固化在 ROM 中，只要一通电，控制计算机就可正常运行。

3. 随机存储器（RAM）

随机存储器（RAM）是控制计算机的工作存储器。RAM 为程序运行提供存储实时数据与计算中间变量的空间，用户在线操作时需修改的参数（如设定值、手动操作值、PID 参数、报警界限等）都存入 RAM 中；当前一些较为先进的 DCS 为用户提供在线修改组态的功能，显然这部分用户组态应用程序也必须存入 RAM 中运行。因为现场控制单元一般不设磁盘机、磁带机，所以上述后两部分内容一般存入具有电池后备的 SRAM 中，当系统一旦掉电时，保持其中的数据和程序数十天以上不被破坏，这对于事故的查询及快速恢复正常运行是很重要的。RAM 空间一般为数百千字节至数兆字节。

在一些采用了冗余 CPU 的系统中，还特别设有一种双端口随机存储器，其中存放有过程输入/输出数据及设定值、PID 参数等；两块 CPU 板可分别对其进行读/写，从而实现了双 CPU 间运行数据的同步，当在线主 CPU 出现故障时，离线 CPU 可立即接替工作，而对生产过程不产生任何扰动。

4. 模件总线

模件总线是控制计算机所有数据、地址、控制等信息的传输通道。它将控制计算机上的各个部分及控制计算机外的相关部件连接在一起，在 CPU 的控制和协调下使其构成一个具有设定功能的有机整体。不同厂家的控制计算机采用的模件总线形式不同，一般采用较流行的微机总线。常见的有 Intel 公司的多总线 Multibus。

由于现场控制站中的控制计算机最多要连接数百个过程量输入点和控制量输出点，其模件个数可能多达数十个，而单一机架内一般只能插入十几个模件，因此必须将总线扩展，连接到数个机架。在这些扩展机架内，只插入 I/O 模件所使用的总线信号比主机总线要少，因此有些厂家的产品中 I/O 扩展总线采用了非标准的简化形式，仅提供了 I/O 模件所必需的数据线、地址线与控制线。

5. 通信接口

通信接口用来实现控制计算机与系统数据高速公路的连接。由于数据高速公路上的信息是串行方式传送的，而控制计算机内的模件总线是并行方式传送信息的，因此通信接口必须具有并行数据串行化与发送、串行数据接收与并行化、管理编制信息的插入和删除、奇偶校验和检错等功能。

二、过程管理设备

过程管理设备又称人机接口设备。它是人与系统互通信息、交互作用设备。人机接口设备包括输入设备和输出设备。输入设备用来接受运行人员的各种操作命令，输出设备用来向运行、管理人员提供生产过程和设备状态的有关信息。集散控制系统的人机接口设备一般分两种：操作员接口站（Operator Interface Station，OIS）和工程师工作站（Engineering Working Station，EWS)。

（一）操作员接口站（OIS）

操作员接口站是一个集中的操作员工作台，它设置在机组的集控室（单元室）内，是运行操作人员与生产过程之间的一个交互窗口。主要由微处理器系统（含内存）、输入设备、输出设备、外部存储设备和通信接口组成，其组成框图如图 9-28 所示。

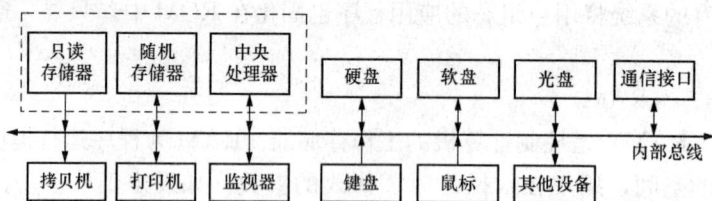

图 9-28　操作员接口站（OIS）组成框图

操作员接口站（OIS）具有如下的基本功能：

（1）收集各现场控制单元的过程信息，建立数据库。

（2）自动检测和控制整个系统的工作状态。

（3）进行各种显示，如总貌、分组、回路、细目、报警、趋势、报表、系统状态、过程状态、生产状态、模拟流程、特殊数据、历史数据、统计结果等各种参数和画面的显示及用户自定义显示。

（4）进行生产记录、统计报表、操作信息、状态信息、报警信息、历史数据、过程趋势等的制表打印或曲线打印，以及屏幕拷贝。

（5）进行在线变量计算、控制方式切换，实现直接数字控制（DDC）、逻辑控制和设定值指导控制。

（6）进行生产效率、能源消耗、设备寿命、成本核算等综合计算，实现生产过程管理。

（7）磁盘操作、数据库组织、显示格式编辑、程序诊断处理等在线辅助功能。

（二）工程师工作站（EWS）

工程师工作站（EWS）也是集散控制系统的一个重要人机接口设备，是专用于系统设计、开发、组态、调试、维护和监视的工具，是工程师的中心工作站，安装在工程师间内。

不同的集散控制系统，对工程师工作站（EWS）的配置各具特点，所包含的功能范围也有一些差别，结构上也有所不同。有的工程师工作站（EWS）与操作员接口站（OIS）合为一个整体，有的工程师工作站（EWS）相对独立。概括地说，无论何种集散控制系统、何种形式的工程师工作站（EWS），其硬件配置大同小异，其组成框图如图 9 - 29 所示。

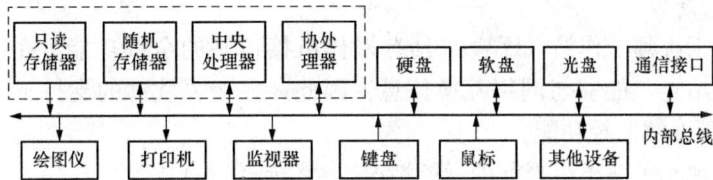

图 9 - 29 工程师工作站（EWS）的组成框图

工程师工作站（EWS）的基本功能主要包括控制系统组态功能、操作员接口站组态功能、在线监控功能、文件编制功能和故障诊断功能。

1. 控制系统组态功能

该功能用来确定硬件组态和连接关系，以及控制逻辑和控制算法等。其基本组态包括以下几个方面。

（1）确定系统中每个输入/输出点的地址。

（2）建立或修改测点的编号及说明字，确定编号及说明字与硬件地址之间的一一对应关系，即确定每个测点在系统中的唯一身份，以便通过编号及说明文字来识别每个测点，而不必通过硬件地址，从而避免出现数据传输上的混乱。

（3）确定系统中每个输入测点和某些输出信号的处理方式。如输入信号的零点迁移、量程范围、线性化、量纲变换、函数转换；对调节机构进行非线性校正输出。

（4）利用工程师工作站（EWS）内的组态软件，进行系统控制逻辑的在线或离线组态，或利用面向问题的语言和标准软件，开发、管理、修改系统其他工作站的应用软件。

（5）选择控制算法；调整控制参数；设置报警限值；定义某些测点的辅助功能，如打印记录、趋势记录、历史数据存储与检索等。

（6）建立系统中各个设备之间的通信联系，实现控制方案中的数据传输、网络通信、系统调试，以及将组态或应用软件下载到各个目标站点上去等。

上述组态信息输进系统且进行正确性检查后，以数据库的形式全部存储到系统设置的大容量存储器中。

工程师工作站（EWS）的控制系统组态功能在无需增设其他系统硬件的情况下，工程师可方便地进行集散控制系统的组态，而当系统投运后，还可支持系统的维护。

2. 操作员接口站组态功能

除对集散控制系统的控制功能进行组态外，工程师还要对操作员接口站进行组态，工程师工作站（EWS）的操作员接口站组态功能就是为此而设立的。操作员接口站组态功能包括以下几个方面。

（1）选择确定系统运行时操作员接口所使用的设备和装置，如操作、显示、报警、记录、存储等设备。

（2）建立操作员接口与其相关设备（包括现场控制设备）之间的对应关系，如用编号及说明文字指明设备和画面；为测点选择合适的工程单位等。

（3）利用工程师工作站（EWS）提供的标准软件，对监视、记录等所需的数据库、CRT 监控图形和显示画面进行设计与组态。

（4）组织与形成操作员接口站的 CRT 显示画面。

3. 在线监控功能

一般来说，工程师工作站（EWS）具有操作员接口站的全部功能。在线工作时，作为一个独立的网络站点，能够与网络互换信息。因此，在相关软件的支持下，工程师工作站（EWS）具有以下在线监控功能。

（1）在线监视和了解机组当前的运行情况（量值或状态）。

（2）利用存储设备内的数据，在 CRT 上进行趋势在线显示。

（3）按环路、页在线显示应用程序及其当前的参数和状态。

（4）提供在线调整功能，及时调整生产过程。

4. 文件编制功能

工业过程控制系统的硬件组态图、功能逻辑图的编制是一项艰巨、复杂、费力、费时、耗资巨大的工作，在常规控制系统中，这些工作几乎全部由人工完成，但在集散控制系统中，为完成此项任务，工程师工作站（EWS）设置了文件编制功能。一般来说，工程师工作站（EWS）具有以下文件编制功能。

（1）支持表格数据和图形数据两种格式的文件系统，且数据格式是可变的，以满足各种用户的不同要求。

（2）具有支持工程设计文件建立和修改的文件处理功能。

（3）具有 CRT 拷贝和支持文件编制的硬件设备，可输出所感兴趣的文档资料。

工程师通过工程师工作站的文件编制功能，可方便地实现系统众多文件的自动编制和必要的修改。

5. 故障诊断功能

在集散控制系统中，工程师工作站是系统调试、查错和故障诊断的重要设备之一。通常工程师工作站具有以下故障诊断功能。

（1）自动识别系统中任何一个设备的故障，包括电源、模件、传感器、通信设备等。

（2）确定某设备的局部故障及故障类型和故障的严重性。

（3）在系统处于启动前检查或在线运行时，能快速处理查错信息。

集散控制系统的故障诊断功能为及时发现系统故障、准确地确定故障位置和类型、寻找最好的解决方法、迅速排除系统故障，提供了有力的工具。

三、系统通信设备

数据通信是集散控制系统的重要组成部分之一，它将生产过程的检测、监视、控制、操作、管理等各种功能有机地组成一个完整实体。在集散控制系统中，数据通信必须满足过程控制的可靠性、实时性和适用性的基本要求。所有这些都是借助于通信设备实现的。

（一）通信接口

通信接口是各种集散控制系统必备的基本硬件，只因系统而异，通信接口的品种和实现方法有所不同，但满足系统中各种类型站点与网络连接的要求、达到互通信息的目的是一致的。这里主要介绍现场控制单元中控制计算机与系统数据高速公路连接用的通信接口。该通信接口主要由并行数据缓冲器、并/串转换器、信息编制器、发送/接收器、调制/解调器、DMA 控制器等部分组成，其组成框图如图 9-30 所示。

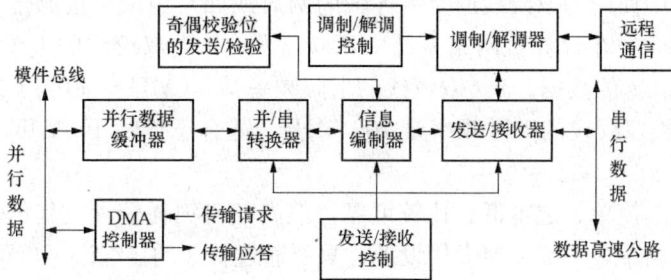

图 9-30　通信接口组成框图

数据高速公路上的信息是以位串行方式传送的，信息格式一般由标志段（即同步信号）、地址段、数据信息段和检验段等部分组成，而控制计算机内的总线是以并行方式传送信息的。该通信接口具有以下基本功能。

1. 进行数据的并/串转换

当数据由控制计算机向外发送时，通信接口进行数据的并/串转换，同时按数据串行通信的格式要求，进行数据和附加信息的编制。

当控制计算机接收串行数据时，通信接口将删除数据串中的附加信息，然后把串行数据编制转换成满足控制计算机需求的并行数据。

2. 进行奇偶校验和检错

在信息的传送过程中，通信接口对接收的串行数据进行奇偶校验和检错，以保证数据传送的可靠性。

3. 实现远方通信

通信接口利用调制器将数字信号调制到一定频率的载波信号上向外发送；利用解调器接收远距离信号，使之解调为数字信号。

（二）通信介质

通信介质是连接系统各个站点进行信号传输的物理通道。集散控制系统对通信介质有着较高的要求，即通信介质的频带要宽，信号传输的时间延迟要小，能满足高速传输的需求，能避免信息在传输过程中因各种干扰所引起的信号混叠或丢失等。为此集散控制系统普遍采用以下专用通信介质。

1. 双绞线

双绞线是由两个绝缘导体扭制在一起而形成的线对。其中一根为信号线，另一根为地线，导体通常由高纯度铜制成，每根导线外包有绝缘层、屏蔽护套、绝缘护套。两根导线有规则地扭绞在一起，可减小外部电磁干扰对传输信号的影响。双绞线结构示意如图 9-31 所示。

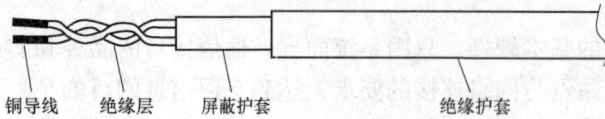

铜导线　绝缘层　屏蔽护套　　　　　绝缘护套

图 9-31　双绞线结构示意

双绞线是最普通的通信介质，适合于低速传输场合，可用来传输模拟信号或数字信号。传输模拟信号时每 5~6km 要有一个放大器；传输数字信号时每 2~3km 要有一个转发器。双绞线的最大带宽约为 100kHz~100MHz，传输速率一般小于 100Mbit/s。

在计算机网络中使用的双绞线通常由屏蔽的两对或四对组成。按照传输质量分为 5 类，其中 3 类、4 类和 5 类在计算机网络系统中比较常用。3 类双绞线的上限频率是 16 MHz，适合于传输 10 Mbit/s 的数据。4 类双绞线的上限频率是 20 MHz，适合于传输 16 Mbit/s 的令牌环网数据。5 类双绞线的上限频率是 100 MHz，适合于传输 100 Mbit/s 的快速以太网数据。

双绞线的特点是简单、成本低、比较可靠，但高频时损耗较大，其传输距离不宜太长。双绞线的连接十分简单，不需任何专用设备，只要通过普通的接线端子就可以将各种设备与通信网络连接起来。但是双绞线的通信速率较低，应用在逐渐减少。

2. 同轴电缆

同轴电缆是一种为传输频率不高于几百兆赫兹的电信号所使用的传输介质，在集散控制系统中应用的比较普遍，它由内导体、中间绝缘层、外屏蔽导体和外绝缘层组成。其结构示意如图 9-32 所示。

同轴电缆的技术特性主要是它的波阻抗。同轴电缆大致分为两类：一类是基带同轴电缆（50 Ω），另一类为宽带同轴电缆（75 Ω）。基带同轴电缆（50 Ω）专门用于数

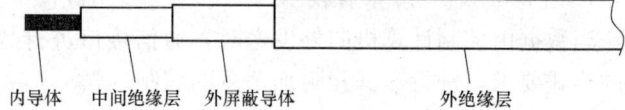

内导体　中间绝缘层　外屏蔽导体　　　　外绝缘层

图 9-32　同轴电缆结构示意

字传输，其传输速率为 10Mbit/s。宽带同轴电缆（75 Ω）即可以用于模拟传输（如视频信号传输），也可以用于数字传输，当用于数字传输时，其传输速率可达 50Mbit/s。

同轴电缆的特点是具有较低的传输损耗，较强的抗干扰能力和较稳定的一次参数（电阻、电感、电容、电导）等优点，但它的结构比较复杂，造价较高。同轴电缆在安装过程中，应尽量减少它的弯曲变化，以避免由此引起的阻抗变化导致传输信号的衰减和使用寿命的缩短。

3. 光纤（光导纤维）

光纤是一种由光导纤维组成的可进行光信号传输的新型通信介质，它以光的"有"和"无"所形成的"1"和"0"二进制信息取代常规的电信号，以光脉冲的形式进行信息传输。光纤传输原理是基于"光线从高折射率物质射向低折射率物质时，在两个物质的界面发生全反射"的原理而制成的。光纤结构示意如图 9-33 所示。

光纤的内芯是由二氧化硅拉制而成的。具有高折射率的光导纤维，其外敷设一层由聚丙烯或玻璃材料制成的低折射率的覆层。由于纤芯与覆层的折射率不同，当光线以一定角度进入纤芯时，

图 9-33 光纤结构示意

能通过覆层几乎无损失地折射回去，使之沿着纤芯向前传播。覆层外敷设一层合成纤维，以增加光缆的机械强度，它可使直径为 $100\mu m$ 的光纤承受 300N 的抗拉力。

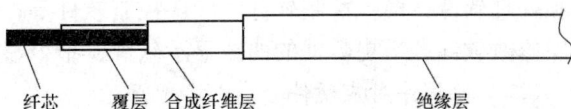

光纤的特点是频带宽、传输容量大；传输损耗低，传输距离长；不怕电磁干扰；不会锈蚀，不怕高温；串音小，保密性好；质量小，可绕性好，敷设方便；但分支连接比较困难、复杂，需要采用专用的光缆连接器。随着集散控制系统的发展，光纤通信将成为集散控制系统主要选用产品。

第四节 集散控制系统软件结构

集散控制系统有多个站点，每个站点都是微型计算机系统，它们通过传输介质连成整体。这些处于网络中的各个计算机系统，各自独立的完成自己的任务，同时又要互相通信，协调一致的完成指定的任务，怎样来保证这些计算机系统独立并行运行，相互配合并步调一致地工作呢？这就要依靠集散控制系统的软件完成。集散控制系统的软件是一个庞大而复杂的、具有模块化结构的软件系统。由于集散控制系统的软件千差万别，各具特色，本章从集散控制系统软件的共性出发，主要介绍各站点内的软件结构及功能。

一、集散控制系统软件分类

（一）按软件设计目的分类

1. 系统软件

它是由计算机设计者提供的、与应用对象无关的、面向计算机或面向应用服务的、专门用来使用和管理计算机的、具有通用性的计算机程序，又称计算机系统软件。系统软件主要包括如下三个方面的软件程序。

（1）操作系统、计算机的监控管理程序、库函数程序、连接程序、调试程序、故障诊断程序等。如 Windows NT 或 2000 操作系统，SOLARIS 或其他 UNIX 操作系统。

（2）各种传统的高级语言及这些语言的汇编、解释或编译程序。如 BASIC 语言、FOR-TRAN 语言、PASCAL 语言、C 语言等。

（3）应用服务软件。如各种组态软件（包括图形显示、实时数据库、过程控制、记录、成组显示、历史数据记录等）、算法库软件、图符库软件、用户操作键定义软件等。再如，工程师工作站配置的组态图计算机辅助设计软件（CAD）和记录数据库图形软件包（SLDG）。应用服务软件是面向应用、面向多种工业控制系统的，运用这些软件可以方便地生成各种控制应用软件。

2. 应用软件

它是面向用户、在操作系统下在线运行，并直接控制或参与生产工艺流程的程序，又称过程控制软件。应用软件是用户根据需要自行编制的或由计算机厂家根据用户要求进行编写的。集散控制系统中的应用软件分散在各个工作站点中，如现场控制单元中的现场信号的采

集和处理软件、模拟控制软件、顺序控制软件等；操作员接口站中的图形显示软件、实时数据库修改软件、历史数据的曲线显示软件、报警显示软件等。

（二）按软件对应硬件分类

1. 现场控制站软件

现场控制站软件对应于集散控制系统的现场控制单元和可编程序控制器（PLC）。这部分软件主要包括过程数据采集和处理、控制运算、数据表示（实时数据库）等软件。根据采用的编程语言不同，现场控制站软件分为采用高级语言编制的程序和采用梯形逻辑语言、功能码或功能顺序表编制的程序两类。

（1）采用高级语言编制的程序。编制这类软件，要求应用人员熟悉系统硬件，且具有一定的程序设计能力。

（2）采用梯形逻辑语言、功能码或功能顺序表编制的程序。编制这类软件，不要求应用人员具有软件编程能力，只要了解生产工艺过程和熟悉生产过程的控制方法，就能够方便地实现现场控制单元的控制软件的编程。编制这类软件又称为控制系统组态。

2. 过程管理工作站软件

过程管理工作站软件主要对应于操作员接口站、工程师工作站等上位操作管理计算机系统硬件。这部分软件主要包括实时多任务操作系统；系统通用软件（如编辑程序、连接装配程序、运行程序）；各种高级语言（如 BASIC 语言、FORTRAN 语言、PASCAL 语言、C语言）；系统工具软件（如系统组态软件、系统诊断软件）；系统应用软件（如历史数据存储软件、过程画面显示和管理软件、报警信息管理软件、生产记录报表管理和打印软件、列表显示软件、人机接口控制软件、实时数据处理软件等）。

3. 网络通信软件

它对应于计算机的通信接口、控制设备的通信接口、网络匹配器和通信线路等硬件。由于各公司的集散控制系统产品设计互不相同，致使通信设备也不一样，相应的网络通信软件也有差异。不过随着通信协议的标准化，集散控制系统的通信软件也在向标准化方向发展。

二、现场控制站软件系统

以微处理器为基础的现场控制站，一般具有现场各种测点的数据采集和处理、控制运算、控制输出及网络通信等功能，这些功能的实现必须依靠一套完整的、与之适应的软件系统来支持。

（一）现场控制站软件结构

1. 软件结构

现场控制站的软件采用模块化结构设计，主要由执行代码和数据两部分组成，如图 9-34 所示。

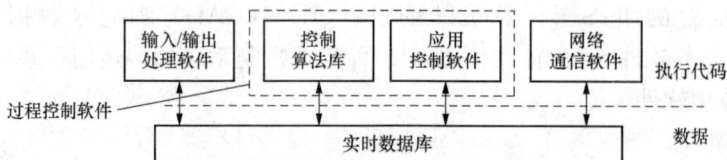

图 9-34　现场控制站的软件结构

（1）执行代码部分。执行代码部分包括输入/输出处理软件、控制算法库、应用控制软件和网络通信软件等模块，它们一般固化在 EPROM 中。执行代码分为周期执行代码和随机执行代码。

周期执行代码完成的是周期性的功能。例如，周期性的数据采集、转换处理、越限检查；周期性的控制运算；周期性的网络数据通信、周期性的系统状态检测等。周期执行代码的执行过程一般由硬件时钟定时激活，其执行过程如图 9-35 所示。

随机执行代码完成的是实时处理功能。例如，文件顺序信号处理；实时网络数据的接收；系统故障信号处理等。这类信号发生的时间不定，若一旦发生，就应及时处理。随机执行代码的执行过程一般由硬件中断激活。

（2）数据部分。现场控制站软件系统的数据部分是指实时数据库，它通常保留在 RAM 中。系统复位或开机时这些数据的初始值从网络上装入；运行时由实时数据刷新。

2. 软件的基本要求

现场控制站是集散控制系统最基础的控制设备，它直接与生产设备的运行状况相关联，因此其软件系统占有极为重要的地位。现场控制站软件的基本要求是：

图 9-35　周期执行代码的执行过程

（1）应具有高可靠性和实时性。现场控制站高可靠性和实时性是由硬件和软件两个方面来决定的。因此除硬件要选择高可靠性结构和器件、高档微处理器、较强中断处理能力的硬件外，软件要具有高可靠性、实时性及较强的抗干扰能力和容错能力的软件。

（2）应具有较强的自治性。现场控制站在运行过程中一般不设人机接口，不能及时地由运行人员发现和处理软件故障，因此它的软件系统必须有较强的抗干扰能力和容错能力。

（3）应具有通用性。现场控制站只有适用于不同的控制对象才具有推广和应用价值。因此它的软件系统应具有较广泛的通用性。通常现场控制站的软件设计使数据采集和处理、控制算法库、控制输出、网络数据通信的执行代码与控制对象无关，即这些执行代码在不同的工程项目应用中是不变的；而对于不同的应用对象，只是控制应用软件的设计不同和对存储在 RAM 中的数据有所影响，因而使现场控制站具备了广泛的通用性。

（二）实时数据库

实时数据库是集散控制系统中现场控制站的一个重要组成部分。

1. 数据结构

数据是描述客观事物的数和字符。计算机中的数据是计算机所能识别的代码，是供计算机程序处理的符号集合。为了便于数据的查找和修改，计算机必须按照一定的规则来组织数据使之彼此相关，这种数据彼此之间存在的逻辑关系称为数据结构。

数据结构分为顺序结构、链形结构和树形结构三种类型。其中，顺序结构分为静态顺序结构（线性表、数组）和动态顺序结构（堆栈、队列）；链形结构分为单链表、循环链表、双重链表。关于不同类型数据结构的详细内容，读者可参阅有关专著。

【例 9-3】　对于一个矩阵

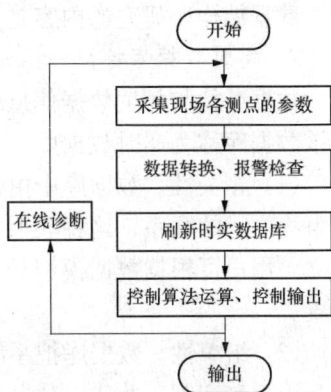

$$X = \begin{bmatrix} x_{11} & x_{12} & \cdots & x_{1n} \\ x_{21} & x_{22} & \cdots & x_{2n} \\ \vdots & \vdots & \vdots & \vdots \\ x_{m1} & x_{m2} & \cdots & x_{mn} \end{bmatrix} = [x_{ij}] \tag{9-16}$$

可按下列规则定义其数据结构：用行号 $i(i=1\,2\cdots m)$ 和列号 $j(j=1\,2\cdots n)$ 的一对整数，唯一确定该矩阵中任一元素 x_{ij} 的位置，这是一种数组形数据结构。

数据结构所研究的内容是数据的逻辑结构，与数据的物理结构（存储方式）无关。

2. 实时数据库特征

数据结构与相关数据信息的集合称为数据库。若数据库中的数据信息为实时数据信息，则该数据库称为实时数据库。实时数据库具有如下特征。

（1）相关性。数据库中由数据构成的各文件、记录之间是有联系的，它真实地反映了客观事物之间的联系，这种联系在数据库中通过数据模型（层次模型、网络模型、关系模型）建立。用户可根据数据模型访问数据库中的数据，而不必关心数据在数据库中存储的物理位置。

（2）组织性。数据库把系统中的各种数据集中起来，有组织地存放在存储设备上，进行统一管理和控制，并建立数据模型与物理存储位置之间的对照表，数据库能按用户的访问请求，找到被访数据的实际位置，便于用户有效地使用数据。

（3）共享性。数据库中的数据可以供多个用户使用，每个用户仅涉及数据库中的部分数据，且多个用户并行使用同一数据时，不破坏数据库的一致性。

（4）独立性。数据库把用户数据和物理数据分开，使数据的存储和组织与使用这些数据的各种应用程序无关，即用户的应用程序并不依赖于物理数据。即使物理数据库发生改变，用户所关心的用户数据库也不必改变，用户可以照常使用。反之，如果用户要求改变用户数据库，则只需对用户数据管理进行修改，不必改变物理数据库。可见数据库的数据具有完全的独立性。

（5）安全性。数据库保护由数据采集程序输入，由控制算法程序使用的数据保护来自数据库不同部分的相关数据，特别是历史数据；禁止某些应用程序修改现有数据；当系统发生故障时，数据库能及时恢复。

（6）保密性。对于有保密要求的某些数据和数据单元，数据库禁止非法访问，只有有特殊授权的程序才能使用。

（7）统一性。数据库采用统一的数据控制和访问方法，它不因使用数据库的程序不同而改变。

（8）可维护性。数据库提供某些现成的插入、修改手段；提供用于分析、汇总数据的工具软件，便于用户对数据库进行维护。

实时数据库在运行过程中，其中的数据在不断地刷新，其内容直接反映了系统当前的运行状况。可以说，实时数据库相当于一个运载工具，它将与之相关的各软件模块的信息按需求进行相互传递。实时数据库是一个信息仓库，从不同渠道（如各采集通道、数据网络运算的中间结果）来的数据，都存放在实时数据库中。当任一相关软件模块需要数据时，可直接从实时数据库中获取，而不必到硬件上提取。

3. 现场控制站实时数据库的数据结构

目前集散控制系统现场控制站的实时数据库结构千差万别，各具特色。一般来说，通用系统的实时数据库应包括系统中采集点、计算中间变量点、输出控制点等各种处理点的有关信息，即点索引号、点字符名称（又称仪表号）、说明信息、报警管理信息、显示用信息、转换用信息、计算用信息等。每一点的信息构成一条"记录"，又称"点记录"。

由于系统中的点所对应的信息及长度是不同的，例如，现场控制站硬件支持模拟量输入、模拟量输出、开关量输入、开关量输出，以及参与报警检测和显示的计算中间结果等不同信息；一个开关量需要 60 个字节的信息，一个模拟量需要 100 多个字节的信息。如果将它们定义为同一种数据结构，显然是不合理的。为节省内存，通常在实时数据库中定义几种不同的数据结构。现场控制站实时数据库存储结构示意如图 9-36 所示。

图 9-36 中，索引指针区用来存储数据库位置和极限信息，如四种数据区的起始地址和各种点的最大点数目。模拟量数据区为模拟量输入和模拟量输出的数据结构；开关量数据区为开关量输入和开关量输出的数据结构；模拟计算量数据区为定义计算量的数据结构；开关量点组合数据区为开关量点组合的数据结构。

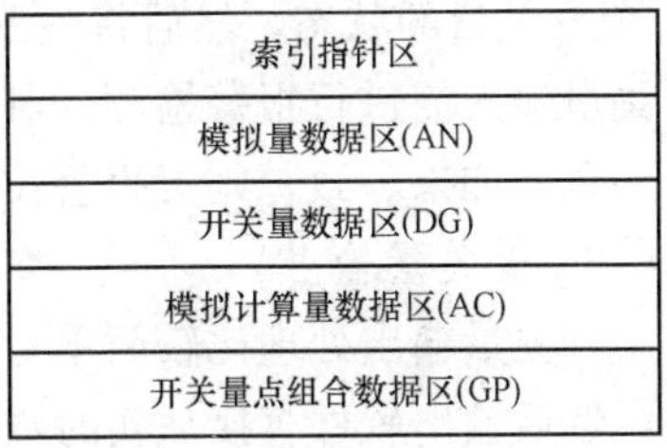

索引指针区
模拟量数据区(AN)
开关量数据区(DG)
模拟计算量数据区(AC)
开关量点组合数据区(GP)

图 9-36 现场控制站实时数据库
存储结构示意

（1）模拟量点的数据结构。在一个模拟量点的数据记录中，应该包括该点的通道信息（信号类型、通道地址等）、转换信息、采样周期控制信息及极限检测信息。除此之外，每个点的记录中还应包括一些方便检索的索引信息和一些显示、参考用的说明信息。

按数据性质，模拟量点的数据结构分成点索引信息（点索引号）、点当前信息和状态（点状态字、模拟量点值）、采样或输出控制（记录类型、命令字、采样周期）、显示信息（点名、说明项、工程单位）、初始信息（初始值、前周期的值）、报警管理（报警等级、报警时间、报警上限、报警下限、报警增量、报警死区）、通道关联数据（传感器上限、传感器下限、输入二进制码、通道地址）、转换计算用信息（信号转换等级、信号转换类型、转换电压、转换系数、转换偏移量、冷端索引号）等几个部分。

（2）开关量点的数据结构。在集散控制系统中，开关量信号很多，对这类信息也应定义其数据结构。

按数据性质，开关量点的数据结构可分成点索引信息（点索引号）、点当前信息和状态（点状态字）、采样或输出控制（记录类型、命令字、采样周期）、显示信息（点名、说明项、置1说明、置0说明）、报警管理信息（报警等级、报警时间）、事件顺序记录信息（事件顺序时间）、通道关联数据（通道地址、位号）等几个部分。

（3）计算量点和设定量点的数据结构。在集散控制系统中，有相当多的数据是由采集得到的物理量进行计算得出的，但也有一些数据是操作员从键盘输入的参与一些计算的计算量和设定量，对于这类数据也要定义某种数据结构。

按数据性质，计算量和设定量点的数据结构分成点索引信息（点索引号）、点当前信息和状态（点状态字、模拟量值）、采样或输出控制（记录类型）、显示信息（点名、说明项、工程单位）、初始信息（初始值）、报警管理信息（报警上限、报警下限）等几个部分。在计算量和设定量点的数据结构中，一般没有硬件和信号转换信息，且报警也很简单。

以上是几种常用信号的数据结构，在实际工业控制应用中，还有许多其他种类信号，如脉冲累积量等，读者可参照上述方法，自行定义任务和所需要的数据结构。

（三）输入/输出处理软件

通用的现场控制站中，一般固化有开关量输入、开关量输出、模拟量输入、模拟量输出、脉冲量输入、脉宽调制输出和中断处理等数据处理模块。这里只介绍使用率最高的开关量输入、开关量输出、模拟量输入、模拟量输出处理模块。

1. 开关量输入

开关量只有两种状态，即"开"和"关"。因此一个开关量可以用数据的某一位予以描述，该位为"0"表示"关"，该位为"1"表示"开"，按数据结构所设定的周期，由硬件时钟定时激活。现场控制站开关量的输入一般是分组进行的，即一次输入操作可以获得8个或16个开关量的状态，然后将各开关量的状态分别写到实时数据库所对应的数据位上。多数开关量输入需进行报警检测。其检测方法也很简单，只要判别当前值与系统所设的报警值是否一致，如果一致，则置报警位。

2. 开关量输出

开关量输出处理比较简单。首先经过运算、处理得到开关输出量，并存放在实时数据库内，然后输出软件直接从实时数据库相应位置取出待输出的开关量，并与其他各输出位一道通过现场控制站的接口输出。

3. 模拟量输入

模拟量输入信号的采集和处理比较复杂，其处理过程为首先送出通道地址，选中所输入的通道，然后启动A/D转换，转换结束，读入A/D转换的结果，最后进行数据处理，如尖峰信号的抑制、数字滤波、输入转换、报警检查等。

（1）尖峰信号抑制。在模拟量信号的输入中，由于过程参数一般不可能瞬间突变，所以真正的物理信号一般不应该出现尖峰信号。但是在某些干扰（如电磁干扰）作用下，有可能在信号的传输线上产生尖峰信号。尖峰信号持续时间一般很短，如果恰好出现在采样时刻，就会造成较大失真。

尖峰信号抑制方法：在任一时刻，同时保留上一个周期采样值和信号的允许变化范围值，如果当前周期的A/D转换结果超出上一个周期值的允许变化范围，则取消本次输入的A/D转换结果，延时一段时间后再采样该通道的输入值，并进行比较。如果短时间后，该值恢复到正常范围，则取该值为有效输入值；如果通过几次采集输入后，输入仍不正常，说明传感器或输入通道出现了故障，应当报警。

（2）数字滤波。为了进一步提高信号可靠性和准确性，通常在软件中也采取一些软件滤波技术，以获得更好的信号值。常用的软件滤波技术有运行平均、算术平均、加权平均等。

1）运行平均。运行平均是把本周期的实际采样值和前几个周期的平均值进行算术平均，将得到的值作为本次的输入。其表达式为

$$Y_k = \frac{Y_{k-1} + Y_{k-2} + \cdots + Y_{k-n+1} + X_k}{n} \tag{9-17}$$

式中：X_k为本周期采样值；Y_k为本周期采样平均值；$Y_{k-1}\cdots Y_{k-n+1}$分别为前几个周期采样平均值；n为前几个周期数加1。n的大小由信号的性质决定，n越大，处理后的结果越平滑，但不宜过大，过大会使处理后的信号反应迟钝，一般n的取值范围为2～5。

2）算术平均。算术平均是利用本周期和前几个周期的输入值直接进行平均运算而得到结果。其表达式为

$$Y_k = \frac{X_k + X_{k-1} + \cdots + X_{k-n+1}}{n} \qquad (9-18)$$

3）加权平均。加权平均是在运行平均的基础上增加近期输入所产生影响，从而提高反应速度的一种滤波方法。其表达式为

$$Y_k = \frac{1}{2}X_k + \frac{1}{4}Y_{k-1} + \frac{1}{8}Y_{k-2} + \frac{1}{16}Y_{k-3} + \frac{1}{32}Y_{k-4} \qquad (9-19)$$

（3）输入转换。A/D 转换输入的是电压信号，在控制过程中需要将其转换成与工程单位相对应的物理量。根据不同的信号类型，现场控制站一般支持下列几种信号转换类型。

1）线性变换。线性变换是最简单的一种变换形式。主要应用于各种线性变送器的采集信号，如压力信号、液位信号、半导体温度传感器信号等。线性变换的表达式为

$$AV = TC \times VC + BS \qquad (9-20)$$

式中：AV 为模拟量点值（转换结果）；VC 为转换电压；TC 为转换系数 1；BS 为转换系数 2。

2）流量信号的采集转换。流量测量方法有多种，这里介绍应用较多的差压式流量计的测量与转换。如果被测流体是连续不可压缩的，则可通过测量节流装置前后的差压计算出流经管道的体积流量，即

$$q_V = K\sqrt{\Delta p} \qquad (9-21)$$

式中：q_V 为体积流量；Δp 为节流件前后压差；K 为比例系数，它与管道直径、流体的膨胀系数、节流装置直径比等参数有关。体积流量乘以密度系数可以得出质量流量。

如果被测流体是连续可压缩的流体（气体），则其质量流量不仅与上述因素有关，还与流体的温度、压力有关，测量时必须进行压力、温度补偿。其计算公式为

$$q_m = K\sqrt{\Delta p \times \frac{p}{T}} \qquad (9-22)$$

式中：p 为流体的绝对压力；T 为流体的绝对温度；Δp 为节流件前后压差；K 为比例系数。

3）热电偶的插值运算。热电偶是一种广泛应用的测温元件。热电偶的温度与热电势之间的关系为非线性，在应用计算机采集热电偶信号时，通常采用适当的技术措施来获得精确的温度值。常见的方法有直接查表法和软件计算法。

直接查表法是将热电偶的分度表存入计算机内，当计算机从热电偶的输出端每采集一个电势值后，计算机将根据此数据逐点或采用对数分割的方法在分度表内进行查询，得出一个近似的温度值。这种方法精度较高（误差不超过 1℃），但很费时。随着计算机处理能力的增强，直接查表法前景看好。

软件计算法是目前应用较多的一种方法，即将热电偶的输入/输出关系用某种近似手段（逐段线性化、最小二乘回归等）表达为数学方程，计算机依据采集到的电势值和数学方程的计算软件，求出对应的温度值。这种方法的精度取决于所采用的近似手段。

4. 模拟量输出

目前工业控制输出信号一般为 4～20mA 的电流信号或 1～5V 的电压信号。现场控制站采用的模拟量输出处理模块多为线性模块，即输出信号的值与计算机发送的值是线性关系。

模拟量输出处理实际上是输入线性转换的逆运算过程，即先利用输出和电压之间的转换系数，求出输出电压值，然后利用电压值求出二进制的编码，最后把编码送到模拟量输出通道即可。

【例 9 - 4】 某输出变量（如阀位）的变化范围为 $0 \sim 100\%$，对应的输出电压范围为 $1 \sim 5V$，则设数据结构中的两个转换系数分别为 $TC=25$ 和 $BS=-25$，则当输出模块进行处理运算时，先取出 AV、TC、BS 的值，进行逆运算，即

$$VC = \frac{AV - BS}{TC} \tag{9-23}$$

式中：AV 为模拟量点值；VC 为转换电压。

求出电压值 VC 后，再用 VC 值求出输出二进制编码送到模拟量输出通道即可。由 VC 值求出二进制码很容易，例如，对于一个 12 位的 D/A 转换器和 $1 \sim 5V$ 的输出电压范围，一个二进制码对应于 $(5-1)/4096 = 0.000977V$ 的电压值。

（四）过程控制软件

过程控制软件是现场控制站最主要的软件。它的主要任务是根据输入/输出处理软件送来的信号，经过控制运算后，计算出现场所需的控制量，送到输出通道实现闭环控制。过程控制软件主要由控制算法库和应用控制软件组成。

1. 控制算法库

现场控制站是对生产过程实现直接数字控制的设备。因此它一般装有一套功能较为完善的控制算法，称为控制算法库。其中各种控制算法以模块形式提供给用户。在有些集散控制系统中（如 INFI - 90 系统），将控制模块按某一顺序编码，这种编码称为功能码，在应用中可用不同的功能码代表不同的控制模块。

对不同厂家的集散控制系统，其控制算法模块除在模块数目、模块表达形式等方面有所不同外，其基本内容是大致相同的，都是针对满足工业生产过程控制的客观需求和系统的灵活应用而设计的。

常见的基本功能模块有加法模块、减法模块、乘法模块、除法模块、开方模块、与模块、或模块、非模块、异或模块、模拟量输入模块、模拟量输出模块、开关量输入模块、开关量输出模块、模拟函数功能模块、时间函数功能模块等。

常见的基本控制算法模块有位置式 PID 控制算法、增量式 PID 控制算法、微分先行 PID 控制算法、积分分离 PID 控制算法、带死区 PID 控制算法、不完全微分 PID 控制算法等模块。

关于各种基本功能模块和各种 PID 控制算法的具体内容，请读者参阅有关计算机控制方面的专著。

2. 应用控制软件

与以往的计算机控制系统不同，集散控制系统中的控制系统一般是由相应的组态工具软件生成的，即用户根据生产过程控制要求，利用控制算法库所提供的控制模块，在工程师工作站用组态软件生成自己所需的控制规律（对若干控制模块进行有机结合），然后将所生成的控制规律下装到现场控制站内，作为过程控制的应用软件，从而实现某一特定的控制功能。

目前控制系统的组态生成在软件上有宏模块和功能模块两种实现方式。

（1）宏模块方式。一个控制模块对应一个宏命令（子程序）。在组态生成时，每用到一个控制模块，就将该宏对应的算法换入组态生成所产生的执行文件中。例如在 HIACS - 3000 系统中，采用的就是这种实现方式。

（2）功能模块方式。一个控制模块对应一个基本控制功能，各功能模块相互独立，且可反复调用。每一模块对应一个数据结构，它定义了对应控制算法所需要的各个参数。组态生成时，调用所需要的功能模块，并确定所需的参数，控制规律就可形成。例如，WDPF - Ⅱ系统、INFI - 90 系统采用的就是这种实现方式。

（五）网络通信软件

现场控制站的网络通信软件主要包括控制计算机与下位 I/O 模件之间的通信软件和控制计算机与上位机（操作员站或工程师站）之间的通信软件。

控制计算机与下位 I/O 模件之间通信软件的主要功能是实现 I/O 子总线（并行数据）与控制计算机模件总线（并行数据）的数据通信。控制计算机与上位机之间通信软件主要功能是实现控制计算机模件总线（并行数据）与数据高速公路（串行数据）的数据通信。

三、过程管理工作站软件系统

过程管理工作站主要是指操作员站和工程师站等。操作员站、工程师站及其他站点的软件（包括系统软件和应用软件）是庞大的。概括地说，集散控制系统提供的系统软件一般由实时多任务操作系统、编程语言、组态工具软件等部分组成。集散控制系统不同，其操作员站、工程师站及其他站点的软件系统的结构与内容是不完全相同的。即使是同一集散控制系统，不同版本的软件内容也不尽相同，因此本节以实时多任务操作系统和编程语言为主，扼要介绍具有一定共性的概念。

（一）实时多任务操作系统

1. 实时多任务操作系统的基本概念

（1）操作系统。操作系统是计算机的裸机与用户之间的界面，是扩充裸机功能的高级软件，它能使计算机自己管理自己，提高计算机运行过程中处理各种操作、管理和解决各种问题的能力。可以说，操作系统是用于计算机系统自身控制和管理的一组程序和数据的集合。

操作系统可以提高计算机的工作效率、扩大计算机的功能、方便用户的操作使用。最常见的操作系统有 MS - DOS、UNIX、IRMX、QNX、VRTX 等。MS - DOS 是单任务操作系统，它没有符合要求的实时多任务环境，对外部中断的响应和处理能力较弱；UNIX 是实时多任务操作系统，在集散控制系统中应用较为广泛，N - 90、MAX - 1000、WDPF 系统均采用此系统；IRMX 是 Intel 公司的早期产品，也是实时多任务操作系统，其特点是系统庞大、复杂；QNX 是美国 Quantum 公司的产品，是实时多任务操作系统，其特点是内核小，使用方便；VRTX 是美国 Ready System 公司的产品，是一个嵌入式实时多任务操作系统，其特点是内核结构简单、紧凑，可靠性高，与 MS - DOS 兼容，在国际同类产品中的市场占有率约为 85%。

操作系统的功能是：

1）为用户提供操作命令语言。用户通过使用这些操作命令语言，可以方便、灵活地控制计算机的输入、输出和运行等，用户不必了解计算机内部的硬件结构。操作命令语言是用户的人机接口。

2）为用户建立虚拟计算机。计算机裸机配上操作系统后，功能的扩充是由相应的软件提供的，这些软件是依附于裸机编制的功能程序，因此操作系统实际上是为用户建立了一台经过功能扩充的虚拟计算机，如图 9-37 所示。

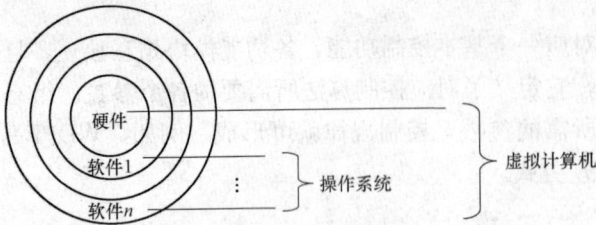

图 9-37　虚拟计算机示意

显然，计算机裸机配备的扩充软件越多，虚拟计算机的功能越强。

3）实现系统资源的分配和管理。系统资源是指计算机系统中所有可供使用的硬件和软件。由于操作系统允许多个用户作业（这里作业是指一个独立的用户程序或请求计算机执行的一项工作）同时进入计算机运行，这必然产生不同作业对系统资源的竞争，即几个作业同时要求使用同一资源。在这种情况下，操作系统将按各种作业的重要程度，负责合理分配资源，组织计算机的工作流程，使计算机在资源共享和充分发挥资源利用率的基础上，提高系统的可靠性、实时性和操作使用的便利性，因此操作系统是计算机的资源管理程序。

一般的操作系统应具有处理器管理、存储管理、设备管理和文件管理功能。

（2）实时操作系统。满足实际生产过程高速响应要求的计算机操作系统称为实时操作系统。实时操作系统是集散控制系统的重要组成部分，它与一般通用操作系统相比，实时操作系统能够在线及时接收来自现场的数据，及时加以分析和处理，及时做出相应的反应。

实时操作系统与一般通用操作系统在内容上的主要区别是：①由于生产过程控制系统是一个有机的整体，所有用户控制程序是一个作业，故在实时操作系统中删除了作业管理部分；②针对实时要求，实时操作系统加强了系统中断管理和时钟管理功能；③为适应系统对外部设备的应用需求，实时操作系统加强了设备管理功能；④为提高系统处理实时信息的能力和速度，实时操作系统加强了作业内的任务管理功能。

（3）任务。任务是操作系统的任务管理功能中最基本的概念。一个计算机控制系统中具有一系列完成各种控制功能的应用程序，为了便于计算机管理，通常把用户应用程序分成若干个逻辑上相互独立、运行中又相互联系、彼此约束、具有某特定功能、可独立运行的程序段。所谓"任务"就是这些具有独立处理功能的程序段与它所处理的数据在计算机中的一次执行过程，又称为"进程"或"活动"。

任务和程序不同。程序是许多指令的集合，它用于说明计算机系统应进行的操作，是一个静态的概念；任务是计算机按程序处理数据的过程，是一个动态的概念。任务的实体是程序和数据的集合，同一程序对于不同数据集合的执行过程，可以构成不同的任务。一个任务对应一个独立的程序段，它可以调用各种子程序和使用各种系统资源，以完成某种约定的功能，即任务是程序段执行的全过程。

由于计算机的 CPU 在某一瞬间只能执行一个任务，因此绝大多数任务并非永存于系统中，而是处在不断地产生、活动和消亡过程中。对一个任务而言，在不同时刻，它可以有不同的状态；而在某一时刻，每一个任务只能处于某一种状态。任务的状态分为就绪状态、运行状态、等待状态、挂起状态和等待挂起状态。就绪状态是指任务已具备可运行的全部条件，但按一定的调度策略，处于等待占用 CPU 的暂时状态。一般在任务建立启动后就进入此状态。运行状态是指任务占用 CPU，而正在被执行的状态。某一时刻只能有一个任务处于运行状态。等待状态是指进入运行状态的任务，由于某种原因（如等待被占用的资源）失去继续运行条件后的状态。等待中的任务在等待时间或等待的事件信息已到时，则进入就绪状态。挂起状态是指任务处于静止的状态。当一个任务执行完毕或执行中调用挂起命令，该任务就进入挂起状态。等待挂起状态是指等待状态中的任务被另一任务挂起所处的状态。

（4）实时多任务操作系统。操作系统可以把用户程序当作一个任务来处理，称为单任务系统；也可以当作多个任务来处理，称为多任务系统。例如，某一用户程序是由三个逻辑上独立的程序段 A、B、C 组成，且每个程序分别在 a、b、c 三处需要进行输入/输出处理，如图 9-38 所示。

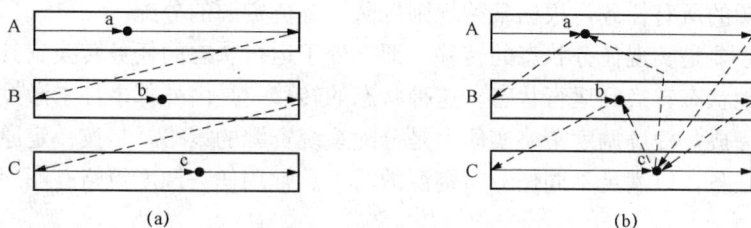

图 9-38　任务执行过程示意
（a）单任务系统；（b）多任务系统

在单任务系统中，操作系统把程序段 A、B、C 作为一个任务执行，对程序段 A、B、C 依次串行处理。由于输入/输出的速度相对较慢，CPU 在 a、b、c 三处都必须等待输入/输出结束后，才继续向下执行。在多任务系统中，操作系统把程序段 A、B、C 看成三个任务，在任务 A 运行到 a 处进行输入/输出的同时，CPU 不在此等待而转向执行任务 B，这时 A、B 两个任务并行工作；同样，在任务 B 运行到 b 处进行输入/输出的同时，CPU 又转到 C 任务执行。在任务 C 运行到 c 处进行输入/输出的同时，CPU 将转去执行已完成输入/输出的任务 B 或任务 A，继续执行余下的程序段。可见多任务系统具有并行处理能力，减少了 CPU 的等待时间。

多任务操作系统是指支持多任务并行运行的操作系统。实时多任务操作系统是指具有实时处理能力的多任务操作系统。实时多任务操作系统同时具备实时操作系统和多任务操作系统的特点。实时多任务操作系统是一个大型的软件系统。从过程控制应用角度来看，它的主要作用有及时响应生产现场各种请求或有关参数的变化；合理地组织计算机系统的工作流程，及时地分析和处理有关数据；有效地管理计算机系统的全部资源，实现资源共享，资源合理调度与使用；准确及时地控制生产设备或过程，及时地把运行情况反映给值班人员或记录保存；为用户操作计算机、编制和修改应用软件、维护系统等提供友好且有效的手段。

实时多任务操作系统已在集散控制系统中普遍应用，它一般由集散控制系统厂家配套提供，并不需要用户去开发或了解其中的细节，但用户应学会如何使用。实际上在集散控制系统的运行过程中，各站点都有一个实时多任务操作系统在运行，它们分别控制、协调本站点中各设备和应用软件的运行。但在用户面前，除工程师工作站外，其他站点的操作系统厂家一般未作介绍，这是因为这些站点的外设较少，操作系统比较简单，可靠性也高，而且有的固化在存储器中，无需对其进行维护和修改，也无法看到其程序的执行代码，而在工程师工作站上能看见可修改的应用软件往往是数据表格、显示图形和控制图形等。

2. 实时多任务操作系统的主要管理功能

(1) 任务管理。任务管理主要内容有建立包括每个任务状态的任务控制块，进行任务的优先级排队，设计并实施任务调度策略及任务通信。

为了便于任务的管理和标识，在操作系统中对每个任务都建立了一个任务控制块 (TCB)，用来记忆每个任务的状态。任务控制块是任务存在的唯一标志，每建立一个任务，操作系统就为其建立一个任务控制块。任务控制块与用户程序相应的程序段有着对应关系，但存储空间不在一起。任务管理是根据任务控制块中的信息进行的。

当多个任务对系统资源同时提出需求时，会引起资源的竞争，解决这种竞争的办法是要求使用同一资源的所有任务，根据某种规则排队，等待资源的分配。

任务调度主要是实现任务状态的转移，即把处于运行状态的任务转换到其他状态，把另一个任务由其他状态转换到运行状态。这种状态的转移一是由外部事件来激发，二是通过一个调度程序来完成。任务调度策略实质上是分配系统资源的策略，是按一定原则动态地把系统资源分配给任务，以满足不同任务对资源的需求。常用任务调度策略有顺序调度、分级调度、循环调度。

任务通信是指任务之间需要交换一定的信息。在实时多任务操作系统中，各个任务并非绝对独立，要实现控制系统的总体功能，任务之间既要有分工又要有协作，这主要依靠任务通信来完成。

(2) 存储管理。存储管理是指如何把计算机的内存和外存有机地结合起来，充分利用内存的高速性和外存的非易失性与经济性，构造一个满足多用户作业需求且使用方便、安全可靠的存储空间。存储管理应具备内存分配、地址转换、内存保护、虚拟内存扩充等功能。实现上述功能的方法主要有界地址存储管理和页式存储管理两种。

(3) 设备管理。设备管理的对象是计算机系统的外部设备。设备管理的作用是为用户使用外部设备提供一种简便、可靠的方法，用户只需给出使用设备的命令，而无需提供使用设备的具体程序。设备管理目的是实现快速 CPU 和慢速外部设备的并行工作，协调多用户作业，提高设备的利用率。设备管理包括输入/输出设备管理和外部设备管理两项。输入/输出设备管理过程由设计好的操作系统自动完成，无需人为干预。外部设备管理是通过设备管理程序实现的。

(4) 文件管理。文件是一组有意义的数据或字符序列的集合。每个文件都有一个专用的文件名，文件存放在外存储器或内存储器中。文件管理是指对文件的组织和使用。在操作系统中，负责文件管理和文件存取的软件称为文件系统。操作系统的文件系统为用户提供了一种简便安全使用文件的方法，即用户无需提供使用文件的具体程序，只需按文件名给出使用文件的命令就可以实现其目的。文件管理的主要内容有文件的组织和文件的使用。

(二) 编程语言

集散控制系统的编程语言是随软件工程和控制工程的发展而不断进化的。先后经历了面向机器语言、面向问题语言和面向过程语言三个发展过程。

1. 面向机器语言

面向机器语言是为特定计算机或某一类计算机专门设计的编程语言。它包括机器码和汇编语言。

(1) 机器码。机器码又称机器语言，是最原始的数字计算机语言，它以计算机能直接执行的二进制代码、八进制代码、十六进制代码为指令，人们通过这些指令的组合来编写用户程序。

机器码主要特点是由机器码编写的程序可直接运行，且运行速度高；编程工作繁重复杂，程序不易读懂，不便记忆；若在代码中插入新指令或改动一次代码，则所有后随指令的地址都可能变动；在复杂寻址方式情况下，地址的计算十分困难。

（2）汇编语言。汇编语言是一种以助记符为指令的编程语言。它提供一种不涉及实际存储器地址和机器指令的编程方式。在汇编语言中，一条指令由操作码和操作数组成。所有指令都赋予了明确的意义。汇编语言的语句与机器码指令之间有一一对应转换关系，计算机可将汇编语言翻译成机器码来执行。

汇编语言主要特点是指令和格式规则已降至最少，语句含义明确，可读性较强，学习和使用较容易；程序结构紧凑，运行速度较块，调试比较方便，可实现多种程序模块的连接；易于由计算机译为机器码，减少了程序的错误，改进了软件的可维护性；由于它是面向机器语言，故程序设计因机器不同而不同，其通用性较差。

2. 面向问题语言

面向问题语言是一种专门为解决某一问题而设计的独立于计算机的程序语言，采用比较接近人们习惯的语言和数学表达式。在利用这种语言编写程序时，人们可以不去了解计算机内部的逻辑结构，不受计算机类型的限制。面向问题语言是具有独立性和通用性的高级编程语言，它在计算机中必须编译才能运行，即编译程序将面向问题语言编译成机器码指令后执行。

面向问题语言主要特点是：

（1）编写程序容易，对设计人员的依赖性小，程序阅读较方便。

（2）大多数程序已经文献化，编程人员可从程序文本中了解程序所实现的功能。

（3）具有一定的通用性和可移植性。

（4）可进行各种句法和语义的检查，程序的可靠性较高。

（5）具有代码优化、复杂数据结构和列表处理、动态存储管理、交互等功能。

（6）具有较好的工具软件，应用软件的维护便利。

（7）时间利用率、存储单元利用率均较低，运行速度相对机器码和汇编语言较慢。

面向问题语言种类繁多，常见的有 FORTRAN 语言、BASIC 语言、PASCAL 语言、C 语言、PL/M 语言等。

3. 面向过程语言（组态软件）

面向过程语言是面对生产过程控制的应用需求，运用面向机器或面向问题语言开发的、可按人们常规思维和语言方式对控制过程进行直接描述的一种语言，又称为组态软件。

面向过程语言的一个主要特点是对某些工程问题已进行规范化处理，利用这种语言编制过程控制软件时，不需要涉及问题的具体解法，更不用了解计算机的内部工作原理，而重点关心的是实际控制过程，只需要根据控制过程要求，用简单特殊的语句告诉计算机按一定步骤去"干什么"，并不需要向计算机说明"如何干"。面向过程语言是基于面向机器或面向问题语言之上的又一层应用软件开发平台。

面向过程语言可以使用户从繁重的应用软件开发中解脱出来，且能灵活地构造自己的控制系统，即不熟悉计算机编程人员，在这种语言帮助下，也会很容易地实现应用系统程序。

目前集散控制系统厂家都提供了一种功能很强、可靠性很高、各具特色的组态软件。组态软件包括大多数用户在过程控制中会遇到的各个环节。用户在编写程序时，不必编写任何顺序指令或语句，而是根据自己的实际要求和系统的配置情况，采用菜单或填表方式，通过简单的问答和输入必要的数据，就可由计算机组成所需的控制系统应用软件，并能将其编译成可靠运行的执行程序。

不同厂家的集散控制系统配备的组态软件，虽然在形式上有所不同，但一般都具备实时控制、系统组态自由、软件设计模块化、表达直观、学习和使用便捷等基本特点。然而，组态软件对一些特殊的应用问题仍需要用户采用其他的语言开发。目前组态软件正处在发展和完善阶段，尚无统一的标准格式。读者可根据所使用的集散控制系统，有针对性地查阅相关文献资料。

本 章 小 结

集散控制系统是实现过程控制的主要控制设备。本章首先介绍了集散控制系统基础知识，然后介绍了集散控制系统的通信系统、硬件设备和软件结构。

集散控制系统是由众多计算机分层组成的、取代盘台安装模拟自动化仪表（二次仪表）的、实现综合自动化的局域网络监控系统。

通信网络是集散控制系统的信息传输系统。多层次集散控制系统可在不同的网络层次采用不同的拓扑结构和控制方法。通信网络通常为星形、总线形、环形和树形。

集散控制系统的硬件设备主要包括过程控制设备、过程管理设备和系统通信设备。

（1）过程控制设备是一个可独立运行的计算机监测与控制系统，称为现场控制单元。由于它是专为过程控制而设计的通用型设备，所以其机柜、电源、输入/输出通道和控制计算机等与一般的计算机系统不同。

（2）过程管理设备又称人机接口设备。它是人与系统互通信息、交互作用的设备。人机接口设备主要包括操作员接口站（OIS）和工程师工作站（EWS）。

（3）在集散控制系统中，数据通信必须满足过程控制的可靠性、实时性和适用性的基本要求。所有这些都是借助于通信设备来实现的。系统通信设备包括通信接口和通信介质。

集散控制系统的软件结构是一个庞大而复杂的、具有模块化结构的软件系统，主要包括现场控制站软件、过程管理工作站软件和网络通信软件。

（1）现场控制站软件对应于集散控制系统的现场控制单元和可编程序控制器（PLC）。这部分软件主要包括过程数据采集和处理、控制运算、数据表示（实时数据库）等软件。

（2）过程管理工作站软件主要对应于操作员接口站、工程师工作站等上位操作管理计算机系统硬件。这部分软件主要包括实时多任务操作系统、系统通用软件、各种高级语言、系统工具软件、系统应用软件。

（3）网络通信软件对应于计算机的通信接口、控制设备的通信接口、网络匹配器和通信线路等硬件。

思考题与习题

1. 集散控制系统是如何组成的？试画出其组成示意。
2. 分散过程控制装置的主要功能是什么？
3. 操作员站和工程师站有何区别？

4. 与常规模拟控制仪表相比，集散控制系统具有哪些特点？

5. 最简单的数据通信系统主要包括哪几部分？试述各部分的主要功能。

6. 宽带传输和载带传输有何差别？

7. 按连接方式分类，集散控制系统通信方式共分几种？

8. 异步通信格式是如何组成的？

9. 总线形和环形网络各有何特点？

10. 简述循环冗余校验方法的基本原理。

11. 自动纠错与重发纠错方式的主要区别是什么？

12. 集散控制系统主要分几种输入/输出模件？

13. 模拟量输入模件是如何组成的？简述各部分的作用。

14. 模拟量输出模件的基本功能有哪些？试画出模拟量输出模件的组成框图。

15. 开关量输入模件与模拟量输入模件的主要区别是什么？

16. 开关量输入模件主要包括哪些技术指标？

17. 开关量输出模件的组成原理是什么？试画出其组成框图。

18. 开关量输出模件与模拟量输出模件的主要区别是什么？

19. 简述脉冲量输入模件的组成原理。

20. 现场控制站中控制计算机的主要功能有哪些？

21. 操作员接口站是由哪几部分组成的？各部分的主要作用是什么？

22. 工程师站与操作员站相比有何不同？

23. 现场控制站中控制计算机与上位机的通信接口是如何组成的，简述其工作原理。

24. 集散控制系统的系统软件主要包括哪些软件？

25. 系统软件和应用软件有何区别？

26. 现场控制站软件主要包括哪些应用软件？

27. 试画出现场控制站的软件结构示意，并简述其结构设计原理。

28. 试述周期执行代码的执行过程。

29. 实时数据库应该具有哪些特征？

30. 现场控制站的数据库是如何组成的？

31. 模拟量点的数据结构与开关量点的数据结构有何差别？

32. 简述集散控制系统模拟量输入软件抑制尖峰信号的方法。

33. 运行平均数字滤波和算术平均数字滤波有何不同？

34. 计算机采集热电偶信号时，通常采用哪两种方法来获得精确的温度值？

35. 什么是操作系统？有哪些常见的操作系统？

36. 什么是任务？任务和程序有何区别？

37. 什么是实时多任务操作系统？它的主要作用是什么？

38. 面向机器语言、面向问题语言和面向过程语言三者之间有何差别？

第十章 过程控制系统工程设计

本章以火力发电厂生产过程控制为背景，讲述热工自动化系统工程设计，主要包括热工过程检测控制系统图的设计和热工自动调节系统图的设计。

第一节 热工过程检测控制系统图的设计

一、检测控制系统图例符号

（一）被测工艺设备流程图的绘制

热工过程检测控制系统图中，被测工艺系统和设备应按有关工艺的简化系统和设备图形符号表示，并标注设备名称或代号，与检测和控制系统有关的部分应表达完全。热工检测和控制设备的图形符号应表示在热力系统的附近。

在被测工艺设备流程图上标注测量点和控制系统时，按照各设备上测量点的密度，布局上可做适当调整，以免图面上出现疏密不均的情况。通常设备进出口测量点尽可能标注在进出口附近，有时为照顾图面的质量，可适当移动某些测量点的位置，控制系统可自由处理。对管网系统的测量点最好都标注在最上面一根管子的上面。

（二）检测控制系统常用图例符号

在热工过程控制系统中，为了清楚地表示检测控制系统的类型和所用仪表的种类，针对控制系统定义了许多符号和图例。

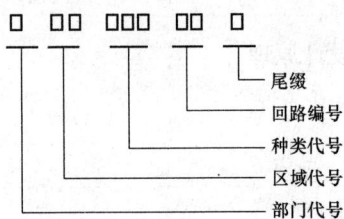

图 10-1　仪表位号组成图示

1. 仪表位号及标注方法

在热工检测控制系统中，每一台仪表（或元件）都应有一个编号，这个编号就是仪表位号。仪表位号由部门代号、区域代号、种类代号、回路编号和尾缀五部分组成，如图 10-1 所示。

（1）部门代号。部门代号用其英文名称的缩写或国际通用符号表示，也可省略。火力发电厂工程部门代号举例见表 10-1。

表 10-1　火力发电厂工程部门代号举例

符号	中文名称	英文名称	符号	中文名称	英文名称
B	锅炉	boiler	A	除灰	ash
T	汽轮机	turbine	C	化学	chemistry
E	电气	electricity	V	暖通	ventilation
H	水工	hydraulic engineering	P	公用	public
F	燃料	fuel	M	维修	maintenance

（2）区域代号。区域代号宜用工艺设备代号或工艺系统代号。表 10-2 列出了仪表位号

中的区域代号。

表 10 - 2　　　　　　　　　　　　　**区 域 代 号 表**

编号	区域	编号	区域
1	锅炉及制粉	6	热网
2	汽轮机	7	油泵房
3	除氧给水	8	水泵房
4	化学水处理	9	其他
5	减温减压装置		

（3）种类代号。种类代号由表示被测变量或初始变量的第 1 位字母代码和表示功能的后继字母代码（可接有 1 个或多个字母）组成，种类代号的字母代码为大写拉丁字母。表 10 - 3列出了热工设备种类代号的字母代码。

表 10 - 3　　　　　　　　　　　**热工设备种类代号的字母代码**

字母	第一位字母		后继字母⑤		
	被测变量	修饰词	读出功能	输出功能	修饰词
A	分析①		报警		
B	烧嘴火焰		供选用	状态显示	供选用
C	电导率			控制（调节）⑩	
D	密度	差④			
E	全部电变量		检测元件		
F	流量	比率④			
G	尺度、位置或长度①		玻璃		
H	手动操作（电动阀、电磁阀）				高
I	电流		指示⑧		
J	功率	扫描			
K	时间或时间程序			操作器	
L	物位		灯		低
M	水分或湿度①				中
N	手动操作（电动机）		供选用	供选用	供选用
O	供选用②		节流孔		
p	压力或真空度		连接点、测试点		
Q	质量或浓度	积算或累计④			
R	放射性		记录⑨或打印		
S	速度或频率			开关⑩、连锁	
T	温度			传送	
U	多变量⑥		多功能	多功能⑦	多功能

字母	第一位字母		后继字母⑤		
	被测变量	修饰词	读出功能	输出功能	修饰词
V	黏度			阀、风门、百叶窗	
W	重量或力		套管		
X	未分类③		未分类	未分类③	未分类
Y	手动操作（调节阀）			继动器、转换器	
Z	位置			驱动器、执行机构	

① 第 1 位字母 A、G、M 等项目，在仪表符号的右上角标注下列具体项目字母代码，以表示项目的名称。

　　"A"（分析）项目字母代码：pH—酸、碱度；O_2—氧量；CO_2—二氧化碳；H_2—氢量；PO_4—磷酸根；SiO_3—硅酸根；Na—钠；Fe—铁；Cu—铜；N_2H_4—联氨；NH_3—氨；CO—一氧化碳。

　　"G"（尺度、位置或长度）项目字母代码：AS—轴向位移；DF—挠度；TE—热膨胀；RE—相对膨胀；BV—振动；SP—同步器行程；PP—油动机行程。

　　"M"（水分或湿度）项目字母代码：LM—检漏。

② "供选用"的字母代码适用于在一项设计中多次使用而表 10-3 未做规定的被测变量或功能。当采用"供选用"的字母代码时，它作为第 1 位字母代码和后继字母代码应有不同的意义，并应在工程设计的图例中予以说明。

③ "未分类"的字母代码适用于在一项设计中仅 1 次使用而表 10-3 未做规定的被测变量或功能。"X"不论作为第 1 位字母代码或后继字母代码，它在不同地点可有不同的意义，其使用的意义应标注在仪表符号外的右上方。

④ 第 1 位字母的修饰词字母（应为小写）"d"（差）、"f"（比）、"q"（积算、累计）之一与被测变量（或初始变量）的字母组合起来构成另一种意义的被测变量，因此应视为一个字母代码。例如，TdI 为温差指示。

⑤ 后继字母代码表示的意义可以是名词、动词、形容词，如"I"可以是指示仪、指示或指示的。后继字母代码应按下列顺序书写：IRCTQSA。

⑥ 第 1 位字母代码"U"（多变量）可代替一系列第 1 位字母代码，用来表示送到 1 个单独装置的多个不同变量输入。

⑦ 当表示有多个功能时，后继字母代码可用"U"表示。

⑧ "I"（指示）仅适用于实际测量的读数，不适用于无被测量输入，仅供手动调整变量的标尺。

⑨ 当仪表同时具有指示和记录功能时，字母代码只写 R（记录），不必再写出 I（指示）。

⑩ 后继字母代码 C（控制）和 S（开关）与第一位字母代码 H、N 或 Y 组合使用时应正确区别和选用，凡是二位式操作的用 S 表示；反之则用 C 表示，用于正常操作控制。

种类代号常见的字母代码组合示例见表 10-4 和表 10-5。

表 10-4　　　　　　　　种类代号常见的字母代码组合示例一

仪表功能＼被测变量	温度	温差	压力或真空度	压差	流量	流量比率	液位或料位	分析
检测元件	TE		PE		FE		LE	AE
变送	TT	TdT	PT	PdT	FT		LT	AT
指示	TI	TdI	PI	PdI	FI	FfI	LI	AI
扫描指示	TJI	TdJI	PJI	PdJI	FJI	FfJI	LJI	AJI
扫描指示、报警	TJIA	TdJIA	PJIA	PdJIA	FJIA	FfJIA	LJIA	AJIA
指示、变送	TIT	TdIT	PIT	PdIT	FIT	FfIT	LIT	AIT
指示调节	TIC	TdIC	PIC	PdIC	FIC	FfIC	LIC	AIC
指示、报警	TIA	TdIA	PIA	PdIA	FIA	FfIA	LIA	AIA

续表

仪表功能＼被测变量	温度	温差	压力或真空度	压差	流量	流量比率	液位或料位	分析
指示、连锁、报警	TISA	TdISA	PISA	PdISA	FISA	FfISA	LISA	AISA
指示、开关	TIS	TdIS	PIS	PdIS	FIS	FfIS	LIS	AIS
指示、积算					FIQ			
指示、自动/手动	TIK	TdIK	PIK	PdIK	FIK	FfIK	LIK	AIK
指示、自力式调节	TICV	TdICV	PICV	PdICV	FICV		LICV	
记录	TR	TdR	PR	PdR	FR	FfR	LR	AR
扫描记录	TJR	TdJR	PJR	PdJR	FJR	FfJR	LJR	AJR
扫描记录、报警	TJRA	TdJRA	PJRA	PdJRA	FJRA	FfJRA	LJRA	AJRA
记录、调节	TRC	TdRC	PRC	PdRC	FRC	FfRC	LRC	ARC
记录、报警	TRA	TdRA	PRA	PdRA	FRA	FfRA	LRA	ARA
记录、连锁、报警	TRSA	TdRSA	PRSA	PdRSA	FRSA	FfRSA	LRSA	ARSA
记录、开关	TRS	TdRS	PRS	PdRS	FRS	FfRS	LRS	ARS
记录、积算				PdQ	FRQ			
调节	TC	TdC	PC	PdC	FC	FfC	LC	AC
调节、变送	TCT	TdCT	PCT	PdCT	FCT		LCT	ACT
自力式调节	TCV	TdCV	PCV	PdCV	FCV		LCV	
报警	TA	TdA	PA	PdA	FA	FfA	LA	AA
连锁、报警	TSA	TdSA	PSA	PdSA	FSA	FfSA	LSA	ASA
积算指示					FQ			
开关	TS	TdS	PS	PdS	FS	FfS	LS	AS
指示灯	TL	TdL	PL	PdL	FL	FfL	LL	AL
多功能	TU	TdU	PU	PdU	FU	FfU	LU	AU
阀、挡板	TV	TdV	PV	PdV	FV	FfV	LV	AV
未分类的功能	TX	TdX	PX	PdX	FX	FfX	LX	AX
继动器	TY	TdY	PY	PdY	FY	FfY	LY	AY

表 10 - 5　　　　　　　　　　种类代号常见的字母代码组合示例二

仪表功能＼被测变量	密度	位置	数量或件数	速度或频率	多变量	黏度	质量或力	未分类
检测元件	DE	ZE	QE	SE		VE	WE	XE
变送	DT	ZT	QT	ST		VT	WT	XT
指示	DI	ZI	QI	SI		VI	WI	XI
扫描指示	DJI	ZJI	QJI	SJI	UJI	VJI	WJI	XJI
扫描指示、报警	DJIA	ZJIA	QJIA	SJIA	UJIA	VJIA	WJIA	XJIA
指示、变送	DIT	ZIT	QIT	SIT		VIT	WIT	XIT

续表

仪表功能 ＼ 被测变量	密度	位置	数量或件数	速度或频率	多变量	黏度	质量或力	未分类
指示调节	DIC	ZIC	QIC	SIC		VIC	WIC	XIC
指示、报警	DIA	ZIA	QIA	SIA		VIA	WIA	XIA
指示、连锁、报警	DISA	ZISA	QISA	SISA		VISA	WISA	XISA
指示、开关	DIS	ZIS	QIS	SIS		VIS	WIS	XIS
指示、积算			QIQ				WIQ	XIQ
指示、自动/手动	DIK	ZIK	QIK	SIK		VIK	WIK	XIK
指示、自力式调节				SICV			WICV	XICV
记录	DR	ZR	QR	SR		VR	WR	XR
扫描记录	DJR	ZJR	QJR	SJR	UJR	VJR	WJR	XJR
扫描记录、报警	DJRA	ZJRA	QJRA	SJRA	UJRA	VJRA	WJRA	XJRA
记录、调节	DRC	ZRC	QRC	SRC		VRC	WRC	XRC
记录、报警	DRA	ZRA	QRA	SRA		VRA	WRA	XRA
记录、连锁、报警	DRSA	ZRSA	QRSA	SRSA		VRSA	WRSA	XRSA
记录、开关	DRS	ZGRS	QRS	SRS		VRS	WRS	XRS
记录、积算			QRQ				WRQ	XRQ
调节	DC	ZC	QC	SC		VC	WC	XC
调节、变送	DCT	ZCT	QCT	SCT		VCT	WCT	XCT
自力式调节				SCV				
报警	DA	ZA	QA	SA	UA	VA	WA	XA
连锁、报警	DSA	ZSA	QSA	SSA	USA	VSA	WSA	XSA
积算指示			QQ				WQ	XQ
开关	DS	ZS	QS	SS		VS	WS	XS
指示灯	DL	ZL	QL	SL		VL	WL	XL
多功能	DU	ZU	QU	SU	UU	VU	WU	XU
阀、挡板	DV	ZV	QV	SV		VV	WV	XV
未分类的功能	DX	ZX	QX	SX	UX	VX	WX	XX
继动器	DY	ZY	QY	SY	UY	VY	WY	XY

（4）回路编号。回路编号编制应符合下列规定：

1）同一区域中相同被测变量或初始变量的仪表和控制设备用阿拉伯数字自 01 开始顺序编号，但允许中间有空号。

2）如果两个或多个回路共用 1 台仪表时，这台仪表应有分属于各回路的编号，如流量双笔记录仪的编号为×××-FR01/×××-FR02。

3）带有修饰词 d、f、q 的被控变量（或初始变量）应与不带修饰词的被控变量（或初始变量）一起顺序编号，不作为单独的被控变量（或初始变量）另行编号。

4）不同区域的多个检测元件共用 1 台仪表时，检测元件的回路编号应按所属区域相同被控变量（或初始变量）的顺序编号，如图 10 - 2 所示。

（5）尾缀。如 1 个回路有 2 个及以上字母代码相同（即被测变量或初始变量和功能相同）的仪表，应在这些仪表的回路编号之后加尾缀（可用大写拉丁字母或短横线后的阿拉伯数字），以示区别。多个检测元件共用 1 台仪表（不是多笔或多针仪表）时，应在检测元件回路编号之后隔以短横线，加阿拉伯数字顺序号作为尾缀，如多点切换温度表×××- TI01 的测温热电偶的编号为×××- TE01 - 1、×××- TE01 - 2、×××- TE01 - 3、…。

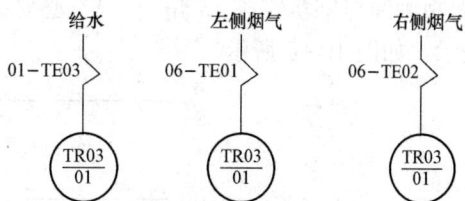

图 10 - 2　不同区域共用 1 台仪表时检测元件编号标注

（6）标注方法。仪表位号在检测控制系统图中的标注方法是种类代号和回路编号填写在仪表圆圈的上半圆中；部门代号和区域代号填写在下半圆中，如图 10 - 3（a）所示。当有必要表示高、中、低信号时，可在仪表圆圈外的右上方、右下方、右中部分别标注 H（高）、L（低）、M（中）或 HH（高高）、LL（低低）字母代码，如图 10 - 3（b）所示。当有必要表明分析仪表、位置仪表或尺度仪表的具体测量项目的名称时，应在仪表符号的右上方标注其代码，如图 10 - 3（c）所示。具有两个或多个功能的仪表，应按其全部功能给出仪表编号，如图 10 - 3（d）所示。

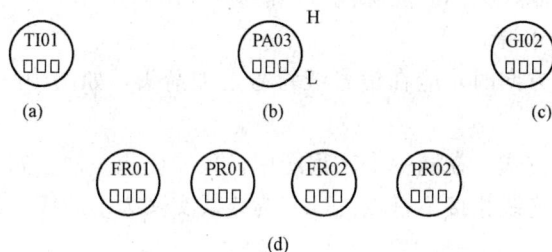

图 10 - 3　仪表位号的标注方法

(a) 温度指示表；(b) 高、低值信号压力仪表；
(c) 轴向位移指示表；(d) 附有压力记录的双笔流量记录

在检测控制流程图中，测量点是由过程设备或管道符号引到仪表圆圈的连接引线的起点，一般没有特定的图形符号，如图 10 - 4 所示。图 10 - 4（c）和图 10 - 4（d）表示测量点在设备中的位置。

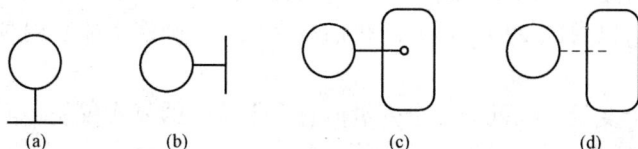

图 10 - 4　测量点的标识

必要时，检出元件或检出仪表可以用一些专门的图形符号表示，如图 10 - 5 所示。

2. 图形符号

工艺流程图中用图形符号表示仪表的类型、安装位置等。

（1）连线图形符号。仪表圆圈与过程测量点的连接引线、通用仪表信号线和能源线的符号是细实线，线宽：(0.25～0.3) b，b 为主线条宽度。如图 10 - 6 所示。

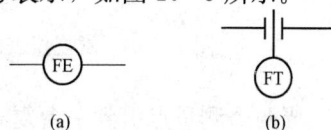

图 10 - 5　流量测量点的标识

(a) 流量测量元件的通用符号；
(b) 差压式流量测量符号（孔板）

当通用仪表信号线为细实线可能造成混淆时，通用信号线符号可在细实线上加斜短画线（斜短画线与细实线成45°角）。当有必要区分信号线的类别时，还可以用专门的图形符号来表示，如图10-7所示。

图 10-6　连线通用符号

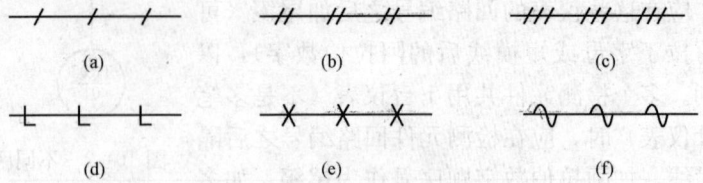

图 10-7　专用信号线符号
(a) 加斜短画线的信号线；(b) 气信号线；(c) 电信号线；
(d) 液压信号线；(e) 毛细管；(f) 电磁或声信号

当有必要区别仪表能源类别时，可在能源线上标注能源代号。能源代号为 AS—空气源；GS—气源；SS—蒸汽源；ES—电源；WS—水源。

在复杂系统中，当有必要表明信息流动方向时，应在信号线符号上加箭头，如图 10-8 所示。

连线交叉和连线相接的图形符号有两种方式，在同一个工程图中，只能任选一种。如图 10-9 所示，图中 (a) 为连线交叉为断线，连线相接不打点。(b) 为连线交叉为不断线，连线相接则加点。

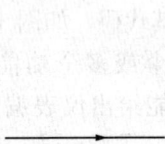

交叉点　　相接点　　　　交叉点　　相接点
(a)　　　　　　　　　　　　(b)

图 10-8　带箭头的
　　　　信号线

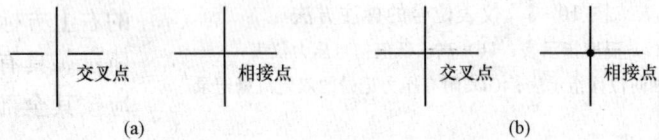

图 10-9　交叉点和相接点的表示
(a) 第一种表示方法；(b) 第二种表示方法

(2) 仪表图形符号。常规仪表图形符号是直径为 10mm 的细实线圆圈。必要时，仪表圆圈可放大或缩小。仪表位号的字母或阿拉伯数字较多，圆圈不能容纳时，可以断开，如图 10-10 所示。

处理两个或多个变量，或处理一个变量但有多个功能的复式仪表，可用相切的仪表圆圈表示，如图 10-11 所示。

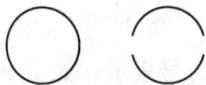

图 10-10　常规仪表图形符号

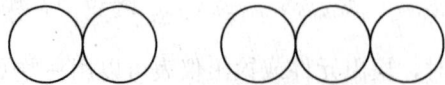

图 10-11　仪表圆圈相切的表示形式

当两个测量点引到一台复式仪表上，而两个测量点在图纸上距离较远或不在同一张图纸上，则分别用图 10-12 所示的两个相切的实线圆圈和虚线圆圈表示。

分散控制、共用显示、共用控制图形符号是边长为 10mm 的细实线方框，如图 10-13 (a) 所示。计算机功能图形符号是对角线长为 10mm 的细实线六边形，如图 10-13 (b) 所示。可编程逻辑控制器功能图形符号是对角线长为 10mm 正菱形，如图 10-13（c）所示。

测点a　　　测点b

图 10-12　两个测量点引到一台复式仪
　　　　　表上的表示方法

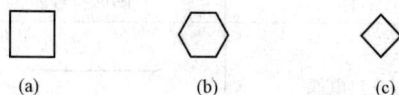

图 10-13　分散控制系统仪表图形符号
（a）分散控制、共用显示、共用控制图形符号；
（b）计算机功能图形符号；（c）可编程逻辑控制器功能图形符号

（3）表示仪表安装位置的图形符号。仪表安装位置的图形符号见表 10-6。

表 10-6　　　　　　　　　　　仪表安装位置的图形符号

安装位置	安装在主操作台上	就地安装	安装在辅助设备上
仪表			
分散控制、共用显示、共用控制			
计算机			
可编程逻辑控制器			

　　正常情况下操作员不监视或盘后安装的仪表设备或功能，仪表图形符号可采用表 10-6 相同的符号，但在图形符号中用虚线表示，如图 10-14 所示。

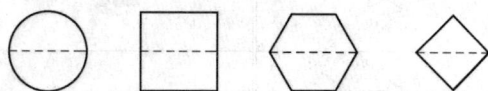

图 10-14　安装在仪表盘后的图形符号

（4）检测元件的图形符号。检测元件的图形符号见表 10-7。

表 10-7　　　　　　　　　　　检测元件的图形符号

名称	图形符号	名称	图形符号
单支热电偶		喷嘴	

名称	图形符号	名称	图形符号
双支热电偶		孔板	
表面热电偶		文丘里管	
热电偶（随设备供应）		转子流量计	
单支热电阻		电磁流量计	
双支热电阻		容积式流量计	FQ
热电阻（随设备供应）		嵌在管道中的其他流量检测元件	

（5）控制阀体图形符号。控制阀体图形符号见表 10 - 8。

表 10 - 8　　　　　　　　　　　　　控制阀体图形符号

名称	图形符号	名称	图形符号
截止阀		蝶阀	
角阀		旋塞阀	
三通阀		隔膜阀	
四通阀		闸阀	
球阀		其他形式阀	x

（6）执行机构图形符号。执行机构图形符号见表 10 - 9。

表 10 - 9 执行机构图形符号

名称	图形符号	名称	图形符号
带弹簧的薄膜执行机构		活塞执行机构双作用	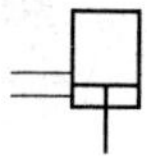
不带弹簧的薄膜执行机构		电磁执行机构	 S
电动执行机构	 M	带手轮的执行机构	 H
数字执行机构	 D	带气动阀门定位器的执行机构	
活塞执行机构单作用	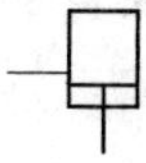	带电气阀门定位器的执行机构	

（7）仪表附件及其他装置图形符号。仪表附件及其他装置图形符号见表 10 - 10。

表 10 - 10 仪表附件及其他装置图形符号

名称	图形符号	名称	图形符号
单室平衡容器	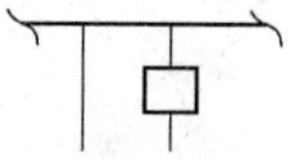	减压过滤器	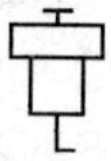
双室平衡容器	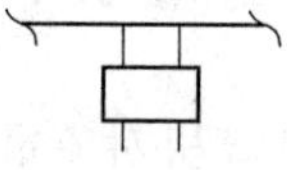	调节阀	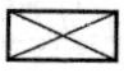
冷凝器	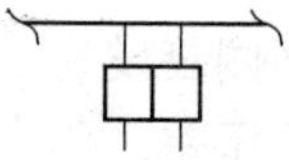	截止阀	
隔离容器	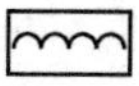	计算机输入	 C
减压器	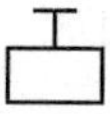	报警器输入	A
过滤器	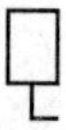	吹灰装置或冲洗装置	 P

（8）两张图之间相互连接信号的图形符号。两张图之间相互连接的信号表示方法如图10-15所示。

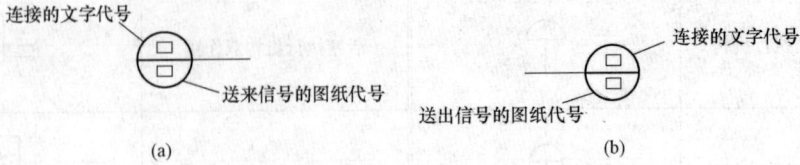

图 10-15 两张图之间相互连接的信号表示方法
(a) 信号输入；(b) 信号输出

二、检测控制仪表的一般规定

（1）在系统图上，检测元件用表10-7中的图形符号或用仪表圆圈表示（同一工程的图面表示方法应一致）。根据具体情况也可以省略。

（2）在满足安全、经济运行要求的前提下，检测仪表宜精简。

（3）仪表检测项目应与报警、计算机监视或各种形式巡测装置的检测项目综合考虑。

（4）检测仪表的装设应与各主、辅机配供的显示仪表及报警装置统一考虑，避免重复设置。

（5）指示仪表的设计原则：

1）反映主设备及工艺系统在正常运行、启停、异常及事故工况下安全、经济运行的主要参数和需要经常监视的一般参数，应设指示仪表（包括就地仪表）。

2）只需越限报警监视的一般参数，不再设置指示仪表。

3）已由计算机或巡回检测装置进行处理的一般参数，不再设置指示仪表。

4）一般同类型参数（如烟风道压力、煤粉仓温度等），当未装设巡测装置时，宜采用多点切换测量。

（6）下列参数宜设置记录仪表

1）反映主设备及工艺系统安全、经济运行状况并在事故时进行分析的主要参数。

2）用以进行经济分析或核算的重要参数。

（7）经济核算用的流量参数应设积算器，当用计算机对流量参数进行积算时，不再设置积算器。

（8）双风机系统炉膛尾部烟道的有关测点应分两侧装设。

（9）水或油的滤网，应根据工艺要求检测其前后压差。

（10）汽包水位、给水流量、主蒸汽流量及总风量的测量应有下列补偿：

1）汽包水位应有汽包压力补偿；

2）给水流量应有给水温度补偿；

3）送风量应有空气温度补偿；

4）主蒸汽流量应有主蒸汽压力、温度补偿。

（11）检测用变送器宜与自动调节系统的变送器分开（烟气含氧量除外），但对冗余设置的变送器可以合用。

（12）200MW及以下机组主要工艺系统检测项目见表10-11；300、600MW机组主要工艺系统检测项目见表10-12；辅助系统检测项目见表10-13；化学水处理系统检测项目见

表 10-14。

| 表 10-11 | 200MW 及以下机组主要工艺系统检测项目 |

序号	测点名称	100MW 及以下				200MW						备注
		就地	控制盘			就地	控制盘			计算机		
			指示	记录	报警		指示	记录	报警	模入	数入	
一	空气系统											
1	送风机出口风压力		√				√			√		
2	空气预热器后风压力		√				√					
3	二次风总风压力		√				√					
4	一次风机出口风压力		√				√					
5	一次风总风压力		√				√					
6	送风机润滑油压力（或流量）	√			√	√			√			
7	送风机入口风温度		√							√		
8	暖风器出口风温度		√							√		
9	空气预热器出口风温度		√							√		
10	送风机轴承温度		√		√		√		√			厂家带一次元件时装
11	送风总风量				√					√		
12	送风机及一次风机电动机线圈温度						√		√			厂家带一次元件时装
13	回转式空气预热器轴承温度						√					厂家带一次元件时装
二	烟气系统											
1	炉膛压力或负压		√	√	√		√	√	√	√		
2	空气预热器后烟气压力		√				√					
3	除尘器后烟气压力		√				√					
4	锅炉吹灰蒸汽压力	√				√						
5	引风机润滑油压力（或流量）	√			√				√			
6	排烟温度		√	√			√			√		
7	引风机电动机线圈温度						√		√			厂家带一次元件时装
8	引风机轴承温度		√		√		√		√			厂家带一次元件时装
9	烟道各段烟气温度		√							√		
10	过热器管壁温度		√		√		√		√			厂家带一次元件时装
11	汽包壁温或温差		√		√		√		√			厂家带一次元件时装
12	烟气含氧量		√	√			√	√		√		

续表

序号	测点名称	100MW 及以下				200MW						备注
		就地	控制盘			就地	控制盘			计算机		
			指示	记录	报警		指示	记录	报警	模入	数入	
13	炉膛火焰监视		√		√	√			√			
14	火焰检测器冷却空气压力								√			
三	**燃油制粉系统**											
1	磨煤机入口风压力		√			√				√		
2	中速磨煤机出口风压力		√			√						
3	磨煤机进出口压差		√			√				√		
4	粗粉分离器后风压力		√			√						
5	排粉机入口风压力		√			√						
6	锅炉供油压力	√	√		√	√			√	√		
7	锅炉回油压力	√	√		√	√			√			
8	燃烧器入口油压力	√				√						
9	燃油雾化蒸汽压力	√			√	√			√			
10	二次风分风箱压力		√			√						
11	一次风分风压力		√			√						
12	磨煤机密封风差压（中速磨煤机）								√			
13	中速磨煤机氮气压力				√				√			
14	磨煤机润滑油压力	√			√	√			√			
15	磨煤机入口风温度		√							√		
16	磨煤机出口风粉混合物温度		√		√		√		√			
17	排粉机进口风粉温度		√			√						排粉机送粉时装
18	煤粉仓煤粉温度		√		√				√	√		
19	磨煤机电动机线圈温度		√		√	√			√			厂家带一次元件时装
20	磨煤机轴承温度		√		√	√			√			厂家带一次元件时装
21	锅炉燃油温度		√							√		
22	煤粉仓粉位		√		√	√			√			
23	磨煤机高位油箱油位	√			√	√			√			
24	燃油流量（进回油）		√			√						
四	**蒸汽系统**											
1	汽包饱和蒸汽压力	√	√			√	√			√		
2	过热器出口蒸汽压力	√	√	√	√	√	√	√	√			

序号	测点名称	100MW 及以下				200MW						备注
		就地	控制盘			就地	控制盘			计算机		
			指示	记录	报警		指示	记录	报警	模入	数入	
3	汽轮机主汽门后蒸汽压力	√	√	√	√	√	√		√			
4	汽轮机电动主汽门前后蒸汽压力	√				√						
5	汽轮机调速汽门后蒸汽压力	√				√						
6	汽轮机调速级压力		√				√			√		
7	各段抽汽压力	√				√						
8	汽轮机高压缸排汽压力					√				√		
9	锅炉再热器出口蒸汽压力					√				√		
10	汽轮机中压缸进汽压力					√				√		
11	汽轮机排汽真空度	√	√	√	√	√	√	√	√	√	√	
12	背压汽轮机排汽压力	√	√	√	√							
13	高低压轴封蒸汽压力	√	√		√				√	√		
14	除氧器汽源压力	√			√				√			
15	备用汽源压力				√				√			
16	除氧器压力	√	√	√	√	√	√	√	√	√		
17	高低压旁路减压器后蒸汽压力					√	√		√			
18	法兰加热蒸汽压力	√				√						
19	给水母管压力	√	√		√	√			√	√		
20	过热汽减温器入口蒸汽温度		√							√		
21	过热汽减温器出口蒸汽温度		√							√		
22	过热器出口蒸汽温度		√	√	√		√	√	√	√		
23	汽轮机主汽门前蒸汽温度		√		√		√		√	√		
24	汽轮机高压缸排汽温度									√		
25	再热汽减温器入口蒸汽温度									√		
26	再热汽减温器出口蒸汽温度									√		
27	再热器至中压缸进汽温度							√	√	√		

序号	测点名称	100MW 及以下				200MW						备注
		就地	控制盘			就地	控制盘			计算机		
			指示	记录	报警		指示	记录	报警	模入	数入	
28	汽轮机调速级温度		√							√		
29	各段抽汽温度		√							√		
30	各段抽汽管上下汽温度						√		√			测温差
31	高压缸排汽管上下汽温度						√		√			测温差
32	汽轮机排汽温度		√		√		√		√	√		
33	高压缸排汽管疏水罐水位								√			
34	高低压旁路减温器后蒸汽温度						√		√	√		
35	轴封冷却器后蒸气温度					√						
36	主蒸汽流量		√	√			√	√		√		
五	**凝结水系统**											
1	凝结水泵入口压力	√				√						
2	凝结水泵出口压力	√	√		√	√			√	√		
3	凝汽器出口凝结水温度	√										
4	各低压加热器出口水温度		√									
5	除氧器水箱水温度		√							√		
6	凝汽器水位		√		√		√		√	√		
7	凝汽器缓冲水箱水位								√			
8	除氧器水箱水位		√		√		√		√	√		
9	高压加热器水位				√				√		√	
10	低压加热器水位				√				√		√	
11	轴封加热器水位				√				√		√	
12	疏水箱水位				√				√			
13	凝结水流量		√				√			√		
14	凝结水补给水流量	√										
15	除氧器给水含氧量			√						√		
16	凝结水导电度	√			√	√			√			
六	**给水系统**											

序号	测点名称	100MW 及以下				200MW						备注
		就地	控制盘			就地	控制盘			计算机		
			指示	记录	报警		指示	记录	报警	模入	数入	
1	给水前置泵出口压力					√						
2	给水泵出口压力	√	√			√				√		
3	锅炉给水压力	√	√		√	√	√		√	√		
4	再热汽减温器减温水压力	√				√				√		
5	过热汽减温器减温水压力	√				√				√		
6	电动给水泵润滑油压力	√			√	√			√	√		
7	给水泵密封水压力									√		
8	各高压加热器出口水温度		√							√		
9	给水泵电动机线圈温度		√				√					厂家带一次元件时装
10	电动给水泵润滑油温度		√							√		
11	电动给水泵轴承温度						√		√			厂家带一次元件时装
12	给水前置泵轴承温度						√		√			厂家带一次元件时装
13	给水泵电动机进回风温度						√					
14	给水泵入口流量								√	√		
15	再热汽减温器减温水流量									√		
16	过热汽减温器减温水流量		√							√		
17	给水流量		√	√			√	√				
18	锅炉连续排污流量		√							√		
19	汽包水位	√	√	√	√	√	√	√	√	√	√	
20	电动变速给水泵转速					√				√		
七	**循环冷却水系统**											
1	凝汽器入口或出口循环水压力	√	√			√				√		

续表

序号	测点名称	100MW 及以下				200MW						备注
		就地	控制盘			就地	控制盘			计算机		
			指示	记录	报警		指示	记录	报警	模入	数入	
2	循环水泵出口压力	√	√			√				√		
3	循环水母管压力	√	√			√			√	√		
4	凝汽器入口循环水温度	√	√			√				√		
5	凝汽器出口循环水温度	√	√			√				√		
6	循环水泵轴承温度					√			√			
八	其他系统											
1	抽气器入口水或汽压力	√				√						
2	抽气器入口真空度	√				√						
3	射水泵出口水压力	√	√		√				√	√		
4	控制用压缩空气母管压力	√	√		√	√			√	√		
5	热交换器水位	√			√	√			√			
九	汽轮机检测系统											
1	汽轮机润滑油压力	√	√		√	√	√		√	√	√	
2	汽轮机调速油压力	√	√		√	√	√		√	√		
3	调速油系统各类油压力	√				√						
4	润滑油滤网差压								√			
5	汽轮机支持轴承温度		√		√				√			
6	汽轮机推力轴承温度		√		√				√	√		
7	汽轮机主汽门金属温度		√				√					
8	汽轮机缸体温度		√		√		√		√			
9	高压机组导汽管壁温度及法兰螺栓温度		√		√		√		√			
10	法兰加热蒸汽温度	√				√						
11	主油箱油位				√				√			
12	汽轮机转速	√	√		√	√	√	√	√	√	√	合并装一块记录表
13	汽轮机转子偏心度							√				
14	汽轮机胀差		√		√		√		√	√		

序号	测点名称	100MW 及以下				200MW						备注
		就地	控制盘			就地	控制盘			计算机		
			指示	记录	报警		指示	记录	报警	模入	数入	
15	汽轮机汽缸膨胀		√							√		
16	汽轮机油动机行程		√				√			√		
17	汽轮机转子轴向位移		√		√		√	√	√	√	√	
18	汽轮发电机组轴承振动		√		√		√	√	√	√		
19	汽轮机润滑油温度		√		√				√	√		
十	**发电机检测系统**											
1	发电机氢气压力	√	√		√	√			√	√		
2	空气侧密封油压力	√	√		√	√			√	√		
3	氢气侧密封油压力	√	√		√	√			√	√		
4	氢气冷却器冷却水压力	√			√	√			√			
5	空气冷却器冷却水压力				√				√			
6	水冷发电机冷却水压力		√		√	√			√	√		
7	发电机冷却水泵出口压力	√			√				√			
8	发电机定转子水压力	√			√	√			√			
9	氢瓶出口母管压力	√				√						
10	氢气侧氢油压差				√				√			
11	空气侧氢油压差				√				√			
12	氢气侧密封油回油温度	√								√		
13	空气侧密封油回油温度	√								√		
14	密封油进油温度	√								√		
15	发电机进出口氢气或空气温度		√			√						
16	氢冷却器进出口冷却水温度		√			√						
17	空气冷却器进出口冷却水温度		√			√						

续表

序号	测点名称	100MW 及以下				200MW						备注
		就地	控制盘			就地	控制盘			计算机		
			指示	记录	报警		指示	记录	报警	模入	数入	
18	定子冷却水出水温度		√		√		√		√			
19	转子冷却水出水温度		√		√		√		√			
20	发电机定子线圈和铁芯温度		√		√		√		√			必要时仅选几点
21	空冷发电机进回风管温度		√									
22	励磁机进回风管温度		√				√					
23	定转子冷却水流量		√		√		√		√	√		
24	冷却水箱水位				√				√			
25	密封油箱油位								√			
26	氢油分离箱油位								√			
27	发电机氢气纯度			√	√			√	√			记录表装在氢盘上
28	水冷发电机检漏				√				√			
29	水冷发电机冷却水导电度	√	√		√	√		√	√			
30	水冷发电机断水				√				√			

表 10-12　　　　　　　　300、600MW 机组主要工艺系统检测项目

序号	测点名称	300MW					600MW					备注
		就地	控制盘			计算机		就地	控制盘			计算机		
			指示	记录	报警	模入	数入		指示	记录	报警	模入	数入	
一	空气系统													
1	送风机出口风压力		√			√			√			√		
2	空气预热器前后风压差				√						√			
3	空气预热器后风压力					√						√		
4	二次风总风压力		√			√			√			√		
5	一次风机出口风压力					√						√		
6	一次风总风压力				√	√					√	√		
7	送风机润滑油压力（或流量）	√			√	√	√		√			√		√	
8	送风机入口风温度					√						√		
9	暖风器出口风温度					√						√		
10	空气预热器出口风温度					√						√		
11	送风机轴承温度		√		√				√		√			厂家带一次元件时装

续表

序号	测点名称	300MW 就地	控制盘 指示	记录	报警	计算机 模入	数入	600MW 就地	控制盘 指示	记录	报警	计算机 模入	数入	备注
12	送风总风量			✓		✓				✓		✓		
13	送风机及一次风机电动机线圈温度	✓			✓				✓		✓			厂家带一次元件时装
14	一次风总风量			✓		✓				✓		✓		单独进风系统
15	轴流式送风机喘振差压				✓	✓					✓	✓		厂家带一次元件时装
16	回转式空气预热器轴承温度	✓			✓			✓			✓			
二	**烟气系统**													
1	炉膛压力或负压		✓	✓	✓	✓	✓		✓	✓	✓	✓	✓	
2	空气预热器后烟气压力					✓						✓		
3	除尘器后烟气压力		✓						✓					
4	锅炉吹灰蒸汽压力	✓						✓						
5	引风机润滑油压力（或流量）	✓			✓	✓		✓				✓		
6	炉膛温度		✓						✓					厂家带一次元件时装
7	空气预热器后烟气温度（排烟温度）			✓		✓				✓		✓		
8	引风机电动机线圈温度	✓			✓				✓		✓			厂家带一次元件时装
9	引风机轴承温度	✓			✓				✓		✓			厂家带一次元件时装
10	烟道各段烟气温度					✓						✓		
11	过热器管壁温度		✓		✓				✓		✓			
12	再热器管壁温度		✓		✓				✓		✓			
13	汽包壁温或温差		✓		✓				✓		✓			
14	烟气含氧量		✓	✓		✓			✓	✓		✓		
15	炉膛火焰监视		✓		✓		✓		✓		✓		✓	
16	火焰检测器冷却空气压力				✓		✓				✓		✓	
三	**燃油制粉系统**													
1	磨煤机入口风压力		✓			✓			✓			✓		
2	中速磨煤机出口风压力		✓						✓					
3	磨煤机进出口压差		✓			✓			✓			✓		
4	粗粉分离器后风压力		✓						✓					

序号	测点名称	300MW						600MW						备注
		就地	控制盘			计算机		就地	控制盘			计算机		
			指示	记录	报警	模入	数入		指示	记录	报警	模入	数入	
5	排粉机入口风压力		✓						✓					
6	锅炉供油压力	✓			✓	✓		✓			✓	✓		
7	锅炉回油压力	✓	✓					✓	✓					
8	燃烧器入口油压力	✓						✓						
9	燃油雾化蒸汽压力	✓			✓			✓			✓			
10	二次风分风箱压力		✓						✓					
11	一次风分风压力		✓						✓					
12	磨煤机密封风差压（中速磨煤机）				✓						✓			
13	中速磨煤机氮气压力				✓						✓			厂家带一次元件时装
14	磨煤机润滑油压力	✓			✓			✓			✓			
15	磨煤机入口风温度					✓						✓		
16	磨煤机出口风粉混合物温度		✓		✓	✓			✓		✓	✓		
17	排粉机进口风粉温度					✓						✓		排粉机送粉时装
18	煤粉仓煤粉温度				✓	✓					✓	✓		
19	磨煤机电动机线圈温度		✓		✓				✓		✓			厂家带一次元件时装
20	磨煤机轴承温度		✓		✓				✓		✓			厂家带一次元件时装
21	锅炉燃油温度					✓						✓		
22	磨煤机轴承油温度				✓						✓			厂家带一次元件时装
23	煤粉仓粉位		✓		✓				✓		✓			
24	磨煤机高位油箱油位	✓			✓			✓			✓			
25	燃油流量（进回油）					✓						✓		
26	给煤煤量					✓						✓		
四	**蒸汽系统**													
1	汽包饱和蒸汽压力	✓	✓			✓		✓	✓			✓		
2	过热器出口蒸汽压力	✓	✓	✓		✓		✓	✓	✓		✓		
3	汽轮机主汽门后蒸汽压力	✓	✓		✓	✓		✓	✓		✓	✓		
4	汽轮机电动主汽门前后蒸汽压力	✓						✓						

续表

序号	测点名称	300MW						600MW						备注
		就地	控制盘			计算机		就地	控制盘			计算机		
			指示	记录	报警	模入	数入		指示	记录	报警	模入	数入	
5	主蒸汽流量			√		√				√		√		
6	汽轮机调速汽门后蒸汽压力	√						√						
7	汽轮机调速级压力	√						√						
8	各段抽汽压力	√				√		√				√		
9	汽轮机高压缸排汽压力	√				√		√				√		
10	锅炉再热器出口蒸汽压力	√				√		√				√		
11	汽轮机中压缸进汽压力	√				√		√				√		
12	汽轮机排汽真空度	√	√	√	√	√	√	√	√	√	√	√	√	
13	高低压轴封蒸汽压力	√			√	√		√			√	√		
14	给水泵汽轮机高压进汽压力	√				√		√				√		
15	给水泵汽轮机低压进汽压力	√				√		√				√		
16	给水泵汽轮机汽封汽压力	√				√		√				√		
17	除氧器汽源压力	√			√	√		√			√	√		
18	备用汽源压力				√						√			
19	除氧器压力	√	√		√	√		√	√		√	√		
20	高低压旁路减压器后蒸汽压力	√	√		√	√		√	√		√	√		
21	法兰加热蒸汽压力	√						√						
22	给水母管压力	√	√		√	√		√	√		√	√		
23	给水泵汽轮机润滑油母管压力		√		√	√			√		√	√		
24	给水泵汽轮机调速油压力		√		√	√			√		√	√		
25	过热汽减温器入口蒸汽温度					√						√		
26	过热汽减温器出口蒸汽温度					√						√		
27	过热器出口蒸汽温度		√	√	√	√			√	√	√	√		
28	汽轮机主汽门前蒸汽温度		√		√	√			√		√	√		
29	汽轮机高压缸排汽温度					√						√		
30	再热汽减温器入口蒸汽温度					√						√		
31	再热汽减温器出口蒸汽温度					√						√		
32	再热器至中压缸进汽温度			√	√	√				√	√	√		
33	汽轮机调速级温度					√						√		
34	各段抽汽温度					√						√		
35	各段抽汽管上下汽温度					√						√		测温差
36	高压缸排汽管上下汽温度					√						√		测温差
37	汽轮机排汽温度				√	√					√	√		
38	汽轮机轴封蒸汽温度					√						√		

续表

序号	测点名称	300MW						600MW						备注
		就地	控制盘			计算机		就地	控制盘			计算机		
			指示	记录	报警	模入	数入		指示	记录	报警	模入	数入	
39	给水泵汽轮机进汽温度					√						√		
40	给水泵汽轮机排汽温度					√						√		
41	高低压旁路减温器后蒸汽温度	√				√		√				√		
42	给水泵汽轮机轴承温度	√			√			√			√			
43	给水泵汽轮机回油温度	√			√			√			√			
44	给水泵汽轮机油冷却器冷却水出水温度	√						√						
45	给水泵汽轮机转速		√		√	√			√		√	√		
46	给水泵汽轮机推力瓦温度		√		√				√		√			
47	轴封冷却器后蒸汽温度	√						√						
48	给水泵汽轮机油冷却器进出口温度					√						√		
49	高压缸排汽管疏水罐水位				√						√			
50	给水泵汽轮机油箱油位				√						√			
51	给水泵汽轮机轴向位移				√	√					√	√		
五	凝结水系统													
1	凝结水泵入口压力	√						√						
2	凝结水泵出口压力	√			√	√		√	√		√	√		
3	凝结水升压泵出口水压力	√			√	√		√			√	√		
4	凝结水处理装置前后压差						√						√	
5	凝汽器出口凝结水温度					√						√		
6	各低压加热器出口水温度					√						√		
7	除氧器水箱水温度					√						√		
8	凝汽器热水井水位		√		√	√			√		√	√		
9	凝汽器缓冲水箱水位				√						√			
10	除氧器水箱水位		√		√	√			√		√	√		
11	高压加热器水位				√		√				√		√	
12	低压加热器水位				√		√				√		√	
13	轴封冷却器水位				√		√				√		√	
14	疏水箱水位				√						√			
15	凝结水流量		√			√			√			√		
16	凝结水补给水流量					√						√		
17	除氧器给水含氧量					√						√		
18	凝结水导电度	√			√	√		√			√	√		

续表

序号	测点名称	300MW						600MW						备注
		就地	控制盘			计算机		就地	控制盘			计算机		
			指示	记录	报警	模入	数入		指示	记录	报警	模入	数入	
六	给水系统													
1	给水前置泵出口压力	✓						✓						
2	给水泵出口压力	✓				✓		✓				✓		
3	锅炉给水压力	✓	✓		✓	✓		✓	✓		✓	✓		
4	再热汽减温器减温水压力	✓						✓				✓		
5	过热汽减温器减温水压力	✓						✓				✓		
6	电动给水泵润滑油压力	✓			✓			✓			✓	✓		
7	给水泵密封水压力				✓						✓			
8	给水前置泵入口滤网压差						✓						✓	
9	给水泵入口滤网压差						✓						✓	
10	给水泵滤油器压差					✓							✓	
11	各高压加热器出口水温度					✓						✓		
12	直流炉中间点温度		✓		✓	✓			✓		✓	✓		
13	给水泵电动机线圈温度		✓		✓				✓		✓			厂家带一次元件时装
14	电动给水泵润滑油温度				✓						✓			
15	电动给水泵轴承温度		✓		✓				✓		✓			厂家带一次元件时装
16	给水前置泵轴承温度		✓		✓				✓		✓			厂家带一次元件时装
17	给水泵电动机进回风温度		✓						✓					
18	给水泵入口流量				✓	✓						✓	✓	
19	再热汽减温器减温水流量					✓						✓		
20	过热汽减温器减温水流量					✓						✓		
21	给水流量		✓	✓		✓			✓	✓		✓		
22	汽包水位	✓	✓	✓	✓	✓	✓	✓	✓	✓	✓	✓	✓	
23	直流炉汽水分离器水位		✓		✓	✓			✓		✓	✓		
24	电动变速给水泵转速		✓			✓			✓			✓		
七	循环冷却水系统													
1	凝汽器入口或出口循环水压力	✓	✓					✓				✓		
2	循环水泵出口压力	✓	✓					✓						
3	循环水母管压力	✓	✓					✓			✓	✓		
4	凝汽器入口循环水温度	✓	✓					✓				✓		
5	凝汽器出口循环水温度	✓	✓					✓				✓		

续表

序号	测点名称	300MW						600MW						备注
		就地	控制盘			计算机		就地	控制盘			计算机		
			指示	记录	报警	模入	数入		指示	记录	报警	模入	数入	
6	循环水泵轴承温度								✓		✓			
八	**其他系统**													
1	抽气器入口水或汽压力	✓						✓						
2	抽气器入口真空度	✓						✓						
3	射水泵出口水压力	✓	✓		✓	✓		✓			✓	✓		
4	控制用压缩空气母管压力	✓			✓	✓		✓	✓			✓		
5	热交换器水位	✓			✓			✓			✓			
九	**汽轮机检测系统**													
1	汽轮机润滑油压力	✓	✓		✓	✓	✓	✓			✓	✓	✓	
2	汽轮机调速油压力	✓	✓		✓	✓		✓			✓	✓		
3	调速油系统各类油压力	✓						✓						
4	润滑油滤网差压				✓						✓			
5	汽轮机支持轴承温度				✓	✓					✓	✓		
6	汽轮机推力轴承温度				✓	✓					✓	✓		
7	汽轮机主汽门金属温度		✓						✓					
8	汽轮机缸体温度		✓		✓				✓		✓			
9	高压机组导汽管壁温度及法兰螺栓温度		✓						✓					
10	法兰加热蒸汽温度	✓						✓						
11	主油箱油位				✓						✓			
12	汽轮机转速	✓	✓	✓	✓	✓	✓	✓	✓	✓	✓	✓	✓	合并装一块记录表
13	汽轮机转子偏心度		✓						✓					
14	汽轮机胀差		✓		✓	✓			✓		✓	✓		
15	汽轮机汽缸膨胀				✓						✓			
16	汽轮机油动机行程		✓			✓			✓			✓		
17	汽轮机转子轴向位移		✓		✓	✓	✓		✓		✓	✓	✓	
18	汽轮发电机组轴承振动		✓	✓	✓	✓			✓	✓	✓	✓		
19	汽轮机润滑油温度		✓		✓				✓		✓			
十	**发电机检测系统**													
1	发电机氢气压力	✓			✓	✓		✓			✓	✓		
2	空气侧密封油压力	✓			✓	✓		✓			✓	✓		
3	氢气侧密封油压力	✓			✓	✓		✓			✓	✓		
4	氢气冷却器冷却水压力	✓			✓			✓			✓			

续表

序号	测点名称	300MW						600MW						备注
		就地	控制盘			计算机		就地	控制盘			计算机		
			指示	记录	报警	模入	数入		指示	记录	报警	模入	数入	
5	空气冷却器冷却水压力				✓						✓			
6	水冷发电机冷却水压力				✓	✓					✓	✓		
7	发电机冷却水泵出口压力	✓			✓			✓			✓			
8	发电机定转子水压力	✓			✓			✓			✓			
9	氢瓶出口母管压力	✓						✓						
10	氢气侧氢油压差				✓						✓			
11	空气侧氢油压差				✓						✓			
12	氢气侧密封油回油温度					✓						✓		
13	空气侧密封油回油温度					✓						✓		
14	密封油进油温度					✓						✓		
15	发电机进出口氢气或空气温度					✓						✓		
16	氢冷却器进出口冷却水温度					✓						✓		
17	空气冷却器进出口冷却水温度					✓						✓		
18	定子冷却水出水温度	✓			✓			✓			✓			
19	转子冷却水出水温度	✓			✓			✓			✓			
20	发电机定子线圈和铁芯温度	✓			✓			✓			✓			必要时仅选几点
21	励磁机进回风管温度	✓						✓						
22	定转子冷却水流量				✓	✓					✓	✓		
23	冷却水箱水位				✓						✓			
24	密封油箱油位				✓						✓			
25	氢油分离箱油位				✓						✓			
26	发电机氢气纯度			✓	✓					✓	✓			记录表装在氢盘上
27	水冷发电机检漏				✓						✓			
28	水冷发电机冷却水导电度				✓	✓					✓	✓		
29	水冷发电机断水				✓		✓				✓		✓	

表 10 - 13　　　　　　　　　　　辅助系统检测项目

系统名称	序号	测点名称	就地	控制盘			备注
				指示	记录	报警	
生产用减压减温器	1	蒸汽截止门前蒸汽压力	✓				
	2	减压阀后蒸汽压力	✓	✓		✓	
	3	减温水门前水压力	✓				
	4	减温后蒸汽温度		✓		✓	
	5	减压减温器后流量	✓				

续表

系统名称	序号	测点名称	就地	控制盘			备注
				指示	记录	报警	
蒸发站	1	补给水压力		√			
	2	加热蒸汽压力		√			
	3	二次蒸汽压力		√			
	4	二次蒸汽温度		√			
	5	补给水流量		√			
	6	加热蒸汽流量		√			
	7	蒸发器一次侧水位		√		√	
	8	蒸发器二次侧水位		√		√	
循环水泵房	1	进水压力	√				
	2	循环水泵出口水压力		√			
	3	循环水母管压力		√		√	
	4	冲洗水母管压力				√	
	5	循环水泵入口滤网前后压差		√		√	200MW 及以上机组
	6	清污机前后水位差压				√	
	7	旋转滤网前后水压差				√	
	8	循环水泵轴承温度		√		√	
	9	循环水泵电动机定子温度		√			
	10	进水口水位		√		√	
	11	集水井水位				√	
控制用空压站	1	空气压缩机出口气压力	√				
	2	干燥器出口气压力	√				
	3	储气罐气压力	√	√		√	
	4	供气总管压力		√		√	
	5	空气压缩机冷却水压力				√	
	6	管道过滤器前后压差				√	
	7	空气压缩机出口气温度	√				
	8	冷却器出口气温度	√				
	9	干燥器出口气温度		√			
	10	电加热器出口气温度		√			
燃油泵房	1	加热蒸汽压力		√		√	
	2	供热母管压力	√	√		√	
	3	供油泵出口油压力	√				
	4	油罐油温度		√			
	5	供油加热器后油温度		√			
	6	供油母管油温度		√		√	
	7	供油流量		√			
	8	油罐油位		√		√	

续表

| 系统名称 | 序号 | 测点名称 | 就地 | 控制盘 | | | 备注 |
				指示	记录	报警	
热网	1	每组加热器出口水压力	√				
	2	送水泵出口水压力	√	√			
	3	定压点水压力	√	√		√	
	4	加热蒸汽母管压力		√			
	5	送水母管压力		√			
	6	回水母管压力		√			
	7	供热蒸汽压力		√			
	8	送水母管温度		√	√		
	9	回水母管温度		√	√		
	10	加热器进汽温度	√				
	11	加热器进水温度	√				
	12	加热器出水温度	√				
	13	供热蒸汽温度		√	√		
	14	送水流量		√	√		
	15	回水流量		√	√		
	16	供热蒸汽流量		√	√		
	17	加热器水位				√	

表 10 - 14　　　　化学水处理系统检测项目

| 系统名称 | 序号 | 测点名称 | 就地 | 控制盘 | | | 备注 |
				指示	记录	报警	
化学水处理系统	1	原水压力	√			√	
	2	除盐水（软化水）总管水压力	√	√		√	
	3	喷射器进口管水压力	√				随设备本体供仪表
	4	控制气源压力	√			√	
	5	离子交换器进出口水压力	√				
	6	储气罐出口母管气压力	√			√	
	7	原水温度		√			
	8	反冲洗流量	√				
	9	喷射器进水流量	√				
	10	离子交换器进水或出水流量	√				
	11	澄清器进口原水流量	√				
	12	除盐水（软化水）总管水流量		√	√		
	13	原水母管水流量		√			
	14	自用除盐水母管水流量		√			

续表

系统名称	序号	测点名称	就地	控制盘			备注
				指示	记录	报警	
化学水处理系统	15	混床入口水流量	√				
	16	除盐（软化）水箱水位		√		√	
	17	中间水箱水位	√			√	
	18	计量箱液位	√			√	
	19	酸碱溶液箱液位	√			√	
	20	混合离子交换器出水导电度		√	√	√	
	21	阴离子交换器出水导电度		√		√	
	22	阴离子交换器出水导电度差		√	√	√	氢钠并联系统
	23	除 CO_2 器出水 pH 值		√		√	
	24	除盐水 pH 值		√		√	
	25	除盐水总管导电度		√		√	
	26	除盐水总管 SiO_2		√	√	√	300MW 及以上机组
	27	酸喷器出口酸浓度		√		√	
	28	碱喷器出口碱浓度		√		√	
	29	中和池出口 pH 值		√			

三、检测控制仪表的选择

一个正确合理的自动控制系统，不仅要有正确的测量和控制方案，而且还要正确选择和使用各种自动化仪表，即进行正确的仪表选型。

常规仪表的选择没有严格的规定，一般可考虑如下因素。

（1）价格因素。通常数字式仪表比模拟仪表价格高，新型仪表比老型仪表价格高，引进或合资生产的仪表比国产仪表价格高，电动仪表比气动仪表价格高。因此选型时要考虑投资的情况、仪表的性能/价格比。

（2）管理的需要。管理上的需要首先应尽可能使全厂的仪表选型一致，有利于仪表的维护管理。此外对于大中型企业，为实现现代化的管理，控制仪表应选择带有通信功能的，以便实现联网化。

（3）工艺的要求。控制仪表应选择能满足工艺对生产过程的监测、控制和安全保护等方面的要求。对于检测元件和/或执行器处在有爆炸危险的场合时，需要考虑安全栅的使用。

（一）检测控制仪表选择一般原则

（1）仪表准确性等级应按下列原则选定。

1）主要参数指示仪表 1 级；记录仪表 0.5 级。

2）经济考核仪表 0.5 级。

3）一般指示仪表 1.5 级；就地指示仪表 1.5～2.5 级。

4）分析仪表或特殊仪表的准确度，可根据实际情况选择。

(2) 装在有易爆危险场所或湿热带地区的仪表设备，应分别选用防爆型或湿热带型仪表。

(3) 测量腐蚀性介质或黏性介质时，应选用有防腐性能的仪表、隔离仪表或采用适当的隔离措施。

(4) 主给水及凝结水流量测量宜采用喷嘴；一般汽、水介质宜采用标准孔板；气体介质宜采用文丘里管、机翼等形式的测量装置。

(5) 主蒸汽流量测量应采用喷嘴。当汽轮机厂提供有关计算资料时，可采用汽轮机调节级压力间接测量主蒸汽流量。

(6) 测温元件的保护套管，应按被测介质的工作参数与管径选择，套管插入介质的有效深度（从管道内壁算起）应满足下列要求。

1) 对于高压高温的主蒸汽及再热蒸汽介质，当管道公称通径 $D_g \leqslant 250mm$ 时，有效深度为 70mm；当管道公称通径 $D_g > 250mm$ 时，有效深度为 100mm。

2) 对于管道外径 $D_0 \leqslant 500mm$ 的汽、气、液体介质，有效深度约为管道外径的 $1/2$；对于管道外径 $D_0 > 500mm$ 的汽、气、液体介质，有效深度为 300mm。

3) 对于烟、风及风粉混合物介质，有效深度为烟风道（管道）外径的 $1/3 \sim 1/2$。

(7) 仪表和计算机合用的测温点，宜选用双支测温元件。

(二) 检测仪表（元件）及调节阀的选择

1. 检测仪表（元件）及调节阀选择原则

(1) 工艺过程的条件。工艺过程的温度、压力、流量、黏度、腐蚀性、毒性、脉动等因素是决定仪表选型的主要条件，它关系到仪表选用的合理性、仪表的使用寿命及车间的防火、防爆、保安等问题。

(2) 操作上的重要性。各检测点的参数在操作上的重要性是仪表的指示、记录、积算、报警、控制、遥控等功能选定依据。一般来说，对工艺过程影响不大，但需经常监视的变量，可选择指示型；对需要经常了解变化趋势的重要变量，应选择记录式；而一些对工艺过程影响较大，又需随时监控的变量，应设控制；对关系到物料衡算和动力消耗而要求计量或经济核算的变量，宜设积算；一些可能影响生产或安全的变量，宜设报警。

(3) 经济性。仪表的选型也取决于投资的规模，应在满足工艺和自控要求的前提下，进行必要的经济核算，取得适宜的性能/价格比。

(4) 统一性。为便于仪表的维修和管理，在选型时也要注意到仪表的统一性。尽量选用同一系列、同一规格型号及同一生产厂家的产品。

(5) 仪表的使用。选用的仪表应是较为成熟的产品，经现场使用证明性能是可靠的；同时要注意到选用的仪表应当是货源供应充沛，不会影响工程的施工进度。

2. 温度测量仪表的选型

(1) 就地温度仪表的选择。

1) 双金属温度计：在满足测量范围、工作压力和精确度要求时，应优先选用。

2) 压力式温度计：对于 $-80℃$ 以下低温、无法近距离观察、有振动及精确度要求不高的场合可选用。

3) 玻璃温度计：由于汞害，一般不推荐使用（除作为成套机械，要求测量精度不高的情况下使用外）。

（2）温度检测元件的选择。

热电偶适用一般场合，热电阻适用于无振动场合，热敏电阻适用于要求测量反应速度快的场合。

根据对测量响应速度的要求，可选择：

1）热电偶：600s、100s、20s 三级。

2）热电阻：90～180s、30～90s、10～30s、<10s 四级。

3）热敏电阻：<1s。

（3）温度计接线盒的选择。

1）普通式：条件较好的场所。

2）防溅式、防水式：潮湿或露天的场所。

3）隔爆式：易燃、易爆的场所。

4）插座式：仅适用于特殊场合。

（4）连接方式的选择。一般情况下可选用螺纹连接方式，下列场合应选用法兰连接方式。

1）在设备、衬里管道和有色金属管道上安装。

2）结晶、结疤、堵塞和强腐蚀性介质。

3）易燃、易爆和剧毒介质。

（5）特殊场合下温度计的选择。

1）温度大于 870℃、氢含量大于 5% 的还原性气体、惰性气体及真空场合，选用钨铼热电偶或吹气热电偶。

2）设备、管道外壁和转体表面温度，选用表面或铠装热电偶、热电阻。

3）含坚硬固体颗粒介质，选用耐磨热电偶。

4）在同一个检测元件保护套管中，要求多点测温时，选用多支热电偶。

（6）检测元件插入长度的选择。插入长度的选择应以检测元件插至被测介质温度变化灵敏，且具有代表性的位置为原则。

（7）测温保护管的选择。应根据被测介质的条件正确选用，可参见表 10-15。

表 10-15　　　　　　　　　　　　　保护管选用表

材质	最高使用温度（℃）	适用场合	备注
H62 黄铜合金	350	无腐蚀性介质	有定型产品
10 号钢、20 号钢	450	中性及轻腐蚀性介质	有定型产品
2CR13 不锈钢	800	耐高压，适用于高压蒸汽	有定型产品
GH39 不锈钢	800	耐高压，适用于高压蒸汽	
12CrMoV 不锈钢	800	耐高压	
耐高温工业陶瓷及氧化铝	1400～1800	耐高温，但气密性差，不耐压	有定型产品
莫来石刚玉及纯钢玉	1600	耐高温，气密性、耐温度聚变性好，并有一定防腐性	
28Cr 铁	1100	耐腐蚀和耐机械磨损	

3. 压力测量仪表的选型

(1) 量程选择。根据被测压力大小，确定仪表量程。在测量稳定压力时，最大压力值应不超过满量程的 3/4，正常压力应在仪表刻度上限的 2/3～1/2 处。在脉动压力测量时，最大压力值不超过满量程的 2/3。在测量高、中压力（大于 4MPa）时，正常操作压力不应超过仪表刻度上限的 1/2。

(2) 精度等级的选择。根据生产允许的最大测量误差及经济性，确定仪表的精度。一般工业生产用 1.5 或 2.5 级已足够，科研或精密测量和校验压力表时，可选用 0.5 级、0.35 级或更高等级。

(3) 使用环境及介质性能的考虑。环境条件如高温、腐蚀、潮湿、振动等，介质性能如温度高低、腐蚀性、易燃、易爆、易结晶等，根据这两方面的因素来选定压力表的种类及型号，具体如下。

1) 腐蚀性：耐酸压力表、1Cr18Ni9Ti 不锈钢为膜片的膜片压力表。

2) 易结晶、黏性强：膜片压力表。

3) 有爆炸危险：需用电接点讯号时用防暴性电接点压力表。

4) 机械震动强的场合：需用船用压力表或耐震动压力表。测脉动压力时需装螺旋形减震器或阻尼装置。

5) 带粉尘气体的测量：需装除尘器。

6) 强腐蚀、含固体颗粒、黏稠液的介质：用膜片或隔膜式压力表。膜片材质按介质要求和现有产品材质选择。

7) 在恶劣环境、强大气腐蚀的场所：用隔膜式耐腐蚀压力表，尽量避免采用充满隔离液的办法测压力。

8) 测氧气、氢气、乙炔、气氨、液氨、硫化氢介质：需用专用压力表。

9) 测量温度大于 60℃ 以上的蒸汽或介质的压力表需装螺旋形或 U 形弯管。

10) 测量易液化的气体时应装分离器。

(4) 仪表外形的选择。一般就地盘装宜用矩形压力表，与远传压力表和压力变送器配用的显示表宜选轴向带边或径向带边的弹簧管压力表。压力表外壳直径为 $\phi150$ 或 $\phi100$。

就地指示压力表，一般选用径向不带边，表壳直径为 $\phi100$ 或 $\phi150$。气动管线和辅助装置上可选用 $\phi60$ 或 $\phi100$ 的弹簧管压力表。

安装在照度较低、位置较高及示值不易观测的场合，压力表可选用 $\phi200$ 或 $\phi250$。

(5) 尽量避免选用带隔离液的压力测量。

4. 流量测量仪表的选型

不同类型的流量仪表性能和特点各异，选型时必须从仪表性能、流量特性、安装条件、环境条件和经济因素等方面进行综合考虑。

(1) 仪表性能。仪表性能主要包括精确度、重复性、线性度、范围度、压力损失、上下限流量、信号输出特性、响应时间等。表 10-16 提供了常用流量计仪表性能数据，供选型时参考，表中，R 为测量值；Q_{FS} 为流量上限值；Q 为流量；V 为流过体积；v_m 为平均流速；v_p 为点流速。

表 10 - 16　　　　　　　　　　　常用流量计仪表性能参考数据

名称		精确度（基本误差）	重复性误差	范围度	测量参量	响应时间
		（%R 或 %Q_{FS}）				
差压式	孔板	±(1~2)Q_{FS}	取决于差压计	3：1	Q	取决于差压计
	喷嘴					
	文丘里管					
	弯管	±5Q_{FS}				
	楔形管	±(1.5~3)Q_{FS}				
	均速管	±(2~5)Q_{FS}			v_m	
浮子式	玻璃锥管	±(1~4)Q_{FS}	±(0.5~1)Q_{FS}	(5~10)：1	Q	
	金属锥管	±(1~2.5)Q_{FS}				
容积式	椭圆齿轮	±(0.2~0.5)R（液） ±(1~2.5)R（气）	±(0.05~0.2)R	10：1	T	<0.5s
	腰轮					
	刮板		±(0.01~0.05)R	(10~20)：1		
	膜式	±(2~3)R		100：1		
涡轮式		±(0.2~0.5)R（液） ±(1~1.5)R（气）	±(0.05~0.5)R	(5~10)：1	Q	5~25ms
电磁式		±0.2R~±1.5Q_{FS}	±0.1R~±0.2Q_{FS}	(10~100)：1	Q	>0.2s
旋涡式	涡街式	±R（液），±2R（气）	±(0.1~1)R	(5~40)：1	Q	>0.5s
	旋进式	±(1~2)R	±(0.25~0.5)R	(10~30)：1	Q	
超声式	传播速度差法	±1R~±5Q_{FS}	±0.2R~±1Q_{FS}	(10~300)：1	Q	0.02~120s
	多普勒法	±5Q_{FS}	±(0.5~1)Q_{FS}	(5~15)：1	Q	
靶式		±(1~5)Q_{FS}		3：1	Q	
热式		±(1.5~2.5)Q_{FS}	±(0.2~0.5)Q_{FS}	10：1	Q	0.12~7s
科氏力质量式		±(0.2~0.5)R	±(0.1~0.25)R	(10~100)：1	Q	0.1~3600
插入式（涡轮、电磁、涡街）		±(2.5~5)Q_{FS}	±(0.2~1)R	(10~40)：1	v_p	取决于测量头计

　　（2）流体特性。流体特性主要包括流体温度、压力、密度、黏度、化学性质、腐蚀、结垢、脏污、磨损、气体压缩系数、等熵指数、比热容、电导率、导热系数、多相流、脉动流等。表 10 - 17 提供了常用流量仪表适用的流体特性和工艺过程条件，表 10 - 18 提供了常用流量仪表的测量性能，供选型时参考。

表 10 - 17   **常用流量仪表适用的流体特性和工艺过程条件**

流体特性和工艺过程条件		液体														气体					
		清洁	脏污	含颗粒纤维浆	腐蚀性浆	腐蚀性	黏性	非牛顿流体	液液混合	液气混合	高温	低温	小流量	大流量	脉动流	一般	小流量	大流量	腐蚀性	高温	蒸汽
差压式	孔板	√	①	×	×	△	③	?	√	△	√	√	△	√	?	√	△	△	△	√	√
	喷嘴	√	?	×	×	△	△	?	√	△	√	?	×	④	?	√	△	△	△	√	√
	文丘里管	√	△	×	×	△	△	?	√	△	√	?	×	√	?	√	△	△	△	√	√
	弯管	√	△	△	×	△	△	?	√	△	√	?	√	?	?	√	△	△	△	?	?
	楔形管	√	√	√	△	√	√	?	√	△	√	△	△	△	?	√	△	△	△	√	√
	均速管	√	△	△	×	△	△	?	√	△	√	?	×	√	?	√	△	√	△	√	√
浮子式	玻璃锥管	√	×	×	×	△	△	×	×	×	×	×	×	×	×	√	√	×	√	×	×
	金属锥管	√	×	×	×	△	△	×	×	×	×	×	×	×	×	√	√	△	√	△	×
容积式	椭圆齿轮	√	×	×	×	△	√	√	×	×	×	?	×	×	×	√	×	×	?	×	×
	腰轮	√	×	×	×	△	√	√	×	×	×	?	×	④	×	√	×	×	?	×	×
	刮板	√	×	×	×	△	√	△	×	×	×	?	×	×	×	√	×	×	?	×	×
	膜式	×	×	×	×	×	×	×	×	×	×	×	×	×	×	√	△	△	?	×	×
涡轮式		√	×	×	×	?	×	△	×	×	√	×	△	④	×	√	×	△	?	△	×
电磁式		√	√	√	√	√	△	?	×	?	×	△	?	√	△	×	×	×	×	×	×
旋涡式	涡街式	√	△	×	×	?	△	×	×	×	△	△	×	√	×	√	×	⑥	×	△	√
	旋进式	√	×	×	×	×	△	×	×	×	△	△	×	√	×	√	×	△	×	△	√
超声式	传播速度差法	√	×	×	×	?	△	?	×	△	△	△	×	√	×	√	×	?	×	?	×
	多普勒法	√	△	√	√	√	△	?	×	△	△	△	×	√	×	△	×	×	×	×	×
靶式		√	√	×	×	△	△	?	×	?	×	△	×	√	×	√	×	×	×	×	×
热式		×	×	×	×	×	×	×	×	×	×	×	×	×	×	√	√	×	×	×	×
科氏力质量式		√	√	△	×	?	√	√	×	?	×	△	×	?	√	⑤	×	×	⑤	×	×
插入式（涡轮、电磁、涡街）		√	②	②	②	②	②	?	②	②	②	②	②	√	②	√	√	√	×	×	×

    注 ①圆缺孔板；②取决于测量头类型；③四分之一圆孔板，锥形入口孔板；④500mm 管径以下；⑤只适用于高压气体；⑥250mm 管径以下；√最适用；△通常适用；? 在一定条件下适用；×不适用。

表 10 - 18   **常用流量仪表的测量性能**

测量性能		精确度	最低雷诺数	范围度	压力损失	输出特性	高精度流量适应性	高精度总量适应性	公称通径范围（mm）
差压式	孔板	中	2×10^4	小	中~大	SR	?	×	50~1000
	喷嘴	中	1×10^4	小	小~中	SR	?	×	50~500
	文丘里管	中	7.5×10^4	小	小	SR	?	×	50~1200
	弯管	低	1×10^4	小	小	SR	×	×	>50
	楔形管	低	5×10^2	小~中	中	SR	×	×	25~300
	均速管	低	1×10^4	小	小	SR	×	×	>25

续表

测量性能		精确度	最低雷诺数	范围度	压力损失	输出特性	高精度流量适应性	高精度总量适应性	公称通径范围（mm）
浮子式	玻璃锥管	低~中	1×10^4	中	中	L	×	×	1.5~100
	金属锥管	中	1×10^4	中	中	L	?	×	10~150
容积式	椭圆齿轮	中~高	1×10^2	中	大	L	×	√	6~250
	腰轮	中~高	1×10^2	中	大	L	×	√	15~500
	刮板	中~高	1×10^3	中	大~很大	L	×	√	15~100
	膜式	中	2.5×10^2	大	小	L	×	√	15~100
涡轮式		中~高	1×10^4	小~中	中	L	√	√	10~500
电磁式		中~高		中~大	无	L	√	√	6~3000
旋涡式	涡街式	中	2×10^4	小~大	小~中	L	?	×	50~300
	旋进式	中	1×10^4	小~大	中	L	?	×	50~150
超声式	传播速度差法	中	5×10^3	中~大	无	L	?	?	>100
	多普勒法	低	5×10^3	小~中	无	L			>25
靶式		低~中	2×10^3	小	中	SR	?	×	50~200
热式		中	1×10^2	中	小	L	×	×	4~30
科氏力质量式		高		中~大	中~很大	L	√	△	6~150
插入式（涡轮、电磁、涡街）		低		①	小	L	×	×	>100

注　√最适用；△通常适用；? 在一定条件下适用；×不适用；SR 平方根；L 线性。

（3）安装条件。安装条件主要包括管道布置方向、介质流动方向、上下游管道长度、管道口径、维护空间、管道振动、防暴、接地、电、气源、辅助设施（过滤、消气）等。表10-19为常用流量计的安装要求，供选型时可参考。

表 10-19　　　　　　　　　　　常用流量计安装要求

安装要求		安装方位和流动方向				测双流向	上游直管段长度要求范围	下游直管段长度要求范围	安装过滤器		
		水平	垂直由下向上	垂直由上向下	倾斜任意		公称直径（D）		推荐安装	不需要	可能需要
差压式	孔板	√	√	√	√	①	5~80	2~8		√	
	喷嘴	√	√	√	√	×	5~80	4		√	
	文丘里管	√	√	√	×	×	5~30	4		√	
	弯管	√	√	√	√	②	5~30	4		√	
	楔形管	√	√	√	√	×	5~30	4		√	
	均速管	√	√	√	√	×	2~25	2~4			√
浮子式	玻璃锥管	×	√	×	×	×	0	0			√
	金属锥管	×	√	×	×	×	0	0			√

续表

安装要求		安装方位和流动方向				测双流向	上游直管段长度要求范围	下游直管段长度要求范围	安装过滤器		
		水平	垂直由下向上	垂直由上向下	倾斜任意		公称直径（D）		推荐安装	不需要	可能需要
容积式	椭圆齿轮	√	?	?	×	×	0	0	√		
	腰轮	√	?	?	×	×	0	0	√		
	刮板	√	×	×	×	×	0	0	√		
	膜式	√	×	×	×	×	0	0		√	
涡轮式		√	×	×	×	√	5～20	3～10			√
电磁式		√	√	√	√		0～10	0～5		√	
旋涡式	涡街式	√	√	√	×		1～40	5		√	
	旋进式	√	√	√	√		3～5	1～3		√	
超声式	传播速度差法	√	√	√	√		10～50	2～5		√	
	多普勒法	√	√	√	√		10	5		√	
靶式		√	√	√	×	×	6～20	3～4.5		√	
热式		√	√	√	√	×			√		
科氏力质量式		√	√	√	×	×	0	0		√	
插入式（涡轮、电磁、涡街）		√	①	①	②	①	10～80	5～10			①

注　√可用；? 有条件下可用；×不可用；①取决于测量头类型；②双向孔板可用；③45°取压可用。

（4）环境条件。环境条件主要包括环境温度、湿度、安全性、电磁干扰、维护空间等。选型时可参考表 10-20。

表 10-20　　　　　　　　　　　　**环境影响适应性比较**

环境		温度影响	电磁干扰射频干扰影响	本质安全防爆适用	防爆型适用	防水型适用
差压式	孔板	中	最小～小	①	①	①
	喷嘴	中	最小～小	①	①	①
	文丘里管	中	最小～小	①	①	①
	弯管	中	最小～小	①	①	①
	楔形管	中	最小～小	①	①	①
	均速管	中	最小～小	①	①	①
浮子式	玻璃锥管	中	最小	√	√	√
	金属锥管	中	小～中	√	√	√
容积式	椭圆齿轮	大	最小～中	√	√	√
	腰轮	大	最小～中	√	√	√
	刮板	大	最小～中	√	√	√
	膜式	大	最小～中	√	√	×

续表

环境		温度影响	电磁干扰射频干扰影响	本质安全防爆适用	防爆型适用	防水型适用
涡轮式		中	中	√	√	√
电磁式		最小	中	③	√	√
旋涡式	涡街式	小	大	√	√	√
	旋进式	小	大	③	③	√
超声式	传播速度差法	中~大	大	×	√	√
	多普勒法	中~大	大	√	√	√
靶式		中	中	×	√	√
热式		大	小	√	√	√
科氏力质量式		最小	大	√	√	√
插入式（涡轮、电磁、涡街）		最小~中	中~大	②	√	√

注　√可用；×不可用，①取决于差压计；②取决于测量头类型；③国外有产品。

（5）经济因素。经济因素主要包括购置费、安装费、维修费、检验费、使用寿命、运行费（能耗）、备品备件等。经济性相对费用比较可参考表 10-21。

表 10-21　　　　　　　　　　　　　　经济性相对费用比较

费用		仪表购置费用	安装费用	流量校验费用	运行费用	维护费用	备件及修理费用
差压式	孔板	低~中	低~高	最低	中~高	低	最低
	喷嘴	中	中	中	中~高	中	低
	文丘里管	中	高	最低~高	低~中	中	中
	弯管	低~中	中	最低	低	低	最低
	楔形管	中	中	中	中	中	中
	均速管	低~中	中	中~高	低	低	低
浮子式	玻璃锥管	最低	最低	低	低	最低	最低
	金属锥管	中	低~中	低	低	低	低
容积式	椭圆齿轮	中~高	高	高	高	高	最高
	腰轮	高	中	高	高	高	最高
	刮板	中	中	高	高	高	最高
	膜式	低	中	中	最低	低	低
涡轮式		中	中	高	中	高	高
电磁式		中~高	中	中	最低	中	中
旋涡式	涡街式	中	中	中	中	中	中
	旋进式	中	中	高	中	中	中
超声式	传播速度差法	高	最低~中	中	最低	中	低
	多普勒法	低~中	最低~中	低	最低	低	低
靶式		中	中	中	低	中	中

续表

费用	仪表购置费用	安装费用	流量校验费用	运行费用	维护费用	备件及修理费用
热式	中	中	高	低	高	中
科氏力质量式	最高	中~高	高	高	中	中
插入式（涡轮、电磁、涡街）	低	低	中	低	低~中	低~中

5. 物位测量仪表的选型

物位测量仪表的选型原则如下。

（1）应深入了解工艺条件、被测介质的性质，测控系统的要求，以便对仪表的技术性能做出充分评价。

（2）液位和界面测量应首选差压式、浮筒式和浮子式仪表。当不能满足要求时，可选用电容式、电接触式（电阻式）、声波式仪表。料位测量应根据物料的粒度、物料的安息角、物料的导电性能、料仓的结构形式及测量要求进行选择。

（3）仪表的结构形式和材质应根据被测介质的特性来选择。主要考虑的因素为压力、温度、腐蚀性、导电性；是否存在聚合、黏稠、沉淀、结晶、结膜、气化、起泡等现象；密度和密度变化；液体中含选浮物的多少；液面扰动的程度及固体物料的粒度。

（4）仪表的显示方式和功能，应根据工艺操作及系统组成的要求确定。

（5）仪表量程应根据工艺对象的实际需求显示的范围或实际变化范围确定。

（6）仪表精度应根据工艺要求选择，但供容积计量用的物位仪表，其精度等级应在 0.5 级以上。

（7）用于有爆炸危险场所的电气式物位仪表，应根据防爆等级要求，选择合适的防爆结构形式或其他防护措施。

表 10-22 为液位、料位、界面测量仪表选型的推荐表，供选型时参考。

表 10-22 液位、料位、界面测量仪表选型的推荐表

名称	液体		液/液界面		泡沫液体		脏污液体		粉状固体		粒状固体		块状固体		黏湿固体	
	位式	连续	位式	连续	位式	连续	位式	连续	位式	连续	位式	连续	位式	连续	位式	连续
差压式	可	好	可	可			可	可								
浮筒式	好	可	可	可			差	好								
浮子式开关	好		可				差									
带式浮子式	差	好						差								
光导式		好						差								
磁性浮子式	好	好			差	差	差	差								
电容式	好	好	好	好	好	可	好	差	可	可	好	可	可	可	好	可
电阻式	好			差	好		好			差		差				好
静压式		好				可		可								
声波式	好	好	差	差			好	好	差	好	好	好	好	好	可	好
微波式		好						好	好	好	好	好	好	好		好

名称	液体		液/液界面		泡沫液体		脏污液体		粉状固体		粒状固体		块状固体		黏湿固体	
	位式	连续	位式	连续	位式	连续	位式	连续	位式	连续	位式	连续	位式	连续	位式	连续
辐射式	好	好					好	好	好	好	好	好	好	好	好	好
激光式		好						好		好		好		好		好
吹气式	好	好					差	可								
阻旋式							差			可		好		差		可
隔膜式	好	好	可				可	可	差	差	差			差	可	差
重锤式	差	好						好		好		好		好		好

6. 调节阀的选型

调节阀的选择主要从下面几个方面来考虑。

（1）合理选用阀型和阀体、阀内件的材质。主要从被控流体的种类、腐蚀性和黏度、流体的温度、压力（入口和出口）、最大和最小流量及正常流量时的压差等因素来确定。

（2）正确确定调节阀的口径。调节阀的口径确定是根据工艺提供的有关参数，计算出流量系数 k_v（流通能力 C）来确定的。

（3）选择合适的流量特性。调节阀的流量特性是考虑对系统的补偿及管路阻力情况来确定的。

（4）调节阀开闭形式确定。开闭形式的确定主要从生产安全角度出发来考虑。当阀上控制信号或气源中断时，应避免损坏设备和伤害人员。

表 10 - 23 为调节阀选用参考表，供选型时参考。

表 10 - 23　　　　　　　　　　调节阀选用参考表

序号	名称	主要优点	注意事项
1	直通单座阀	泄流量小	阀前后压差较小
2	直通双座阀	流量系数及允许使用压差比同口径单座阀大	耐压较低
3	波纹管密封阀	适用于介质不允许泄漏的场合	耐压较低
4	隔膜阀	适用于强腐蚀、高黏度或含有悬浮颗粒，以及纤维的流体。在允许压差范围内可作切断阀用	耐压、耐温较低，适用于对流量特性要求不严的场合（近似快开）
5	小流量阀	适用于小流量和要求泄漏量小的场合	
6	角形阀	适用于高黏度或含悬浮物和颗粒状物料	输入与输出管道成角形安装
7	高压阀（角形）	结构较多级高压阀简单，用于高静压、大压差、有气蚀、空化的场合	介质对阀芯的不平衡力较大，必须选配定位器
8	多级高压阀	基本上解决了以往控制阀在控制高压差介质时寿命短的问题	必须选配定位器
9	阀体分离阀	阀体可拆为上、下两部分，便于清洗。阀芯、阀体可采用耐腐蚀衬压件	加工、装配要求较高

续表

序号	名称	主要优点	注意事项
10	三通阀	在两管道压差和温差不大的情况下能很好地代替两个二通阀，并可用作简单的配比调节	二流体的温差小于 150℃
11	蝶阀	适用于大口径、大流量和浓稠浆液及悬浮颗粒的场合	流体对阀体的不平衡力矩大，一般蝶阀允许压差小
12	套筒阀（笼式阀）	适用于阀前后压差大和液体出现闪蒸或空化的场合，稳定性好，噪声低，可取代大部分直通单、双座阀	不适用于含颗粒介质的场合
13	低噪声阀	比一般阀可降低噪声 10～30dB，适用于液体出现闪蒸、空化和气体在缩流面处流速超过音速且预估噪声超过 95dB 的场合	流通能力为一般阀 1/2～1/3，价格贵
14	超高压阀	公称压力达 350MPa，是化工过程控制高压聚合釜反应的关键执行器	价格贵
15	偏心旋转阀	流路阻力小，流量系数大，可调比大，适用于大压差、严密封的场合和黏度大及有颗粒介质的场合。很多场合可取代直通单、双座阀	由于阀体是无法兰的，一般只能用于耐压小于 6.4MPa 的场合
16	球阀（O 形、V 形）	流路阻力小，流量系数大，密封好，可调范围大，适用于高黏度、含纤维、含固体颗粒和污秽流体的场合	价格较贵，O 形球阀一般作二位调节用，V 形球阀作连续调节用
17	卫生阀（食品阀）	流路简单，无缝隙、死角积存物料，适用于啤酒、番茄酱及制药、日化工业	耐压低
18	二位式二（三）通切断阀	几乎无泄漏	仅作位式调节用
19	锅炉给水阀	耐高压，为锅炉给水专用阀	
20	低压降比（低 S 位）阀	在低 S 值时有良好的调节性能	可调比 $R≈10$
21	塑料单座阀	阀体、阀芯为聚四氟乙烯，用于氯气、硫酸、强碱等介质	耐压低
22	全钛阀	阀体、阀芯、阀座、阀盖均为钛材，耐多种无机酸、有机酸	价格贵

四、检测控制系统图绘制示例

【例 10 - 1】　除氧器检测控制系统图如图 10 - 16 所示。

【例 10 - 2】　锅炉主蒸汽温度检测控制系统图如图 10 - 17 所示。

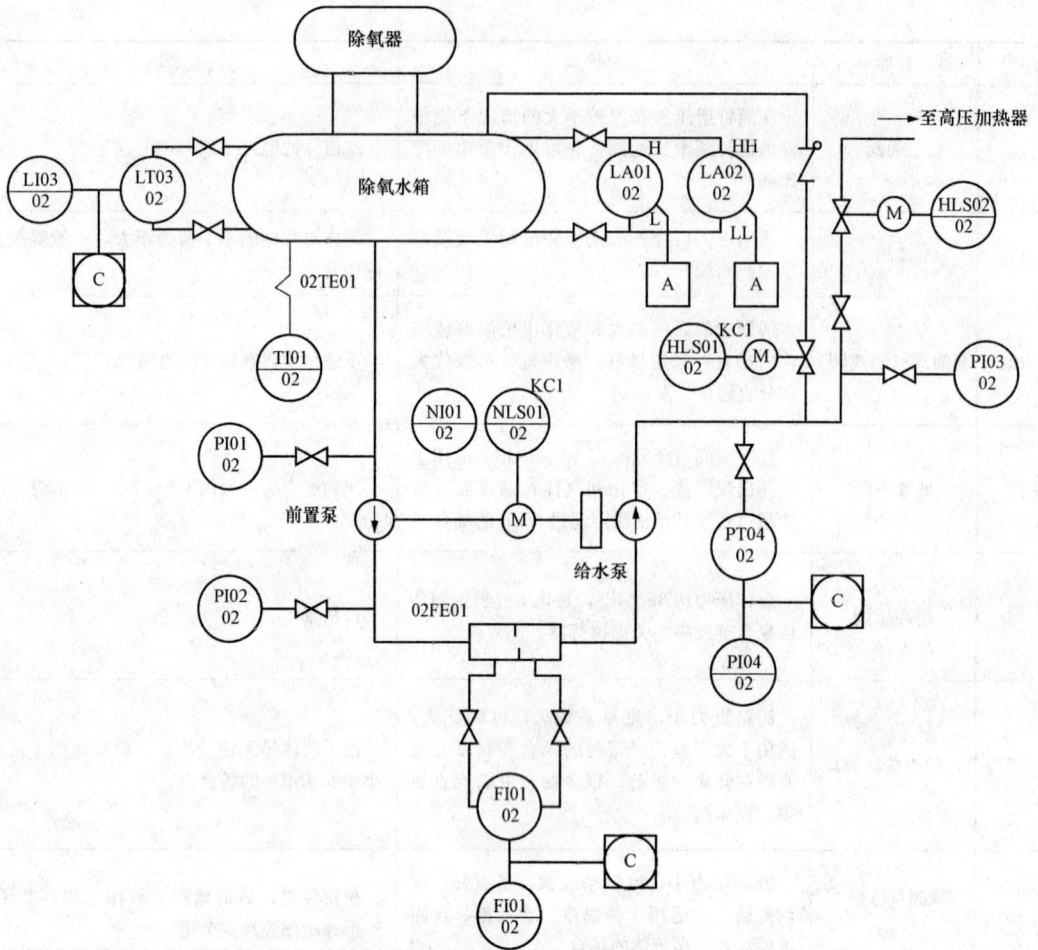

图 10-16　除氧器检测控制系统图

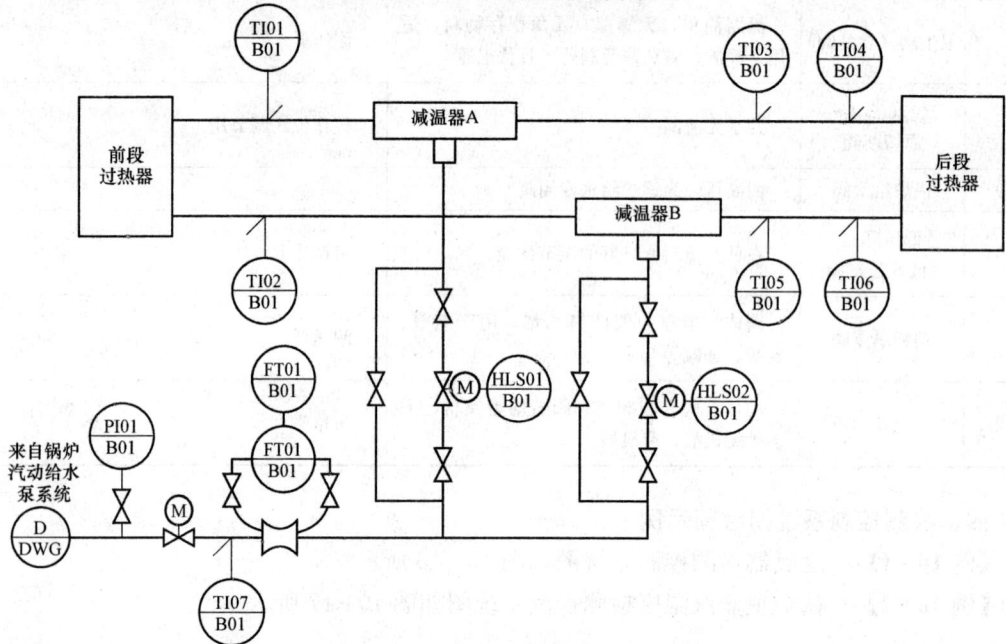

图 10-17　锅炉主蒸汽温度检测控制系统图

第二节 热工过程自动调节系统图的设计

一、制图规定

热工过程自动调节系统图用于说明主要的控制内容、主要的控制回路和采取的控制策略，包括原理框图和逻辑框图两部分。它采用图形符号或带注释的框绘制。带注释的框概略表示调节系统的基本组成及其相互关系，当自动调节系统图需要识别过程和信息流向时，应在信号线上加箭头。

热工过程自动调节系统图主要有垂直图与水平图两种。原理框图通常采用垂直图绘制，逻辑框图通常采用水平图绘制。同一个工程中只能任选一种。

（一）垂直图

在垂直图中，被测量画在上面，执行机构画在下面，用长画线隔开，流程从上到下。上、下两部分均表示现场，中间部分为柜内（DCS 内），如图 10 - 18 所示。

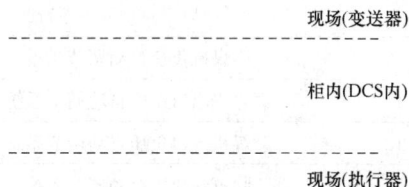

图 10 - 18　垂直图

（二）水平图

在水平图中，被测量画在左边，执行机构画在右边，用长画线隔开，流程从左向右，左、右两部分均表示现场，中间部分为柜内（DCS 内），如图 10 - 19 所示。

不论采用哪种形式，凡是辅助功能，如手动操作、设定值、偏置值都要和主信号垂直。画图时可以不考虑具体设备的大小。模拟量控制信号采用细实线表示；开关量（逻辑量）控制信号采用虚线表示。

二、设备代号及标注

在热工自动调节系统原理框图中，设备代号由三部分组成，如图 10 - 20 所示。

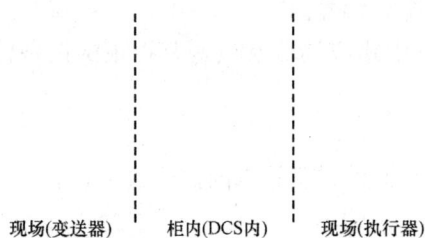

图 10 - 19　水平图

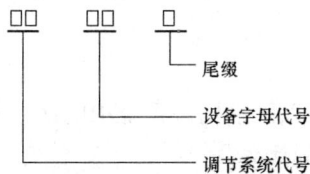

图 10 - 20　自动调节系统中设备代号图示

（一）调节系统代号

调节系统代号用以代表各种调节系统的名称，以阿拉伯数字表示。表 10 - 24 给出了热工自动调节系统的代号，供设计时选用。

（二）设备字母代号

设备字母代号用以表示调节设备的功能。表 10 - 25 给出了调节设备的字母代码，供设计时选用。

表 10 - 24　　　　　　　　　　热工自动调节系统代号表

代号	调节系统名称	代号	调节系统名称
1	主蒸汽压力校正或协调控制系统	15	汽轮机轴封压力自动调节系统
2	主蒸汽压力自动调节系统	16	高压加热器水位自动调节系统
3	送风自动调节系统	17	低压加热器水位自动调节系统
4	炉膛负压自动调节系统	18	凝汽器水位自动调节系统
5	给水自动调节系统	19	一级旁路压力自动调节系统
6	一级过热蒸汽温度自动调节系统	20	一级旁路温度自动调节系统
7	二级过热蒸汽温度自动调节系统	21	二级旁路压力自动调节系统
8	再热蒸汽温度自动调节系统	22	二级旁路温度自动调节系统
9	一次风压自动调节系统	23	蒸发水位自动调节系统
10	磨煤机负荷自动调节系统	24	原水预热器水温自动调节系统
11	磨煤机出口温度自动调节系统	25	减温减压器压力自动调节系统
12	磨煤机入口负压自动调节系统	26	减温减压器温度自动调节系统
13	除氧器压力自动调节系统	27	热网加热器水位自动调节系统
14	除氧器水位自动调节系统		

表 10 - 25　　　　　　　　　　调节设备的字母代码

字母	调节设备的功能	字母	调节设备的功能
C	调节	S	开关
I	指示	V	阀门、风门
K	操作器	Y	继动器（计算器、转换器、选择器、伺服放大器等）

变送器的设备代号按热工过程检测控制系统图的规定，与变送器所在热工过程检测控制系统中其他相同被测变量（或初始变量）的设备一起统一编号。

执行机构的设备代号与热工过程检测控制系统图中相应调节阀或调节挡板的设备代号一致。

（三）尾缀

尾缀用以区别同一系统中的两个及以上字母代号相同的设备；以阿拉伯数字表示。

（四）标注方法

热工自动调节原理框图中的设备代号标注在原理框图图形符号的右上方。

三、图形符号

图形符号分为原理框图图形符号和逻辑框图图形符号两种。

（一）原理框图图形符号

原理框图图形符号分为功能框外形描述符号和系统功能描述符号两类。

1. 功能框外形描述符号

功能框外形描述符号有圆形框、矩形框、正菱形框和等腰梯形框。功能框外形描述符号见表 10 - 26。

表 10 - 26 　　　　　　　　　　　　**功能图外形描述符号**

符号	功能	符号	功能
○	表示测量或信号读出	◇	表示手动信号处理
□	表示信号自动处理	⬭	表示最终控制装置

2. 系统功能描述符号

系统功能描述符号主要有算术运算、函数运算、控制运算、限值运算、报警运算、偏置和转换运算等。系统功能描述符号标注在功能框外形描述符号内。

在以下数学表达式中，x、x_1、x_2、$\cdots$、x_n 表示输入信号，M 表示输出信号，H 表示高限值，L 表示低限值。

(1) 算术运算。算术运算主要包括加法（求和）、减法、乘法、除法、开方（求根）、幂运算。

1) 加法运算（Σ）。输出等于各输入的代数和，输入可以有正、负号。其数学表达式为

$$M = x_1 + x_2 + \cdots x_n \tag{10-1}$$

2) 减法运算（△）。输出等于两个输入之差。其数学表达式为

$$M = x_1 - x_2 \tag{10-2}$$

3) 乘法运算（×）。输出等于两个输入之乘积。其数学表达式为

$$M = x_1 \times x_2 \tag{10-3}$$

4) 除法运算（÷）。输出等于两个输入之商。其数学表达式为

$$M = x_1 \div x_2 \tag{10-4}$$

5) 开方运算（$\sqrt{}$）。输出等于输入的算术平方根。其数学表达式为

$$M = \sqrt{x} \tag{10-5}$$

6) 幂运算（x^m）。输出等于输入的 m 次幂。其数学表达式为

$$M = x^m \tag{10-6}$$

(2) 函数运算。函数运算主要包括非线性函数、时间函数。

1) 非线性函数运算 $[f(x)]$。输出等于输入的非线性函数或不确定函数。其数学表达式为

$$M = f(x) \tag{10-7}$$

2) 时间函数运算 $[f(t)]$。输出等于输入和一些时间函数之积或等于一些时间函数。其数学表达式为

$$M = f(t)x; M = f(t) \tag{10-8}$$

(3) 控制运算。控制运算主要包括比例、积分、微分运算。

1) 比例运算（K）。输出与输入成正比例。其数学表达式为

$$M = Kx \tag{10-9}$$

式中：K 为比例增益。

2）积分运算（∫）。输出正比于输入对时间的积分。其数学表达式为

$$M = \frac{1}{T_i} \int x \, dt \qquad (10-10)$$

式中：T_i 为积分时间。

3）微分运算（d/dt）。输出正比于输入对时间的微分。其数学表达式为

$$M = T_D \frac{dx}{dt} \qquad (10-11)$$

式中：T_D 为微分时间。

（4）限值运算。限值运算主要包括高选、低选、高限、低限、速率高限制、速率低限制

1）高选运算（>）。输出等于输入中最大的一个输入。其数学表达式为

$$M = \begin{cases} x_1 & x_1 > x_2 \\ x_2 & x_1 \leqslant x_2 \end{cases} \qquad (10-12)$$

2）低选运算（<）。输出等于输入中最小的一个输入，其数学表达式为

$$M = \begin{cases} x_1 & x_1 \leqslant x_2 \\ x_2 & x_1 > x_2 \end{cases} \qquad (10-13)$$

3）高限运算（≯）。当输入小于或等于高限 H 时，输出等于输入；当输入大于高限 H 时，输出等于高限值。其数学表达式为

$$M = \begin{cases} x & x \leqslant H \\ H & x > H \end{cases} \qquad (10-14)$$

4）低限运算（≮）。当输入大于低限 L 时，输出等于输入；当输入小于或等于低限 L 时，输出等于低限值。其数学表达式为

$$M = \begin{cases} x & x > L \\ L & x \leqslant L \end{cases} \qquad (10-15)$$

5）速率高限值（V≯）。当输入变化率小于或等于高变化率限值 H 时，输出变化率等于输入变化率。当输入变化率大于高变化率限值 H 时，输出变化率等于高变化率限值。其数学表达式为

$$\frac{dM}{dt} = \begin{cases} \dfrac{dx}{dt} & \dfrac{dx}{dt} > H \\ H & \dfrac{dx}{dt} \leqslant H \end{cases} \qquad (10-16)$$

6）速率低限值（V≮）。当输入变化率大于低变化率限值 L 时，输出变化率等于输入变化率；当输入变化率小于或等于低变化率限值 L 时，输出变化率等于低变化率限值。其数学表达式为

$$\frac{dM}{dt} = \begin{cases} \dfrac{dx}{dt} & \dfrac{dx}{dt} > L \\ L & \dfrac{dx}{dt} \leqslant L \end{cases} \qquad (10-17)$$

（5）报警运算。报警运算主要包括高值、低值、高低值报警。

1）高值报警（H/ ）。当输入大于高报警值 H 时，输出高报警信号。其数学表达式为

$$M = \begin{cases} 0 & x \leqslant H \\ 1 & x > H \end{cases} \qquad (10-18)$$

2）低值报警（ /L）。当输入小于低报警值 L 时，输出低报警信号。其数学表达式为

$$M = \begin{cases} 0 & x \geqslant L \\ 1 & x < L \end{cases} \tag{10-19}$$

3）高低值报警（H/L）。当输入大于高报警值 H 时，输出高报警信号；当输入小于低报警值 L 时，输出低报警信号。其数学表达式为

$$M = \begin{cases} 0 & L \leqslant x \leqslant H \\ 1 & x > H \text{ 或 } x < L \end{cases} \tag{10-20}$$

（6）偏置和转换运算。

1）偏置运算（±）。输出等于输入加上（或减去）偏置值 b。其数学表达式为

$$M = x \pm b \tag{10-21}$$

2）转换运算（*/*）。将输入信号类型转换成输出信号类型。这里符号 * 是信号类型的字母代号。其数学表达式为

$$* = f(*) \tag{10-22}$$

（二）逻辑框图图形符号

1. 常用的逻辑框图图形符号

常用的逻辑框图图形符号见表 10-27。

表 10-27　　　　　　　常用的逻辑框图图形符号

符号	功能	符号	功能
（椭圆形）	逻辑控制条件	[M/R]	记忆/复归
（六边形）	操作员逻辑指令	[∏]	信号转换
（矩形）	逻辑控制结果	[TD]	正向延时
[&]	与	[RD]	反向延时
[≥1]	或	[△D]	开关量输出
[1]	非	[☼]	信号指示灯

2. 逻辑框图图形符号说明

（1）"与"逻辑运算（&）。输出逻辑信号 C 等于输入逻辑信号 A 和 B 的"与"运算。其逻辑表达式为

$$C = A \cdot B \tag{10-23}$$

（2）"或"逻辑运算（≥1）。输出逻辑信号 C 等于输入逻辑信号 A 和 B 的"或"运算。其逻辑表达式为

$$C = A + B \tag{10-24}$$

（3）"非"逻辑运算。输出逻辑信号等于输入逻辑信号的"非"。其逻辑表达式为

$$C = \overline{A} \tag{10-25}$$

（4）记忆/复归。当输入端 M 接收到逻辑信号时输出为"1"；当输入端 R 接收到逻辑信号时，输出为"0"。

（5）信号转换。当输入逻辑为"0"时，输出逻辑也为"0"；当输入逻辑由 0→1 时，输出在 t 秒内等于逻辑"1"，然后变为逻辑"0"。

（6）正向延时。输入逻辑信号延时 t 秒后输出逻辑信号。

（7）反向延时。当输入逻辑信号从 1→0 变化时，输出逻辑信号在 ts 内仍为"1"，ts 后为"0"。

（三）自动调节系统图形符号实例

常见的自动调节系统图形符号实例见表 10-28～表 10-32，供设计时选用。

表 10-28　　　　　常用的自动调节系统图形符号实例（变送器类）

名称	图形符号	名称	图形符号	名称	图形符号
流量变送器	(FT)	液位变送器	(LT)	压力变送器	(PT)
温度变送器	(TT)	转速变送器	(ST)	位置变送器	(GT)
分析变送器	(AT)	振动变送器	(VT)	功率变送器	(WT)

表 10-29　　　　　常用的自动调节系统图形符号实例（转换器类）

名称	图形符号	名称	图形符号	名称	图形符号
电阻/电流转换器	R/I	电阻/电压转换器	R/V	电流/电压转换器	I/V
热电势/电压转换器	mV/V	电压/电流转换器	V/I	电流/电流转换器	I/I
电压/电压转换器	V/V	气压/电流转换器	p/I	电流/气压转换器	I/p
电压/气压转换器	V/p	气压/电压转换器	p/V	数/模转换器	D/A
模/数转换器	A/D	频率/频率转换器	f/f	频率/电压转换器	f/V
脉冲/电压转换器	M/V	脉冲/脉冲转换器	M/M	触点/逻辑转换器	C/L
逻辑/数字转换器	L/D	数字/逻辑转换器	D/L		

表 10 - 30　　　　　　　　　　**常用的自动调节系统图形符号实例（运算器类）**

名称	图形符号	名称	图形符号	名称	图形符号
乘法器	×	除法器	÷	加法器	Σ
比较器	Δ	开方器	$\sqrt{}$	均值器	Σ/n
偏置器	±	积算器	Σ/t	比例器	K
积分器	$\int$	微分器	d/dt	时间函数	$f(t)$
函数器	$f(x)$	切换开关	T	跟踪	TR
死区非线性	⨏	饱和非线性	⨏	惯性环节	$\frac{1}{1+Ts}$

表 10 - 31　　　　　　　　　**常用的自动调节系统图形符号实例（显示操作执行类）**

名称	图形符号	名称	图形符号	名称	图形符号
指示器	I	记录器	R	模拟信号 发生器	A
自动/手动 切换开关	T	手操信号 发生器	↕	执行机构 （未指定形式）	$f(x)$
电动 执行机构	MO	液动执行机构	HO		

表 10 - 32　　　　　　　　　**常用的自动调节系统图形符号实例（选择限幅监视类）**

名称	图形符号	名称	图形符号	名称	图形符号
高值选择器	>	低值选择器	<	中值选择器	< >
高值限幅器	⩺	低值限幅器	⩹	高低值限幅器	⩺⩹
高限监视器	H/	低限监视器	/L	高低限监视器	H//L
速率高限制器	V⩺	速率低限制器	V⩹		

四、一般规定

（1）热工控制系统的设计应根据工程特点、机组容量、工艺系统、主辅机可控性及自动化水平确定。

（2）热工控制系统应遵循在确保设备及人身安全的前提下保证机组得到较好的可用性、

经济性的原则设计。

（3）集中控制的机组应有较高的热工自动化水平，应按照在少量就地操作和巡回检查配合下在单元控制室内实现机组的启动、运行工况监视和调整、停机和事故处理的自动化水平进行设计。控制室应以操作员站为监视控制中心，对于单元机组应实现炉、机、电统一的单元集中控制。

（4）控制回路应按照保护、连锁控制优先的原则设计，以保证机组设备和人身的安全。设计控制回路时，应遵循下列规定。

1）控制系统应满足安全可靠、运行操作灵活和便于维护的要求。

2）模拟量控制、顺序控制、保护连锁控制及单独操作在共同作用同一个对象时，控制指令优先级应为保护连锁控制最高、单独操作次之、模拟量控制和顺序控制最低的顺序。

3）模拟量控制、顺序控制、保护连锁控制操作在共用同一个开关量信号时，开关量信号首先送入优先级最高的保护回路，即几个回路共用的开关量信号接入具体回路的优先级或分配次序，也应是保护连锁控制最高、模拟量控制和顺序控制最低。

4）控制回路在共用同一个模拟量信号时，模拟量信号应首先送入模拟量控制回路。

（5）模拟量控制宜采用能直接反映过程质量要求的参数作为被调量。当这种参数在测量上有困难或测量迟延过大时，可选择与上述参数有单值对应关系的间接参数作为被调量。

（6）模拟量控制项目及策略应根据机组特点、工艺过程对控制质量的要求和对象的动态特性确定，应立足于简单、可靠、适用，并能适应启、停及中间负荷情况下机组安全、经济运行的需要。

（7）采用分散控制系统控制的单元机组，可按照控制系统分层分散的设计原则设计。模拟量控制可分为协调控制级、子回路控制级和执行级三级。

（8）控制站的配置可按功能划分，也可按工艺系统功能区划分。策划配置时应考虑项目的工程管理和电厂的运行组织方式，并兼顾分散控制系统的结构特点。控制站的划分应满足现场运行的要求。

（9）分配控制任务应以一个部件（控制器、输入/输出模件）故障时对系统功能影响最小为原则。按工艺系统功能区配置控制器时，一局部工艺系统控制项目的全部控制任务宜集中在同一个控制器内完成。按功能配置控制站时，如一个模拟量控制回路的前馈信息来自另一个控制器时，不应在系统传输过程中造成延迟。

（10）控制器模件和输入/输出模件（I/O模件）的冗余应根据不同厂商的分散控制系统结构特点和被控对象的重要性来确定。

1）对于控制器模件通过内部总线带多个I/O模件的情况，完成数据采集、模拟量控制、开关量控制和锅炉炉膛安全监控任务的控制器模件均应冗余配置（对于取消硬后备"手动/自动"操作手段的模拟量控制系统、锅炉炉膛安全监控系统的重要信号应由不同输入模件输入）。

2）对于控制器模件本身带有控制输出和相应的信号输入接口又通过总线与其他输入模件通信的情况，完成模拟量控制、锅炉炉膛安全监控任务的控制器模件及完成重要信号输入任务的模件应冗余配置。

（11）机柜内的模件应允许带电插拔而不影响其他模件正常工作。模件的种类和规格应尽可能标准化。

（12）在配置冗余控制器的情况下，当工作控制器故障时，系统应能自动切换到冗余控制器工作，并在操作员站上报警。处于后备的控制器应能根据工作控制器的状态不断更新自身信息。

（13）冗余控制器的切换时间和数据更新周期，应保证系统不因控制器切换而发生控制扰动或延迟。

五、模拟量控制

1. 模拟量控制功能

（1）模拟量控制系统应满足机组正常运行的控制要求，并应考虑在机组事故及异常工况下与相关的连锁保护协同控制的措施。在主辅设备可控性较好的情况下，可考虑部分模拟量控制回路实现全程控制。125MW 及以上机组宜考虑给水全程控制。采用全程控制时，应选用控制性能满足相应要求的锅炉给水控制阀门。

（2）300MW 及以上机组的模拟量控制系统应满足机组启动、停止及正常运行的控制要求，并应考虑在机组事故及异常工况下与相关的连锁保护协同控制的措施。

（3）125MW 及以上机组应配置汽轮机电调系统。汽轮机电调系统应至少具有调节汽轮机功率和频率、自动升速、停机等功能。当电网要求机组热工控制系统接收电网调度指令时，在汽轮机控制系统与协调控制系统有可靠接口的条件下，300MW 及以上单元机组还宜配置汽轮机热应力监视功能。

（4）机炉协调控制系统应能协调控制锅炉和汽轮机，满足机组快速响应负荷命令、平稳控制汽轮机及锅炉的要求，并具有下列几种可选的控制方式。

1）机炉协调控制。

2）汽轮机跟踪控制。

3）锅炉跟踪控制。

4）手动控制。

（5）单元机组模拟量控制系统应能满足滑压运行的要求，在不投油最低燃煤负荷到100% MCR 负荷变动范围内应保证被控参数满足机组有关验收标准的要求。

（6）机、炉协调控制系统中的各控制方式之间的切换，应设切换逻辑及具备双向无扰切换功能。受控对象或控制项目应设置手动/自动操作手段及相应的状态显示，并具备双向无扰切换功能。

（7）当采用分散控制系统时，应在操作员站上实现软手动/自动操作功能。

（8）协调控制系统应与汽轮机电调系统相协调。根据机组负荷指令协调控制系统向汽轮机电调系统发出汽轮机功率或汽轮机调速汽门开度指令。汽轮机电调系统内应具有直接响应系统频率变化的特性。当某种原因限制了汽轮机控制阀的调节时，协调控制系统应能自动转换至合适的运行方式，以保证工艺参数不偏离正常范围。

（9）锅炉控制系统应由若干子系统组成，在锅炉运行的全负荷范围内使这些子系统协调运行。子系统的控制策略宜具有前馈特征，使锅炉能灵敏、安全、快速、稳定的运行。

（10）炉膛负压控制通过控制引风机叶片（或入口挡板）的开度维持炉膛压力为设定值。300MW 及以上机组宜采用风量指令作为超前变化的前馈信号，使炉膛负压波动最小。炉膛负压控制宜设方向闭锁，在炉膛压力低时，应闭锁引风机叶片（或入口挡板）开度进一步增大；在炉膛压力高时，应闭锁引风机叶片（或入口挡板）开度进一步减小。在发生总燃料跳闸（MFT）且风量大于 30％时，应能根据负压超弛信号使引风机叶片开度（或入口挡板）快速减小，直至恢复正常的负压控制。

（11）送风控制通过控制送风机叶片（或入口挡板）的开度控制风量达到最佳燃烧工况。300MW 及以上机组送风控制宜设置方向闭锁，当炉膛压力高时，应闭锁送风机叶片（或入口挡板）开度进一步增大；炉膛压力低时，应闭锁送风机叶片（或入口挡板）开度进一步减小。当总风量低于吹扫额定值时，应发出报警信号。

（12）采用氧量校正的送风控制系统的氧量定值应能跟随负荷变化进行校正。

（13）300 MW 及以上的机组，过热蒸汽温度控制宜采用串级调节，并将经过校正的锅炉总风量信号或能够表征锅炉烟气量变化及负荷变化的信号作为温度控制的前馈，在规定的锅炉运行参数范围内，控制第一级和第二级过热器的出口温度。

（14）300MW 及以上机组的燃烧控制系统宜设燃料/空气交叉限制功能，并具有根据燃料种类及低位发热量的变化，对单位负荷所需空气量及燃料量进行校正的功能。

（15）模拟量控制系统平行控制两个及以上被控对象时，该控制系统应有被控对象的负荷分配和负荷自动转移匹配功能。

（16）在出现保护信号时，控制系统应及时响应，中断自动和手动控制，按保护系统的指令实施控制，保证工艺系统处于安全状态。

（17）模拟量控制系统中，宜设下列报警。

1）控制系统设备的故障。

2）主要参数变送器的故障。

3）测量值与设定值的偏差大。

4）系统输出与执行器位置的偏差大。

5）手动/自动操作在连锁保护信号作用时的自动切换。

6）控制系统电源和气源故障。

（18）模拟量控制系统的下列一次测量信号应有补偿。

1）汽包水位应有汽包压力补偿。

2）给水流量应有给水温度补偿。

3）送风量应有空气温度补偿。

4）主蒸汽流量应有主蒸汽压力、温度补偿。

（19）电动备用调速给水泵的给水调节机构（在制造厂允许时）应跟踪运行泵给水调节机构。

（20）模拟量控制系统设计时，应通过技术经济分析，积极采用经成功应用考验的各种优化控制算法和系统。

2. 模拟量控制项目

（1）确定机组的自动控制项目，应根据自动化水平的要求、机组的可控性，以及主、辅设备的控制特点等统一考虑。

（2）125MW 及以上机组应设给水、燃料、送风、炉膛负压、过热蒸汽温度、再热蒸汽温度及汽轮机控制。300MW 及以上机组还应设置辅助风挡板控制。采用汽轮机驱动的给水泵，应设给水泵汽轮机转速控制。

（3）在汽轮机采用电调装置的单元机组上，应设机、炉协调控制系统，协调控制系统的形式选择要考虑到汽轮机控制系统是否具有可靠的接口。协调控制系统的功能应根据机组容量确定。各类机组的协调控制功能见表 10‐33。

表 10‐33　　　　　　　　　　　　　　　协调控制功能

功能	125MW	200MW	300MW	600MW
手动/自动方式切换	√	√	√	√
协调控制方式	√	√	√	√
炉跟机控制方式	√	√	√	√
机跟炉控制方式	√	√	√	√
辅机故障减负荷（RB）		√	√	√
禁止增负荷（BI）			√	√
禁止减负荷（BD）			√	√
迫升（RU）			√	√
迫降（RD）			√	√

（4）采用一次风机送粉的制粉系统及中间储仓式热风送粉系统宜设一次风总风压控制。

（5）钢球磨煤机仓储式制粉系统宜设磨煤机负荷控制、磨煤机出口温度、磨煤机入口负压控制。中速磨煤机直吹式制粉系统宜设磨煤机出口温度控制、磨煤机风量控制。风扇磨煤机直吹式制粉系统宜设磨煤机出口温度控制、磨煤机风量控制。

（6）采用回转式空气预热器的锅炉机组，可设置空气预热器冷端温度控制；若一次风机、送风机入口已装设了暖风器，也可不设空气预热器冷端温度控制。

（7）汽轮发电机应设下列模拟量控制。

1）凝汽器水位（不采用低水位运行时）。

2）加热器水位。

3）轴封供汽压力。

4）氢/油密封压差（发电机氢冷系统）。

5）高、低压旁路的蒸汽压力及温度。

6）200MW 及以上机组汽轮机润滑油温度。

7）汽轮机的抗燃油温度（采用抗燃油控制时）。

（8）除氧器应设水位和压力控制。滑压运行除氧器应控制备用汽源，保证除氧器最低压力和压力下降速度在规定范围内；定压运行除氧器应设恒定除氧器压力控制系统。

（9）蒸发器应设一、二次侧水位控制。

（10）减压减温器宜设压力和温度控制。

（11）热网水系统应设补给水压力控制，也可设出口水温度控制。

（12）对生水加热的预处理系统，可设生水温度控制。

（13）闭式工业水系统，可设高位水箱水位、差压管水位、冷却水温度、供水母管与回水母管压差的控制。

（14）需要保持一定液位运行的容器，宜设液位控制。

（15）模拟量控制中主要参数的变送器应冗余配置。主要模拟量控制回路中变送器的配置见表 10‐34。

表 10 - 34 主要模拟量控制回路中变送器的配置

序号	测量项目名称	三冗余	二冗余	单独设置	备注
1	给水流量		√		
2	汽包水位	√			
3	蒸汽流量		√		
4	过热蒸汽温度		√		
5	减温器后温度		√		
6	总送风量		√		
7	烟气含氧量		√		
8	汽包压力		√		
9	炉膛压力	√			
10	磨煤机出口温度	√			不与保护合用时为 2 支
11	磨煤机入口负压		√		
12	汽轮机前蒸汽压力	√			
13	再热蒸汽温度		√		
14	一次风压力		√		
15	进油量			√	
16	除氧器压力		√		
17	除氧器水位		√		
18	旁路压力		√		
19	旁路温度		√		
20	汽轮机第一级压力	√			不用于计算主蒸汽流量时为 1 支

3. 模拟量远方操作

（1）控制对象可控性差、相关参数在测量上有困难或测量迟延过大，对控制质量要求不严格时，可不设模拟量自动控制回路，而仅采用模拟量远方操作。

（2）当机组采用分散控制系统（DCS）时，对于凝汽器水位、加热器水位、轴封供汽压力和温度及润滑油温等控制宜纳入 DCS。当采用基地式调节器时，可不设模拟量远方操作手段。

六、设备选择

1. 一般规定

（1）机组的主要控制设备宜采用分散控制系统。

（2）控制阀的最小、最大控制流量及漏流量必须满足运行（包括启、停和事故工况）控制要求。

（3）对工艺专业选用的控制阀的配置情况应按下列要求进行校核。

1）阀门开度：开度为 $85\%\sim90\%$ 时应满足运行的最大需要量。

2）阀门差压：对泄漏量有严格要求时，宜取流量为零时的最大差压；对泄漏量无特殊要求时，宜取最小流量下的最大差压，其值应不大于该阀门的最大允许差压。

3）阀门特性：控制阀门的工作流量特性应满足工艺系统的控制要求。

4）阀门配套的附件应能满足控制系统的接口要求。

2. 常规设备选择

（1）容量为125MW及以上机组变送器的选择，应根据技术的发展，经技术经济论证，选择高性能的模拟式变送器、模拟式智能变送器或现场总线智能变送器。

（2）125MW及以上机组辅助系统的单冲量控制，可考虑进入分散控制系统，也可采用基地式控制仪表。

（3）执行机构宜采用电动或气动执行机构。环境温度较高或力矩较大的被控对象，宜选用气动执行器。要求动作速度较快的被控对象，也可采用液动执行机构。执行机构力矩的选择要留有适当的裕量。

（4）电动执行机构和阀门电动装置应具有可靠的制动性能和双向力矩保护装置；当执行机构失去电源或失去信号时，应能保持在失信号前或失电源前的位置不变，并具有供报警用的输出接点。

（5）气动执行机构应根据被操作对象的特点和工艺系统的安全要求选择保护功能，即当失去控制信号、失去仪用气源或电源故障时，保持位置不变或使被操作对象按预定的方式动作。

（6）自动控制系统中的执行机构与拉杆之间及被控制机构与拉杆之间的连接宜采用球型铰链。当连接杠杆与转臂不在同一平面时，应采用球型铰链。

（7）辅助系统（车间）的顺序控制设备宜采用可编程控制装置。简单的顺序控制及连锁控制回路也可采用继电器组成的装置实现。

七、自动调节系统框图设计举例

在用图形符号绘制热工自动调节原理框图时，常将一些符号画在一起，以表示一个具体的仪表（或组件）。下面举例说明热工自动调节原理框图的绘制。

【例10-3】 绘制单回路控制系统原理框图。要求：具有内、外设定值切换；手动/自动输出无扰切换；比例积分作用；输出上、下限幅功能。

单回路控制系统原理框图如图10-21所示。

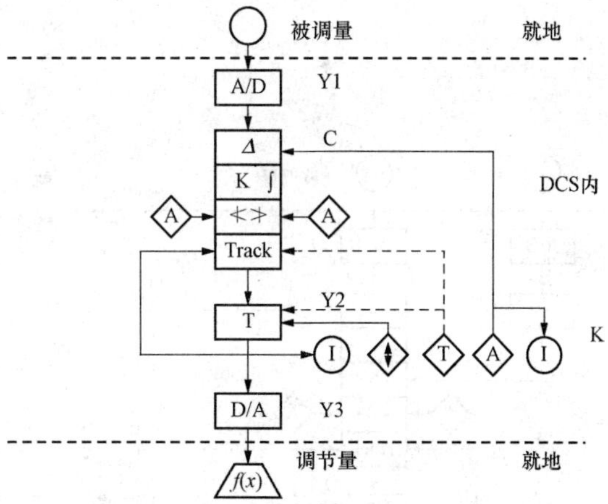

【例10-4】 绘制单回路控制系统原理框图。要求：具有内、外设定值切换；

图10-21 单回路控制系统原理框图

手动/自动输出无扰切换；比例积分作用；输出上、下限幅；被控量报警、记录功能。

带报警、记录的单回路控制系统原理框图如图10-22所示。

【例10-5】 绘制单回路控制系统原理框图。要求：具有内、外设定值切换；手动/自动输出无扰切换；比例积分作用；输出上、下限幅；被控量报警、记录；被控量越限，调节器切手动功能。

带连锁的单回路控制系统原理框图如图10-23所示。

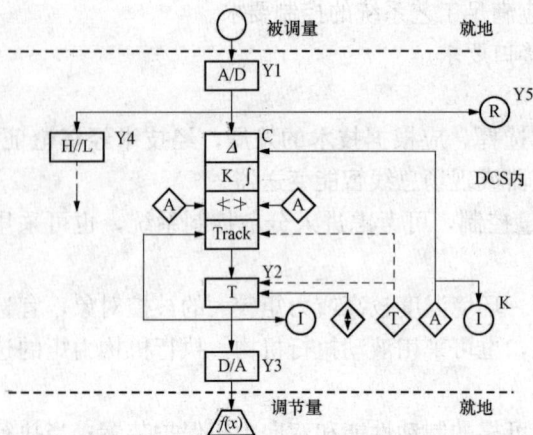

图 10-22　带报警、记录的单回路控制系统

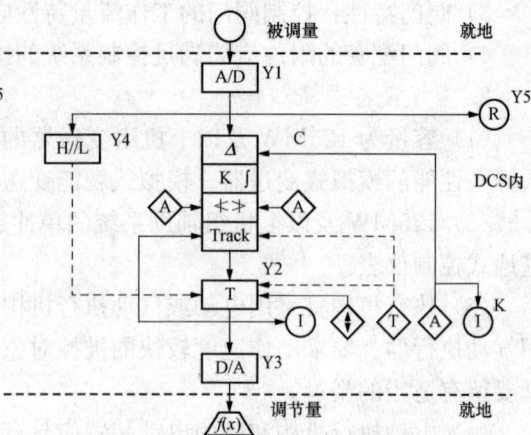

图 10-23　带连锁的单回路控制系统原理框图

【**例 10-6**】　绘制前馈－反馈单回路控制系统原理框图。要求：反馈回路为 PI 作用；前馈信号经 $f(t)$ 运算后与反馈控制器的输出相加；手动/自动输出无扰切换；输出上、下限幅功能。

前馈－反馈单回路控制系统原理框图如图 10-24 所示。

【**例 10-7**】　绘制串级控制系统原理框图。要求：具有内、外设定值切换；手动/自动输出无扰切换；主、副调节器均为比例积分作用；输出上、下限幅功能。

串级控制系统原理框图如图 10-25 所示。

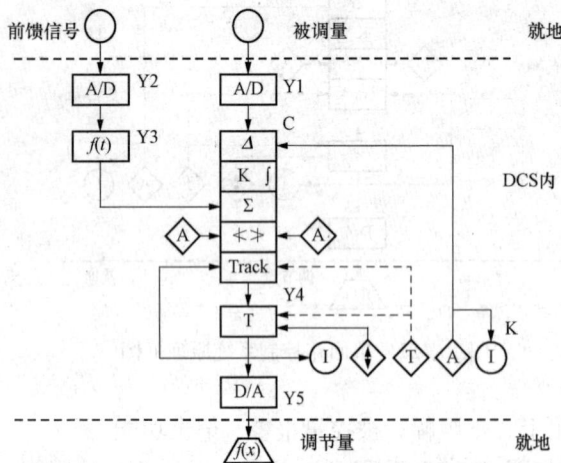

图 10-24　前馈－反馈单回路控制系统原理框图

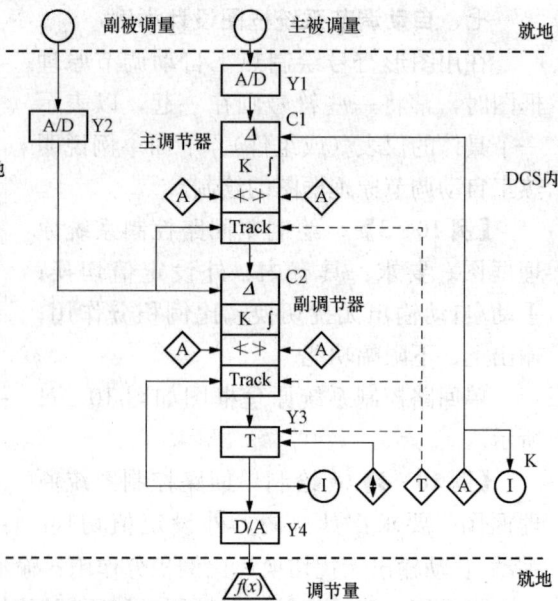

图 10-25　串级控制系统原理框图

【**例 10-8**】　绘制自动选择控制系统原理框图。要求：具有内、外设定值切换；手动/自动输出无扰切换；比例积分作用；输出上、下限幅；调节器之间无扰切换。

自动选择控制系统原理框图如图 10-26 所示

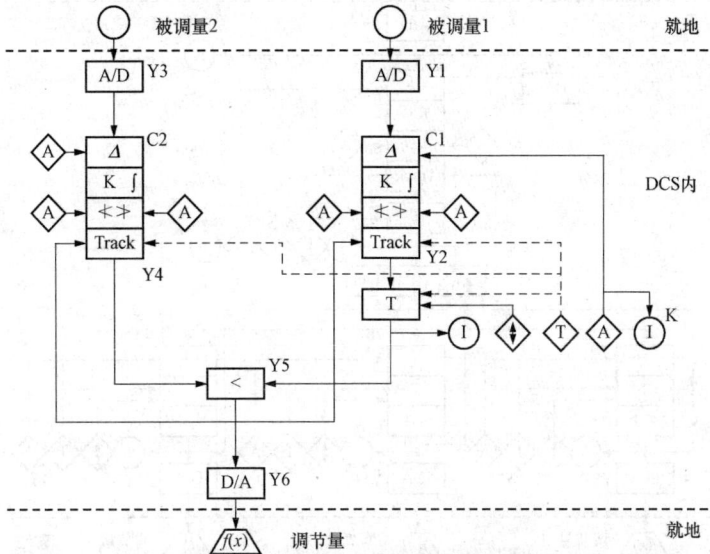

图 10-26　自动选择控制系统原理框图

【例 10-9】　绘制比值控制系统原理框图。要求：具有内、外设定值切换；手动/自动输出无扰切换；比例积分作用；输出上、下限幅；被控量报警、记录功能。根据不同工况，可进行比值调节或单回路调节的切换。

比值控制系统原理框图如图 10-27 所示。

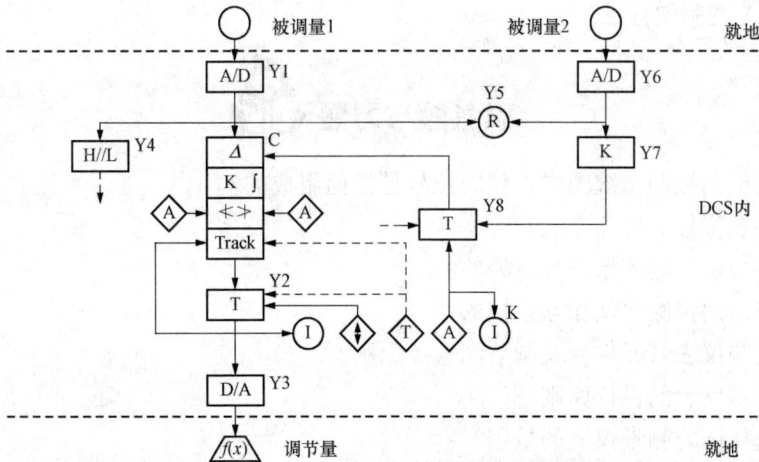

图 10-27　比值控制系统原理框图

【例 10-10】　绘制多输出控制系统原理框图。要求：具有内、外设定值切换；比例积分作用；输出上、下限幅；被控量报警、记录；手动/自动操作器可以无扰动把任一执行器切换到"自动"或"手动"状态，而与切换顺序无关。

多输出控制系统原理框图如图 10-28 所示。

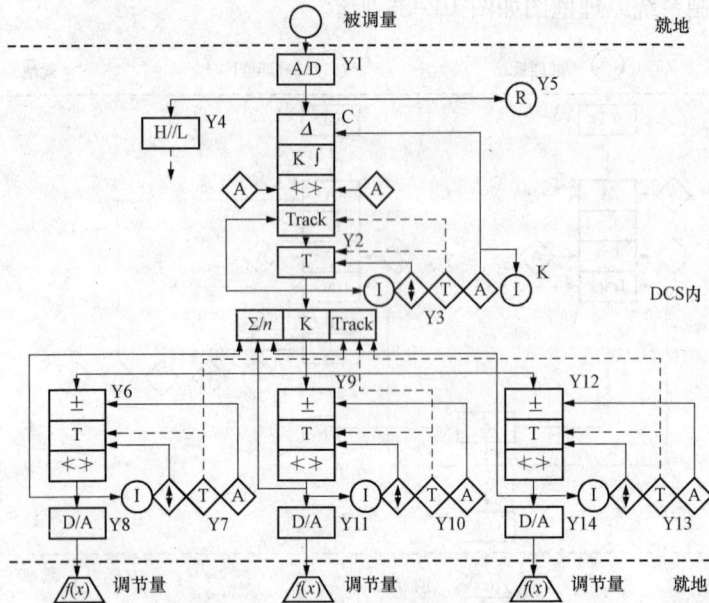

图 10 - 28　多输出控制系统原理框图

本章小结

　　本章从工程设计的角度讲述了热工过程检测控制系统图和热工自动调节原理图的设计方法，给出了相关的制图标准。

思考题与习题

1. 在热工检测控制系统图中，仪表位号是如何组成的？
2. 简述仪表位号的标注方法？
3. 仪表安装位置的图形符号有哪些？
4. 如何表示两张图之间相互连接的信号？
5. 简述检测仪表（元件）及调节阀选择原则？
6. 简述指示仪表的设计原则？
7. 如何选择压力测量仪表的量程？
8. 汽包水位、给水流量、主蒸汽流量及总风量的测量应采取哪些补偿措施？
9. 试画出 200MW 及以下单元机组给水检测控制系统图。
10. 试画出 200MW 及以下单元机组主蒸汽检测控制系统图。
11. 试画出 200MW 及以下单元机组风烟检测控制系统图。
12. 试画出 600MW 单元机组给水检测控制系统图。
13. 试画出 600MW 单元机组主蒸汽检测控制系统图。
14. 试画出 600MW 单元机组风烟检测控制系统图。

15. 在热工自动调节系统原理框图中，如何表示设备代号？

16. 简述自动调节系统原理框图中功能框外形描述符号表示的意义。

17. 在设计控制回路时，应遵循哪些规定？

18. 模拟量控制系统中，哪些信号需要报警？

19. 模拟量控制系统中，哪些信号需要补偿？

20. 对工艺专业选用的控制阀的配置情况要如何进行校核？

21. 试绘制除氧器控制系统原理框图。

22. 试绘制 600MW 单元机组给水控制系统原理框图。

23. 试绘制 600MW 单元机组主蒸汽温度控制系统原理框图。

24. 试绘制 600MW 单元机组再热蒸汽温度控制系统原理框图。

25. 试绘制 600MW 单元机组燃料控制系统原理框图。

26. 试绘制 600MW 单元机组送风控制系统原理框图。

27. 试绘制 600MW 单元机组引风控制系统原理框图。

附录 A　过程控制及仪表实验指导书

A1　系　统　概　述

THSA-1型过程综合自动化控制系统（Experiment Platform of Process Synthetic auto-mation Control system）由 THJ-3型高级过程控制对象实验装置、THSA-1型过程综合自动化控制系统实验平台及上位监控计算机（PC机）三部分组成，如图 A1 所示。

图 A1　THSA-1型过程综合自动化控制系统实验平台

该套实验装置紧密结合工业现场控制的实际情况，能够对流量、温度、液位、压力等变量实现系统参数辨识，并能够进行单回路控制、串级控制、前馈-反馈控制、滞后控制、比值控制、解耦控制等多种控制实验，是一套集成了自动化仪表技术、计算机技术、自动控制技术、通信技术及现场总线技术等的多功能实验设备。

THSA-1型过程综合自动化控制系统能够为在校学生和相关科研人员提供有力帮助。学生通过学习，应对传感器特性及零点漂移有初步认识，同时能掌握自动化仪表、变频器、电动调节阀等仪器的规范操作，并能够整定控制系统中相关参数。

这套实验设备综合性强，所涉及的工业生产过程多，所有部件均来自工业现场，严格遵循相关国家标准，具有广泛的可扩展性和后续开发功能，有利于培养学生的独立操作、独立分析问题和解决问题的创新能力。

整套实验装置的电源、控制屏均装有漏电保护装置，装置内各种仪表均有可靠的自保护功能，强电接线插头采用封闭式结构，强弱电连接采用不同结构接头，安全可靠。

A2　实验装置介绍

一、THJ-3型高级过程控制对象实验装置

实验对象总貌如图 A2 所示。

本实验装置对象主要由水箱、锅炉和盘管三大部分组成。供水系统有两路：一路由三相（380V 恒压供水）磁力驱动泵、电动调节阀、直流电磁阀、涡轮流量计及手动调节阀组成；另一路由变频器、三相磁力驱动泵（220V 变频调速）、涡轮流量计及手动调节阀组成。

（一）被控对象

由不锈钢储水箱、三个串接有机玻璃水箱（上、中、下）、4.5kW 三相电加热模拟锅炉（由不锈钢锅炉内胆加热筒和封闭式锅炉夹套构成）、盘管和敷塑不锈钢管道等组成。

1. 水箱

包括上水箱、中水箱、下水箱和储水箱。上、中、下水箱均采用淡蓝色优质有机玻璃，坚实耐用，透明度高，便于直接观察液位的变化和记录结果。上、中水箱尺寸均为 $D=$

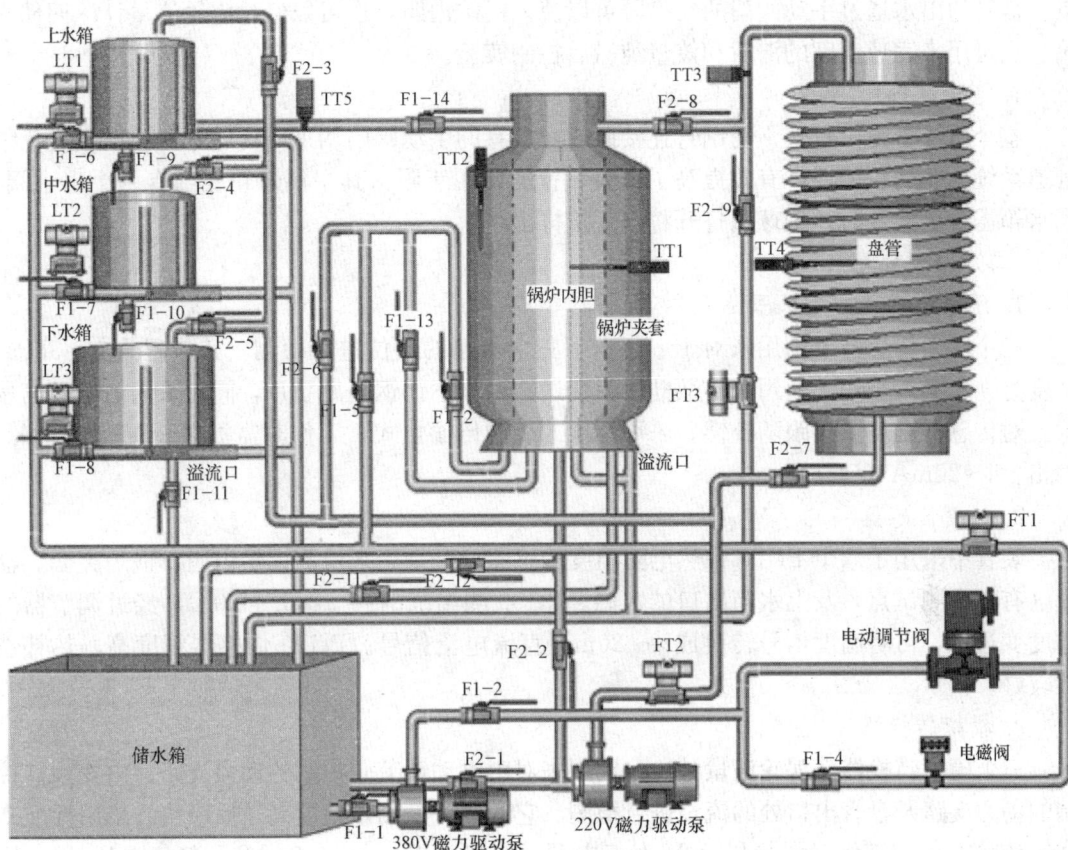

图 A2　实验对象总貌图

25cm，$H=20$cm；下水箱尺寸为 $D=35$cm，$H=20$cm。水箱结构独特，由三个槽组成，分别为缓冲槽、工作槽和出水槽，进水时水管的水先流入缓冲槽，出水时工作槽的水经过带燕尾槽的隔板流入出水槽，这样经过缓冲和线性化的处理，工作槽的液位较为稳定，便于观察。水箱底部均接有扩散硅压力传感器与变送器，可对水箱的压力和液位进行检测和变送。上、中、下水箱可以组合成一阶、二阶、三阶单回路液位控制系统和双闭环、三闭环液位串级控制系统。储水箱由不锈钢板制成，尺寸为长×宽×高＝68cm×52cm×43cm，完全能满足上、中、下水箱的实验供水需要。储水箱内部有两个椭圆形塑料过滤网罩，以防杂物进入水泵和管道。

2. 模拟锅炉

模拟锅炉是利用电加热管加热的常压锅炉，包括加热层（锅炉内胆）和冷却层（锅炉夹套），均由不锈钢精制而成，可利用它进行温度实验。做温度实验时，冷却层的循环水可以使加热层的热量快速散发，使加热层的温度快速下降。冷却层和加热层都装有温度传感器检测其温度，可完成温度的定值控制、串级控制，前馈-反馈控制，解耦控制等实验。

3. 盘管

模拟工业现场的管道输送和滞后环节，长 37m（43 圈），在盘管上有三个不同的温度检测点，它们的滞后时间常数不同，在实验过程中可根据不同的实验需要选择不同的温度检测点。盘管的出水通过手动阀门的切换既可以流入锅炉内胆，也可以经过涡轮流量计流回储水箱。它可用来完成温度的滞后和流量纯滞后控制实验。

4. 管道及阀门

整个系统管道由敷塑不锈钢管连接而成，所有的手动阀门均采用优质球阀，彻底避免了管道系统生锈的可能性，有效提高了实验装置的使用年限。其中储水箱底部有一个出水阀，当水箱需要更换水时，把球阀打开将水直接排出。

（二）检测装置

1. 压力传感器、变送器

三个压力传感器分别用来对上、中、下三个水箱的液位进行检测，其量程为 $0\sim5kPa$，精度为 0.5 级。采用工业用的扩散硅压力变送器，带不锈钢隔离膜片，同时采用信号隔离技术，对传感器温度漂移跟随补偿。采用标准二线制传输方式，工作时需提供 24V 直流电源，输出：$4\sim20mA$（DC）。

2. 温度传感器

装置中采用了六个 Pt100 铂热电阻温度传感器，分别用来检测锅炉内胆、锅炉夹套、盘管（有 3 个测试点）及上水箱出口的水温。Pt100 测温范围：$-200\sim420℃$。经过调节器的温度变送器，可将温度信号转换成 $4\sim20mA$ 直流电流信号。Pt100 传感器精度高，热补偿性较好。

3. 模拟转换器

三个模拟转换器（涡轮流量计）分别用来对由电动调节阀控制的动力支路、由变频器控制的动力支路及盘管出口处的流量进行检测。它的优点是测量精度高，反应快。采用标准二线制传输方式，工作时需提供 24V 直流电源。流量范围：$0\sim1.2m^3/h$；精度：1.0%；输出：$4\sim20mA$（DC）。

（三）执行机构

1. 电动调节阀

采用智能直行程电动调节阀，用来对控制回路的流量进行调节。电动调节阀型号为 QSTP-16K。具有精度高、技术先进、体积小、重量轻、推动力大、功能强、控制单元与电动执行机构一体化、可靠性高、操作方便等优点，电源为单相 220V，控制信号为 $4\sim20mA$（DC）或 $1\sim5V$（DC），输出为 $4\sim20mA$（DC）的阀位信号，使用和校正非常方便。

2. 水泵

本装置采用磁力驱动泵，型号为 16CQ-8P，流量为 30L/min，扬程为 8m，功率为 180W。泵体完全采用不锈钢材料，以防止生锈，使用寿命长。本装置采用两只磁力驱动泵，一只为三相 380V 恒压驱动，另一只为三相变频 220V 输出驱动。

3. 电磁阀

在本装置中作为电动调节阀的旁路，起到阶跃干扰的作用。电磁阀型号为 2W-160-25；工作压力：最小压力为 $0kg/cm^2$，最大压力为 $7kg/cm^2$；工作温度：$-5\sim80℃$；工作电压：24V（DC）。

4. 三相电加热管

由三根 1.5kW 电加热管星形连接而成，用来对锅炉内胆内的水进行加温，每根加热管的电阻值约为 50Ω。

二、THSA - 1 型过程综合自动化控制系统实验平台

"THSA - 1 型过程综合自动化控制系统实验平台"主要由控制屏组件、智能仪表控制组件、PLC 控制组件等几部分组成。

（一）控制屏组件

1. SA - 01 电源控制屏面板

充分考虑人身安全保护，装有漏电保护空气开关、电压型漏电保护器、电流型漏电保护器。图 A3 为电源控制屏示意。接上三相四线电源控制屏两侧的插座均带电，合上总电源空气开关及钥匙开关，此时三只电压表均指示 380V 左右，定时器兼报警记录仪数显亮，停止按钮灯亮，照明灯亮，此时打开 24V 开关电源即可提供 24V 电。按下启动按钮，停止按钮灯熄，启动按钮灯亮，此时合上三相电源、单相Ⅰ、单相Ⅱ、单相Ⅲ空气开关即可提供相应电源输出，作为其他组件的供电电源。

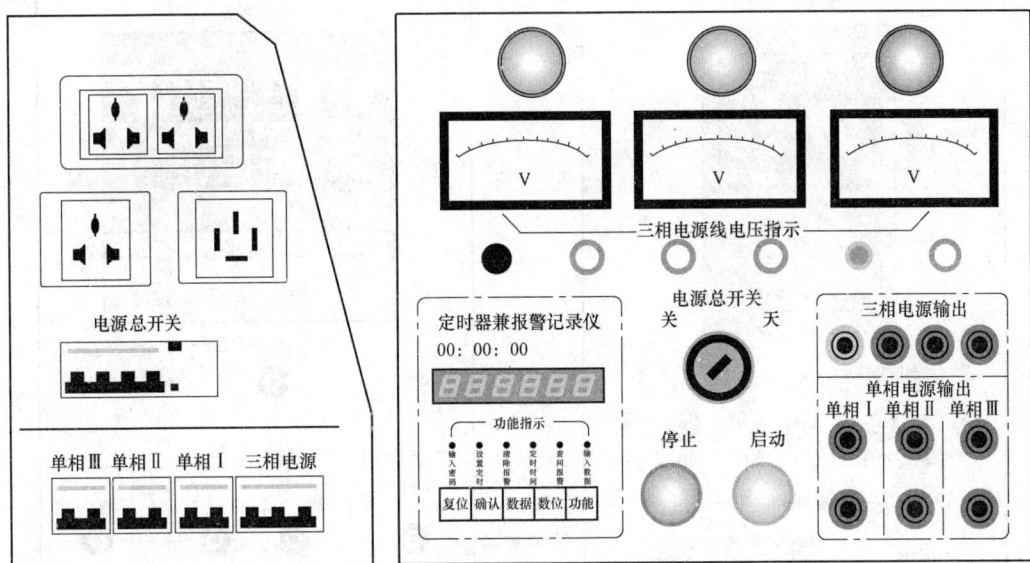

图 A3 电源控制屏示意

2. SA - 02 I/O 信号接口面板

该面板的作用主要是通过航空插头（一端与对象系统连接）将各传感器检测信号及执行器控制信号同面板上自锁紧插孔相连，便于学生自行连线组成不同的控制系统。

3. SA - 11 交流变频控制挂件

SA - 11 交流变频控制挂件如图 A4 所示，采用日本三菱公司的 FR - S520SE - 0.4K - CHR 型变频器，控制信号输入为 4～20mA（DC）或 0～5V（DC），交流 220V 变频输出用来驱动三相磁力驱动泵。有关变频器的使用请参考变频器使用手册中相关的内容。变频器常用参数设置：P30＝1；P53＝1；P62＝4；P79＝0。

4. 三相移相 SCR 调压装置、位式控制接触器

采用三相可控硅移相触发装置，输入控制信号为 4～20mA（DC）标准电流信号，其移相触发角与输入控制电流成正比。输出交流电压用来控制电加热器的端电压，从而实现锅炉温度的连续控制。位式控制接触器和 AI - 708 仪表一起使用，通过 AI - 708 仪表输出继电器

触点的通断来控制交流接触器的通断，从而完成锅炉水温的位式控制实验。

（二）智能仪表控制组件

1. AI 智能调节仪表挂件

采用上海万迅仪表有限公司生产的 AI 系列全通用人工智能调节仪表，其中 SA-12 智能调节仪控制挂件为 AI-818 型，如图 A5 所示。SA-13 智能位式调节仪为 AI-708 型。AI-818 型仪表为 PID 控制型，输出为 4～20mA（DC）信号；而 AI-708 型仪表为位式控制型，输出为继电器触点型开关量信号。AI 系列仪表通过 RS-485 串口通信协议与上位计算机通信，从而实现系统的实时监控。

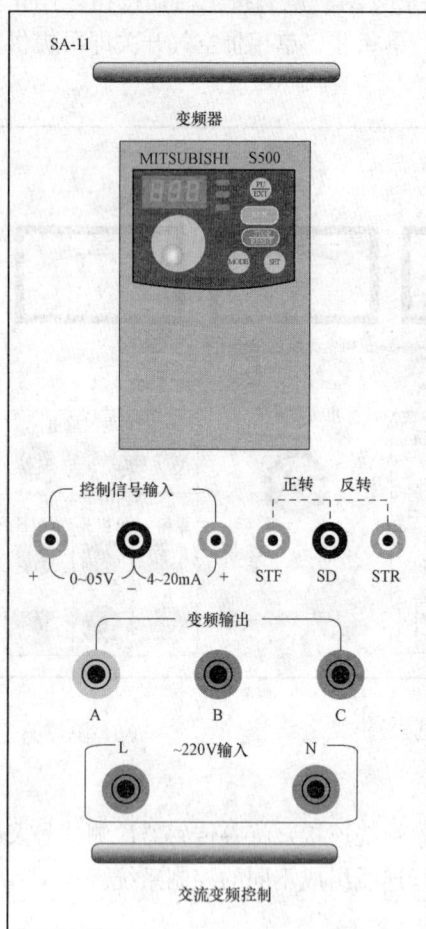

图 A4　SA-11 交流变频控制挂件　　　图 A5　SA-12 智能调节仪控制挂件

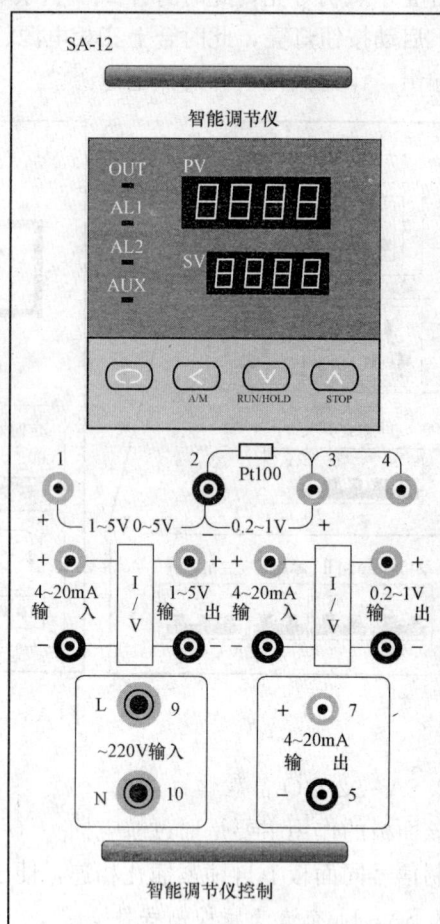

2. AI 仪表常用参数设置

Ctrl：控制方式。Ctrl=0，采用位式控制；Ctrl=1，采用 AI 人工智能调节/PID 调节；Ctrl=2，启动自整定参数功能；Ctrl=3，自整定结束。

Sn：输入规格。Sn=21，Pt100 热电阻输入；Sn=32，0.2～1V（DC）电压输入；Sn=33，1～5V（DC）电压输入。

DIL：输入下限显示值，一般 DIL=0；热电阻输入不用设置此项。

DIH：输入上限显示值。输入为液位信号时，DIH＝50.0；输入为流量信号时，DIH＝20.0；热电阻输入不用设置此项。

OP1：输出方式，一般 OP1＝4 为 4～20mA（DC）线性电流输出。

CF：系统功能选择。CF＝0 为内部给定，反作用调节；CF＝1 为内部给定，正作用调节；CF＝8 为外部给定，反作用调节；CF＝9 为外部给定，正作用调节。

Addr：通信地址。单回路实验 Addr＝1；串级实验主控为 Addr＝1，副控为 Addr＝2；三闭环实验主控为 Addr＝1，副控为 Addr＝2，内环为 Addr＝3。实验中各仪表通信地址不允许相同。

P、I、D 参数可根据实验需要调整，其他参数请参考默认设置。有关 AI 系列仪表的使用请参考说明书上相关的内容。

三、软件简介

本装置中智能仪表控制方案采用了北京昆仑公司的 MCGS 组态软件作为上位计算机监控组态软件。MCGS（Monitor and Control Generated System）是一套基于 Windows 平台的，用于快速构造和生成上位计算机监控系统的组态软件系统，可运行于 Microsoft Windows95/98/NT/2000/XP 等操作系统。

MCGS 软件为用户提供了解决实际工程问题的完整方案和开发平台，能够完成现场数据采集、实时和历史数据处理、报警和安全机制、流程控制、动画显示、趋势曲线和报表输出，以及企业监控网络等功能。

有关 MCGS 软件的使用，参考配套的手册及光盘。

四、实验要求及安全操作规程

1. 实验前的准备

实验前应复习教科书有关章节，认真研读实验指导书，了解实验目的、项目、方法与步骤，明确实验过程中应注意的问题，并按实验项目准备记录等。

实验前应了解实验装置中的对象、水泵、变频器和所用控制组件的名称、作用及其所在位置，以便在实验中对它们进行操作和观察。熟悉实验装置面板图，要求做到：由面板上的图形、文字符号能准确找到该设备的实际位置；熟悉工艺管道结构、每个手动阀门的位置及其作用。

认真做好实验前的准备工作，对于培养学生独立工作能力，提高实验质量和保护实验设备都是很重要的。

2. 实验过程的基本要求

（1）明确实验任务。

（2）提出实验方案。

（3）画实验接线图。

（4）进行实验操作，做好观测和记录。

（5）整理实验数据，得出结论，撰写实验报告。

在操作实验时，上述要求应尽量让学生独立完成，老师给予必要的指导，以培养学生的实际动手能力，要做好实验，就应做到实验前有准备，实验中有条理，实验后有分析。

3. 实验安全操作规程

（1）实验前，确保所有电源开关均处于"关"的位置。

（2）接线或拆线必须在切断电源的情况下进行，接线时要注意电源极性。完成接线后，正式投入运行之前，应严格检查安装、接线是否正确，并请指导老师确认无误后，方能通电。

（3）在投运之前，请先检查管道及阀门是否已按实验指导书的要求打开，储水箱中是否充水至三分之二以上，以保证磁力驱动泵中充满水，磁力驱动泵无水空转易造成水泵损坏。

（4）在进行温度实验前，请先检查锅炉内胆内水位，至少保证水位超过液位指示玻璃管上面的红线位置，以免造成实验失败。

（5）实验之前应进行变送器零位和量程的调整，调整时应注意电位器的调节方向，并分清调零电位器和满量程电位器。

（6）仪表应通电预热 15min 后再进行校验。

（7）小心操作，切勿乱扳硬拧，严防损坏仪表。

（8）严格遵守实验室有关规定。

A3 实 验 内 容

实验一 单容水箱水位特性测试实验

一、实验目的

（1）掌握单容水箱的阶跃响应测试方法，并记录相应水位的响应曲线。

（2）根据实验得到的水位阶跃响应曲线，用相应的方法确定被测对象的特征参数 K、T 和传递函数。

二、实验设备

实验对象及 SA‐01 电源控制屏、SA‐12 智能调节仪挂件一个、RS‐485/232 转换器一个、通信线一根、计算机一台、万用表一个。

三、实验原理

单容是指只有一个储容器。自平衡是指对象在扰动作用下，其平衡位置被破坏后，不需要操作人员或仪表等干预，依靠其自身重新恢复平衡的过程。图 A6 所示为单容水箱水位特性测试结构图及框图。阀门 F1‐1、F1‐2 和 F1‐8 全开，设下水箱流入量为 Q_1，改变电动调节阀 V1 的开度可以改变 Q_1 的大小，下水箱的流出量为 Q_2，改变出水阀 F1‐11 的开度可以改变 Q_2。液位 h 的变化反映了 Q_1 与 Q_2 不等而引起水箱中蓄水或泄水的过程。若将 Q_1 作为被控过程的输入变量，h 为其输出变量，则该被控过程的数学模型就是 h 与 Q_1 之间的数学表达式。

根据动态物料平衡关系有：

$$Q_1 - Q_2 = A\frac{\mathrm{d}h}{\mathrm{d}t} \tag{1}$$

将物料平衡关系表示为增量形式有：

$$\Delta Q_1 - \Delta Q_2 = A\frac{\mathrm{d}\Delta h}{\mathrm{d}t} \tag{2}$$

式中：ΔQ_1、ΔQ_2、Δh 分别为偏离某一平衡状态的增量；A 为水箱横截面积。

在平衡时，$Q_1 = Q_2$，$\mathrm{d}h/\mathrm{d}t = 0$；当 Q_1 发生变化时，水位 h 随之变化，水箱出口处的静压也随之变化，Q_2 也发生变化。由流体力学可知，流体在紊流情况下，水位 h 与流量之间

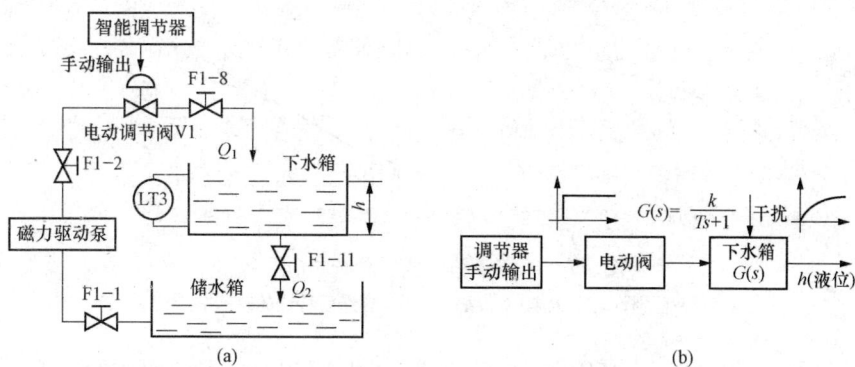

图 A6　单容水箱水位特性测试结构图及框图

(a) 结构图；(b) 框图

为非线性关系。但为了简化起见，经线性化处理后，可近似认为 Q_2 与 h 成正比关系，而与阀 F1-11 的阻力 R 成反比，即

$$\Delta Q_2 = \frac{\Delta h}{R} \text{ 或 } R = \frac{\Delta h}{\Delta Q_2} \tag{3}$$

式中：R 为阀 F1-11 的阻力，称为液阻。

将以上几个方程经拉氏变换并消去中间变量 Q_2，即可得单容水箱水位特性的数学模型为

$$G_0(s) = \frac{H(s)}{Q_1(s)} = \frac{R}{RCs+1} = \frac{K}{Ts+1} \tag{4}$$

$$T = RC$$

$$K = R$$

式中：T 为水箱的时间常数；K 为放大系数；C 为水箱的容量系数。

若令 $Q_1(s)$ 作阶跃扰动，即 $Q_1(s) = \dfrac{x_0}{s}$，x_0 为常数，则式（4）可改写为

$$H(s) = \frac{\dfrac{K}{T}}{s + \dfrac{1}{T}} \times \frac{x_0}{s} = Kx_0 \left(\frac{1}{s} - \frac{1}{s + \dfrac{1}{T}} \right) \tag{5}$$

对上式取拉氏反变换得

$$h(t) = Kx_0(1 - e^{-t/T}) \tag{6}$$

当 $t \to \infty$ 时，$h(\infty) - h(0) = Kx_0$，因而有

$$K = \frac{h(\infty) - h(0)}{x_0} \tag{7}$$

当 $t = T$ 时，则有

$$h(T) = Kx_0(1 - e^{-1}) = 0.632Kx_0 = 0.632h(\infty) \tag{8}$$

一阶惯性环节的响应曲线是一单调上升的指数函数，如图 A7（a）所示。该曲线上升到稳态值的 63% 所对应的时间就是水箱的时间常数 T。也可由坐标原点对响应曲线作切线 OA，切线与稳态值交点 A 所对应的时间就是该时间常数 T，由响应曲线求得 K 和 T 后，就能求得单容水箱的传递函数。

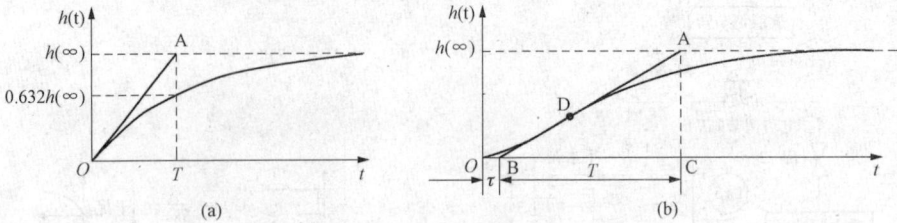

图 A7　单容水箱水位的阶跃响应曲线

（a）一阶惯性环节的响应曲线；（b）具有滞后特性的阶跃响应曲线

如果对象具有滞后特性，其阶跃响应曲线则为图 A7（b），在此曲线的拐点 D 处作一切线，它与时间轴交于 B 点，与响应稳态值的渐近线交于 A 点。图中 OB 即为对象的滞后时间 τ，BC 为对象的时间常数 T，所得的传递函数为

$$G(s) = \frac{H(s)}{Q_1(s)} = \frac{Ke^{-\tau s}}{1 + Ts} \tag{9}$$

四、实验内容与步骤

本实验选择下水箱作为被测对象（也可选择上水箱或中水箱）。实验之前先将储水箱中储足水量，然后将阀门 F1-1、F1-2、F1-8 全开，将下水箱出水阀门 F1-11 开至适当开度（30%～80%），其余阀门均关闭。试验采用智能调节仪控制，具体实验内容如下。

（1）将"SA-12 智能调节仪控制"挂件挂到屏上，并将挂件的通信线插头插入屏内 RS-485 通信口上，将控制屏右侧 RS-485 通信线通过 RS-485/232 转换器连接到计算机串口 1，并按照图 A8 所示的控制屏接线图连接实验系统。将"LT3 下水箱液位"钮子开关拨到"ON"的位置。

（2）接通总电源空气开关和钥匙开关，打开 24V 开关电源，给压力变送器上电，按下启动按钮，合上单相 I、单相 III 空气开关，给电动调节阀及智能调节仪上电。

（3）打开上位计算机，进入 MCGS 运行环境，在主菜单中单击"实验一、单容水箱水位对象特性测试"，进入实验一的监控界面。

（4）将智能调节仪设置为"手动"，并将智能调节仪输出为一个合适的值（50%～70%）。

（5）合上三相电源空气开关，磁力驱动泵上电打水，适当增加/减少智能调节仪的输出量，使下水箱的水位处于某一平衡位置，记录此时的智能调节仪输出值和水位值。

（6）待下水箱水位平衡后，突增（或突减）智能调节仪输出量的大小（约 2%），使其输出有一个正（或负）阶跃增量的变化（即阶跃干扰，此增量不宜过大，以免水箱中水溢出），于是水箱的水位便离开原平衡状态，经过一段时间后，水箱水位进入新的平衡状态，记录此时智能调节仪输出值和水位测量值，单容水箱水位液位阶跃响应过程曲线如图 A9 所示。

（7）根据前面记录的水位值和智能调节仪输出值，按式（7）计算 K 值，再根据图 A9 中的实验曲线求得 T 值，写出单容水箱水位特性的传递函数。

五、实验报告要求

（1）画出单容水箱水位特性测试实验的结构框图。

（2）根据实验得到的数据及曲线，分析并计算出单容水箱水位对象的参数及传递函数。

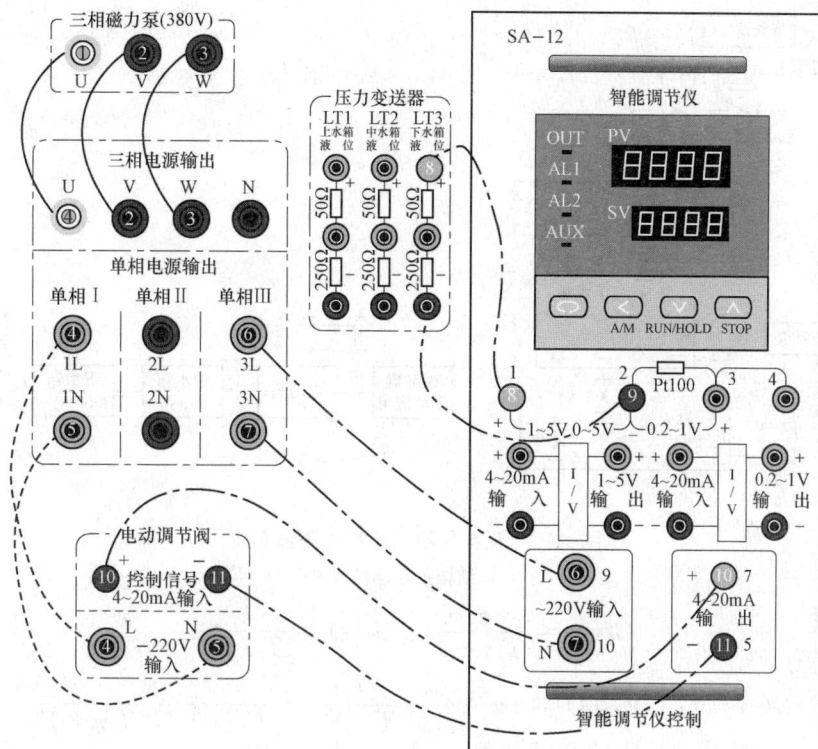

图 A8　控制屏接线图连接实验系统

六、思考题

（1）做本实验时，为什么不能任意改变出水阀 F1-11 开度的大小？

（2）用响应曲线法确定对象的数学模型时，其精度与哪些因素有关？

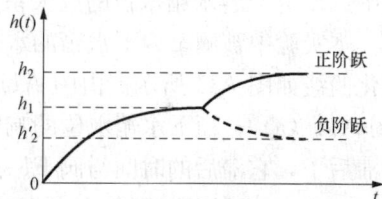

图 A9　单容水箱液位阶跃响应过程曲线

实验二　双容水箱水位特性测试实验

一、实验目的

（1）掌握双容水箱水位特性的阶跃响应曲线测试方法。

（2）根据实验测得的双容水箱水位阶跃响应曲线，确定其特征参数 K、T_1、T_2 及传递函数。

二、实验设备

同实验一。

三、原理说明

本实验系统结构图和框图如图 A10 所示。

被测对象由两个不同容积的水箱串联组成，故称其为双容对象。自平衡是指对象在扰动作用下，其平衡位置被破坏后，不需要操作人员或仪表等干预，依靠其自身重新恢复平衡的过程。根据 A1 中介绍的单容水箱水位特性测试原理，可知双容水箱水位特性的数学模型是两个单容水箱水位数学模型的乘积，即双容水箱水位数学模型可用一个二阶惯性环节来描述：

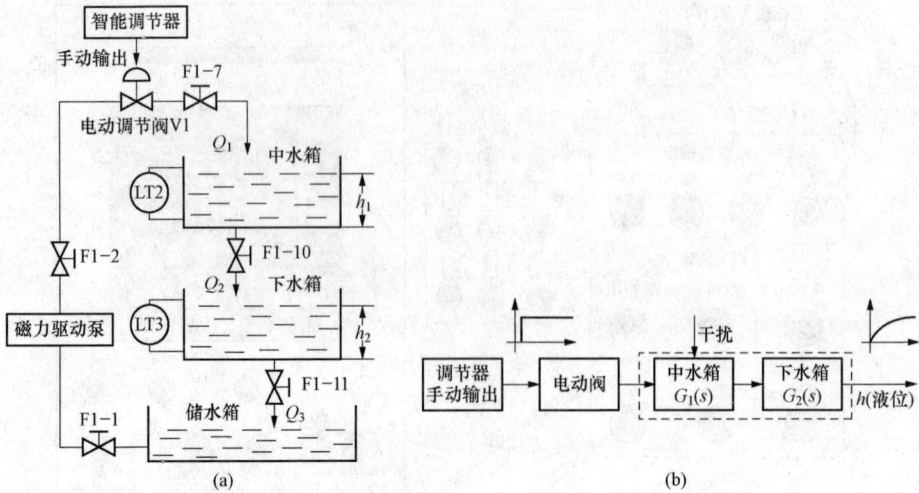

图 A10　双容水箱水位特性测试系统

(a) 结构图；(b) 框图

$$G_1(s) = \frac{k_1}{T_1 s + 1}, \quad G_2(s) = \frac{k_1}{T_2 s + 1}$$

$$G(s) = G_1(s)G_2(s) = \frac{k_1}{T_1 s + 1} \times \frac{k_2}{T_2 s + 1} = \frac{K}{(T_1 s + 1)(T_2 s + 1)} \tag{10}$$

$$K = k_1 k_2$$

式中：K 为双容水箱水位的放大系数；T_1、T_2 分别为两个水箱的时间常数。

本实验中被测量为下水箱的水位，当中水箱输入量有一阶跃增量变化时，两水箱的水位变化曲线如图 A11 所示。由图 A11 可见，中水箱水位的响应曲线为一单调上升的指数函数[图 A11 (a)]；而下水箱水位的响应曲线则呈 S 形曲线[图 A11 (b)]，即下水箱的水位响应滞后了，它滞后的时间与阀 F1-10 和 F1-11 的开度大小密切相关。

双容对象两个惯性环节的时间常数可按下述方法来确定。在图 A12 所示的阶跃响应曲线上求取：

(1) $h_{2(t)}\big|_{t=t_1} = 0.4\,h_2(\infty)$ 时曲线上的点 B 和对应的时间 t_1。

(2) $h_{2(t)}\big|_{t=t_2} = 0.8\,h_2(\infty)$ 时曲线上的点 C 和对应的时间 t_2。

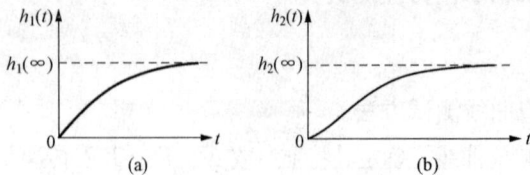

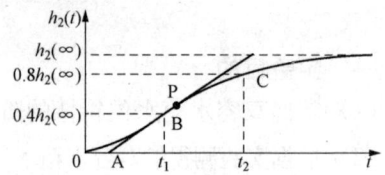

图 A11　双容水箱液位的阶跃响应曲线　　　　　图 A12　双容水箱液位的阶跃响应曲线

（a）中水箱水位；（b）下水箱水位

然后利用下面的近似公式计算

$$K = \frac{h_2(\infty)}{x_0} \tag{11}$$

$$\begin{cases} T_1 + T_2 \approx \dfrac{t_1 + t_2}{2.16} \\[2mm] \dfrac{T_1 T_2}{(T_1 + T_2)^2} \approx \left(1.74\,\dfrac{t_1}{t_2} - 0.55\right) \end{cases} \tag{12}$$

其中，$0.32<t_1/t_2<0.46$。由式（12）可解出 T_1 和 T_2。

在改变相应的阀门开度后，对象可能出现滞后特性，这时可由 S 形曲线的拐点 P 处作一切线，它与时间轴的交点为 A，OA 对应的时间即为对象响应的滞后时间 τ。于是得到双容滞后（二阶滞后）对象的传递函数为

$$G(s) = \frac{K}{(T_1 s + 1)(T_2 s + 1)} e^{-\tau s} \tag{13}$$

四、实验内容与步骤

本实验选择中水箱和下水箱串联作为被测对象（也可选择上水箱和中水箱）。实验之前先将储水箱中储足水量，然后将阀门 F1-1、F1-2、F1-7 全开，将中水箱出水阀门 F1-10 和下水箱出水阀门 F1-11 开至适当开度（要求 F1-10 开度稍大于 F1-11 的开度），其余阀门均关闭。

具体实验内容与步骤如下。

（1）将 SA-12 挂件挂到屏上，并将挂件的通信线插头插入屏内 RS-485 通信口上，将控制屏右侧 RS-485 通信线通过 RS-485/232 转换器连接到计算机串口 2，并按照控制屏接线图，即图 A13 连接实验系统。将"LT3 下水箱液位"钮子开关拨到"ON"的位置。

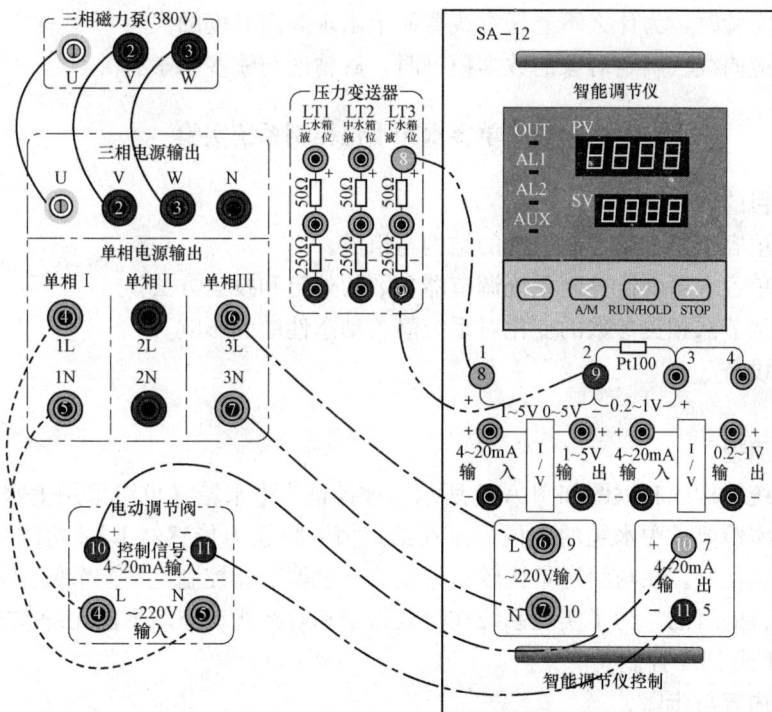

图 A13　双容水箱水位特性测试实验接线图

（2）接通总电源空气开关和钥匙开关，打开 24V 开关电源，给压力变送器上电，按下启动按钮，合上单相Ⅰ、单相Ⅲ空气开关，给智能调节仪及电动调节阀上电。

（3）打开上位计算机，进入 MCGS 运行环境，在主菜单中单击"实验二、双容水箱水位对象特性测试"，进入实验二的监控界面。

（4）将智能调节仪设置为"手动"输出，并将输出值设置为一个合适的值（一般为最大值的 40%～70%，不宜过大，以免水箱中水溢出），此操作需通过智能调节仪实现。

（5）合上三相电源空气开关，磁力驱动泵上电打水，适当增加/减少智能调节仪的输出量，使中水箱和下水箱的水位处于某一平衡位置，记录此时智能调节仪输出值和水位值。

（6）水位平衡后，突增（或突减）智能调节仪输出量的大小（2%），使其输出有一个正（或负）阶跃增量的变化（即阶跃干扰，此增量不宜过大，以免水箱中水溢出），于是水箱的水位便离开原平衡状态，经过一段时间后，水箱水位进入新的平衡状态，记下此时的智能调节仪输出值和水位值，水位的响应过程曲线如图 A14 所示。

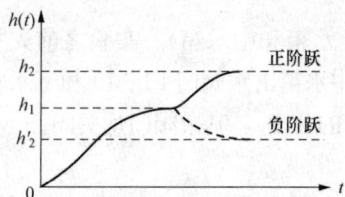

图 A14　双容水箱水位阶跃响应曲线

（7）根据前面记录的水位和智能调节仪输出值，计算 K 值，再根据图 A12 中的实验曲线求得 T_1、T_2 值，写出对象的传递函数。

五、实验报告要求

（1）画出双容水箱水位特性测试实验的结构框图。

（2）根据实验得到的数据及曲线，分析并计算出双容水箱水位对象的参数及传递函数。

六、思考题

（1）做本实验时，为什么不能任意改变两个出水阀门开度的大小？

（2）用响应曲线法确定对象的数学模型时，其精度与哪些因素有关？

实验三　单容水箱水位控制系统实验

一、实验目的

（1）了解单容水箱水位控制系统的结构与组成。

（2）掌握单容水箱水位控制系统调节器参数的整定和投运方法。

（3）研究调节器相关参数的变化对系统静、动态性能的影响。

二、实验设备

同实验一。

三、实验原理

本实验系统结构图和框图如图 A15 所示。被控量为中水箱（也可采用上水箱或下水箱）的水位高度，实验要求中水箱的水位稳定在给定值。将压力传感器 LT2 检测到的中水箱水位信号作为反馈信号，在与给定量比较后的差值通过调节器控制电动调节阀的开度，以达到控制中水箱水位的目的。为了实现系统在阶跃给定和阶跃扰动作用下的无静差控制，系统的调节器应为 PI 或 PID 控制。

四、实验内容与步骤

本实验选择中水箱作为被控对象。实验前先将储水箱中储足水量，然后将阀门 F1 - 1、F1 - 2、F1 - 7、F1 - 11 全开，将中水箱出水阀门 F1 - 10 开至适当开度，其余阀门均关闭。具体实验内容与步骤如下。

（1）按照图 A16 连接实验系统。将“LT 2 中水箱液位”钮子开关拨到“ON”的位置。

（2）接通总电源空气开关和钥匙开关，打开 24V 开关电源，给压力变送器上电，按下启动按钮，合上单相Ⅰ、单相Ⅲ空气开关，给智能调节仪及电动调节阀上电。

（3）打开上位机，进入 MCGS 运行环境，在主菜单中单击“实验三、单容水箱水位控制系统实验”，进入实验三的监控界面。

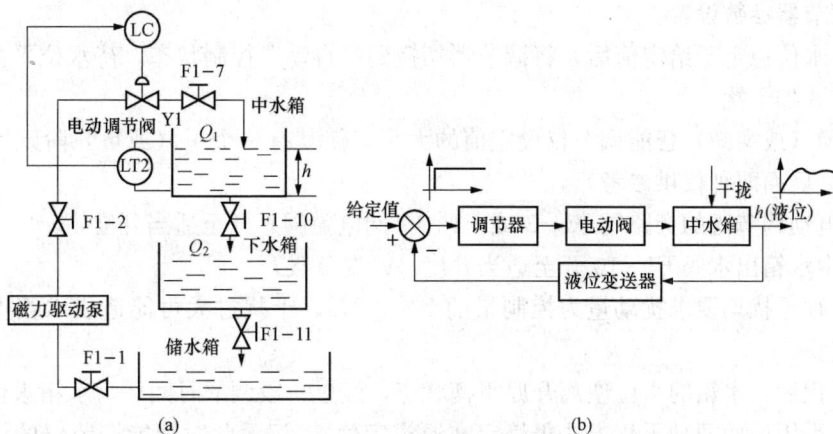

图 A15 单容水箱水位控制系统结构图和框图

(a) 结构图；(b) 框图

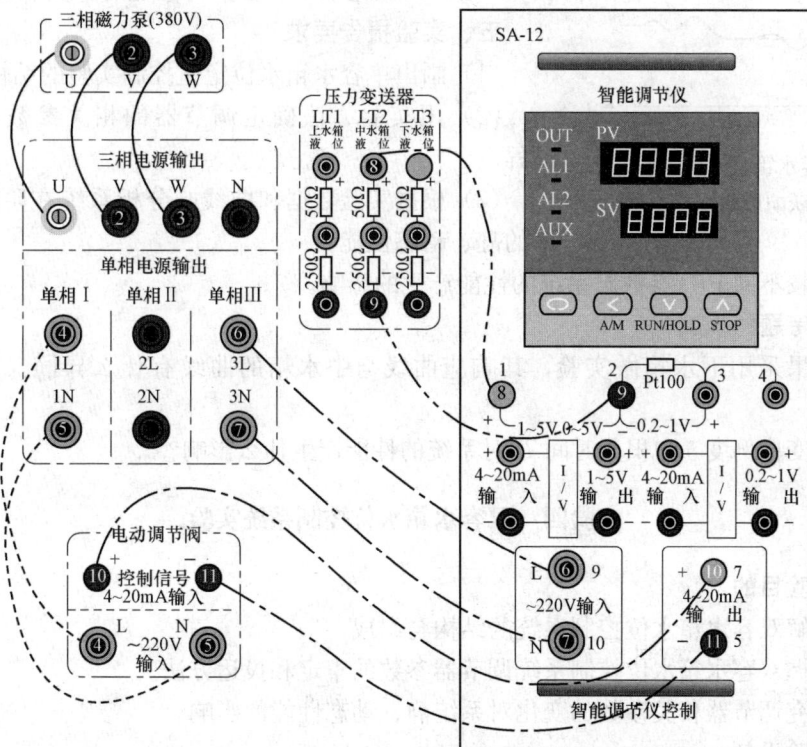

图 A16 单容水箱水位控制系统实验接线图

（4）将智能调节仪设置为"手动"，并将设定值和输出值设置为一个合适的值，此操作可通过智能调节仪实现。

（5）合上三相电源空气开关，磁力驱动泵上电打水，适当增加/减少智能调节仪的输出量，使中水箱的水位平衡于设定值。

（6）按经验法或动态特性参数法整定调节器参数，选择 PI 控制规律，并按整定后的 PI

参数进行调节器参数设置。

（7）待水位稳定于给定值后，将调节器切换到"自动"控制状态，待水位平衡后，通过以下几种方式加干扰。

1）突增（或突减）智能调节仪设定值的大小，使其有一个正（或负）阶跃增量的变化（此法推荐，后面两种仅供参考）。

2）将电动调节阀的旁路阀 F1‑3 或 F1‑4（同电磁阀）开至适当开度。

3）将中水箱出水阀 F1‑10 开至适当开度（改变负载）。

以上几种干扰均要求扰动量为控制量的 2%～3%，干扰过大可能造成水箱中水溢出或系统不稳定。

加入干扰后，水箱的水位便离开原平衡状态，经过一段调节时间后，水箱水位稳定至新的设定值（采用后面两种干扰方法仍稳定在原设定值），记录此时智能调节仪的设定值、输出值和仪表参数，单容水箱水位控制系统的阶跃响应曲线如图 A17 所示。

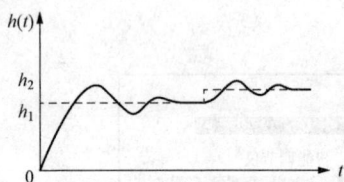

图 A17　单容水箱水位控制系统的阶跃响应曲线

（8）分别适量改变智能调节仪的 P 及 I 参数，重复步骤 7，用计算机记录不同参数时系统的阶跃响应曲线。

五、实验报告要求

（1）画出单容水箱水位定值控制实验的结构框图。

（2）用实验方法确定调节器的相关参数，写出整定过程。

（3）根据实验数据和曲线，分析系统在阶跃扰动作用下的静、动态性能。

（4）比较不同 PID 参数对系统的性能产生的影响。

六、思考题

（1）如果采用下水箱做实验，其响应曲线与中水箱的曲线有什么异同？并分析差异原因。

（2）改变比例度 δ 和积分时间 T_1 对系统的性能产生什么影响？

实验四　双容水箱水位控制系统实验

一、实验目的

（1）了解双容水箱水位控制系统的结构与组成。

（2）掌握双容水箱水位控制系统调节器参数的整定和投运方法。

（3）研究调节器相关参数的变化对系统静、动态性能的影响。

二、实验设备

同实验一。

三、实验原理

本实验系统结构图和框图如图 A18 所示。

被控量为下水箱的水位高度，实验要求下水箱的水位稳定在给定值。将压力传感器 LT3 检测到的下水箱水位信号作为反馈信号，在与给定量比较后的差值通过调节器控制电动调节阀的开度，以达到控制下水箱水位的目的。为了实现系统在阶跃给定和阶跃扰动作用下的无静差控制，系统调节器应为 PI 或 PID 控制。

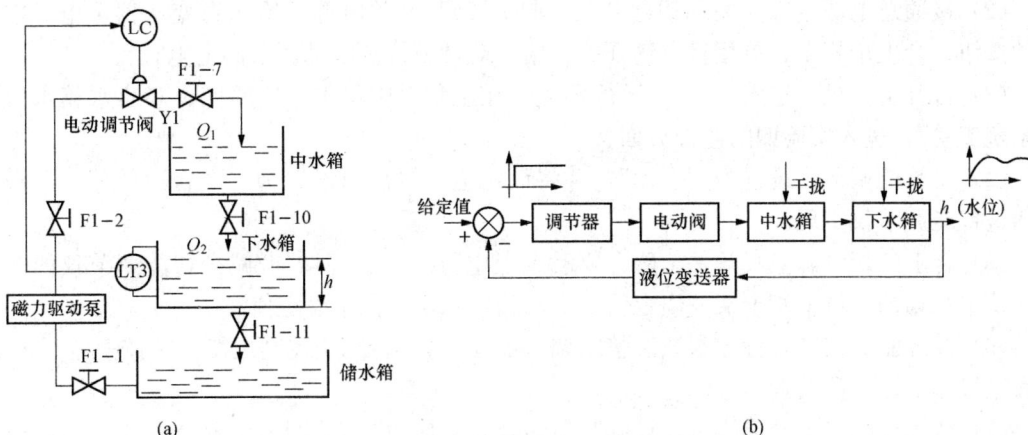

图 A18　双容水箱水位控制系统结构图和框图
（a）结构图；（b）框图

四、实验内容与步骤

本实验选择中水箱和下水箱作为被控对象。实验前先将储水箱中储足水量，然后将阀门 F1-1、F1-2、F1-7 全开，将中水箱出水阀门 F1-10 和下水箱出水阀门 F1-11 开至适当开度，其余阀门均关闭。具体实验内容与步骤如下。

（1）按照图 A19 连接实验系统。将"LT 3 下水箱水位"钮子开关拨到"ON"的位置。

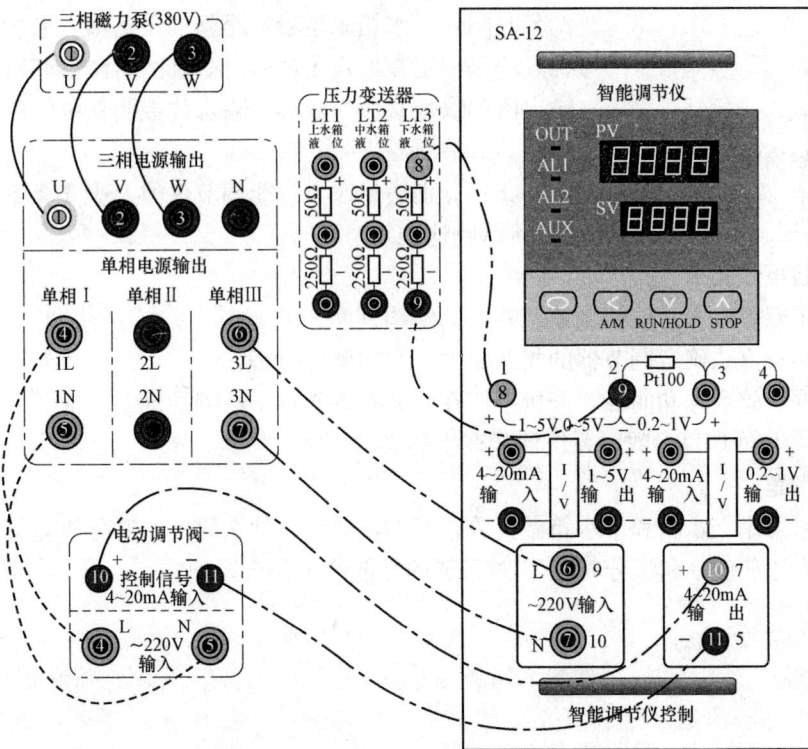

图 A19　双容水箱水位控制系统实验接线图

（2）接通总电源空气开关和钥匙开关，打开 24V 开关电源，给压力变送器上电，按下启动按钮，合上单相Ⅰ、单相Ⅲ空气开关，给智能调节仪及电动调节阀上电。

（3）打开上位机，进入 MCGS 运行环境，在主菜单中单击"实验四、双容水箱水位控制系统实验"，进入实验四的监控界面。

（4）将智能调节仪设置为"手动"，并将设定值和输出值设置为一个合适的值，此操作可通过智能调节仪实现。

（5）合上三相电源空气开关，磁力驱动泵上电打水，适当增加/减少智能调节仪的输出量，使中水箱的水位平衡于某一固定值，下水箱的水位平衡于设定值。

（6）按经验法或动态特性参数法整定调节器参数，选择 PI 控制规律，并按整定后的 PI 参数进行调节器参数设置。

（7）待水位稳定于给定值后，将调节器切换到"自动"控制状态，待水位平衡后，通过以下几种方式加干扰。

1）突增（或突减）智能调节仪设定值的大小，使其有一个正（或负）阶跃增量的变化（此法推荐，后面两种仅供参考）。

2）将电动调节阀的旁路阀 F1-3 或 F1-4（同电磁阀）开至适当开度。

3）将下水箱出水阀 F1-10 开至适当开度（改变负载）。

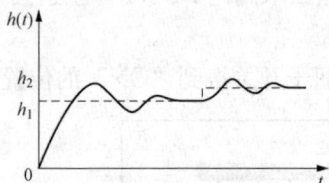

图 A20　双容水箱水位控制系统的
阶跃响应曲线

以上几种干扰均要求扰动量为控制量的 2%～3%，干扰过大可能造成水箱中水溢出或系统不稳定。

加入干扰后，水箱的水位便离开原平衡状态，经过一段调节时间后，水箱水位稳定至新的设定值（采用后面两种干扰方法仍稳定在原设定值），记录此时智能调节仪的设定值、输出值和仪表参数，双容水箱水位控制系统的阶跃响应曲线如图 A20 所示。

（8）分别适量改变智能调节仪的 P 及 I 参数，重复步骤 7，用计算机记录不同参数时系统的阶跃响应曲线。

五、实验报告要求

（1）画出双容水箱水位控制系统实验的结构框图。

（2）用实验方法确定调节器的相关参数，写出整定过程。

（3）根据实验数据和曲线，分析系统在阶跃扰动作用下的静、动态性能。

（4）比较不同 PID 参数对系统性能产生的影响。

六、思考题

（1）如果采用上水箱和中水箱做实验，其响应曲线有什么异同？并分析差异原因。

（2）改变比例度 δ 和积分时间 T_I 对系统的性能产生什么影响？

参 考 文 献

[1] 黄德先，王京春，金以慧．过程控制系统．北京：清华大学出版社，2011.

[2] 方康玲．过程控制系统．2版．武汉：武汉理工大学出版社，2012.

[3] 陈夕松．过程控制系统．3版．北京：科学出版社，2014.

[4] 蒋慰孙，俞金寿．过程控制工程．2版．北京：中国石化出版社，1999.

[5] 戴连奎，于玲，田学民，等．过程控制工程．3版．北京：化学工业出版社，2012.

[6] 边立秀，周俊霞，赵劲松．热工控制系统．北京：中国电力出版社，2002.

[7] 潘笑，潘维加．热工自动控制系统．北京：中国电力出版社，2011.

[8] 王正林，郭阳宽．过程控制与 Simulink 应用．北京：电子工业出版社，2006.

[9] Curtis D，Johnson. 过程控制仪表技术．6版．北京：科学出版社，2002.

[10] 杨庆柏．热工控制仪表．北京：中国电力出版社，2008.

[11] 潘维加．热工过程控制仪表．北京：中国电力出版社，2013.

[12] 高志宏，丁洪起，左希庆，等．过程控制与自动化仪表．杭州：浙江大学出版社，2006.

[13] 潘永湘，杨延西，赵跃．过程控制与自动化仪表．2版．北京：机械工业出版社，2007.

[14] 林德杰．过程控制仪表及控制系统．2版．北京：机械工业出版社，2009.

[15] 施仁．自动化仪表与过程控制．5版．北京：电子工业出版社，2011.

[16] 热工自动化设计手册编写组．热工自动化设计手册．北京：电力工业出版社，1981.

[17] 山西省电力勘测设计院，北京电力设计院．电力勘测设计制图统一规定（热控部分）．北京：水利电力出版社，1984.

[18] 能源部东北电力设计院．火力发电厂热工自动化设计技术规定．北京：水利电力出版社，1989.

[19] 电力工业部华北电力设计院．电力工程制图标准．北京：地震出版社，1994.

[20] 王志祥，朱祖涛．热工控制设计简明手册．北京：水利电力出版社，1995.

[21] 国家电力公司东北电力设计院．火力发电厂热工控制系统设计技术规定．北京：中国电力出版社，2003.

[22] 电力规划设计总院．火力发电厂施工图设计文件内容深度规定　第9部分：仪表与控制：DL/T 5461.9—2013. 北京：中国计划出版社，2013.